수학 마스터

체계적인 **문제 해결 학습서**

유형 베타 β

중학 수학 1-1

정답과 풀이는 EBS 중학사이트(mid.ebs.co.kr)에서 다운로드 받으실 수 있습니다.

교재 내용 문의 교재 내용 문의는 EBS 중학사이트 (mid.ebs.co.kr)의 교재 Q&A 서비스를 활용하시기 바랍니다.	**교재 정오표 공지** 발행 이후 발견된 정오 사항을 EBS 중학사이트 정오표 코너에서 알려 드립니다. 교재 검색 → 교재 선택 → 정오표	**교재 정정 신청** 공지된 정오 내용 외에 발견된 정오 사항이 있다면 EBS 중학사이트를 통해 알려 주세요. 교재 검색 → 교재 선택 → 교재 Q&A

유형책

개념 정리 한눈에 보는 개념 정리와 문제가 쉬워지는 개념 노트
소단원 필수 유형 쌍둥이 유제와 함께 완벽한 유형 학습 문제
중단원 핵심유형 테스트 교과서와 기출 서술형으로 구성한 실전 연습

연습책

소단원 유형 익히기 개념책 필수 유형과 연동한 쌍둥이 보충 문제
중단원 핵심유형 테스트 실전 감각을 기르는 핵심 문제와 기출 서술형

정답과 풀이

빠른 정답 간편한 채점을 위한 한눈에 보는 정답
친절한 풀이 오답을 줄이는 자세하고 친절한 풀이

유형책

수학 마스터

체계적인 **문제 해결 학습서**

유형 베타 β

중학 수학 1-1

Structure 이 책의 구성과 특징

유형책

● 소단원 개념 정리

소단원별로 한눈에 보는 개념 정리

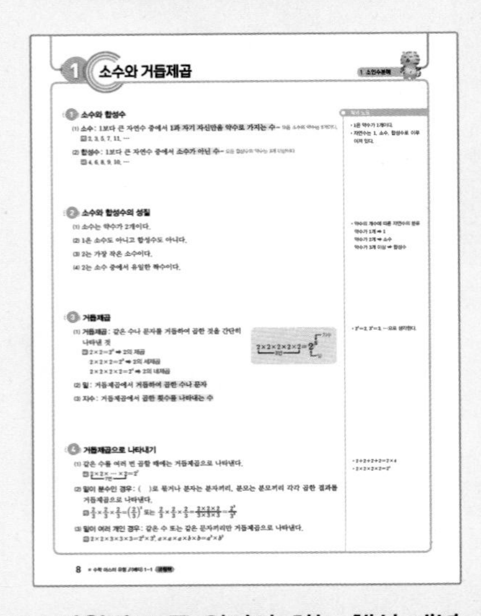

소단원별로 꼭 알아야 하는 핵심 개념을 예, 참고 등을 이용하여 이해하기 쉽게 설명하고 한눈에 보이게 정리하였습니다.

● 소단원 필수 유형

소단원별 핵심개념에 따른 필수 유형 문제

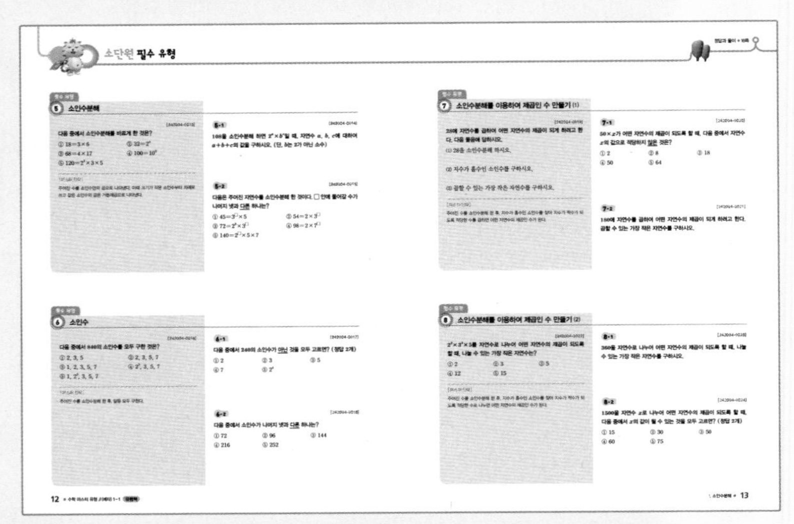

핵심 개념을 대표하는 엄선된 필수 유형 문제로 개념을 익힐 수 있습니다.

마스터 전략 필수 유형을 해결하는 핵심 도움말입니다.

딸림 문제 1 필수 유형보다 난이도가 낮은 유사 문제로 개념을 한 번 더 익힐 수 있도록 하였습니다.

딸림 문제 2 필수 유형보다 난이도가 높은 유사 문제로 개념을 다질 수 있도록 하였습니다.

● 중단원 핵심유형 테스트

필수 유형의 반복 학습과 이해 정도를 파악할 수 있는 테스트

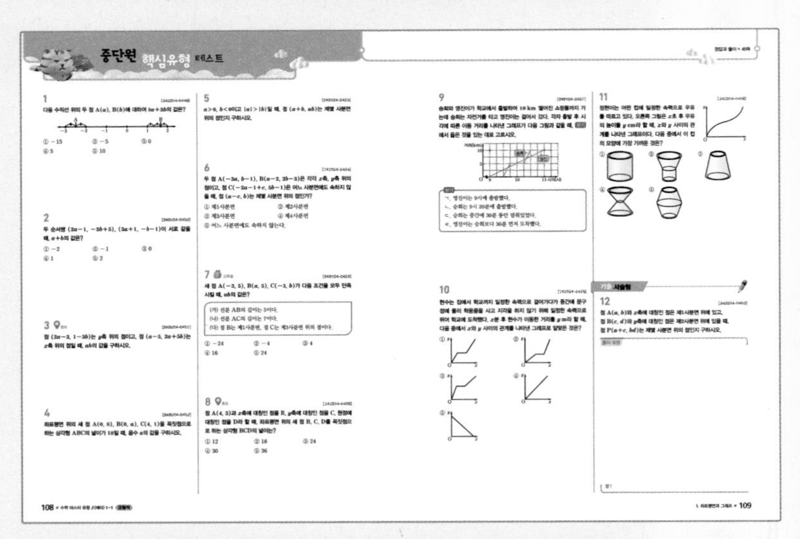

중단원별로 필수 유형을 한 번 더 학습하고 정리할 수 있도록 단원 테스트 형태로 제시하여 학교 시험을 완벽하게 대비할 수 있도록 하였습니다.

기출 서술형 학교 시험에서 자주 출제되는 유형의 문제로 서술형에 대비하도록 하였습니다.

연습책

● 소단원 유형 익히기

소단원별 교과서와 기출 문제로 구성한 개념별, 문제 형태별 유형 문제

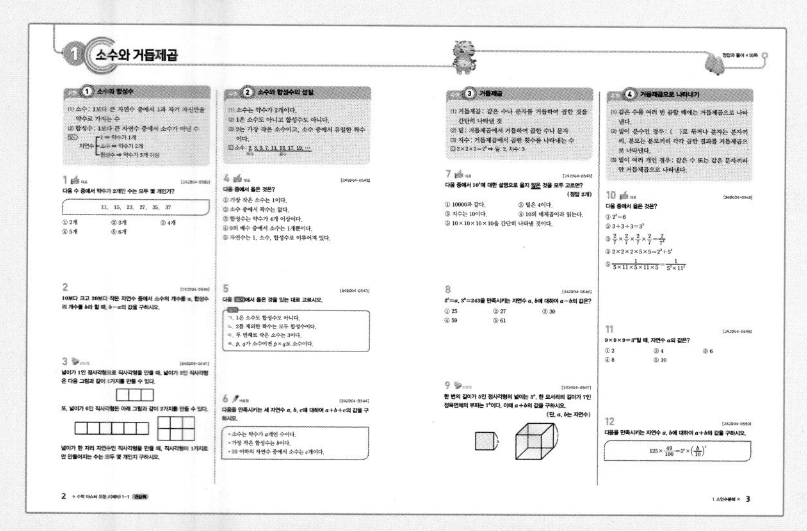

유형별 개념 정리 소단원별로 자주 출제되는 문제를 선별하여 유형을 세분화하였고, 문제 해결에 필요한 핵심 개념 또는 풀이 전략을 제시하였습니다.
유형 문제 해당 유형의 기본 문제부터 대표 문제, 응용 문제까지 다양한 형태와 난이도를 조절한 문제로 구성하여 실전 실력을 다질 수 있도록 하였습니다.

● 중단원 핵심유형 테스트

필수 유형을 한 번 더 반복하여 학습과 이해 정도를 파악할 수 있는 테스트

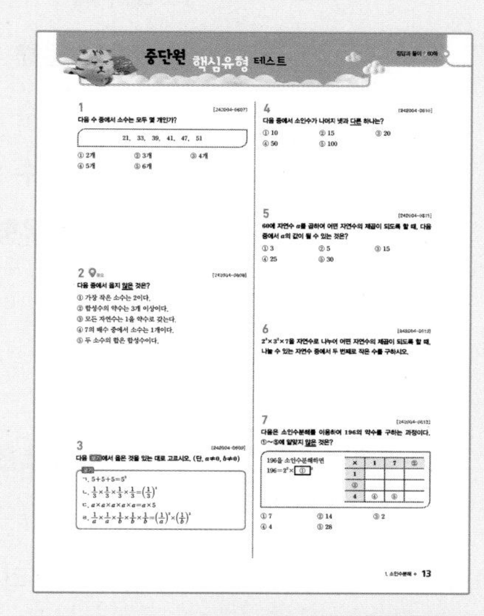

기출 서술형 학교 시험에서 자주 출제되는 유형의 문제로 서술형에 대비하도록 하였습니다.

정답과 풀이

● 빠른 정답

정답만 빠르게 확인

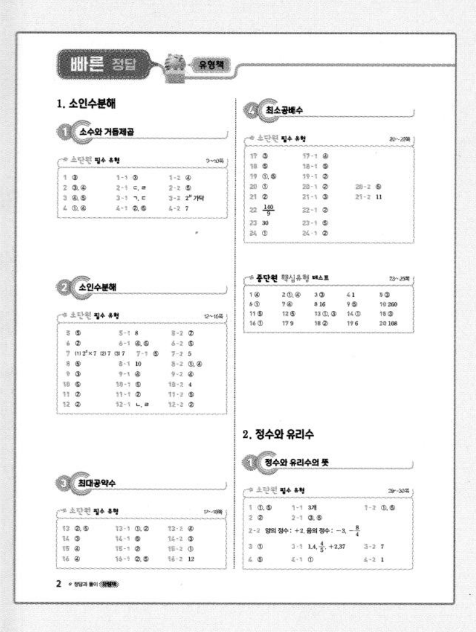

● 정답과 풀이

스스로 학습이 가능하도록 단계적이고 자세한 풀이 제공

Contents 이 책의 차례

소단원 필수 유형

필수 유형

1 소수와 합성수

[242004-0001]

다음 수 중에서 소수의 개수를 a, 합성수의 개수를 b라 할 때, $a-b$의 값은?

1, 5, 10, 11, 12, 13, 15

① -2 ② -1 ③ 0
④ 1 ⑤ 2

[마스터 전략]
소수는 1보다 큰 자연수 중에서 1과 자기 자신만을 약수로 가지는 수이고, 합성수는 1보다 큰 자연수 중에서 소수가 아닌 수이다.

1-1 [242004-0002]

다음 수 중에서 소수는 모두 몇 개인가?

1, 3, 5, 15, 21, 32, 47

① 1개 ② 2개 ③ 3개
④ 4개 ⑤ 5개

1-2 [242004-0003]

20 미만의 자연수 중에서 가장 큰 소수를 a, 가장 작은 합성수를 b라 할 때, $a-b$의 값은?

① 12 ② 13 ③ 14
④ 15 ⑤ 16

필수 유형

2 소수와 합성수의 성질

[242004-0004]

다음 중에서 옳지 않은 것을 모두 고르면? (정답 2개)

① 가장 작은 소수는 2이다.
② 소수의 약수는 2개이다.
③ 합성수의 약수는 3개이다.
④ 3의 배수 중에서 소수는 없다.
⑤ 1은 소수도 아니고 합성수도 아니다.

[마스터 전략]
1은 약수가 1개, 소수는 약수가 2개, 합성수는 약수가 3개 이상인 수이다.

2-1 [242004-0005]

다음 보기 에서 옳은 것을 있는 대로 고르시오.

보기
ㄱ. 소수는 모두 홀수이다.
ㄴ. 2는 짝수인 합성수이다.
ㄷ. 10보다 작은 소수는 4개이다.
ㄹ. 서로 다른 두 소수의 곱은 합성수이다.

2-2 [242004-0006]

다음 중에서 옳은 것은?

① 1은 소수이다.
② 합성수는 모두 짝수이다.
③ 5를 약수로 갖는 수는 소수가 아니다.
④ 모든 자연수는 소수이거나 합성수이다.
⑤ 모든 합성수는 소수들의 곱으로 나타낼 수 있다.

소단원 필수 유형

필수 유형

3 거듭제곱

[242004-0007]

다음 중에서 옳지 않은 것을 모두 고르면? (정답 2개)

① 4^7은 4를 7번 곱한 수이다.

② 3^2은 '3의 제곱'이라고 읽는다.

③ 5^3의 지수는 3이고 밑은 5이다.

④ $\left(\frac{1}{2}\right)^5$의 지수는 5이고 밑은 2이다.

⑤ 2를 4번 더한 수는 2^4으로 나타낼 수 있다.

[마스터 전략]

거듭제곱에서 거듭하여 곱한 수나 문자가 밑, 곱한 횟수가 지수이다.

3-1 [242004-0008]

다음 보기 에서 옳은 것을 있는 대로 고르시오.

보기

ㄱ. 2^3은 2를 3번 곱한 수이다.

ㄴ. 3^6의 지수는 3이고 밑은 6이다.

ㄷ. 5^4은 '5의 네제곱'이라고 읽는다.

ㄹ. $6+6+6+6+6$은 6^5으로 나타낼 수 있다.

3-2 [242004-0009]

밀가루를 반죽하여 손으로 잡아당겨 늘인 후 반으로 접고 다시 잡아당겨 반으로 접는 과정을 반복하여 수타면을 만들려고 한다. 이때 1가닥을 1번 접으면 2가닥, 2번 접으면 2×2가닥, 3번 접으면 $2\times2\times2$가닥이 된다. 10번 접으면 몇 가닥이 되는지 2의 거듭제곱으로 나타내시오.

필수 유형

4 거듭제곱으로 나타내기

[242004-0010]

다음 중에서 옳은 것을 모두 고르면? (정답 2개)

① $1000=10^3$

② $2+2+2+2+2=2^5$

③ $a\times a\times b\times b\times c=a^5\times b^5\times c^5$

④ $\frac{1}{2}\times\frac{1}{2}\times\frac{1}{2}=\frac{1}{2^3}$

⑤ $\frac{5}{4}\times\frac{5}{4}\times\frac{5}{4}=\frac{5^3}{4}$

[마스터 전략]

같은 수를 여러 번 곱할 때는 거듭제곱을 이용하여 나타낸다.

4-1 [242004-0011]

다음 중에서 옳지 않은 것을 모두 고르면? (정답 2개)

① $10000=10^4$

② $3+3+3+3=3^4$

③ $2\times2\times3\times3\times3\times3=2^2\times3^4$

④ $a\times a\times b\times b\times b=a^2\times b^3$

⑤ $\frac{1}{5}\times\frac{1}{5}\times\frac{1}{5}\times\frac{1}{5}=\frac{4}{5^4}$

4-2 [242004-0012]

다음 조건을 만족시키는 자연수 a, b에 대하여 $a+b$의 값을 구하시오.

(가) $5\times5\times11\times11\times11=5^2\times11^a$

(나) $2\times2\times81=2^2\times3^b$

2 소인수분해

1 소인수분해

(1) 인수 : 자연수 a, b, c에 대하여 $a=b\times c$일 때, b, c를 a의 인수라 한다.

예 $6=1\times6=2\times3$이므로 6의 인수는 1, 2, 3, 6이다.

(2) 소인수 : 인수 중에서 소수인 것

예 6의 인수 1, 2, 3, 6 중에서 소인수는 2, 3이다.

(3) 소인수분해 : 1이 아닌 자연수를 소인수만의 곱으로 나타내는 것

(4) 소인수분해 하는 방법

방법 1

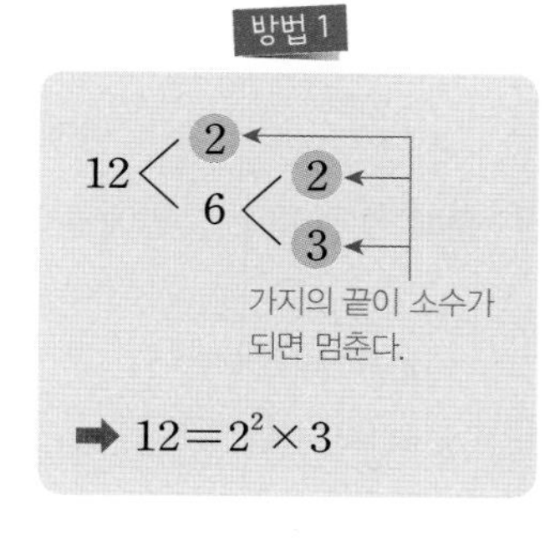

➡ $12=2^2\times3$

방법 2

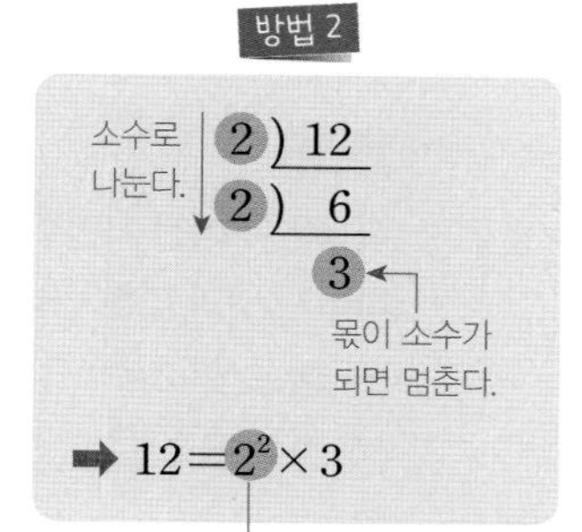

➡ $12=2^2\times3$

→ 같은 소인수의 곱은 거듭제곱으로 나타낸다.

참고 일반적으로 소인수분해 한 결과는 크기가 작은 소인수부터 차례대로 쓴다.

개념 노트

- 소인수분해는 소인수만의 곱으로 나타내어야 한다.
  예 $24=2^2\times6$ (×)
  $24=2^3\times3$ (○)
- 어떤 수를 소인수분해 했을 때, 밑이 되는 수가 그 수의 소인수이다.
  예 $60=2^2\times3\times5$에서 60의 소인수는 2, 3, 5이다.

2 소인수분해를 이용하여 약수 구하기

자연수 A가 $A=a^m\times b^n$ (a, b는 서로 다른 소수, m, n은 자연수)으로 소인수분해 될 때

(1) A의 약수 : (a^m의 약수)×(b^n의 약수)

a^m의 약수: $1, a, a^2, a^3, \cdots, a^m$ / b^n의 약수: $1, b, b^2, b^3, \cdots, b^n$

(2) A의 약수의 개수 : $(m+1)\times(n+1)$

예 $18=2\times3^2$이므로

×	1	3	3^2
1	$1\times1=1$	$1\times3=3$	$1\times3^2=9$
2	$2\times1=2$	$2\times3=6$	$2\times3^2=18$

(첫 행: 3^2의 약수, 첫 열: 2의 약수, 표 안: 18의 약수)

18의 약수: 1, 2, 3, 6, 9, 18

18의 약수의 개수: $(1+1)\times(2+1)=6$

($1+1$: 표에서 세로의 칸 수, $2+1$: 표에서 가로의 칸 수)

- $A=a^l\times b^m\times c^n$($a$, b, c는 서로 다른 소수, l, m, n은 자연수)으로 소인수분해 될 때, A의 약수의 개수는 $(l+1)\times(m+1)\times(n+1)$이다.

소단원 필수 유형

필수 유형

5 소인수분해

[242004-0013]

다음 중에서 소인수분해를 바르게 한 것은?

① $18=3\times6$
② $32=2^4$
③ $68=4\times17$
④ $100=10^2$
⑤ $120=2^3\times3\times5$

[마스터 전략]

주어진 수를 소인수만의 곱으로 나타낸다. 이때 크기가 작은 소인수부터 차례로 쓰고 같은 소인수의 곱은 거듭제곱으로 나타낸다.

5-1 [242004-0014]

108을 소인수분해 하면 $2^a\times b^c$일 때, 자연수 a, b, c에 대하여 $a+b+c$의 값을 구하시오. (단, b는 2가 아닌 소수)

5-2 [242004-0015]

다음은 주어진 자연수를 소인수분해 한 것이다. □ 안에 들어갈 수가 나머지 넷과 다른 하나는?

① $45=3^{\square}\times5$
② $54=2\times3^{\square}$
③ $72=2^3\times3^{\square}$
④ $98=2\times7^{\square}$
⑤ $140=2^{\square}\times5\times7$

필수 유형

6 소인수

[242004-0016]

다음 중에서 840의 소인수를 모두 구한 것은?

① 2, 3, 5
② 2, 3, 5, 7
③ 1, 2, 3, 5, 7
④ 2^3, 3, 5, 7
⑤ 1, 2^3, 3, 5, 7

[마스터 전략]

주어진 수를 소인수분해 한 후, 밑을 모두 구한다.

6-1 [242004-0017]

다음 중에서 240의 소인수가 아닌 것을 모두 고르면? (정답 2개)

① 2
② 3
③ 5
④ 7
⑤ 2^4

6-2 [242004-0018]

다음 중에서 소인수가 나머지 넷과 다른 하나는?

① 72
② 96
③ 144
④ 216
⑤ 252

필수 유형

7 소인수분해를 이용하여 제곱인 수 만들기 (1)

[242004-0019]

28에 자연수를 곱하여 어떤 자연수의 제곱이 되게 하려고 한다. 다음 물음에 답하시오.

(1) 28을 소인수분해 하시오.

(2) 지수가 홀수인 소인수를 구하시오.

(3) 곱할 수 있는 가장 작은 자연수를 구하시오.

[마스터 전략]

주어진 수를 소인수분해 한 후, 지수가 홀수인 소인수를 찾아 지수가 짝수가 되도록 적당한 수를 곱하면 어떤 자연수의 제곱인 수가 된다.

7-1 [242004-0020]

$50\times x$가 어떤 자연수의 제곱이 되도록 할 때, 다음 중에서 자연수 x의 값으로 적당하지 않은 것은?

① 2 ② 8 ③ 18

④ 50 ⑤ 64

7-2 [242004-0021]

180에 자연수를 곱하여 어떤 자연수의 제곱이 되게 하려고 한다. 곱할 수 있는 가장 작은 자연수를 구하시오.

필수 유형

8 소인수분해를 이용하여 제곱인 수 만들기 (2)

[242004-0022]

$2^2\times 3^3\times 5$를 자연수로 나누어 어떤 자연수의 제곱이 되도록 할 때, 나눌 수 있는 가장 작은 자연수는?

① 2 ② 3 ③ 5

④ 12 ⑤ 15

[마스터 전략]

주어진 수를 소인수분해 한 후, 지수가 홀수인 소인수를 찾아 지수가 짝수가 되도록 적당한 수로 나누면 어떤 자연수의 제곱인 수가 된다.

8-1 [242004-0023]

360을 자연수로 나누어 어떤 자연수의 제곱이 되도록 할 때, 나눌 수 있는 가장 작은 자연수를 구하시오.

8-2 [242004-0024]

1500을 자연수 x로 나누어 어떤 자연수의 제곱이 되도록 할 때, 다음 중에서 x의 값이 될 수 있는 것을 모두 고르면? (정답 2개)

① 15 ② 30 ③ 50

④ 60 ⑤ 75

소단원 필수 유형

필수 유형

9 소인수분해를 이용하여 약수의 개수 구하기

[242004-0025]

다음 중에서 약수의 개수가 나머지 넷과 다른 하나는?

① 20 ② 32 ③ 60
④ 2×7^2 ⑤ $3^2\times11$

[마스터 전략]
$a^m\times b^n$ (a, b는 서로 다른 소수, m, n은 자연수)으로 소인수분해 된 수의 약수의 개수는 $(m+1)\times(n+1)$이다.

9-1 [242004-0026]

225의 약수의 개수는?

① 4 ② 5 ③ 6
④ 9 ⑤ 10

9-2 [242004-0027]

다음 중에서 약수의 개수가 가장 많은 것은?

① $2^4\times3$ ② 2^7 ③ $3^2\times7^3$
④ 120 ⑤ $3^2\times5\times7$

필수 유형

10 소인수분해를 이용하여 약수 구하기

[242004-0028]

다음 중에서 720의 약수인 것은?

① 2×5^2 ② $2^4\times7$ ③ $2\times5\times7$
④ 3^3 ⑤ $2\times3^2\times5$

[마스터 전략]
$a^m\times b^n$ (a, b는 서로 다른 소수, m, n은 자연수)으로 소인수분해 된 수의 약수는 (a^m의 약수)$\times$(b^n의 약수)이다.

10-1 [242004-0029]

다음 중에서 $2^4\times5^2\times7$의 약수가 아닌 것은?

① $2^2\times5^2$ ② $2^3\times7$ ③ $5^2\times7$
④ $2\times5^2\times7$ ⑤ $2^4\times5\times7^2$

10-2 [242004-0030]

252의 약수 중에서 어떤 자연수의 제곱이 되는 수의 개수를 구하시오.

필수 유형

11 약수의 개수가 주어질 때, 지수 구하기

[242004-0031]

$3^4 \times 7^a$의 약수의 개수가 15일 때, 자연수 a의 값은?

① 1 ② 2 ③ 3
④ 4 ⑤ 5

[마스터 전략]
자연수 $a^m \times b^n$ (a, b는 서로 다른 소수, m, n은 자연수)의 약수의 개수는 $(m+1) \times (n+1)$임을 이용하며 식을 세운다.

11-1 [242004-0032]

$4 \times 3^a \times 5$의 약수의 개수가 18일 때, 자연수 a의 값은?

① 1 ② 2 ③ 3
④ 4 ⑤ 5

11-2 [242004-0033]

180의 약수의 개수와 $2^a \times 3^2$의 약수의 개수가 같을 때, 자연수 a의 값은?

① 1 ② 2 ③ 3
④ 4 ⑤ 5

필수 유형

12 약수의 개수가 주어질 때, 자연수 구하기

[242004-0034]

$3^3 \times \square$의 약수의 개수가 12일 때, 다음 중에서 $\square$ 안에 들어갈 수 없는 수는?

① 4 ② 16 ③ 25
④ 3^8 ⑤ 13^2

[마스터 전략]
자연수 $a^m \times \square$ (a는 소수, m은 자연수)의 약수의 개수가 주어지면 $\square$가 a의 거듭제곱의 꼴인 경우와 a의 거듭제곱의 꼴이 아닌 경우로 나누어 확인한다.

12-1 [242004-0035]

$2 \times A \times 5^2$의 약수의 개수가 18일 때, 다음 보기에서 A의 값이 될 수 있는 것을 있는 대로 고르시오.

보기
ㄱ. 4 ㄴ. 9
ㄷ. 25 ㄹ. 2×5^3

12-2 [242004-0036]

40 이하의 자연수 중에서 약수의 개수가 6인 수는 모두 몇 개인가?

① 4개 ② 5개 ③ 6개
④ 7개 ⑤ 8개

3 최대공약수

1 최대공약수

(1) **공약수**: 두 개 이상의 자연수의 공통인 약수

(2) **최대공약수**: 공약수 중에서 가장 큰 수

예 8의 약수: 1, 2, 4, 8
12의 약수: 1, 2, 3, 4, 6, 12
공약수: 1, 2, 4 ← 최대공약수

(3) **최대공약수의 성질**: 두 개 이상의 자연수의 공약수는 그 수들의 최대공약수의 약수이다.

예 8과 12의 공약수 1, 2, 4는 8과 12의 최대공약수 4의 약수이다.

개념 노트

- 공약수 중에서 가장 작은 수는 항상 1이므로 최소공약수는 생각하지 않는다.

2 서로소

서로소: 최대공약수가 1인 두 자연수

예 4와 9는 최대공약수가 1이므로 4와 9는 서로소이다.

참고 서로 다른 두 소수는 항상 서로소이다.

- 1은 모든 자연수와 서로소이다.
- 두 수가 소수가 아니어도 서로소가 될 수 있다.

3 최대공약수 구하기

방법 1 소인수분해를 이용하는 방법

① 각 수를 소인수분해 한다.

② 공통인 소인수를 모두 곱한다. 이때 소인수의 지수가 작거나 같은 것을 택하여 곱한다.

$$12=2^2\times3$$
$$42=2\times3\times7$$
$$(\text{최대공약수})=2\times3=6$$

소인수의 지수가 다르면 지수가 작은 것을 곱한다.
소인수의 지수가 같으면 그대로 곱한다.

방법 2 나눗셈을 이용하는 방법

① 몫이 서로소가 될 때까지 1이 아닌 공약수로 각 수를 계속 나눈다.

② 나누어 준 공약수를 모두 곱한다.

```
2 ) 12  42
3 )  6  21
     2   7  ← 서로소
```

$$(\text{최대공약수})=2\times3=6$$

- 최대공약수를 구할 때 경우에 따라 더 편리한 방법을 이용한다.
  (i) 소인수분해 된 수 ➡ 소인수분해를 이용하는 방법
  (ii) 일반적인 자연수 ➡ 나눗셈을 이용하는 방법

필수 유형

13 최대공약수의 성질

[242004-0037]

두 자연수 A, B의 최대공약수가 42일 때, 다음 중에서 A, B의 공약수인 것을 모두 고르면? (정답 2개)

① 4　② 6　③ 9
④ 12　⑤ 21

[마스터 전략]
두 자연수의 공약수는 두 수의 최대공약수의 약수이다.

13-1 [242004-0038]

두 자연수 A, B의 최대공약수가 $2^2\times3^3\times5$일 때, 다음 중에서 A, B의 공약수인 것을 모두 고르면? (정답 2개)

① 1　② 2×5　③ 2^3
④ $3^2\times5^2$　⑤ 14

13-2 [242004-0039]

두 자연수 A, B의 최대공약수가 $2^5\times3^3\times5^2$일 때, A, B의 공약수의 개수는?

① 30　② 36　③ 60
④ 72　⑤ 75

필수 유형

14 서로소

[242004-0040]

다음 중에서 두 수가 서로소인 것은?

① 7, 49　② 11, 33　③ 27, 32
④ 28, 60　⑤ 30, 45

[마스터 전략]
두 자연수의 최대공약수가 1이면 두 수는 서로소이다.

14-1 [242004-0041]

다음 중에서 두 수가 서로소가 아닌 것은?

① 7, 11　② 18, 25　③ 24, 35
④ 25, 28　⑤ 26, 39

14-2 [242004-0042]

20보다 작은 자연수 중에서 14와 서로소인 수는 모두 몇 개인가?

① 7개　② 8개　③ 9개
④ 10개　⑤ 11개

소단원 필수 유형

정답과 풀이 ● 18쪽

필수 유형

15 최대공약수 구하기

[242004-0043]

다음 중에서 최대공약수가 12인 두 수끼리 짝 지어진 것은?

① 2×3^2, $2^2\times3$

② $2^2\times3^3$, 2×3^2

③ $2^2\times5$, 2×5^3

④ $2^2\times3^2\times5$, $2^2\times3\times7^2$

⑤ $2^2\times3^3\times5^2$, $2^3\times3^2\times7^4$

[마스터 전략]

최대공약수는 각 수를 소인수분해 한 후, 공통인 소인수의 거듭제곱은 지수가 작거나 같은 것을 택하여 곱한다.

15-1 [242004-0044]

세 수 $2^3\times3\times5^2\times11$, $2^2\times3^2\times5$, $2^3\times3\times5\times11$의 최대공약수는?

① $2\times3\times5$ ② $2^2\times3\times5$ ③ $2^3\times3^2\times5^2$

④ $2^2\times3\times5\times11$ ⑤ $2^3\times3^2\times5^2\times11$

15-2 [242004-0045]

세 수 360, 420, 504의 최대공약수는?

① 12 ② 16 ③ 24

④ 36 ⑤ 60

필수 유형

16 공약수 구하기

[242004-0046]

다음 중에서 두 수 $2^5\times3^4\times5$, $2^3\times3^5\times5^2$의 공약수가 아닌 것은?

① 2^3 ② 3^4 ③ 10

④ $2^2\times5^2$ ⑤ $2\times3\times5$

[마스터 전략]

공약수는 주어진 수들의 최대공약수를 구한 후, 최대공약수의 약수를 구한다.

16-1 [242004-0047]

다음 중에서 세 수 200, $2^2\times3\times5^3$, $2^2\times5^2\times7$의 공약수가 아닌 것을 모두 고르면? (정답 2개)

① 2^2 ② 2^3 ③ 2×5

④ $2^2\times5^2$ ⑤ $2\times5\times7$

16-2 [242004-0048]

세 수 $2^3\times3^2\times7$, $2\times3^2\times5\times7$, $2^2\times3^3\times7$의 공약수의 개수를 구하시오.

4 최소공배수

1 최소공배수

(1) 공배수 : 두 개 이상의 자연수의 공통인 배수

(2) 최소공배수 : 공배수 중에서 가장 작은 수

예 2의 배수: 2, 4, 6, 8, 10, 12, 14, 16, 18, ⋯
3의 배수: 3, 6, 9, 12, 15, 18, 21, ⋯
공배수: 6, 12, 18, ⋯ (6: 최소공배수)

(3) 최소공배수의 성질

① 두 개 이상의 자연수의 공배수는 그 수들의 최소공배수의 배수이다.

예 2와 3의 공배수 6, 12, 18, ⋯은 2와 3의 최소공배수 6의 배수이다.

② 서로소인 두 자연수의 최소공배수는 그 두 자연수의 곱과 같다.

예 4와 5는 서로소이므로 4와 5의 최소공배수는 $4\times5=20$이다.

2 최소공배수 구하기

방법 1 소인수분해를 이용하는 방법

① 각 수를 소인수분해 한다.

② 공통인 소인수와 공통이 아닌 소인수를 모두 곱한다. 이때 소인수의 지수가 크거나 같은 것을 택하여 곱한다.

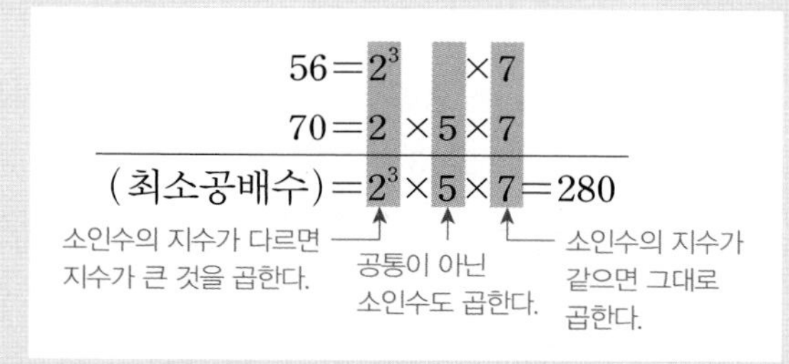
$56=2^3\times7$
$70=2\times5\times7$
$(\text{최소공배수})=2^3\times5\times7=280$

방법 2 나눗셈을 이용하는 방법

① 어느 두 수의 몫도 서로소가 될 때까지 1이 아닌 공약수로 각 수를 계속 나눈다.

② 나누어 준 공약수와 마지막 몫을 모두 곱한다.

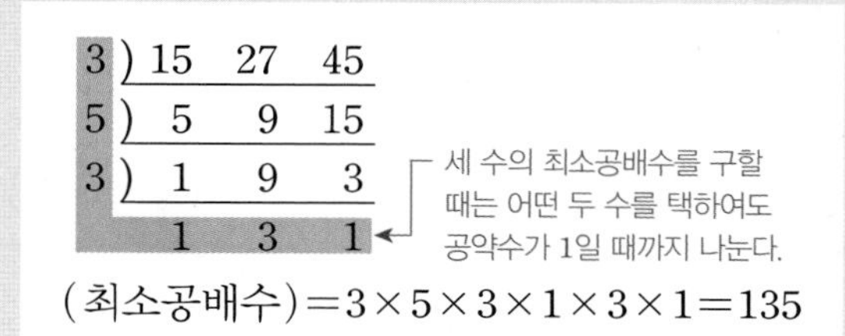
3) 15 27 45
5) 5 9 15
3) 1 9 3
1 3 1
$(\text{최소공배수})=3\times5\times3\times1\times3\times1=135$

3 최대공약수와 최소공배수의 관계

두 자연수 A, B의 최대공약수가 G, 최소공배수가 L일 때
$A=a\times G$, $B=b\times G$ (a, b는 서로소)라 하면

(1) $L=a\times b\times G$

(2) $A\times B=L\times G$

참고 $A\times B=(a\times G)\times(b\times G)=\underbrace{(a\times b\times G)}_{\text{최소공배수 } L}\times G=L\times G$

개념 노트

- 두 수의 공배수는 무수히 많아서 가장 큰 수를 구할 수 없으므로 최대공배수는 생각하지 않는다.
- 최소공배수를 구할 때 경우에 따라 더 편리한 방법을 이용한다.
  (i) 소인수분해 된 수 ➡ 소인수분해를 이용하는 방법
  (ii) 일반적인 자연수 ➡ 나눗셈을 이용하는 방법
- 세 수의 최소공배수를 구할 때 두 수만 공약수가 있다면 두 수의 공약수로 나누고, 공약수가 없는 수는 그대로 내려 쓴다.
- 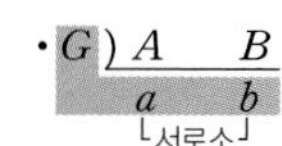

소단원 필수 유형

필수 유형

17 최소공배수의 성질

[242004-0049]

두 자연수 A, B의 최소공배수가 24일 때, A, B의 공배수 중에서 두 자리 자연수는 모두 몇 개인가?

① 2개 ② 3개 ③ 4개 ④ 5개 ⑤ 6개

[마스터 전략]

두 자연수의 공배수는 두 수의 최소공배수의 배수이다.

17-1 [242004-0050]

두 자연수 A, B의 최소공배수가 6일 때, 다음 중에서 A, B의 공배수가 아닌 것은?

① 24 ② 30 ③ 42 ④ 50 ⑤ 72

필수 유형

18 최소공배수 구하기

[242004-0051]

세 수 84, $2^3\times3^2$, 2×7^2의 최소공배수는?

① $2^3\times3$ ② $2^3\times3^2$ ③ $2\times3\times7$ ④ $2^2\times3^2\times7^2$ ⑤ $2^3\times3^2\times7^2$

[마스터 전략]

최소공배수는 각 수를 소인수분해 한 후, 공통인 소인수의 거듭제곱은 지수가 크거나 같은 것을, 공통인 아닌 소인수의 거듭제곱은 모두 택하여 곱한다.

18-1 [242004-0052]

다음 중에서 두 수의 최소공배수가 가장 작은 것은?

① 2^3, 3^3 ② 5^2, 5^4 ③ $2^3\times3$, 3×5^2 ④ $2\times3\times7$, $3\times5\times7$ ⑤ $2^2\times3$, $2\times3^2\times5$

필수 유형

19 공배수 구하기

[242004-0053]

다음 중에서 세 수 $2^2\times3$, $2^2\times5^2\times7$, $2^3\times5^3\times7$의 공배수가 아닌 것을 모두 고르면? (정답 2개)

① $2^3\times5^3\times7$ ② $2^3\times3\times5^3\times7$ ③ $2^4\times3\times5^3\times7$ ④ $2^3\times3^2\times5^3\times7$ ⑤ $2^3\times3\times5^3\times11$

[마스터 전략]

공배수는 주어진 수들의 최소공배수를 구한 후, 최소공배수의 배수를 구한다.

19-1 [242004-0054]

세 수 28, 42, 56의 공배수 중에서 세 자리 수는 모두 몇 개인가?

① 3개 ② 5개 ③ 7개 ④ 9개 ⑤ 11개

필수 유형

20 최소공배수가 주어질 때, 미지수 구하기

[242004-0055]

세 자연수 $5\times x$, $8\times x$, $12\times x$의 최소공배수가 240일 때, x의 값은?

① 2 ② 3 ③ 4
④ 6 ⑤ 8

[마스터 전략]
미지수가 포함된 수들의 최소공배수는 소인수분해 또는 나눗셈을 이용하여 미지수를 사용한 식으로 나타낸다.

20-1 [242004-0056]

두 자연수 $6\times x$, $10\times x$의 최소공배수가 90일 때, x의 값은?

① 2 ② 3 ③ 4
④ 5 ⑤ 6

20-2 [242004-0057]

세 자연수 56, 70, N의 최소공배수가 280일 때, 다음 중에서 N의 값이 될 수 없는 것은?

① 4 ② 8 ③ 10
④ 14 ⑤ 16

필수 유형

21 최대공약수 또는 최소공배수가 주어질 때, 미지수 구하기

[242004-0058]

두 수 $2^3\times 3^a\times 7$, $2^b\times 3^2\times 11$의 최대공약수는 2×3^2, 최소공배수는 $2^3\times 3^4\times 7^c\times 11$일 때, $a+b+c$의 값은?
(단, a, b, c는 자연수)

① 5 ② 6 ③ 7
④ 8 ⑤ 9

[마스터 전략]
주어진 수와 최대공약수, 최소공배수를 소인수분해 하여 밑과 지수를 각각 비교한다.

21-1 [242004-0059]

두 수 $2^a\times 3^4$, $2^2\times 3^b$의 최대공약수는 2×3^c, 최소공배수는 $2^2\times 3^5$일 때, $a+b+c$의 값은? (단, a, b, c는 자연수)

① 8 ② 9 ③ 10
④ 11 ⑤ 12

21-2 [242004-0060]

두 수 $2^2\times 3^a\times b$, $2^c\times 3\times 5^d\times 7$의 최대공약수는 42, 최소공배수는 2100일 때, $a+b+c+d$의 값을 구하시오.
(단, a, c, d는 자연수, b는 2, 3이 아닌 소수)

소단원 필수 유형

필수 유형

22 두 분수를 자연수로 만들기

[242004-0061]

두 분수 $\frac{9}{35}$, $\frac{27}{20}$ 중 어느 것에 곱하여도 그 결과가 자연수가 되는 분수 중에서 가장 작은 기약분수를 구하시오.

[마스터 전략]

두 분수 $\frac{A}{B}$, $\frac{C}{D}$ 중 어느 것에 곱하여도 자연수가 되는 분수는 $\frac{(B,\ D\text{의 공배수})}{(A,\ C\text{의 공약수})}$이므로 가장 작은 분수는 $\frac{(B,\ D\text{의 최소공배수})}{(A,\ C\text{의 최대공약수})}$이다.

22-1 [242004-0062]

두 분수 $\frac{48}{n}$, $\frac{56}{n}$이 자연수가 되도록 하는 자연수 n은 모두 몇 개인가?

① 3개 ② 4개 ③ 5개 ④ 6개 ⑤ 7개

필수 유형

23 최대공약수와 최소공배수의 관계 (1)

[242004-0063]

두 자연수의 곱이 450이고 최대공약수가 15일 때, 이 두 수의 최소공배수를 구하시오.

[마스터 전략]

두 자연수 A, B의 최대공약수가 G, 최소공배수가 L일 때, $A\times B=L\times G$이다.

23-1 [242004-0064]

두 자연수 A, $2^2\times5$의 최대공약수가 2×5이고 최소공배수가 $2^2\times5\times7$일 때, 자연수 A의 모든 소인수들의 합은?

① 10 ② 11 ③ 12 ④ 13 ⑤ 14

필수 유형

24 최대공약수와 최소공배수의 관계 (2)

[242004-0065]

최대공약수가 12이고 최소공배수가 168인 두 자연수의 합이 108일 때, 이 두 수의 차는?

① 60 ② 66 ③ 72 ④ 78 ⑤ 84

[마스터 전략]

두 자연수 A, B의 최대공약수가 G, 최소공배수가 L일 때, $A=a\times G$, $B=b\times G$ (a, b는 서로소)라 하면 $L=a\times b\times G$이다.

24-1 [242004-0066]

최대공약수는 18, 최소공배수는 360인 두 자연수의 합을 k라 할 때, k의 최솟값은?

① 145 ② 162 ③ 224 ④ 312 ⑤ 378

중단원 핵심유형 테스트

1
[242004-0067]

30보다 작은 자연수 중에서 가장 큰 합성수와 가장 작은 소수의 합은?

① 27 ② 28 ③ 29
④ 30 ⑤ 31

2
[242004-0068]

다음 중에서 옳은 것을 모두 고르면? (정답 2개)

① 한 자리 자연수 중에서 소수는 4개이다.
② 소수는 모두 홀수이다.
③ 소수가 아닌 자연수는 합성수이다.
④ 두 소수의 곱은 합성수이다.
⑤ 두 소수의 합은 소수이다.

3
[242004-0069]

다음은 수의 이름을 나타낸 표이다. 만을 10^a, 억을 10^b이라 할 때, $a+b$의 값은?

수	이름
1000	천
10000	만
100000000	억

① 10 ② 11 ③ 12
④ 13 ⑤ 14

4
[242004-0070]

$2\times2\times3\times3\times a\times5\times5\times5\times5$를 거듭제곱으로 나타내면 $2^3\times b^2\times5^c$일 때, 자연수 a, b, c에 대하여 $a+b-c$의 값을 구하시오. (단, a는 소수, b는 2, 5가 아닌 소수)

5
[242004-0071]

504를 소인수분해 하면 $2^a\times3^b\times c$일 때, 자연수 a, b, c에 대하여 $a+b+c$의 값은? (단, c는 2, 3이 아닌 소수)

① 10 ② 11 ③ 12
④ 13 ⑤ 14

6
[242004-0072]

다음 중에서 140의 소인수를 모두 구한 것은?

① 2, 5, 7 ② 3, 5, 7
③ 1, 2, 5, 7 ④ 1, 3, 5, 7
⑤ 1, 2, 4, 5, 7

7 중요
[242004-0073]

150에 자연수를 곱하여 어떤 자연수의 제곱이 되도록 할 때, 곱할 수 있는 수 중에서 두 번째로 작은 수는?

① 6 ② 8 ③ 12
④ 24 ⑤ 54

8 고득점 [242004-0074]

600을 가능한 한 작은 자연수 a로 나누어 자연수 b의 제곱이 되게 하려고 한다. 이때 $a+b$의 값을 구하시오.

9 [242004-0075]

다음 중에서 약수의 개수가 가장 많은 것은?

① 36 ② 80 ③ 2^6
④ $2\times3\times5^2$ ⑤ $2\times3\times5\times7$

10 중요 [242004-0076]

450의 약수 중에서 어떤 자연수의 제곱이 되는 모든 수의 합을 구하시오.

11 [242004-0077]

어떤 세 자연수의 최대공약수가 21일 때, 이 세 수의 모든 공약수의 합은?

① 20 ② 24 ③ 28
④ 30 ⑤ 32

12 [242004-0078]

27 이하의 자연수 중에서 27과 서로소인 수는 모두 몇 개인가?

① 9개 ② 10개 ③ 15개
④ 17개 ⑤ 18개

13 중요 [242004-0079]

두 수 $3\times5^3\times7$과 A의 최대공약수가 75일 때, 다음 중에서 A의 값이 될 수 있는 것을 모두 고르면? (정답 2개)

① 3×5^2 ② $3^2\times5$
③ $2\times3\times5^2$ ④ $3\times5^2\times7^2$
⑤ $3^2\times5^2\times7$

14 [242004-0080]

두 자연수 A, B의 최소공배수가 35일 때, A와 B의 공배수 중에서 200 이하의 자연수의 개수는?

① 5 ② 6 ③ 7
④ 8 ⑤ 9

15
[242004-0081]

다음 중에서 세 수 $2^2\times3\times5^2$, $3^2\times5$, $3\times5^2\times7$의 최대공약수와 최소공배수를 차례로 구한 것은?

① 3×5, $3\times5^2\times7$
② 3×5, $2\times3\times5^2\times7$
③ 3×5, $2^2\times3^2\times5^2\times7$
④ $3^2\times5$, $2^2\times3^2\times5^2\times7$
⑤ $3^2\times5^2$, $2\times3^3\times5^2\times7$

16
[242004-0082]

세 자연수 $4\times x$, $6\times x$, $9\times x$의 최소공배수가 72일 때, 자연수 x의 값은?

① 2 ② 3 ③ 4
④ 5 ⑤ 6

17 중요
[242004-0083]

두 수 $2^a\times3^5\times c$, $2^3\times3^b$의 최대공약수가 $2^2\times3^2$이고 최소공배수가 $2^3\times3^5\times5$일 때, 자연수 a, b, c에 대하여 $a+b+c$의 값을 구하시오. (단, c는 2, 3이 아닌 소수)

18 고득점
[242004-0084]

세 분수 $\frac{25}{3}$, $\frac{5}{12}$, $\frac{5}{9}$의 어느 것에 곱하여도 그 결과가 자연수가 되게 하는 분수 중에서 가장 작은 기약분수는?

① $\frac{25}{3}$ ② $\frac{36}{5}$ ③ $\frac{6}{5}$
④ $\frac{25}{36}$ ⑤ $\frac{12}{25}$

기출 서술형

19
[242004-0085]

세 수 $2^a\times3^4\times5^2$, $2^3\times3^b\times5^3$, $2^3\times3^4\times5^c\times11$의 최대공약수가 540일 때, 자연수 a, b, c에 대하여 $a+b+c$의 값을 구하시오.

풀이 과정

답 |

20
[242004-0086]

두 분수 $\frac{n}{12}$, $\frac{n}{18}$을 모두 자연수로 만드는 두 자리 자연수 n의 값의 합을 구하시오.

풀이 과정

답 |

2

정수와 유리수

1 정수와 유리수의 뜻

2 정수와 유리수의 대소 관계

3 정수와 유리수의 덧셈

4 정수와 유리수의 뺄셈

5 정수와 유리수의 곱셈

6 정수와 유리수의 나눗셈

1 정수와 유리수의 뜻

1 부호를 가진 수

(1) 서로 반대되는 성질의 두 수량을 나타낼 때, 어떤 기준을 중심으로 한쪽 수량에는 양의 부호인 $+$를, 다른 쪽 수량에는 음의 부호인 $-$를 붙여서 나타낸다.

└ 플러스 └ 마이너스

예 2점 상승: $+2$점, 2점 하락: -2점

(2) 양수와 음수

① 양수: 0보다 큰 수로 양의 부호 $+$를 붙인 수 ➡ $+1,\ +3.2,\ +\frac{5}{3},\ \cdots$

② 음수: 0보다 작은 수로 음의 부호 $-$를 붙인 수 ➡ $-1,\ -2.1,\ -\frac{1}{2},\ \cdots$

2 정수

양의 정수, 0, 음의 정수를 통틀어 정수라 한다.

(1) 양의 정수: 자연수에 양의 부호 $+$를 붙인 수 ➡ $+1,\ +2,\ +3,\ \cdots$

(2) 음의 정수: 자연수에 음의 부호 $-$를 붙인 수 ➡ $-1,\ -2,\ -3,\ \cdots$

(3) 정수의 분류

정수
- 양의 정수(자연수): $+1,\ +2,\ +3,\ \cdots$
- 0
- 음의 정수: $-1,\ -2,\ -3,\ \cdots$

3 유리수

양의 유리수, 0, 음의 유리수를 통틀어 유리수라 한다.

(1) 양의 유리수: 분자, 분모가 자연수인 분수에 양의 부호 $+$를 붙인 수

(2) 음의 유리수: 분자, 분모가 자연수인 분수에 음의 부호 $-$를 붙인 수

(3) 유리수의 분류

① $2=\frac{2}{1},\ -3=\frac{-3}{1},\ 0=\frac{0}{1}$과 같이 모든 정수는 분수로 나타낼 수 있으므로 모든 정수는 유리수이다.

② 분수 뿐 아니라 $2.7=\frac{27}{10}$과 같이 분수 꼴로 나타낼 수 있는 수는 유리수이다.

유리수
- 정수
  - 양의 정수(자연수): $+1,\ +2,\ +3,\ \cdots$
  - 0
  - 음의 정수: $-1,\ -2,\ -3,\ \cdots$
- 정수가 아닌 유리수: $-\frac{2}{3},\ -0.3,\ +\frac{1}{2},\ 4.5,\ \cdots$

└ 기약분수로 고쳤을 때, 분모가 1이 되지 않는 분수

개념 노트

- 0은 양수도 아니고 음수도 아니다.
- 양의 정수는 자연수와 같고, $+$부호를 생략하여 나타내기도 한다.
- 양의 유리수는 $+$부호를 생략하여 나타내기도 한다.
- 앞으로는 수라고 하면 유리수를 말한다.

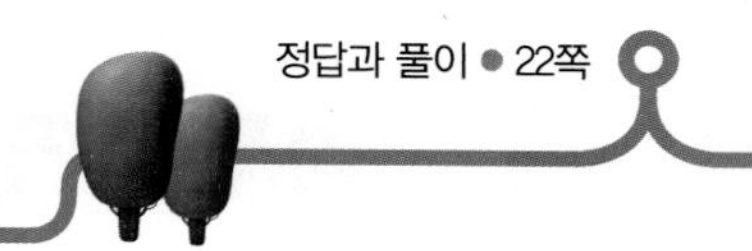

소단원 필수 유형

필수 유형

1 부호를 사용하여 나타내기

[242004-0087]

다음 중에서 양의 부호 + 또는 음의 부호 −를 사용하여 나타낸 것으로 옳지 않은 것을 모두 고르면? (정답 2개)

① 5만 원 이익 ➡ −50000원

② 3점 득점 ➡ +3점

③ 영상 15 ℃ ➡ +15 ℃

④ 5분 전 ➡ −5분

⑤ 2점 하락 ➡ +2점

[마스터 전략]

서로 반대되는 성질을 가지는 수량을 표현할 때, 기준을 0으로 정하고 양의 부호 +와 음의 부호 −를 사용한다.

1-1 [242004-0088]

다음을 양의 부호 + 또는 음의 부호 −를 사용하여 나타낼 때, 음의 부호 −를 사용하는 것은 모두 몇 개인지 구하시오.

> 5 % 감소,　출발 1시간 후,　30 % 인상
> 영하 13 ℃,　3.5 kg 증가,　5000원 손해

1-2 [242004-0089]

다음 밑줄 친 부분을 양의 부호 + 또는 음의 부호 −를 사용하여 나타낸 것으로 옳은 것을 모두 고르면? (정답 2개)

① 입장료가 2000원 인하되었다. ➡ −2000원

② 6월 평균 기온은 영상 22 ℃이다. ➡ −22 ℃

③ 작년보다 키가 5 cm 컸다. ➡ −5 cm

④ 물가가 작년보다 2.3 % 상승하였다. ➡ −2.3 %

⑤ 후반전에 3점 실점하였다. ➡ −3점

필수 유형

2 정수의 분류

[242004-0090]

다음 중에서 정수가 아닌 것은?

① −6　② +2.7　③ 0

④ $-\frac{4}{2}$　⑤ +2

[마스터 전략]

양의 정수, 0, 음의 정수를 통틀어 정수라 한다.

2-1 [242004-0091]

다음 중에서 정수인 것을 모두 고르면? (정답 2개)

① $-\frac{1}{2}$　② $+\frac{2}{3}$　③ −2

④ −3.4　⑤ $\frac{6}{2}$

2-2 [242004-0092]

다음 수 중에서 양의 정수와 음의 정수를 각각 고르시오.

> −3,　+2,　0,　$\frac{5}{2}$,　$-\frac{8}{4}$,　−5.2

소단원 필수 유형

필수 유형

3 유리수의 분류

[242004-0093]

다음 수에 대한 설명으로 옳은 것은?

$-3.5,\quad -\frac{16}{4},\quad 0,\quad +9,\quad \frac{15}{5},\quad 7.9,\quad -13$

① 양수는 3개이다.
② 음의 유리수는 2개이다.
③ 양의 정수는 1개이다.
④ 정수는 3개이다.
⑤ 정수가 아닌 유리수는 4개이다.

[마스터 전략]
$\frac{(\text{정수})}{(0\text{이 아닌 정수})}$인 분수로 나타낼 수 있는 수, 즉 양의 유리수, 0, 음의 유리수를 통틀어 유리수라 한다.

3-1 [242004-0094]

다음은 유리수를 분류하여 나타낸 것이다. 보기에서 (가)에 해당하는 수를 모두 고르시오.

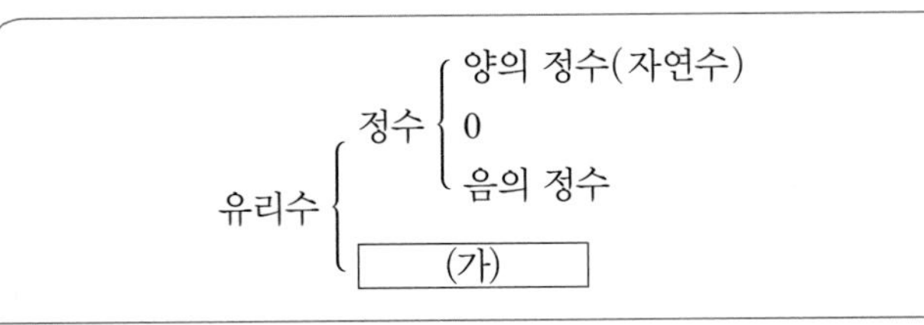

보기

$-3,\quad 1.4,\quad \frac{8}{2},\quad 0,\quad \frac{4}{5},\quad +2.37$

3-2 [242004-0095]

다음 수 중에서 정수가 아닌 유리수의 개수를 a, 음의 유리수의 개수를 b라 할 때, $a+b$의 값을 구하시오.

$0,\quad \frac{5}{6},\quad -\frac{1}{2},\quad -1,\quad -0.3,\quad 4,\quad 5.7$

필수 유형

4 정수와 유리수의 성질

[242004-0096]

다음 중에서 옳은 것은?

① 유리수는 분자, 분모가 정수인 분수로 나타낼 수 있는 수이다.
② 유리수는 양의 유리수와 음의 유리수로 이루어져 있다.
③ 정수 중에는 유리수가 아닌 수도 있다.
④ 1과 3 사이에는 1개의 유리수가 있다.
⑤ 모든 자연수는 정수이다.

[마스터 전략]
모든 정수는 분수로 나타낼 수 있으므로 모든 정수는 유리수이다.

4-1 [242004-0097]

다음 중에서 옳지 않은 것은?

① 유리수는 양수와 음수로 이루어져 있다.
② 0은 정수이면서 유리수이다.
③ 모든 정수는 유리수이다.
④ 자연수에 음의 부호를 붙인 수는 음의 정수이다.
⑤ 유리수 중에는 정수가 아닌 수도 있다.

4-2 [242004-0098]

다음 보기에서 옳은 것의 개수를 구하시오.

보기

ㄱ. 0은 분수로 나타낼 수 없으므로 유리수가 아니다.
ㄴ. 정수와 정수 사이에는 반드시 다른 정수가 있다.
ㄷ. 0은 양수도 아니고 음수도 아니다.
ㄹ. 음의 정수가 아닌 정수는 자연수이다.

2 정수와 유리수의 대소 관계

1 수직선

직선 위에 기준이 되는 점을 정하여 그 점에 수 0을 대응시키고, 이 점의 오른쪽에 양수를, 왼쪽에 음수를 대응시킨 직선을 수직선이라 한다. 이때 0을 나타내는 기준이 되는 점을 원점 O라 한다.

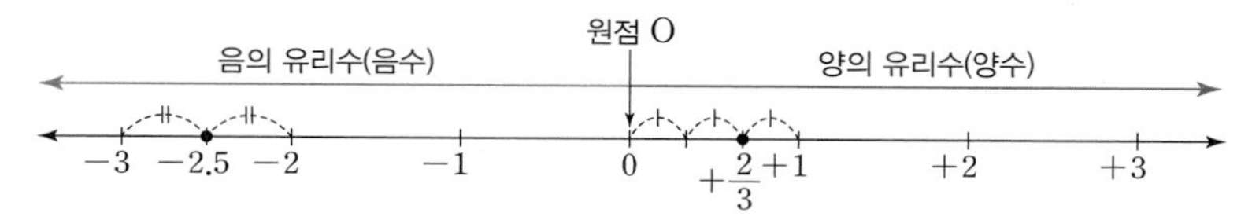

참고 모든 유리수는 수직선 위에 점으로 나타낼 수 있다.

개념 노트

- 분수를 수직선 위에 나타낼 때는 이웃한 두 정수를 나타내는 점 사이를 분모의 수만큼 등분한 후 나타낸다.

$+1 \quad +\frac{5}{4}\left(=+1\frac{1}{4}\right) \quad +2$

2 절댓값

(1) 절댓값 : 수직선 위에서 0을 나타내는 점과 어떤 수를 나타내는 점 사이의 거리

(2) 절댓값의 기호 : 어떤 수 a의 절댓값 ➡ $|a|$

예 (거리: 3, O, 거리: 3; −3 −2 −1 0 +1 +2 +3)

-3의 절댓값 ➡ $|-3|=3$

$+3$의 절댓값 ➡ $|+3|=3$

(3) 절댓값의 성질

① 절댓값은 거리를 나타내므로 항상 0 또는 양수이다.

② 수를 수직선 위에 나타낼 때, 원점에서 멀리 떨어질수록 절댓값이 커진다.

③ 양수 a에 대하여 절댓값이 a인 수는 $+a$와 $-a$의 2개이다.

예 절댓값이 1인 수 ➡ $+1$, -1

- $|0|=0$이고, 절댓값이 가장 작은 수는 0이다.
- 어떤 수의 절댓값은 그 수에서 부호 +, −를 떼어 낸 것으로 생각하면 편리하다.

3 수의 대소 관계

수직선에서 오른쪽에 있는 수가 왼쪽에 있는 수보다 크다.

(1) 양수는 0보다 크고, 음수는 0보다 작다.

(2) 양수는 음수보다 크다.

(3) 양수끼리는 절댓값이 큰 수가 크다.

(4) 음수끼리는 절댓값이 큰 수가 작다.

(작아진다. / 커진다. / −3 −2 −1 0 1 2 3 / 절댓값이 큰 수가 작다. / 절댓값이 큰 수가 크다.)

- 분모가 다른 분수의 대소는 분모를 통분하여 분자끼리 비교한다.

4 부등호의 사용

$x>a$	$x<a$	$x\geq a$	$x\leq a$
x는 a보다 크다. x는 a 초과이다.	x는 a보다 작다. x는 a 미만이다.	x는 a보다 크거나 같다. x는 a보다 작지 않다. x는 a 이상이다.	x는 a보다 작거나 같다. x는 a보다 크지 않다. x는 a 이하이다.

- 세 수의 대소 관계도 부등호를 사용하여 나타낼 수 있다.

예 x는 -1보다 크고 2보다 작거나 같다.

➡ $-1<x\leq 2$

소단원 필수 유형

필수 유형

5 수를 수직선 위에 나타내기

[242004-0099]

다음 수직선 위의 다섯 개의 점 A, B, C, D, E가 나타내는 수로 옳지 않은 것은?

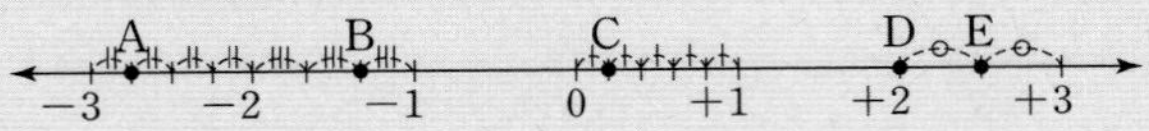

① A: $-\frac{15}{4}$ ② B: $-\frac{4}{3}$ ③ C: $\frac{1}{5}$

④ D: 2 ⑤ E: 2.5

[마스터 전략]

수직선 위에서 0을 나타내는 점을 기준으로 양수는 오른쪽에, 음수는 왼쪽에 대응시킨다.

5-1 [242004-0100]

다음 수를 수직선 위에 나타낼 때, 왼쪽에서 두 번째에 있는 수를 구하시오.

$$-\frac{5}{3},\quad 2.5,\quad -4,\quad \frac{10}{3},\quad 1$$

5-2 [242004-0101]

$-\frac{11}{3}$보다 작은 수 중에서 가장 큰 정수를 a, $\frac{7}{4}$보다 큰 수 중에서 가장 작은 정수를 b라 할 때, a, b의 값을 각각 구하시오.

필수 유형

6 수직선에서 같은 거리에 있는 점

[242004-0102]

수직선에서 -6과 4를 나타내는 두 점의 한가운데에 있는 점이 나타내는 수는?

① -3 ② -2 ③ -1

④ 1 ⑤ 2

[마스터 전략]

수직선에서 두 점의 한가운데에 있는 점이 나타내는 수는 두 점으로부터 같은 거리에 있는 점이 나타내는 수이다.

6-1 [242004-0103]

수직선에서 두 수 a, b를 나타내는 두 점 사이의 거리가 6이고, 이 두 점의 한가운데에 있는 점이 나타내는 수가 -1일 때, a, b의 값을 바르게 구한 것은? (단, $a<0$)

① $a=-7$, $b=-1$ ② $a=-7$, $b=5$

③ $a=-4$, $b=2$ ④ $a=-4$, $b=5$

⑤ $a=-2$, $b=2$

6-2 [242004-0104]

수직선에서 두 수 4, a를 나타내는 두 점으로부터 같은 거리에 있는 점이 나타내는 수가 6이고, 두 수 a, b를 나타내는 두 점 사이의 거리가 3일 때, b의 값이 될 수 있는 것을 모두 고르면? (정답 2개)

① 3 ② 5 ③ 7

④ 9 ⑤ 11

필수 유형

7 절댓값

[242004-0105]

$-\frac{7}{5}$의 절댓값을 a, 절댓값이 5인 양수를 b라 할 때, $a\times b$의 값은?

① 3 ② 4 ③ 5 ④ 6 ⑤ 7

[마스터 전략]

a의 절댓값은 수직선에서 0을 나타내는 점과 a를 나타내는 점 사이의 거리이고, $a>0$일 때 $|a|=a$, $|-a|=a$이다.

7-1 [242004-0106]

$+4$의 절댓값을 a, 수직선에서 원점으로부터 거리가 7인 점이 나타내는 양수를 b라 할 때, $a+b$의 값은?

① 11 ② 12 ③ 13 ④ 14 ⑤ 15

7-2 [242004-0107]

수직선 위에서 서로 다른 두 정수 a, b를 나타내는 두 점으로부터 같은 거리에 있는 점이 나타내는 수가 2이다. 음수 a의 절댓값이 3일 때, b의 값을 구하시오.

필수 유형

8 절댓값의 성질

[242004-0108]

다음 중에서 옳은 것은?

① $|a|=a$이면 a는 양수이다.
② 절댓값이 같은 수는 항상 2개이다.
③ 절댓값이 1보다 작은 정수는 없다.
④ 음수의 절댓값은 0의 절댓값보다 작다.
⑤ 절댓값이 클수록 수직선 위에서 그 수에 대응하는 점은 원점에서 멀다.

[마스터 전략]

절댓값은 항상 0 또는 양수이고 원점에서 멀리 떨어질수록 절댓값이 커진다.

8-1 [242004-0109]

다음 보기에서 옳은 것을 있는 대로 고르시오.

보기

ㄱ. 절댓값이 가장 작은 수는 0이다.
ㄴ. 절댓값은 항상 양수이다.
ㄷ. $a>0$이면 $|-a|=a$이다.
ㄹ. 수직선 위에서 오른쪽에 있는 점에 대응하는 수의 절댓값이 왼쪽에 있는 점에 대응하는 수의 절댓값보다 항상 크다.

8-2 [242004-0110]

다음 중에서 옳지 않은 것은?

① 양수의 절댓값은 항상 자기 자신과 같다.
② 0의 절댓값은 0이다.
③ $a<0$이면 $|a|=-a$이다.
④ 음수의 절댓값은 양수이다.
⑤ 절댓값이 2인 수는 1개이다.

필수 유형

9 절댓값이 같고 부호가 반대인 두 수

[242004-0111]

수직선에서 절댓값이 같고 부호가 반대인 두 수를 나타내는 두 점 사이의 거리가 16일 때, 두 수 중에서 작은 수는?

① -16 ② -8 ③ -4
④ 8 ⑤ 16

[마스터 전략]
수직선에서 절댓값이 같고 부호가 반대인 두 수를 나타내는 두 점 사이의 거리가 a이면 큰 수는 $\frac{a}{2}$, 작은 수는 $-\frac{a}{2}$이다.

9-1 [242004-0112]

두 수 A, B에 대하여 $|A|=|B|$이고 수직선에서 A, B를 나타내는 두 점 사이의 거리가 5이다. 이때 양수 B의 값을 구하시오.

9-2 [242004-0113]

두 수 a, b에 대하여 $a<b$, $|a|=|b|$이고 수직선에서 a, b를 나타내는 두 점 사이의 거리가 $\frac{6}{7}$일 때, a의 값은?

① $-\frac{6}{7}$ ② $-\frac{3}{7}$ ③ $-\frac{2}{7}$
④ $\frac{3}{7}$ ⑤ $\frac{6}{7}$

필수 유형

10 절댓값의 대소 관계

[242004-0114]

다음 수 중에서 절댓값이 가장 큰 수와 절댓값이 가장 작은 수를 차례대로 구한 것은?

$$5,\quad -\frac{17}{3},\quad -4.1,\quad -2,\quad \frac{7}{8}$$

① 5, $-\frac{17}{3}$ ② 5, $\frac{7}{8}$
③ $-\frac{17}{3}$, -4.1 ④ $-\frac{17}{3}$, -2
⑤ $-\frac{17}{3}$, $\frac{7}{8}$

[마스터 전략]
절댓값의 대소 관계는 부호를 뗀 수끼리 대소를 비교한다.

10-1 [242004-0115]

다음 수를 절댓값이 큰 수부터 차례대로 나열할 때, 네 번째에 오는 수를 구하시오.

$$2,\quad \frac{6}{5},\quad -\frac{11}{12},\quad -3,\quad \frac{5}{4}$$

10-2 [242004-0116]

다음 수 중에서 절댓값이 가장 큰 수와 수직선에서 원점으로부터 가장 가까운 수를 차례대로 구하시오.

$$-\frac{7}{2},\quad 3.12,\quad \frac{10}{3},\quad -2.5,\quad -3$$

필수 유형

11 절댓값의 범위가 주어진 수

[242004-0117]

다음 수 중에서 절댓값이 4 이상인 수를 모두 고르시오.

$$-7,\ 2,\ \frac{3}{8},\ 1,\ -\frac{1}{2},\ -\frac{17}{4}$$

[마스터 전략]

절댓값이 $a(a>0)$ 이상인 수는 $-a$보다 작거나 같고 a보다 크거나 같은 수이다.

11-1 [242004-0118]

다음 중에서 절댓값이 3 이상 7 이하인 수를 모두 고르면? (정답 2개)

① -8.1 ② -8 ③ -6.5
④ 2 ⑤ 7

11-2 [242004-0119]

$\frac{n}{3}$의 절댓값이 1보다 작도록 하는 정수 n은 모두 몇 개인가?

① 1개 ② 2개 ③ 3개
④ 4개 ⑤ 5개

필수 유형

12 수의 대소 관계

[242004-0120]

다음 수 중에서 세 번째로 작은 수를 구하시오.

$$2.1,\ -1.7,\ \frac{7}{5},\ 0,\ -\frac{7}{8},\ -4$$

[마스터 전략]

(음수)<0<(양수)이고, 양수끼리는 절댓값이 큰 수가 크며 음수끼리는 절댓값이 작은 수가 크다.

12-1 [242004-0121]

다음 중에서 □ 안에 알맞은 부등호가 나머지 넷과 다른 하나는?

① $-8\ \square\ -3$ ② $-5.2\ \square\ 4.6$
③ $-1.2\ \square\ -\frac{1}{5}$ ④ $\frac{7}{2}\ \square\ \left|-\frac{9}{4}\right|$
⑤ $\left|-\frac{4}{5}\right|\ \square\ \left|-\frac{7}{6}\right|$

12-2 [242004-0122]

두 수 a, b에 대하여

$$a☆b=\begin{cases} a\ (a\text{가 } b\text{보다 클 때}) \\ 1\ (a\text{와 } b\text{가 같을 때}) \\ b\ (b\text{가 } a\text{보다 클 때}) \end{cases}$$

로 약속할 때, 다음 중에서 $\{1☆(-3)\}☆k=1$을 만족시키는 k의 값이 될 수 없는 것은?

① -5 ② -3.2 ③ 0
④ 1 ⑤ 1.2

소단원 필수 유형

필수 유형

13 부등호의 사용

[242004-0123]

'x는 $-\frac{4}{5}$ 초과이고 $\frac{11}{7}$보다 크지 않다.'를 부등호를 사용하여 바르게 나타낸 것은?

① $-\frac{4}{5}<x<\frac{11}{7}$
② $-\frac{4}{5}<x\le\frac{11}{7}$
③ $-\frac{4}{5}\le x<\frac{11}{7}$
④ $-\frac{4}{5}\le x\le\frac{11}{7}$
⑤ $x<-\frac{4}{5}$ 또는 $x\ge\frac{11}{7}$

[마스터 전략]
a는 b보다 크지 않다. ➡ a는 b보다 작거나 같다. ➡ $a\le b$

13-1 [242004-0124]

다음 중에서 $-3\le x<5$를 나타내는 것을 모두 고르면? (정답 2개)

① x는 -3 이상이고 5 미만이다.
② x는 -3 초과이고 5 미만이다.
③ x는 -3보다 크고 5보다 작거나 같다.
④ x는 -3보다 작지 않고 5보다 작다.
⑤ x는 -3보다 크거나 같고 5보다 크지 않다.

13-2 [242004-0125]

다음 중에서 부등호를 사용하여 나타낸 것으로 옳지 않은 것은?

① x는 3보다 작지 않다. ➡ $x>3$
② x는 -2 이하이다. ➡ $x\le-2$
③ x는 0 초과이고 1보다 작다. ➡ $0<x<1$
④ x는 0.7 이상이고 1.5 이하이다. ➡ $0.7\le x\le1.5$
⑤ x는 $-\frac{1}{3}$보다 작지 않고 $\frac{4}{5}$보다 작거나 같다.
➡ $-\frac{1}{3}\le x\le\frac{4}{5}$

필수 유형

14 주어진 범위에 속하는 수

[242004-0126]

$-3.2\le a<3$을 만족시키는 정수 a의 개수는?

① 3　② 4　③ 5
④ 6　⑤ 7

[마스터 전략]
등호의 포함 여부에 주의하여 두 유리수 사이에 있는 정수를 찾는다.

14-1 [242004-0127]

A의 절댓값은 3, B의 절댓값은 $\frac{1}{5}$이고 $A<0<B$일 때, 두 수 A와 B 사이에 있는 정수의 개수는?

① 2　② 3　③ 4
④ 5　⑤ 6

14-2 [242004-0128]

두 수 $-\frac{3}{4}$과 $\frac{5}{8}$ 사이에 있는 정수가 아닌 유리수 중에서 분모가 8인 기약분수의 개수는?

① 2　② 3　③ 4
④ 5　⑤ 6

3 정수와 유리수의 덧셈

1 유리수의 덧셈

(1) 부호가 같은 두 수의 덧셈: 두 수의 절댓값의 합에 공통인 부호를 붙인다.

예

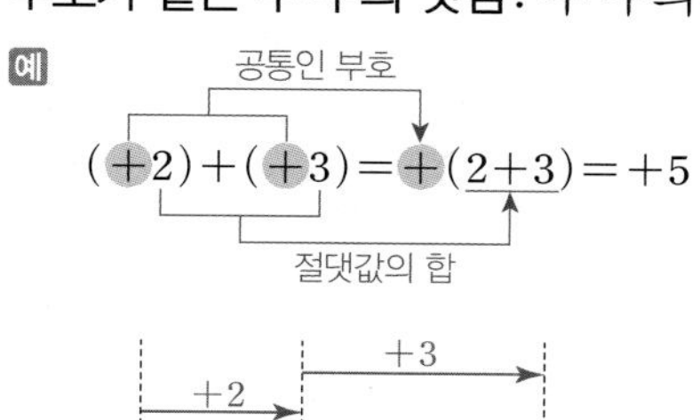

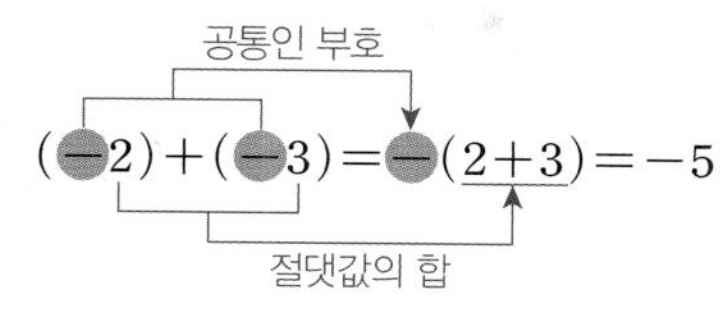

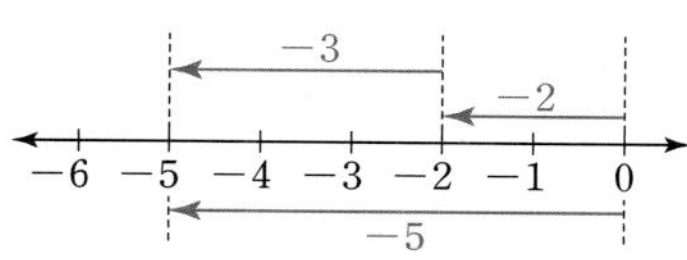

(2) 부호가 다른 두 수의 덧셈: 두 수의 절댓값의 차에 절댓값이 큰 수의 부호를 붙인다.

예

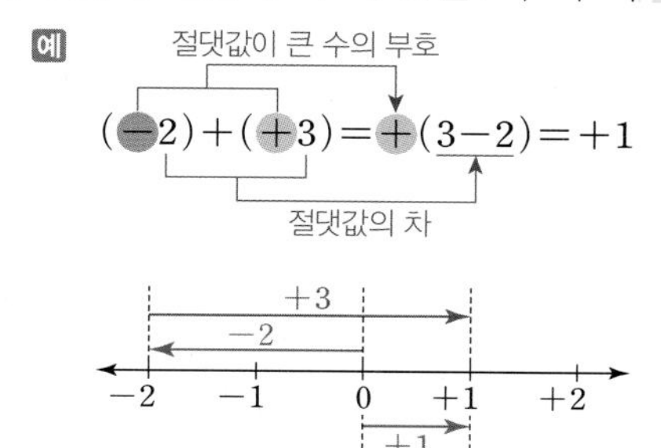

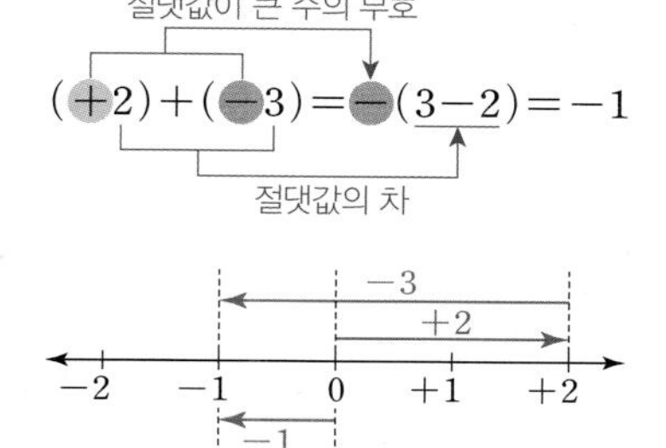

> **개념 노트**
> - 어떤 수와 0의 합은 그 수 자신이다.
> - 절댓값이 같고 부호가 반대인 두 수의 합은 0이다.

2 덧셈의 계산 법칙

세 수 a, b, c에 대하여 다음이 성립한다.

(1) 덧셈의 교환법칙: $a+b=b+a$

예 $(+3)+(-4)=-(4-3)=-1$
$(-4)+(+3)=-(4-3)=-1$] 같다.

(2) 덧셈의 결합법칙: $(a+b)+c=a+(b+c)$

예 $\{(+7)+(-2)\}+(+3)=(+5)+(+3)=+8$
$(+7)+\{(-2)+(+3)\}=(+7)+(+1)=+8$] 같다.

(3) 세 수 이상의 덧셈에서 교환법칙과 결합법칙을 이용하면 계산이 더 편리한 경우가 있다.

예 $\left(-\frac{5}{4}\right)+(+1)+\left(-\frac{3}{4}\right)$

$=(+1)+\left(-\frac{5}{4}\right)+\left(-\frac{3}{4}\right)$ ← 덧셈의 교환법칙

$=(+1)+\left\{\left(-\frac{5}{4}\right)+\left(-\frac{3}{4}\right)\right\}$ ← 덧셈의 결합법칙

$=(+1)+(-2)$

$=-1$

> - 덧셈의 교환법칙
>   ➡ 더하는 수의 순서를 바꾸어 더해도 그 결과는 같다.
> - 덧셈의 결합법칙
>   ➡ 세 수 중 어느 두 수를 먼저 더해도 그 결과는 같다.

소단원 필수 유형

필수 유형

15 유리수의 덧셈

[242004-0129]

다음 중에서 계산 결과가 가장 작은 것은?

① $\left(+\frac{2}{15}\right)+\left(+\frac{8}{5}\right)$　② $\left(-\frac{2}{7}\right)+\left(-\frac{3}{2}\right)$

③ $(+1.4)+(-2.1)$　④ $(-5.8)+(+3.2)$

⑤ $\left(-\frac{2}{5}\right)+\left(+\frac{13}{10}\right)$

[마스터 전략]

두 분수의 덧셈은 분모를 통분하여 계산한다.

15-1 [242004-0130]

다음 중에서 계산 결과가 옳지 <u>않은</u> 것은?

① $(-6)+(+2)=-4$

② $(-4)+(-5)=-9$

③ $(+2.1)+(+3.3)=+5.4$

④ $\left(-\frac{1}{2}\right)+\left(-\frac{3}{4}\right)=-\frac{5}{4}$

⑤ $\left(+\frac{3}{2}\right)+\left(-\frac{3}{5}\right)=-\frac{9}{10}$

필수 유형

16 수직선으로 나타내어진 덧셈식 찾기

[242004-0131]

다음 중에서 오른쪽 수직선으로 설명할 수 있는 덧셈식은?

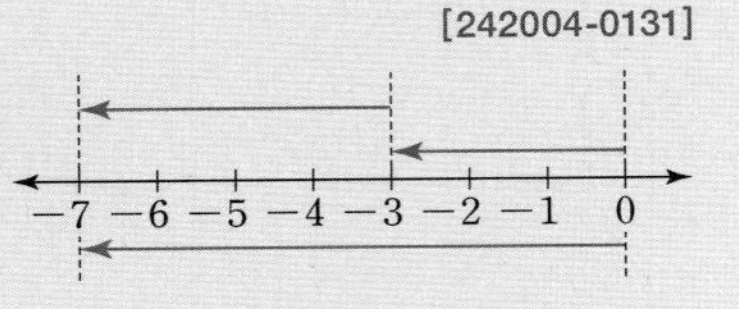

① $(+3)+(+4)=+7$　② $(-3)+(+4)=+1$

③ $(+3)+(-4)=-1$　④ $(-3)+(-4)=-7$

⑤ $(-3)+(-7)=-10$

[마스터 전략]

오른쪽으로 이동하는 것을 +, 왼쪽으로 이동하는 것을 −로 생각한다.

16-1 [242004-0132]

다음 중에서 아래 그림이 나타내는 덧셈식으로 옳은 것은?

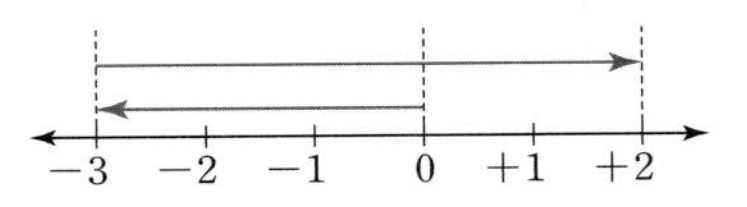

① $(+3)+(-2)$　② $(-3)+(+2)$

③ $(+3)+(-5)$　④ $(-3)+(+5)$

⑤ $(+2)+(-5)$

필수 유형

17 덧셈의 계산 법칙

[242004-0133]

다음 계산 과정에서 ㉠~㉣에 알맞은 것을 각각 구하시오.

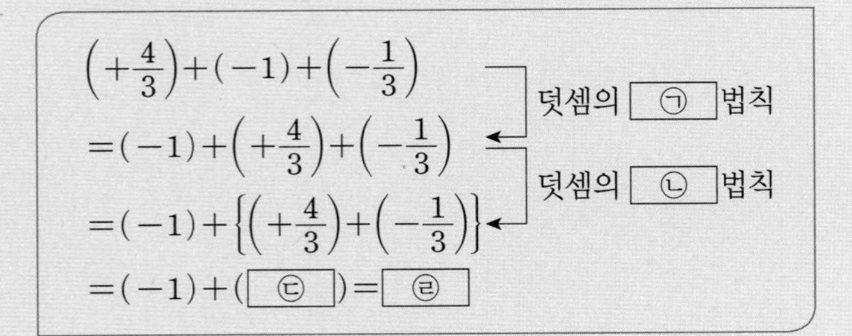

[마스터 전략]

세 수 a, b, c에 대하여 덧셈의 교환법칙: $a+b=b+a$,

덧셈의 결합법칙: $(a+b)+c=a+(b+c)$가 성립한다.

17-1 [242004-0134]

다음 표는 어느 도시에서 매일 아침 7시의 기온을 측정하여 전날 대비 기온 변화를 나타낸 표이다. 이 주 월요일의 기온이 □ ℃, 금요일의 기온이 11 ℃일 때, 월요일의 기온을 덧셈의 교환법칙과 결합법칙을 이용하여 구하면?

요일	화	수	목	금
증감	−3.1 ℃	+1 ℃	−1.9 ℃	+4 ℃

① 11 ℃　② 11.1 ℃　③ 11.9 ℃

④ 12 ℃　⑤ 12.1 ℃

4 정수와 유리수의 뺄셈

1 유리수의 뺄셈

두 수의 뺄셈은 빼는 수의 부호를 바꾸어 덧셈으로 고쳐서 계산한다.

예

덧셈으로 고치고

$(+4)-(+2)=(+4)+(-2)=+2$

부호를 반대로

덧셈으로 고치고

$(-6)-(-8)=(-6)+(+8)=+2$

부호를 반대로

참고 뺄셈에서는 교환법칙과 결합법칙이 성립하지 않는다.

예 ① $(+5)-(+3)=+2$
$(+3)-(+5)=-2$ ─ 다르다.

➡ 교환법칙이 성립하지 않는다.

② $\{(+5)-(+3)\}-(-1)=+3$
$(+5)-\{(+3)-(-1)\}=+1$ ─ 다르다.

➡ 결합법칙이 성립하지 않는다.

2 유리수의 덧셈과 뺄셈의 혼합 계산

(1) 유리수의 덧셈과 뺄셈의 혼합 계산

① 뺄셈을 덧셈으로 고친다.

② 덧셈의 교환법칙과 결합법칙을 이용하여 계산한다.

예 $(+4)-(+1)+(-5)-(-3)$

$=(+4)+(-1)+(-5)+(+3)$ ← 뺄셈을 덧셈으로 고친다.

$=(+4)+(+3)+(-1)+(-5)$ ← 덧셈의 교환법칙

$=\{(+4)+(+3)\}+\{(-1)+(-5)\}$ ← 덧셈의 결합법칙

$=(+7)+(-6)=1$ → +를 생략해도 된다.

(2) 부호가 생략된 수의 덧셈과 뺄셈

괄호를 사용하여 생략된 양의 부호 +를 다시 쓴 후 계산한다.

예 $5-7-3+4$

$=(+5)-(+7)-(+3)+(+4)$

$=(+5)+(-7)+(-3)+(+4)$

$=(+5)+(+4)+(-7)+(-3)$

$=\{(+5)+(+4)\}+\{(-7)+(-3)\}$

$=(+9)+(-10)=-1$

개념 노트

• 어떤 수에서 0을 빼면 자기 자신이다.

• 부호가 생략된 수의 덧셈과 뺄셈을 충분히 연습하고 나면 다음과 같이 간단히 할 수도 있다.

예 $5-7-3+4$
$=5+4-7-3$
$=9-10$
$=-1$

소단원 필수 유형

필수 유형

18 유리수의 뺄셈

[242004-0135]

다음 중에서 계산 결과가 옳지 않은 것은?

① $(-2)-(+5)=-7$

② $(+4)-(-8)=+12$

③ $\left(-\frac{1}{6}\right)-\left(-\frac{3}{4}\right)=+\frac{5}{12}$

④ $\left(-\frac{3}{7}\right)-\left(+\frac{1}{2}\right)=-\frac{13}{14}$

⑤ $(+3.5)-(+4.6)=-1.1$

[마스터 전략]

유리수의 뺄셈은 빼는 수의 부호를 바꾸어 더한다.

18-1 [242004-0136]

다음 중에서 계산 결과가 옳은 것은?

① $(-2)-(-3)=-5$

② $(+5)-(+2)=-3$

③ $(+3.1)-(-2.2)=+0.9$

④ $(-1)-\left(+\frac{5}{2}\right)=-\frac{7}{2}$

⑤ $\left(+\frac{6}{5}\right)-\left(-\frac{3}{2}\right)=-\frac{3}{10}$

18-2 [242004-0137]

두 수 $-\frac{1}{4}$과 $-\frac{1}{2}$의 차를 a, $-\frac{1}{2}$과 $+5$의 차를 b라 할 때, $a-b$의 값을 구하시오.

필수 유형

19 덧셈과 뺄셈의 혼합 계산 – 부호가 있는 경우

[242004-0138]

다음 중에서 계산 결과가 옳은 것을 모두 고르면? (정답 2개)

① $(+5)+(-7)-(-3)=-1$

② $(+4)-(-11)+(+5)=+20$

③ $(-1)+(-3)-(+7)=+3$

④ $\left(-\frac{1}{2}\right)-\left(-\frac{5}{2}\right)+(+7)=+9$

⑤ $(+2.5)-(+4.2)+(-1.9)=-3.4$

[마스터 전략]

덧셈과 뺄셈의 혼합 계산은 뺄셈을 덧셈으로 바꾼 후, 양수는 양수끼리 음수는 음수끼리 모아서 계산하면 편리하다.

19-1 [242004-0139]

다음 중에서 계산 결과가 옳지 않은 것은?

① $(+12)+(-6)-(-15)-(+1)=+21$

② $(-6)-(-10)+(-2)+(+5)=+7$

③ $(-2)-(+1.5)+(+3.5)-(-3)=+3$

④ $\left(-\frac{2}{5}\right)+(+3)-\left(+\frac{8}{5}\right)-(-5)=+6$

⑤ $\left(-\frac{7}{8}\right)+\left(+\frac{3}{2}\right)-\left(-\frac{3}{8}\right)-(-7)=+8$

19-2 [242004-0140]

다음 식의 ㉠, ㉡, ㉢에 세 유리수 $-\frac{1}{2}$, $+\frac{3}{4}$, $-\frac{4}{3}$를 한 번씩 넣어 계산한 결과 중에서 가장 큰 값을 구하시오.

$(\boxed{㉠})+(\boxed{㉡})-(\boxed{㉢})$

필수 유형

20 덧셈과 뺄셈의 혼합 계산– 부호가 생략된 경우

[242004-0141]

다음 중에서 계산 결과가 옳지 않은 것은?

① $-9+12-3=0$
② $-2+3-5=-4$
③ $8+3-9=2$
④ $-2+3-4+5=2$
⑤ $-5+18-11-3=1$

[마스터 전략]
생략된 양의 부호 +와 괄호를 넣은 후 뺄셈을 덧셈으로 바꾸어 계산한다.

20-1 [242004-0142]

다음 중에서 계산 결과가 가장 작은 것은?

① $2-4+\frac{1}{2}$
② $-\frac{1}{5}+3+\frac{3}{5}$
③ $\frac{1}{3}-\frac{5}{6}-\frac{3}{4}$
④ $2.5-4.3+0.6$
⑤ $-\frac{4}{3}-1.5+\frac{5}{6}$

20-2 [242004-0143]

다음을 계산하시오.

$$1+3+5+\cdots+99-2-4-6-\cdots-100$$

필수 유형

21 어떤 수보다 □만큼 크거나 작은 수

[242004-0144]

3보다 -2만큼 큰 수를 a, 4보다 -2만큼 작은 수를 b라 할 때, $a-b$의 값은?

① -5 ② -2 ③ 1
④ 3 ⑤ 4

[마스터 전략]
어떤 수보다 □만큼 큰 수는 (어떤 수)+□, 어떤 수보다 □만큼 작은 수는 (어떤 수)−□이다.

21-1 [242004-0145]

다음 중에서 가장 큰 수는?

① -4보다 1만큼 큰 수
② 0보다 -2만큼 큰 수
③ 3보다 2만큼 작은 수
④ 2보다 -2만큼 작은 수
⑤ -5보다 -3만큼 작은 수

21-2 [242004-0146]

-3보다 $\frac{1}{2}$만큼 큰 수를 a, $-\frac{1}{3}$보다 $-\frac{16}{5}$만큼 작은 수를 b라 할 때, $a<x<b$를 만족시키는 정수 x는 모두 몇 개인지 구하시오.

소단원 필수 유형

필수 유형

22 덧셈과 뺄셈 사이의 관계

[242004-0147]

다음 □ 안에 알맞은 수는?

$$\left(-\frac{2}{7}\right)-(+3)+\square=-2$$

① $-\frac{37}{7}$　② $-\frac{9}{7}$　③ $\frac{5}{7}$
④ $\frac{9}{7}$　⑤ $\frac{37}{7}$

[마스터 전략]
$A+\square=B$이면 $\square=B-A$이고, $A-\square=B$이면 $\square=A-B$이다.

22-1 [242004-0148]

두 수 a, b에 대하여 $a+\left(-\frac{1}{2}\right)=3$, $-\frac{3}{5}-b=-1$일 때, $b-a$의 값을 구하시오.

22-2 [242004-0149]

다음은 성재가 작성한 용돈 기입장인데 물에 젖어 일부가 보이지 않는다. 성재가 아이스크림을 사기 위해 지출한 금액을 구하시오.

내용	수입(원)	지출(원)
용돈 받음	8000	0
아이스크림	0	
친구 생일 선물	0	5300
잔액(원)	1600	

필수 유형

23 바르게 계산한 답 구하기 – 덧셈과 뺄셈

[242004-0150]

어떤 수에 -5를 더해야 하는데 잘못하여 빼었더니 그 결과가 -7이 되었다. 이때 바르게 계산한 답은?

① -22　② -17　③ -7
④ 7　⑤ 17

[마스터 전략]
어떤 수를 □로 놓고 식을 세운 후 덧셈과 뺄셈 사이의 관계를 이용하여 어떤 수를 구한다.

23-1 [242004-0151]

어떤 수에서 -3을 빼야 하는데 잘못하여 더했더니 그 결과가 8이 되었다. 이때 바르게 계산한 답을 구하시오.

23-2 [242004-0152]

$-\frac{5}{3}$에서 어떤 수를 빼야 할 것을 잘못하여 더했더니 $-\frac{9}{2}$가 되었을 때, 다음 물음에 답하시오.

(1) 어떤 수를 구하시오.

(2) 바르게 계산한 답을 구하시오.

필수 유형

24 절댓값이 주어진 두 수의 덧셈과 뺄셈

[242004-0153]

두 정수 a, b에 대하여 $|a|=4$, $|b|=5$일 때, 다음 중에서 $a+b$의 값이 될 수 없는 것은?

① -9 ② -1 ③ 1
④ 9 ⑤ 11

[마스터 전략]
$|a|=A$, $|b|=B$ $(A>0,\ B>0)$이면 $a=A$ 또는 $a=-A$이고 $b=B$ 또는 $b=-B$이다.

24-1 [242004-0154]

a의 절댓값이 $\frac{5}{3}$이고 b의 절댓값이 2일 때, $a-b$의 값이 될 수 있는 것을 모두 구하시오.

24-2 [242004-0155]

a의 절댓값이 $\frac{7}{3}$이고 b의 절댓값이 $\frac{5}{6}$일 때, $a+b$의 값 중에서 가장 큰 값과 가장 작은 값을 차례대로 구하시오.

필수 유형

25 조건을 만족시키는 수 구하기

[242004-0156]

세 정수 a, b, c가 다음 조건을 모두 만족시킬 때, $a+b+c$의 값을 구하시오.

(가) $|a|+|b|=2$, $|a|=|b|$
(나) $|a|-|c|=-2$
(다) $a<b<c$

[마스터 전략]
먼저 조건을 만족시키는 세 정수의 절댓값 $|a|$, $|b|$, $|c|$의 값을 구한다.

25-1 [242004-0157]

두 정수 a, b가 다음 조건을 모두 만족시킬 때, $a+b$의 값을 구하시오.

(가) $a<0$, $b>0$
(나) $|a|+|b|=4$
(다) $|a|<|b|$

25-2 [242004-0158]

다음 조건을 모두 만족시키는 두 수 a, b의 값을 각각 구하시오.

(가) $|a|=|b|$
(나) $a-\frac{1}{3}=b$

소단원 필수 유형

필수 유형

26 유리수의 덧셈과 뺄셈의 활용 (1) – 실생활

[242004-0159]

다음 표는 어느 도시에서 12월 어느 날의 기온을 관측하여 기록한 것이다. 이날 중 가장 높은 기온과 가장 낮은 기온의 차를 구하시오.

측정 시각	0시	4시	8시	12시	16시	20시
기온 (℃)	-8.7	-11.1	-7.5	$+3.2$	$+4.2$	$+2.9$

[마스터 전략]

기준보다 커지면 $+$, 기준보다 작아지면 $-$로 나타내고, 주어진 상황에 맞는 유리수의 계산식으로 나타낸다.

26-1 [242004-0160]

다음 표는 경도 $0°$에 있는 그리니치 천문대의 시각을 기준으로 세계 여러 도시의 시차를 나타낸 것이다. 예를 들어 서울의 $+9$는 서울의 시각이 그리니치 천문대의 시각보다 9시간 빠르다는 뜻이고, 상파울루의 -3은 상파울루의 시각이 그리니치 천문대의 시각보다 3시간 느리다는 뜻이다. 물음에 답하시오.

도시	파리	두바이	서울	뉴욕	상파울루
시차	$+1$	$+4$	$+9$	-5	-3

(1) 서울은 두바이보다 몇 시간 빠른지 구하시오.

(2) 파리가 월요일 오후 1시일 때, 뉴욕의 요일과 시각을 구하시오.

26-2 [242004-0161]

민영이 어머니는 '마이너스 통장'을 가지고 있는데 은행과 약정하여 잔액이 -300만 원이 될 때까지는 돈을 자유롭게 입출금할 수 있는 일종의 대출 통장이다. 11월 1일의 잔액이 5만 원이고 11월 한 달간 입출금 내역이 다음과 같을 때, 입출금이 있던 날 중 잔액이 가장 적었던 날과 그날의 잔액을 구하시오.

날짜	3일	11일	15일	23일	29일
입출금 내역	4만 원 입금	15만 원 출금	7만 원 입금	8만 원 출금	10만 원 입금

필수 유형

27 유리수의 덧셈과 뺄셈의 활용 (2) – 도형

[242004-0162]

오른쪽 그림에서 가로, 세로, 대각선에 있는 세 수의 합이 모두 같을 때, A, B의 값을 각각 구하시오.

-1		
A	-2	-4
B		7

[마스터 전략]

합을 알 수 있는 줄의 합을 먼저 구한다.

27-1 [242004-0163]

오른쪽 그림에서 삼각형의 한 변에 놓인 네 수의 합이 모두 같을 때, $A-B$의 값을 구하시오.

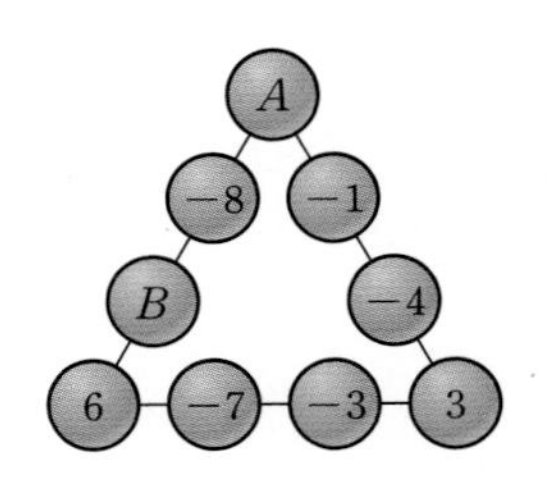

27-2 [242004-0164]

오른쪽 그림과 같은 정육면체에서 마주 보는 두 면에 적힌 두 수의 합이 -1일 때, 보이지 않는 세 면에 적힌 세 수의 합을 구하시오.

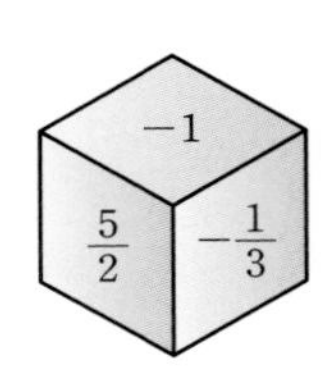

5 정수와 유리수의 곱셈

1 유리수의 곱셈

(1) 부호가 같은 두 수의 곱셈 : 두 수의 절댓값의 곱에 양의 부호 +를 붙인다.

예

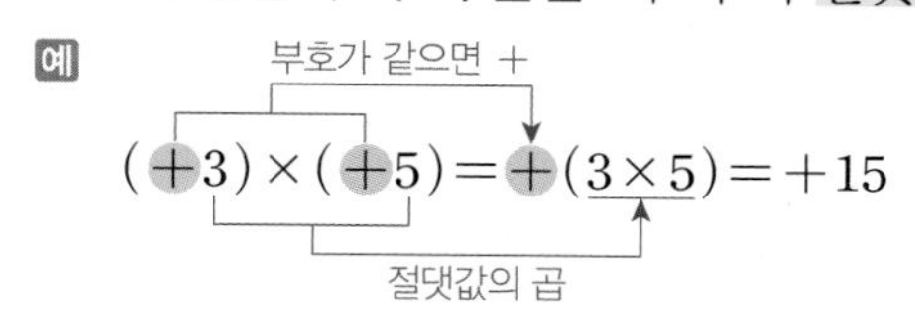

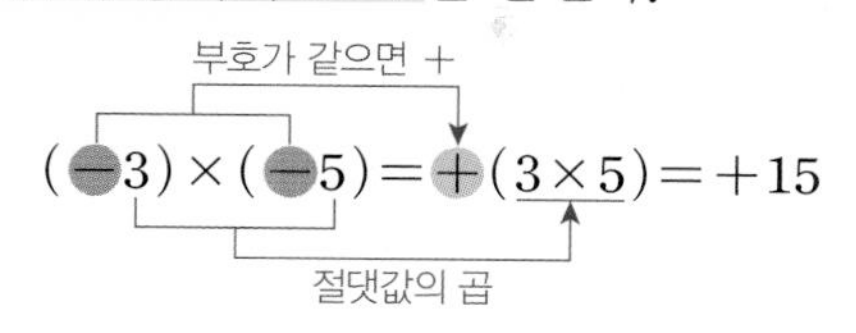

(2) 부호가 다른 두 수의 곱셈 : 두 수의 절댓값의 곱에 음의 부호 −를 붙인다.

예

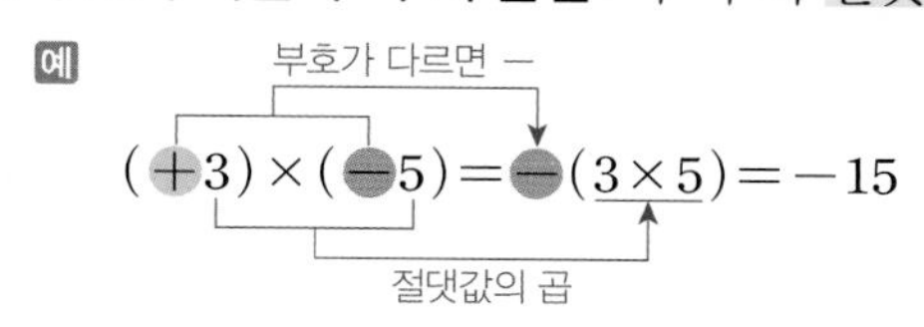

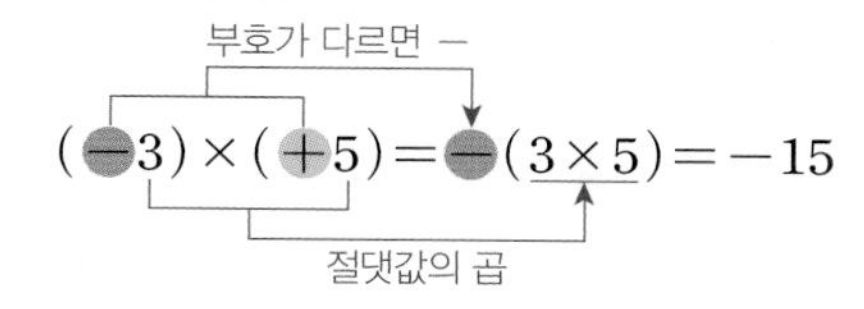

2 곱셈의 계산 법칙

세 수 a, b, c에 대하여 다음이 성립한다.

(1) 곱셈의 교환법칙 : $a\times b=b\times a$

예 $(-3)\times(+2)=-(3\times2)=-6$
$(+2)\times(-3)=-(2\times3)=-6$] 같다.

(2) 곱셈의 결합법칙 : $(a\times b)\times c=a\times(b\times c)$

예 $\{(-3)\times(+2)\}\times(+5)=(-6)\times(+5)=-30$
$(-3)\times\{(+2)\times(+5)\}=(-3)\times(+10)=-30$] 같다.

참고 세 수 이상의 곱셈

먼저 곱의 부호를 정하고, 각 수들의 절댓값의 곱에 결정된 부호를 붙인다. 이때 음수가 짝수 개이면 부호는 +, 홀수 개이면 부호는 −이다.

3 분배법칙

세 수 a, b, c에 대하여 다음이 성립한다.

$$a\times(b+c)=\overset{①}{a\times b}+\overset{②}{a\times c},\quad (a+b)\times c=\overset{①}{a\times c}+\overset{②}{b\times c}$$

예 (1) $2\times(-10+6)=2\times(-10)+2\times6=-20+12=-8$

(2) $2\times97+2\times3=2\times(97+3)=2\times100=200$

개념 노트

- 어떤 수와 0의 곱은 항상 0이다.
- 분수의 곱셈은 약분을 이용하여 기약분수로 나타낸다.

- 곱셈의 교환법칙
  ➡ 곱하는 수의 순서를 바꾸어 곱해도 그 결과는 같다.
- 곱셈의 결합법칙
  ➡ 세 수 중 어느 두 수를 먼저 곱해도 그 결과는 같다.

- 큰 수의 곱셈이나 덧셈과 곱셈이 섞인 계산에서 분배법칙을 이용하면 편리한 경우가 있다.

소단원 필수 유형

필수 유형

28 유리수의 곱셈

[242004-0165]

다음 중에서 계산 결과가 옳지 않은 것은?

① $\left(+\frac{4}{3}\right)\times\left(-\frac{3}{8}\right)=-\frac{1}{2}$

② $\left(-\frac{1}{3}\right)\times\left(-\frac{4}{3}\right)=+\frac{4}{9}$

③ $\left(-\frac{3}{4}\right)\times 0=0$

④ $\left(-\frac{2}{3}\right)\times(+0.6)=-\frac{3}{5}$

⑤ $(+0.5)\times(-0.3)=-0.15$

[마스터 전략]
두 수의 절댓값의 곱에 두 수의 부호가 같으면 양의 부호 +, 두 수의 부호가 다르면 음의 부호 −를 붙인다.

28-1 [242004-0166]

$a=\left(+\frac{3}{5}\right)\times\left(-\frac{5}{12}\right)$, $b=\left(-\frac{3}{2}\right)\times\left(+\frac{4}{3}\right)$일 때, $a\times b$의 값을 구하시오.

28-2 [242004-0167]

-7보다 3만큼 작은 수와 $\frac{1}{2}$보다 $-\frac{1}{3}$만큼 큰 수의 곱을 구하시오.

필수 유형

29 곱셈의 계산 법칙

[242004-0168]

다음 계산 과정에서 ㉠~㉣에 알맞은 것은?

$\left(-\frac{5}{3}\right)\times(-4)\times\left(+\frac{3}{7}\right)$
$=(-4)\times\left(-\frac{5}{3}\right)\times\left(+\frac{3}{7}\right)$ ← 곱셈의 ㉠
$=(-4)\times\left\{\left(-\frac{5}{3}\right)\times\left(+\frac{3}{7}\right)\right\}$ ← 곱셈의 ㉡
$=(-4)\times($ ㉢ $)=$ ㉣

	㉠	㉡	㉢	㉣
①	교환법칙	결합법칙	$-\frac{5}{7}$	$-\frac{20}{7}$
②	교환법칙	결합법칙	$-\frac{5}{7}$	$+\frac{20}{7}$
③	교환법칙	결합법칙	$+\frac{5}{7}$	$-\frac{20}{7}$
④	결합법칙	교환법칙	$-\frac{5}{7}$	$-\frac{20}{7}$
⑤	결합법칙	교환법칙	$-\frac{5}{7}$	$+\frac{20}{7}$

[마스터 전략]
세 수 a, b, c에 대하여 곱셈의 교환법칙: $a\times b=b\times a$,
곱셈의 결합법칙: $(a\times b)\times c=a\times(b\times c)$가 성립한다.

29-1 [242004-0169]

다음 계산 과정에서 곱셈의 결합법칙이 이용된 곳은?

$(-4)\times(-2.35)\times(-25)$
$=(-4)\times(-25)\times(-2.35)$ ← ①
$=\{(-4)\times(-25)\}\times(-2.35)$ ← ②
$=+(4\times 25)\times(-2.35)$ ← ③
$=(+100)\times(-2.35)$ ← ④
$=-235$ ← ⑤

29-2 [242004-0170]

다음 계산 과정에서 ①~⑤에 들어갈 것으로 옳지 않은 것은?

$(-8)\times\left(+\frac{1}{3}\right)\times\left(-\frac{5}{4}\right)$
$=($ ③ $)\times(-8)\times\left(-\frac{5}{4}\right)$ ← 곱셈의 ① 법칙
$=($ ③ $)\times\left\{(-8)\times\left(-\frac{5}{4}\right)\right\}$ ← 곱셈의 ② 법칙
$=\left(+\frac{1}{3}\right)\times($ ④ $)=$ ⑤

① 교환
② 결합
③ $+\frac{1}{3}$
④ -10
⑤ $+\frac{10}{3}$

필수 유형

30 세 수 이상의 곱셈

[242004-0171]

다음 중에서 계산 결과가 옳지 않은 것은?

① $\left(+\frac{4}{3}\right)\times\left(-\frac{3}{8}\right)\times(-2)=+1$

② $\left(-\frac{1}{3}\right)\times\left(+\frac{3}{2}\right)\times\left(-\frac{4}{3}\right)=+2$

③ $\left(-\frac{3}{4}\right)\times\left(+\frac{1}{2}\right)\times0=0$

④ $(-2)\times(+3)\times(+5)=-30$

⑤ $\left(-\frac{2}{5}\right)\times\left(-\frac{3}{2}\right)\times\left(+\frac{4}{3}\right)=+\frac{4}{5}$

[마스터 전략]

각 수의 절댓값의 곱에 음수가 짝수 개이면 부호는 +, 홀수 개이면 부호는 −를 붙인다.

30-1 [242004-0172]

다음 ㉠~㉣을 계산 결과가 큰 것부터 차례대로 나열하시오.

㉠ $\left(+\frac{2}{9}\right)\times\left(-\frac{3}{5}\right)\times(-10)$

㉡ $(-3)\times\left(-\frac{1}{5}\right)\times(+5)$

㉢ $\left(-\frac{2}{3}\right)\times\left(-\frac{3}{4}\right)\times\left(-\frac{3}{5}\right)$

㉣ $\left(+\frac{8}{3}\right)\times(-2)\times\left(-\frac{9}{4}\right)\times\left(-\frac{1}{3}\right)$

30-2 [242004-0173]

다음 유리수 중에서 서로 다른 세 수를 뽑아 곱한 값 중 가장 큰 수를 a, 가장 작은 수를 b라 할 때, a, b의 값을 각각 구하시오.

$$-\frac{1}{3},\quad \frac{1}{2},\quad -\frac{4}{3},\quad \frac{3}{2},\quad -\frac{3}{4}$$

필수 유형

31 거듭제곱의 계산

[242004-0174]

다음 중에서 계산 결과가 옳지 않은 것은?

① $(-3)^3=-27$

② $-3^3=-27$

③ $-(-3)^3=27$

④ $-\left(-\frac{1}{2}\right)^2=\frac{1}{4}$

⑤ $-\left(-\frac{1}{2}\right)^3=\frac{1}{8}$

[마스터 전략]

자연수 n에 대하여 (음수)^{n}의 부호는 n이 짝수이면 +이고 n이 홀수이면 −이다.

31-1 [242004-0175]

다음 중에서 가장 작은 수는?

① $\left(-\frac{1}{3}\right)^2$

② $-\left(\frac{1}{3}\right)^2$

③ $\left(-\frac{1}{3}\right)^3$

④ $-\left(\frac{1}{3}\right)^3$

⑤ $-\left(-\frac{1}{3}\right)^4$

31-2 [242004-0176]

다음 수 중에서 가장 큰 수를 a, 가장 작은 수를 b라 할 때, $a-b$의 값을 구하시오.

$$(-2)^2\times(-3)^2,\quad (-2)^3\times(-3)$$
$$-5^2,\quad -(-3)^3,\quad 2^8\times\left(-\frac{1}{8}\right)$$

소단원 필수 유형

필수 유형

32 $(-1)^n$의 계산

[242004-0177]

다음을 계산한 값은?

$$(-1)^{13}+(-1)^{20}-(-1)^{29}$$

① -3 ② -1 ③ 0
④ 1 ⑤ 3

[마스터 전략]
자연수 n에 대하여 $(-1)^n$의 계산에서 n이 짝수이면 $(-1)^n=1$이고 n이 홀수이면 $(-1)^n=-1$이다.

32-1 [242004-0178]

n이 자연수일 때, 다음을 계산하시오.

$$(-1)^{2n}-(-1)^{2n+1}+(-1)^{2n+2}$$

32-2 [242004-0179]

다음을 계산한 값은?

$$(-1)^{2024}\times3+(-1)^{2025}\times4-(-1)^{2026}\times5$$

① -6 ② -4 ③ -1
④ 4 ⑤ 9

필수 유형

33 분배법칙

[242004-0180]

다음은 분배법칙을 이용하여 계산한 것이다. 두 수 a, b에 대하여 $a-b$의 값은?

$$33\times\left(-\frac{5}{7}\right)-5\times\left(-\frac{5}{7}\right)=a\times\left(-\frac{5}{7}\right)=b$$

① 18 ② 28 ③ 38
④ 48 ⑤ 58

[마스터 전략]
세 수 a, b, c에 대하여 분배법칙 $a\times c+b\times c=(a+b)\times c$가 성립한다.

33-1 [242004-0181]

다음을 분배법칙을 이용하여 계산하시오.

$$(-4)\times\left(-\frac{5}{3}\right)+7\times\left(-\frac{5}{3}\right)+3\times\left(-\frac{34}{3}\right)$$

33-2 [242004-0182]

세 수 a, b, c에 대하여 $a\times b=15$, $a\times(b-c)=-11$일 때, $a\times c$의 값은?

① -26 ② -4 ③ 4
④ 19 ⑤ 26

6 정수와 유리수의 나눗셈

1 유리수의 나눗셈 (1)

(1) 부호가 같은 두 수의 나눗셈 : 두 수의 절댓값의 나눗셈의 몫에 양의 부호 +를 붙인다.

예

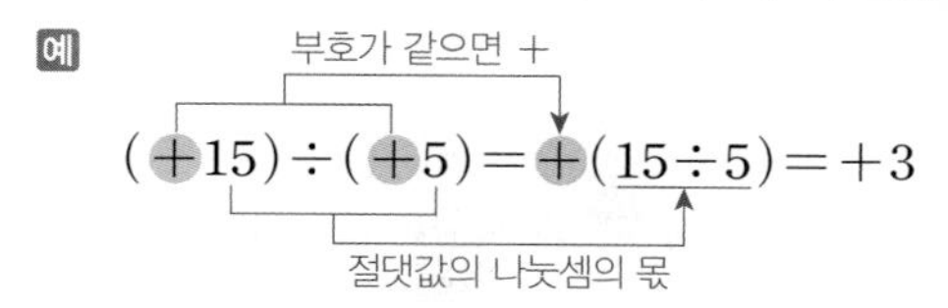

부호가 같으면 +

$(-15)\div(-5)=+(15\div5)=+3$

절댓값의 나눗셈의 몫

(2) 부호가 다른 두 수의 나눗셈 : 두 수의 절댓값의 나눗셈의 몫에 음의 부호 −를 붙인다.

예

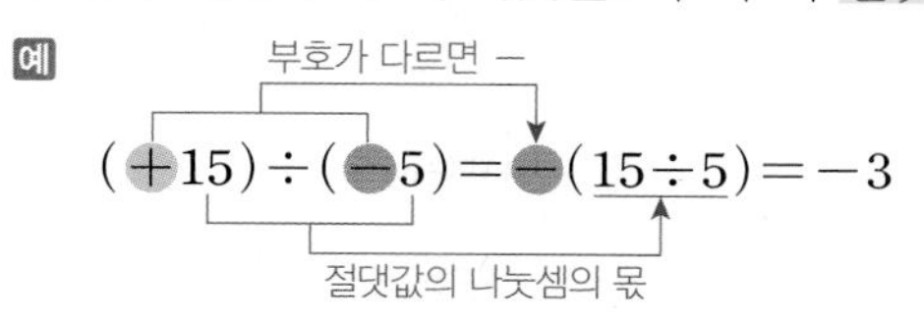

부호가 다르면 −

$(-15)\div(+5)=-(15\div5)=-3$

절댓값의 나눗셈의 몫

> **개념 노트**
> • 0을 0이 아닌 수로 나눈 몫은 항상 0이다.
> • 어떤 수를 0으로 나누는 것은 생각하지 않는다.

2 유리수의 나눗셈 (2)

(1) 역수 : 두 수의 곱이 1이 될 때, 한 수를 다른 수의 역수라 한다.

예 $\frac{2}{3}\times\frac{3}{2}=1$이므로 $\frac{2}{3}$의 역수는 $\frac{3}{2}$, $\frac{3}{2}$의 역수는 $\frac{2}{3}$이다.

주의 ① 0의 역수는 없다.

② 역수를 구할 때는 부호가 바뀌지 않음에 주의한다.

(2) 역수를 이용한 나눗셈 : 유리수의 나눗셈은 나누는 수의 역수를 곱하여 계산한다.

나눗셈은 곱셈으로

예 $\left(+\frac{3}{2}\right)\div\left(-\frac{5}{6}\right)=\left(+\frac{3}{2}\right)\times\left(-\frac{6}{5}\right)=-\left(\frac{3}{2}\times\frac{6}{5}\right)=-\frac{9}{5}$

역수

> • 소수는 분수로 바꾸어 역수를 구한다.

3 덧셈, 뺄셈, 곱셈, 나눗셈의 혼합 계산

(1) 거듭제곱이 있으면 거듭제곱을 먼저 계산한다.

(2) 괄호가 있으면 (소괄호) ➡ {중괄호} ➡ [대괄호]의 순서로 괄호를 푼다.

(3) 곱셈과 나눗셈을 계산한 후 덧셈과 뺄셈을 계산한다.

> • (양수)^{n}의 부호 ➡ +
> • (음수)^{n}의 부호 ➡ n이 짝수: +, n이 홀수: −

소단원 필수 유형

필수 유형

34 역수

[242004-0183]

$-\frac{5}{a}$의 역수가 0.4이고, $1\frac{1}{3}$의 역수가 b일 때, $a+b$의 값을 구하시오.

[마스터 전략]

$\frac{b}{a}$ $(a\neq0,\ b\neq0)$의 역수는 $\frac{b}{a}$와 곱했을 때 1이 되는 수이므로 $\frac{a}{b}$이다.

34-1 [242004-0184]

-0.6의 역수를 a라 하고 $1\frac{1}{4}$의 역수를 b라 할 때, $a\times b$의 값은?

① -2　② $-\frac{4}{3}$　③ -1　④ $\frac{4}{3}$　⑤ 2

34-2 [242004-0185]

$\frac{2}{a}$의 역수가 $\frac{5}{2}$이고 $-\frac{b}{4}$의 역수가 $\frac{4}{3}$일 때, $a+b$의 값을 구하시오.

필수 유형

35 유리수의 나눗셈

[242004-0186]

다음을 만족시키는 두 수 a, b에 대하여 $b\div a$의 값을 구하시오.

$$a=(-18)\div(-3),\ b=12\div\left(-\frac{3}{4}\right)$$

[마스터 전략]

유리수의 나눗셈은 나누는 수의 역수를 곱하여 계산한다.

35-1 [242004-0187]

$-\frac{3}{4}$보다 3만큼 작은 수를 a, 16의 역수를 b라 할 때, $a\div b$의 값을 구하시오.

35-2 [242004-0188]

$A=30\div(-5)\div\left(-\frac{6}{7}\right)$일 때, A보다 작은 자연수의 개수는?

① 3　② 4　③ 5　④ 6　⑤ 7

필수 유형

36 곱셈과 나눗셈의 혼합 계산

[242004-0189]

다음 중에서 계산 결과가 옳지 않은 것은?

① $7\times\left(-\frac{1}{2}\right)\div2=-\frac{7}{4}$

② $(-1)^3\times(-1)^4\div(-1)^2=-1$

③ $\left(-\frac{3}{2}\right)\times\left(-\frac{4}{9}\right)\div\frac{1}{6}=2$

④ $\left(-\frac{4}{3}\right)\times\left(-\frac{3}{2}\right)\div4=\frac{1}{2}$

⑤ $\frac{2}{3}\div\left(-\frac{1}{2}\right)\times\frac{3}{4}=-1$

[마스터 전략]

거듭제곱이 있으면 거듭제곱을 먼저 계산하고 나눗셈을 곱셈으로 고쳐서 계산한다.

36-1 [242004-0190]

다음 중에서 계산 결과가 가장 큰 것은?

① $16\div(-2)\times(-3)^2$

② $8\times(-18)\div(-2)^2$

③ $(-5)^2\times(-4)\div(-2)^2$

④ $12\div(-4)^2\times8$

⑤ $40\div(-5)\div(-2)^3$

36-2 [242004-0191]

-2.5의 역수를 A, 5의 역수를 B, $-\frac{3}{2}$의 역수를 C라 할 때, $A\div B\times C$의 값을 구하시오.

필수 유형

37 덧셈, 뺄셈, 곱셈, 나눗셈의 혼합 계산

[242004-0192]

다음 식을 계산할 때, 세 번째로 계산해야 할 곳의 기호를 쓰고, 계산하시오.

$$-\frac{2}{3}+\frac{3}{4}\times\left\{\left(\frac{3}{2}-\frac{1}{3}\right)\div\frac{3}{4}-2\right\}$$

(↑ ㉠ at +, ㉡ at ×, ㉢ at −, ㉣ at ÷, ㉤ at −)

[마스터 전략]

거듭제곱 ➡ 괄호 ➡ 곱셈, 나눗셈 ➡ 덧셈, 뺄셈의 순서대로 계산한다.

37-1 [242004-0193]

다음 식을 계산할 때, 네 번째로 계산해야 할 곳을 구하시오.

$$4+2\times[\{(-3)+12\div(-4)\}-2]$$

(↑ ㉠ at +, ㉡ at ×, ㉢ at +, ㉣ at ÷, ㉤ at −)

37-2 [242004-0194]

$A=4-\left[\frac{1}{2}-\left(-\frac{4}{3}\right)\div\{2^2\times(-3)-6\}\right]\div\frac{1}{9}$일 때, A의 역수를 구하시오.

소단원 필수 유형

필수 유형

38 곱셈과 나눗셈 사이의 관계

[242004-0195]

다음 □ 안에 알맞은 수를 구하시오.

$$\left(-\frac{10}{9}\right)\div\square\times\left(-\frac{3}{5}\right)^2=-\frac{3}{10}$$

[마스터 전략]

$A\div\square=B$이면 $\square=A\div B$이고 $A\times\square=B$이면 $\square=B\div A$이다.

38-1 [242004-0196]

$\frac{5}{7}\div\left(-\frac{3}{2}\right)^2\times\square=-\frac{5}{21}$일 때, □ 안에 알맞은 수를 구하시오.

38-2 [242004-0197]

두 유리수 A, B가 다음을 만족시킬 때, $A\div B$의 값은?

$$\frac{3}{7}\div A=-\frac{6}{7},\ B\times(-8)=-\frac{2}{3}$$

① -24 ② -12 ③ -6 ④ 6 ⑤ 24

필수 유형

39 바르게 계산한 답 구하기 – 곱셈과 나눗셈

[242004-0198]

어떤 수에 $\frac{5}{3}$를 곱해야 할 것을 잘못하여 나누었더니 $-\frac{3}{10}$이 되었다. 이때 바르게 계산한 답은?

① $-\frac{5}{2}$ ② $-\frac{5}{6}$ ③ $-\frac{2}{3}$ ④ $-\frac{1}{2}$ ⑤ $-\frac{1}{3}$

[마스터 전략]

어떤 수를 □로 놓고 식을 세운 후 곱셈과 나눗셈 사이의 관계를 이용하여 어떤 수를 구한다.

39-1 [242004-0199]

어떤 수 a를 $-\frac{2}{3}$로 나누어야 할 것을 잘못하여 더했더니 $\frac{3}{7}$이 되었다. 이때 바르게 계산한 답은?

① $-\frac{23}{14}$ ② $-\frac{15}{14}$ ③ $-\frac{3}{7}$ ④ $-\frac{2}{7}$ ⑤ $-\frac{3}{14}$

39-2 [242004-0200]

어떤 유리수에서 $\frac{5}{2}$를 빼야 할 것을 잘못하여 4를 곱한 후 $\frac{5}{2}$를 빼었더니 그 결과가 3이 되었다. 이때 바르게 계산한 답을 구하시오.

필수 유형

40 문자로 주어진 유리수의 부호 결정

[242004-0201]

두 수 a, b에 대하여 $a<0$, $b>0$일 때, 다음 중에서 항상 음수인 것은?

① $\frac{1}{b}$ ② a^2 ③ $a\div b$

④ $a+b$ ⑤ $b-a$

[마스터 전략]

$a\times b<0$(또는 $a\div b<0$) ➡ a, b는 다른 부호

➡ $a>0$, $b<0$ 또는 $a<0$, $b>0$

40-1 [242004-0202]

세 수 a, b, c에 대하여 $a\times c<0$, $a>c$, $b\div c<0$일 때, 다음 중에서 a, b, c의 부호로 알맞은 것은?

① $a>0$, $b>0$, $c>0$ ② $a>0$, $b>0$, $c<0$

③ $a>0$, $b<0$, $c>0$ ④ $a<0$, $b>0$, $c<0$

⑤ $a<0$, $b<0$, $c>0$

40-2 [242004-0203]

두 수 a, b가 다음 조건을 모두 만족시킬 때, $a\times b$의 값을 구하시오.

(가) $a\div b<0$ (나) $|a|=\frac{1}{2}$ (다) $|b|=\frac{8}{5}$

필수 유형

41 문자로 주어진 유리수의 대소 관계

[242004-0204]

$0<a<1$일 때, 다음 중에서 가장 큰 수는?

① a ② $-a$ ③ $\frac{1}{a}$

④ $\frac{1}{a^2}$ ⑤ a^3

[마스터 전략]

주어진 조건을 만족시키는 적당한 수를 문자 대신 넣어서 식의 값을 구한 후 대소를 비교한다.

41-1 [242004-0205]

$a<-1$일 때, 다음 중에서 가장 작은 수는?

① a ② $-a$ ③ $\frac{1}{a}$

④ a^2 ⑤ $-a^2$

41-2 [242004-0206]

유리수 a에 대하여 $-1<a<0$일 때, 다음 보기에서 큰 수부터 차례대로 나열하시오.

보기

ㄱ. a ㄴ. a^2 ㄷ. $\frac{1}{a}$ ㄹ. $-\frac{1}{a}$ ㅁ. $-\frac{1}{a^2}$

소단원 필수 유형

필수 유형

42 새로운 연산 기호

[242004-0207]

두 유리수 a, b에 대하여

$$a*b=a\times b-b$$

로 약속할 때, $\left\{\frac{1}{3}*\left(-\frac{3}{5}\right)\right\}*\frac{5}{8}$를 계산하시오.

[마스터 전략]

새로운 연산 기호는 주어진 약속에 따라 식을 세우고 계산한다.

42-1 [242004-0208]

두 유리수 a, b에 대하여

$$a\odot b=1-a\div b\times\frac{1}{2}$$

로 약속할 때, $\frac{2}{3}\odot\frac{5}{9}$를 계산하면?

① -1　② $-\frac{4}{5}$　③ $-\frac{2}{5}$

④ $\frac{2}{5}$　⑤ $\frac{4}{5}$

42-2 [242004-0209]

두 유리수 a, b에 대하여

$$a\star b=a\times b-1,\ a\triangle b=a\div b-\frac{5}{2}$$

로 약속할 때, $\left(\frac{1}{2}\star\frac{11}{3}\right)\triangle\left(\frac{8}{3}\star\frac{4}{9}\right)$를 계산하시오.

필수 유형

43 유리수의 혼합 계산의 활용 – 실생활

[242004-0210]

민지와 수진이가 주사위를 던져 나온 눈의 수가 홀수이면 그 눈의 수만큼 점수를 얻고, 짝수이면 그 눈의 수만큼 점수를 잃는 놀이를 하였다. 주사위를 각각 10회 던진 결과가 다음 표와 같을 때, 민지와 수진이가 얻은 점수를 각각 구하시오.

<주사위를 던져 각 눈이 나온 횟수>

(단위: 회)

	⚀	⚁	⚂	⚃	⚄	⚅
민지	2	0	1	4	3	0
수진	3	0	1	2	3	1

[마스터 전략]

주사위를 1회 던졌을 때 나올 수 있는 점수는 1점, 3점, 5점, -2점, -4점, -6점이다.

43-1 [242004-0211]

정민이와 승기가 계단에서 가위바위보 놀이를 하는데 이기면 3칸 올라가고 지면 2칸 내려가기로 하였다. 처음 위치를 0으로 생각하고 1칸 올라가는 것을 $+1$, 1칸 내려가는 것을 -1이라 하자. 가위바위보를 10번 하여 승기가 4번 이겼다고 할 때, 두 사람의 위치의 차를 구하시오. (단, 비기는 경우는 없고, 계단의 칸은 오르내리기에 충분하다.)

43-2 [242004-0212]

민기는 한 문제를 맞히면 10점을 얻고, 틀리면 5점을 잃는 퀴즈를 풀었다. 기본 점수 70점에서 시작하여 총 6문제를 풀었더니 100점이 되었다. 민기는 총 6문제 중에서 몇 문제를 맞힌 것인지 구하시오.

중단원 핵심유형 테스트

정답과 풀이 31쪽

1 중요 [242004-0213]

다음 수에 대한 설명으로 옳은 것은?

$$+\frac{8}{3},\quad -\frac{10}{5},\quad -3.1,\quad 3,\quad 0,\quad +\frac{11}{4}$$

① 양수는 2개이다.
② 음의 정수는 없다.
③ 자연수는 1개이다.
④ 음의 유리수는 3개이다.
⑤ 정수가 아닌 유리수는 4개이다.

2 [242004-0214]

수직선 위에서 $-\frac{7}{4}$에 가장 가까운 정수를 a, $+\frac{7}{5}$에 가장 가까운 정수를 b라 할 때, $a+b$의 값은?

① -2　② -1　③ 0
④ 1　⑤ 2

3 고득점 [242004-0215]

수직선 위에서 a를 나타내는 점과 1을 나타내는 점 사이의 거리가 4이고, a를 나타내는 점과 b를 나타내는 점 사이의 거리가 2 이하라고 할 때, 다음 중에서 정수 b의 값이 될 수 없는 것은?

① -4　② -2　③ 0
④ 4　⑤ 7

4 [242004-0216]

다음 수직선 위에서 점 B가 나타내는 수는 -2이고, 점 D가 나타내는 수는 6이다. 네 점 A, B, C, D 사이의 거리가 모두 같을 때, 점 A가 나타내는 수를 구하시오.

A　B　C　D
　-2　　6

5 [242004-0217]

두 수 a, b가 다음 조건을 만족시킬 때, a, b의 값을 각각 구하시오.

(가) a의 절댓값은 $\frac{1}{3}$이고 b의 절댓값은 6이다.
(나) 수직선에서 a에 대응하는 점은 원점의 오른쪽에 있다.
(다) 수직선에서 b에 대응하는 점은 원점의 왼쪽에 있다.

6 [242004-0218]

두 상자 A, B에 각각 두 수를 넣으면 다음과 같은 규칙에 따라 두 수 중 하나의 수가 나온다고 한다.

상자 A : 두 수 중에서 절댓값이 작은 수가 나온다.
상자 B : 두 수 중에서 절댓값이 큰 수가 나온다.

상자 A에 -2, $\frac{15}{7}$를 넣어 나온 수를 a라고 하면 a와 $-\frac{7}{3}$을 상자 B에 넣었을 때 나오는 수를 구하시오.

7 [242004-0219]

두 수 $-\frac{17}{6}$과 2.1 사이에 있는 정수의 개수는?

① 4　② 5　③ 6
④ 7　⑤ 8

8
[242004-0220]

다음은 사자성어 조삼모사(朝三暮四)를 설명하는 우화이다. 주인이 이용한 계산 법칙을 말하시오.

중국 송(宋)나라의 저공(狙公)이 자신이 키우는 원숭이들에게 먹이를 아침에는 세 개, 저녁에는 네 개를 주겠다고 하자 원숭이들이 화를 내어, 아침에는 네 개, 저녁에는 세 개를 주겠다고 바꾸어 말하니 기뻐하였다.

9
[242004-0221]

다음 보기에서 계산 결과가 큰 것부터 차례대로 바르게 나열한 것은?

보기

ㄱ. $(-2)+\left(+\frac{2}{3}\right)-\left(-\frac{1}{5}\right)$

ㄴ. $(-2)+(+7)-(+3.9)$

ㄷ. $(-5)-(-2.3)+\frac{17}{3}$

① ㄱ, ㄴ, ㄷ ② ㄴ, ㄱ, ㄷ ③ ㄴ, ㄷ, ㄱ
④ ㄷ, ㄱ, ㄴ ⑤ ㄷ, ㄴ, ㄱ

10 중요
[242004-0222]

다음 수 중에서 가장 큰 수를 a, 가장 작은 수를 b라 할 때, $a\times b$의 값은?

$$-2,\quad \frac{10}{3},\quad -1,\quad -\frac{5}{2},\quad 6$$

① -15 ② -12 ③ $-\frac{25}{3}$
④ $-\frac{20}{3}$ ⑤ -6

11
[242004-0223]

오른쪽 그림에서 삼각형의 한 변에 놓인 세 수의 합이 모두 같을 때, ㉠, ㉡에 알맞은 두 수의 곱은?

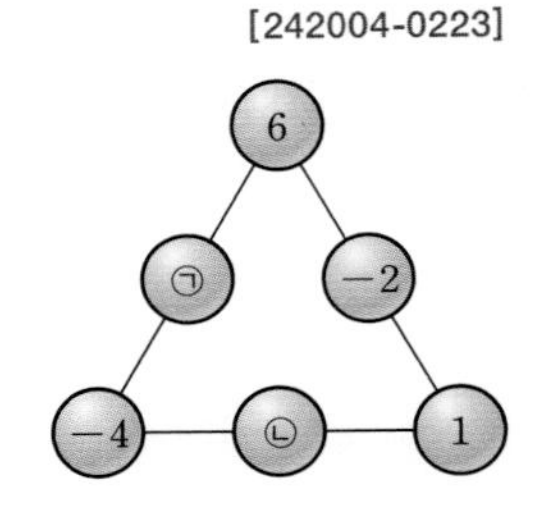

① -12 ② -6
③ 6 ④ 12
⑤ 24

12
[242004-0224]

n이 짝수일 때, 다음을 계산하시오.

$$(-1)^n+(-1)^{n+1}-(-1)^{n+2}$$

13 중요
[242004-0225]

두 수 A, B가 다음과 같을 때, $A-B$의 값을 구하시오.

$$A=\frac{5}{6}\div\left(-\frac{1}{3}\right)^2\times\left(-\frac{4}{15}\right)$$
$$B=(-2)^3\times\frac{1}{4}\div\left(-\frac{3}{2}\right)^2$$

14
[242004-0226]

다음 □ 안에 알맞은 수는?

$$\left(-\frac{1}{5}\right)\div\square\times\left(-\frac{5}{3}\right)=\frac{1}{9}$$

① -4 ② -3 ③ 3
④ 4 ⑤ 5

15 신유형

[242004-0227]

다음을 만족시키는 세 유리수 A, B, C에 대하여 $A+B+C$의 값은?

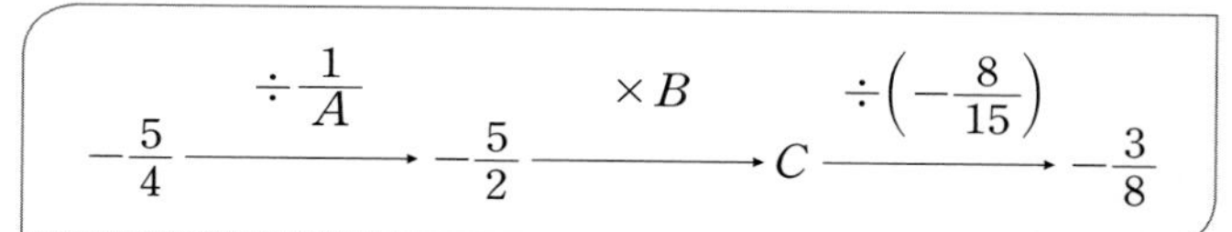

$$-\frac{5}{4} \xrightarrow{\div \frac{1}{A}} -\frac{5}{2} \xrightarrow{\times B} C \xrightarrow{\div\left(-\frac{8}{15}\right)} -\frac{3}{8}$$

① $-\frac{47}{25}$ ② $-\frac{4}{15}$ ③ $\frac{7}{10}$
④ $\frac{9}{5}$ ⑤ $\frac{53}{25}$

16

[242004-0228]

$a<0$, $a\times b<0$일 때, 다음 중에서 항상 양수인 것은?

① $a+b$ ② $a-b$ ③ $b-a$
④ $b\div a$ ⑤ $(-a)\times(-b)$

17

[242004-0229]

$-1<a<0$일 때, 다음 중에서 가장 작은 수는?

① $-a$ ② $-a^2$ ③ $-\frac{1}{a}$
④ $\frac{1}{a}$ ⑤ a^3

18

[242004-0230]

두 유리수 a, b에 대하여 $a*b=a^2\times b-\frac{1}{2}$로 약속할 때, $\left(-\frac{3}{2}\right)*\left(-\frac{1}{3}\right)$을 계산하시오.

기출 서술형

19

[242004-0231]

네 수 $-\frac{1}{3}$, $-\frac{4}{3}$, $\frac{1}{4}$, -3 중에서 서로 다른 세 수를 뽑아 곱한 값 중에서 가장 큰 수를 a, 가장 작은 수를 b라 할 때, $a-b$의 값을 구하시오.

풀이 과정

답 |

20

[242004-0232]

오른쪽 그림과 같은 정육면체에서 마주 보는 면에 적힌 수끼리 역수라고 할 때, 보이지 않는 세 면에 적힌 세 수의 합을 구하시오.

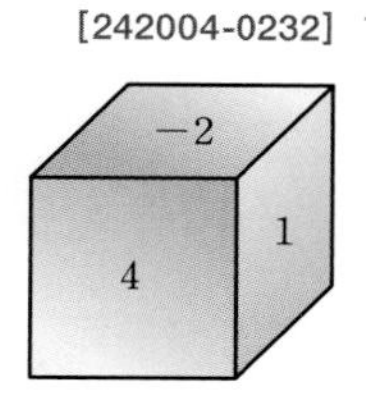

풀이 과정

답 |

3

문자의 사용과 식

1 문자의 사용과 식의 계산

2 일차식과 수의 곱셈, 나눗셈

3 일차식의 덧셈과 뺄셈

1 문자의 사용과 식의 계산

1 문자를 사용한 식

(1) 문자를 사용하면 수량 사이의 관계를 식으로 간단히 나타낼 수 있다.

(2) 문자를 사용하여 식 세우기

① 문제의 뜻을 파악하여 수량 사이의 규칙을 찾는다.

② ①의 규칙에 맞도록 문자를 사용하여 식을 세운다.

예 한 개에 500원짜리 지우개 x개의 가격 ➡ $(500\times x)$원

개념 노트

• 문자를 사용하여 식을 세울 때는 단위를 빠뜨리지 않도록 주의한다.

2 곱셈 기호와 나눗셈 기호의 생략

(1) 곱셈 기호의 생략

① (수)×(문자) : 수를 문자 앞에 쓴다. 예 $a\times(-3)=-3a$

② $1\times$(문자) 또는 $-1\times$(문자) : 1을 생략한다. 예 $1\times a=a$, $-1\times b=-b$

③ (문자)×(문자) : 알파벳 순서로 쓴다. 예 $b\times x\times a=abx$

④ 같은 문자의 곱 : 거듭제곱으로 나타낸다. 예 $a\times b\times b=ab^2$

⑤ 괄호가 있는 식과 수의 곱 : 수를 괄호 앞에 쓴다. 예 $(a+b)\times 2=2(a+b)$

(2) 나눗셈 기호의 생략

방법 1 나눗셈 기호 ÷를 생략하고 분수의 꼴로 나타낸다.

예 ① $a\div 5=\frac{a}{5}$ ② $x\div(-4)=\frac{x}{-4}=-\frac{x}{4}$

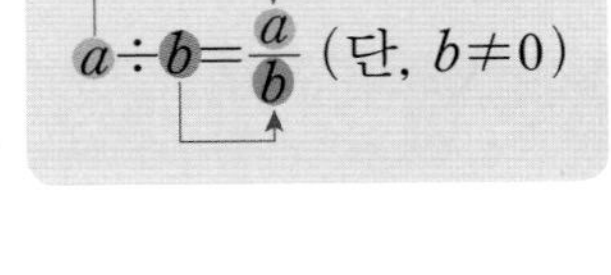

방법 2 나눗셈을 역수의 곱셈으로 고친 후 곱셈 기호 ×를 생략한다.

예 $x\div\frac{2}{3}=x\times\frac{3}{2}=\frac{3x}{2}\left(\text{또는 }\frac{3}{2}x\right)$

역수

• 0.1, 0.01 등과 같은 소수와 문자의 곱에서는 1을 생략하지 않는다.

➡ $\begin{cases}0.1\times a=0.a & (\times)\\ 0.1\times a=0.1a & (\bigcirc)\end{cases}$

3 식의 값

(1) 대입 : 문자를 사용한 식에서 문자 대신 수를 넣는 것

(2) 식의 값 : 문자를 사용한 식에서 문자에 수를 대입하여 계산한 값

(3) 식의 값 구하기

① 생략된 기호 ×, ÷를 다시 쓴다.

② 문자에 주어진 수를 대입하여 계산한다.

예 $x=\frac{2}{5}$일 때, $\frac{10}{x}=10\div x=10\div\frac{2}{5}=10\times\frac{5}{2}=25$

$2x-1$

x에 3을 대입

$=2\times 3-1$

$=5$ ← 식의 값

• 문자에 음수를 대입할 때는 반드시 괄호를 사용한다.

필수 유형

1 곱셈 기호의 생략

[242004-0233]

다음 보기에서 옳은 것을 있는 대로 고르시오.

보기

ㄱ. $a\times b\times c\times(-2)=abc-2$

ㄴ. $x+y\times 2\times y=x+2y^2$

ㄷ. $(x+y)\times(-2)=-2(x+y)$

ㄹ. $a\times(-1)\times(b+c)=a-(b+c)$

[마스터 전략]

곱셈 기호 ×를 생략할 때는 부호, 숫자, 문자의 순서로 나타내고 소수 0.1과 문자의 곱에서는 1을 생략하지 않는다.

1-1 [242004-0234]

다음 중에서 옳지 않은 것은?

① $x\times 2\times x=2x^2$

② $-0.1\times a=-0.1a$

③ $x\times y\times 0.1=0.xy$

④ $x\times(-1)\times y=-xy$

⑤ $x\times x\times x\times 0.1=0.1x^3$

필수 유형

2 나눗셈 기호의 생략

[242004-0235]

$x\div y\div z$를 나눗셈 기호 ÷를 생략하여 바르게 나타낸 것은?

① $\frac{x}{yz}$ ② $\frac{y}{xz}$ ③ $\frac{z}{xy}$

④ $\frac{xy}{z}$ ⑤ $\frac{xz}{y}$

[마스터 전략]

나눗셈 기호 ÷를 생략하고 분수의 꼴로 바로 나타낼 수 없을 때는 역수를 이용하여 나눗셈을 곱셈으로 바꾼다.

2-1 [242004-0236]

$\frac{x}{4}\div\frac{2}{3y}$를 나눗셈 기호 ÷를 생략하여 바르게 나타낸 것은?

① $\frac{x}{6y}$ ② $\frac{3xy}{8}$ ③ $\frac{3x}{8y}$

④ $\frac{3y}{8x}$ ⑤ $\frac{xy}{12}$

필수 유형

3 곱셈 기호와 나눗셈 기호의 생략

[242004-0237]

다음 중에서 계산 결과가 $a\div(b\div c)$와 같은 것은?

① $a\div b\div c$ ② $a\times b\div c$

③ $a\div b\times c$ ④ $a\times(b\div c)$

⑤ $a\div(c\div b)$

[마스터 전략]

곱셈, 나눗셈이 섞여 있을 때는 앞에서부터 차례대로 기호 ×, ÷를 생략한다.

3-1 [242004-0238]

다음 중에서 기호 ×, ÷를 생략하여 나타낸 것으로 옳지 않은 것은?

① $a\times b\div(-4c)=-\frac{ab}{4c}$

② $a\times 3-a\div(-b)=3a+\frac{a}{b}$

③ $a\times 0.1+(b-c)\div(-2)=0.1a+\frac{b-c}{2}$

④ $(-1)\times a\div b+b\div(b+1)=-\frac{a}{b}+\frac{b}{b+1}$

⑤ $(-1)\times a\div b-3\div(x+y)=-\frac{a}{b}-\frac{3}{x+y}$

소단원 필수 유형

필수 유형

4 문자를 사용한 식 – 나이, 단위, 수

[242004-0239]

다음 중에서 문자를 사용하여 나타낸 식으로 옳지 않은 것은?

① x의 2배보다 5만큼 작은 수 ➡ $2x-5$
② a세인 진수보다 두 살 많은 누나의 나이 ➡ $(a+2)$세
③ 1분에 7 mL씩 물이 채워질 때, y분 동안 채워지는 물의 양 ➡ $7y$ mL
④ 십의 자리의 숫자가 3, 일의 자리의 숫자가 b인 두 자리 자연수 ➡ $3b$
⑤ 무게가 a kg인 밀가루를 1개의 무게가 b kg인 상자 3개에 나누어 담았을 때, 밀가루가 든 상자 하나의 무게 ➡ $\left(\frac{a}{3}+b\right)$ kg

[마스터 전략]
1 m=100 cm, 1 kg=1000 g, 1시간=60분, 1분=60초

4-1 [242004-0240]

다음 중에서 문자를 사용하여 나타낸 식으로 옳지 않은 것은?

① 길이가 4 m인 막대를 x 등분 했을 때, 한 조각의 길이 ➡ $\frac{x}{4}$ m
② 키가 168 cm인 승현이보다 a cm 작은 동생의 키 ➡ $(168-a)$ cm
③ 십의 자리 숫자가 a, 일의 자리 숫자가 b인 두 자리 자연수 ➡ $10a+b$
④ 2점짜리 문제 x개와 3점짜리 문제 y개를 맞혔을 때의 점수 ➡ $(2x+3y)$점
⑤ 전체 쪽수가 500쪽인 책을 하루에 30쪽씩 a일 동안 읽었을 때, 남은 쪽수 ➡ $(500-30a)$쪽

4-2 [242004-0241]

다음 중에서 옳은 것을 모두 고르면? (정답 2개)

① x분 20초 ➡ $(60x+20)$초
② x시간 y초 ➡ $(60x+y)$초
③ 3 m x cm ➡ $30x$ cm
④ 1 L x mL ➡ $(1000+x)$ L
⑤ x kg 200 g ➡ $(1000x+200)$ g

필수 유형

5 문자를 사용한 식 – 비율, 평균

[242004-0242]

어느 중학교의 남학생은 230명, 여학생은 270명이다. 이 중 안경을 쓴 학생은 남학생의 x %, 여학생의 y %라 할 때, 안경을 쓴 학생의 수를 문자를 사용한 식으로 나타내시오.

[마스터 전략]
(x의 a %)$=x\times\frac{a}{100}=\frac{a}{100}x$

5-1 [242004-0243]

우진이네 반 학생 a명의 x %가 남학생일 때, 여학생의 수를 문자를 사용한 식으로 바르게 나타낸 것은?

① ax　② $\frac{ax}{10}$　③ $\frac{ax}{100}$
④ $100a-ax$　⑤ $a-\frac{ax}{100}$

5-2 [242004-0244]

재원이네 모둠은 여학생이 x명, 남학생이 4명이다. 체육 수행평가에서 여학생의 평균 점수는 42점, 남학생의 평균 점수는 y점이라 할 때, 모둠 전체 학생의 평균 점수를 문자를 사용한 식으로 나타내시오.

필수 유형

6 문자를 사용한 식 – 가격

[242004-0245]

어떤 물건의 가격을 a원이라 할 때 b % 할인된 물건의 판매 가격을 문자를 사용한 식으로 바르게 나타낸 것은?

① $(a-b)$원 ② $\left(a-\frac{b}{100}\right)$원 ③ $\left(1-\frac{b}{100}\right)$

④ $\left(1-\frac{ab}{100}\right)$원 ⑤ $\left(a-\frac{ab}{100}\right)$원

[마스터 전략]

(판매 가격)=(정가)−(할인된 금액)

6-1 [242004-0246]

800원짜리 지우개를 x % 할인하여 판매할 때, 다음을 문자를 사용한 식으로 나타내시오.

(1) 할인된 금액

(2) 할인된 지우개의 판매 가격

6-2 [242004-0247]

1개에 x원인 음료수 3개를 사려고 하는데 A 가게는 2개를 사면 1개를 더 주는 2+1 행사를 하는 중이고 B 가게는 30 % 할인 행사를 하는 중이라고 할 때, 다음 물음에 답하시오.

(1) A 가게에서 살 때 지불해야 하는 값을 문자를 사용한 식으로 나타내시오.

(2) B 가게에서 살 때 지불해야 하는 값을 문자를 사용한 식으로 나타내시오.

(3) 어느 가게에서 사는 것이 더 유리한지 구하시오.

필수 유형

7 문자를 사용한 식 – 도형

[242004-0248]

다음 중에서 옳지 않은 것은?

① 한 변의 길이가 a cm인 정삼각형의 둘레의 길이 ➡ $3a$ cm

② 밑변의 길이가 2 cm, 높이가 x cm인 삼각형의 넓이 ➡ $2x\text{ cm}^2$

③ 가로의 길이가 a cm, 세로의 길이가 $2a$ cm인 직사각형의 넓이 ➡ $2a^2\text{ cm}^2$

④ 한 변의 길이가 a cm인 정사각형의 넓이 ➡ $a^2\text{ cm}^2$

⑤ 한 모서리의 길이가 x cm인 정육면체의 부피 ➡ $x^3\text{ cm}^3$

[마스터 전략]

(정다각형의 둘레의 길이)=(한 변의 길이)×(변의 개수)

(삼각형의 넓이)=$\frac{1}{2}$×(밑변의 길이)×(높이)

(직사각형의 넓이)=(가로의 길이)×(세로의 길이)

7-1 [242004-0249]

오른쪽 그림과 같은 평행사변형의 넓이를 문자를 사용한 식으로 나타내시오.

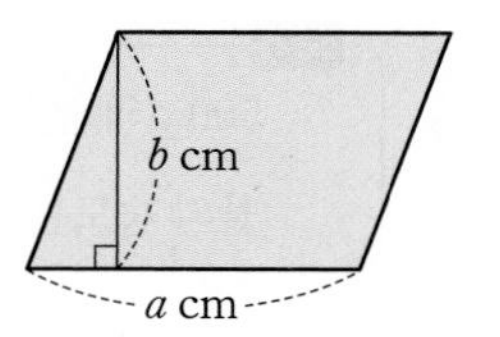

7-2 [242004-0250]

오른쪽 그림과 같은 사각형의 넓이를 문자를 사용한 식으로 나타내시오.

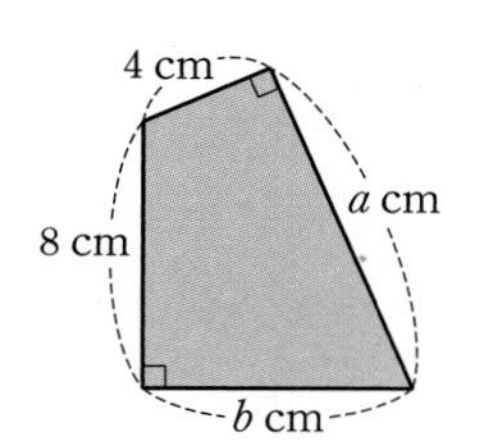

소단원 필수 유형

필수 유형

8 문자를 사용한 식 – 거리, 속력, 시간

[242004-0251]

성훈이네 가족이 집에서 출발하여 할머니 댁에 가는데 처음 3시간은 시속 a km의 속력으로 달리다가 다음 b시간은 시속 70 km의 속력으로 달려 할머니 댁에 도착하였다. 집에서 할머니 댁까지의 거리를 문자를 사용한 식으로 나타내시오.

[마스터 전략]
(거리)=(속력)×(시간), (시간)=$\frac{(거리)}{(속력)}$

8-1 [242004-0252]

진석이는 A 지점에서 출발하여 시속 4 km로 걸어서 B 지점까지 가는데 도중에 10분간 휴식을 취하였다. A 지점에서 B 지점까지의 거리가 x km일 때, B 지점에 도착할 때까지 걸린 시간을 문자를 사용한 식으로 바르게 나타낸 것은?

① $\left(\frac{x}{4}+\frac{1}{6}\right)$시간
② $\left(\frac{4}{x}+\frac{1}{6}\right)$시간
③ $\left(\frac{x}{4}+10\right)$시간
④ $\left(\frac{4}{x}+10\right)$시간
⑤ $(4x+10)$시간

8-2 [242004-0253]

지영이가 집에서 출발하여 12 km 떨어진 공원까지 가는데 시속 $\frac{9}{2}$ km로 x시간 동안 걸어갔을 때, 공원까지 남은 거리를 문자를 사용한 식으로 나타내시오.

필수 유형

9 문자를 사용한 식 – 농도

[242004-0254]

다음 보기에서 문자를 사용하여 나타낸 식으로 옳은 것을 있는 대로 고르시오.

보기

ㄱ. 500 g의 설탕물에 x g의 설탕이 녹아 있을 때, 설탕물의 농도는 $\frac{x}{500}$ %이다.

ㄴ. 농도가 2 %인 소금물 x g에 들어 있는 소금의 양은 $\frac{x}{50}$ g이다.

ㄷ. 농도가 x %인 소금물 200 g과 농도가 y %인 소금물 400 g을 섞은 소금물에는 $(2x+4y)$ g의 소금이 들어 있다.

[마스터 전략]
(소금물의 농도)=$\frac{(소금의 양)}{(소금물의 양)}$×100(%),
(소금의 양)=$\frac{(소금물의 농도)}{100}$×(소금물의 양)

9-1 [242004-0255]

농도가 5 %인 소금물 x g과 농도가 10 %인 소금물 y g을 섞었을 때, 이 소금물에 들어 있는 소금의 양을 문자를 사용한 식으로 나타내시오.

9-2 [242004-0256]

농도가 x %인 소금물 200 g에 농도가 y %인 소금물 100 g을 섞은 후의 소금물의 농도를 문자를 사용한 식으로 나타내시오.

필수 유형

10 식의 값

[242004-0257]

$a=2$, $b=-3$일 때, 다음 중에서 식의 값이 가장 작은 것은?

① a^2b ② a^2+b ③ $-a-b$
④ $a+b$ ⑤ $(-a)^3+2b$

[마스터 전략]
문자에 음수를 대입할 때는 반드시 괄호를 사용하고, 분모에 분수를 대입할 때는 생략된 나눗셈 기호를 다시 쓴다.

10-1 [242004-0258]

$a=-2$일 때, 다음 중에서 식의 값이 나머지 넷과 다른 하나는?

① $-2a$ ② a^2 ③ $(-a)^2$
④ $a-2$ ⑤ $8-a^2$

10-2 [242004-0259]

$a=-\frac{1}{2}$, $b=\frac{1}{3}$, $c=\frac{1}{4}$일 때, $\frac{4}{a}-\frac{6}{b}+\frac{8}{c}$의 값은?

① -42 ② -22 ③ 6
④ 22 ⑤ 42

필수 유형

11 식의 값의 활용

[242004-0260]

오른쪽 그림은 윗변의 길이와 아랫변의 길이가 각각 a cm, b cm이고 높이가 h cm인 사다리꼴이다. 다음 물음에 답하시오.

(1) 사다리꼴의 넓이를 문자 a, b, h를 사용한 식으로 나타내시오.

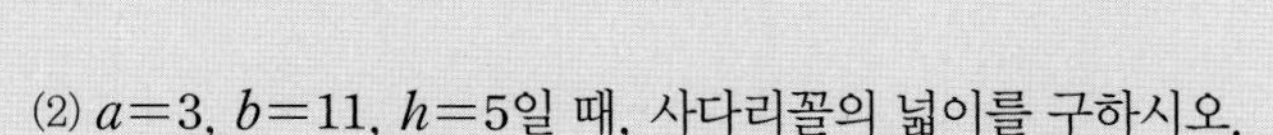

(2) $a=3$, $b=11$, $h=5$일 때, 사다리꼴의 넓이를 구하시오.

[마스터 전략]
주어진 상황을 문자를 사용한 식으로 나타낸 후 구한 식에 수를 대입하여 식의 값을 구한다.

11-1 [242004-0261]

섭씨온도 x ℃는 화씨온도 $\left(\frac{9}{5}x+32\right)$ °F이다. 섭씨온도 35 ℃는 화씨온도 몇 °F인지 구하시오.

11-2 [242004-0262]

기온이 a ℃일 때, 공기 중에서 소리의 속력은 초속 $(0.6a+331)$ m라 한다. 기온이 20 ℃일 때, 민지는 천둥이 친 지 2초 후에 천둥소리를 들었다고 한다. 민지가 있는 곳에서 천둥이 친 곳까지의 거리는 몇 m인지 구하시오.

2 일차식과 수의 곱셈, 나눗셈

1 다항식과 일차식

(1) 단항식과 다항식

① 항 : 수 또는 문자의 곱으로 이루어진 식

② 상수항 : 문자 없이 수로만 이루어진 항

③ 계수 : 수와 문자의 곱으로 이루어진 항에서 문자에 곱해진 수

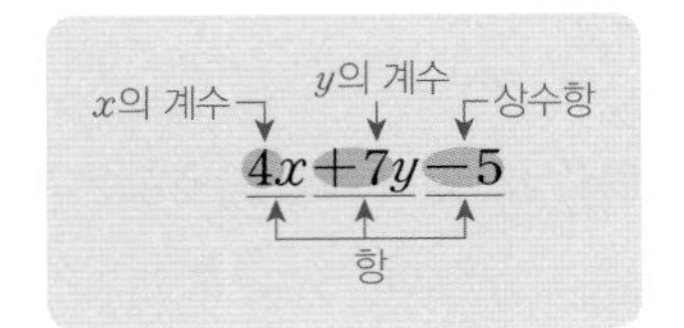

④ 다항식 : 한 개의 항 또는 두 개 이상의 항의 합으로 이루어진 식

⑤ 단항식 : 다항식 중에서 한 개의 항으로만 이루어진 식

(2) 차수와 일차식

① 항의 차수 : 항에서 곱해진 문자의 개수

$5x^{3}$ ← 차수

예 $4x^2$의 차수는 2이고 상수항의 차수는 0이다.

② 다항식의 차수 : 다항식에서 차수가 가장 큰 항의 차수

예 다항식 x^2-4x+3의 차수는 2이다.

③ 일차식 : 차수가 1인 다항식

예 $x-1$, $\frac{x}{2}$, $x-3y+5$ ➡ 일차식

$\frac{5}{x}$, $\frac{3}{a-2}$ ➡ 일차식이 아니다.

개념 노트

- 모든 단항식은 다항식이다.
- 상수항이 없을 때는 상수항이 0인 것으로 생각한다.
- 다항식(多 많다, 項 항, 式 식) : 항이 많은 식
- 단항식(單 하나, 項 항, 式 식) : 항이 하나인 식
- $\frac{1}{x}$과 같이 분모에 문자가 있는 식은 다항식이 아니므로 일차식이 아니다.

2 일차식과 수의 곱셈, 나눗셈

(1) 단항식과 수의 곱셈, 나눗셈

① (단항식)×(수) : 수끼리 곱하여 수를 문자 앞에 쓴다.

예 $3x\times5=3\times x\times5=3\times5\times x=15x$ (수끼리의 곱에 문자를 곱한다.)

② (단항식)÷(수) : 나누는 수의 역수를 단항식에 곱한다.

예 $4x\div(-2)=4x\times\left(-\frac{1}{2}\right)=4\times x\times\left(-\frac{1}{2}\right)=4\times\left(-\frac{1}{2}\right)\times x=-2x$ (역수의 곱)

(2) 일차식과 수의 곱셈, 나눗셈

① (수)×(일차식) : 분배법칙을 이용하여 일차식의 각 항에 수를 곱한다.

예 $3(2x-1)=\underbrace{3\times2x}_{❶}+\underbrace{3\times(-1)}_{❷}=6x-3$

② (일차식)÷(수) : 분배법칙을 이용하여 나누는 수의 역수를 일차식의 각 항에 곱한다.

예 $(10x-5)\div5=(10x-5)\times\frac{1}{5}=\underbrace{10x\times\frac{1}{5}}_{❶}+\underbrace{(-5)\times\frac{1}{5}}_{❷}=2x-1$

세 수 a, b, c에 대하여

- 곱셈의 교환법칙 $ab=ba$
- 곱셈의 결합법칙 $(ab)c=a(bc)$
- 분배법칙 $a(b+c)=ab+ac$, $(a+b)c=ac+bc$

소단원 필수 유형

정답과 풀이 ● 34쪽

필수 유형

12 다항식

[242004-0263]

다항식 $-3x^2-\frac{7}{2}x+5$에서 x의 계수를 A, 상수항을 B, 다항식의 차수를 C라 할 때, ABC의 값을 구하시오.

[마스터 전략]

다항식에서 항이나 계수를 구할 때는 부호까지 말해야 하는 것에 주의한다.

12-1 [242004-0264]

다음 중에서 다항식 $-5x+y-7$에 대한 설명으로 옳지 않은 것은?

① 항은 3개이다.
② x의 계수는 -5이다.
③ y의 계수는 0이다.
④ 상수항은 -7이다.
⑤ 다항식의 차수는 1이다.

필수 유형

13 일차식

[242004-0265]

다음 중에서 일차식이 아닌 것은?

① x ② $\frac{1}{x}-3$
③ $\frac{x}{2}+1$ ④ $x+y-1$
⑤ $0\times x^2-x+4$

[마스터 전략]

분모에 문자가 있는 식은 일차식이 아니다.

13-1 [242004-0266]

다음 보기 중에서 일차식인 것을 모두 고르시오.

보기

ㄱ. $2x-4$ ㄴ. $x-\frac{1}{x}$ ㄷ. $-0.3x$
ㄹ. $7-\frac{5x}{2}$ ㅁ. $\frac{x}{y}$ ㅂ. $x+y$

필수 유형

14 일차식과 수의 곱셈, 나눗셈

[242004-0267]

다음 중에서 식을 간단히 하였을 때, 일차항의 계수가 가장 큰 것은?

① $-3(x-1)$ ② $\frac{1}{2}(3x+2)$
③ $(2x-4)\div\frac{2}{3}$ ④ $(25x-5)\div5$
⑤ $-2\times\frac{3}{2}x$

[마스터 전략]

(수)×(일차식)은 분배법칙을 이용하여 일차식의 각 항에 수를 곱하고,
(일차식)÷(수)는 분배법칙을 이용하여 나누는 수의 역수를 일차식의 각 항에 곱한다.

14-1 [242004-0268]

$(6x-9)\div\frac{3}{5}$을 간단히 하였을 때, x의 계수와 상수항의 합을 구하시오.

3 일차식의 덧셈과 뺄셈

1 동류항

(1) 동류항 : 다항식에서 문자와 차수가 각각 같은 항

예 $2x$와 $-3x$ ➡ 문자와 차수가 각각 같으므로 동류항이다.

-1과 4 ➡ 상수항은 모두 동류항이다.

$5x$와 $2y$ ➡ 차수는 같으나 문자가 다르므로 동류항이 아니다.

x와 x^2 ➡ 문자는 같으나 차수가 다르므로 동류항이 아니다.

(2) 동류항의 계산 : 동류항끼리 모은 후 분배법칙을 이용하여 간단히 한다.

예 $-5x+4+3x-1$

$=-5x+3x+4-1$ ← 동류항끼리 모은다.

$=(-5+3)x+(4-1)$ ← 분배법칙을 이용한다.

$=-2x+3$

개념 노트

- 문자의 계수와 상수항은 계산할 수 없다.
  예 $2x+3=5x$(×)
- 문자가 다르면 동류항이 아니므로 더 이상 간단히 할 수 없다.
  예 $2x+3y=5xy$(×)
- 동류항(同 같다, 類 무리, 項 항): 같은 종류의 항

2 일차식의 덧셈과 뺄셈

일차식의 덧셈과 뺄셈은 다음과 같은 순서로 계산한다.

① 괄호가 있으면 분배법칙을 이용하여 괄호를 푼다.

② 동류항끼리 모아서 계산한다.

예 일차식의 덧셈

$3(x-5)+(2x+4)$

$=3x-15+2x+4$ ← 분배법칙을 이용하여 괄호를 푼다.

$=3x+2x-15+4$ ← 동류항끼리 모은다.

$=5x-11$ ← 동류항끼리 계산한다.

예 일차식의 뺄셈

$4(2x-3)-(x-1)$

$=8x-12-x+1$ ← 분배법칙을 이용하여 괄호를 푼다.

$=8x-x-12+1$ ← 동류항끼리 모은다.

$=7x-11$ ← 동류항끼리 계산한다.

- 괄호는 (소괄호) ➡ {중괄호} ➡ [대괄호]의 순서로 푼다.
- 괄호 앞이 +이면 괄호 안의 부호 그대로 더하고, −이면 괄호 안의 부호를 바꾸어 더한다.

필수 유형

15 동류항

[242004-0269]

다음 중에서 $0.3x$와 동류항인 것의 개수는?

$0.3, \quad x, \quad \frac{x}{10}, \quad \frac{3y}{10}, \quad \frac{3}{x}, \quad -x^2, \quad -0.5x$

① 2 ② 3 ③ 4 ④ 5 ⑤ 6

[마스터 전략]

문자와 차수 중 어느 하나라도 다르면 동류항이 아니다.

15-1 [242004-0270]

다음 중에서 $5a^3$과 동류항인 것은?

① 5 ② $5a$ ③ $5a^2$ ④ $-\frac{a^2}{5}$ ⑤ $\frac{a^3}{5}$

필수 유형

16 일차식의 덧셈과 뺄셈

[242004-0271]

다음 중에서 계산 결과가 옳지 않은 것은?

① $(x+5)+(2x-1)=3x+4$

② $(9x-7)+(-x+6)=8x-1$

③ $(2x+5)-(9x-1)=-7x+4$

④ $(6x-4)+2(3x+8)=12x+12$

⑤ $3(7x+4)+(16x-8)\div(-4)=17x+14$

[마스터 전략]

분배법칙을 이용하여 괄호를 풀고 동류항끼리 모아서 계산한다.

16-1 [242004-0272]

$2(3x-2)-(ax+b)$의 계산 결과에서 x의 계수는 1, 상수항은 -7이다. 이때 $a+b$의 값을 구하시오. (단, a, b는 상수)

필수 유형

17 일차식이 되기 위한 조건

[242004-0273]

$3x^2-ax+5+bx^2+3x+1$이 x에 대한 일차식이 되도록 하는 상수 a, b의 조건은?

① $a=3,\ b=-3$ ② $a=3,\ b\neq-3$ ③ $a\neq3,\ b=-3$ ④ $a\neq-3,\ b=3$ ⑤ $a+b=0$

[마스터 전략]

ax^2+bx+c가 x에 대한 일차식이 되려면 $a=0$, $b\neq0$이어야 한다.

17-1 [242004-0274]

$5x^2-2x+7-ax^2+5x-3$이 x에 대한 일차식이 되도록 하는 상수 a의 값은?

① 0 ② 2 ③ 3 ④ 5 ⑤ 7

소단원 필수 유형

필수 유형

18 괄호가 여러 개인 일차식의 덧셈과 뺄셈

[242004-0275]

$3(x-1)-\{5x-2(4x-3)\}$을 계산하면?

① $-3x+6$　② 3　③ $6x-9$

④ $6x+3$　⑤ $6x+9$

[마스터 전략]

괄호가 있는 경우 ( ) → { } → [ ]의 순서로 푼다. 이때 괄호 앞의 부호에 주의한다.

18-1 [242004-0276]

$3x-\{-2x+7-(5-x)\}$를 계산하면?

① 15　② $2x-2$　③ $2x+1$

④ $4x-2$　⑤ $4x+5$

18-2 [242004-0277]

$3x-2y-[5x+y-2\{3(x-y)+2(-3x+4y)\}]$를 계산하면 $ax+by$일 때, $a+b$의 값을 구하시오. (단, a, b는 상수)

필수 유형

19 분수 꼴인 일차식의 덧셈과 뺄셈

[242004-0278]

다음은 $\frac{2x-1}{4}-\frac{3x+5}{2}$를 계산하는 과정이다. 물음에 답하시오.

$$\frac{2x-1}{4}-\frac{3x+5}{2}$$
$$=\frac{2x-1-2(3x+5)}{4} \quad \text{(가)}$$
$$=\frac{2x-1-6x+10}{4} \quad \text{(나)}$$
$$=\frac{-4x+9}{4} \quad \text{(다)}$$
$$=\frac{-4x}{4}+\frac{9}{4} \quad \text{(라)}$$
$$=-x+\frac{9}{4} \quad \text{(마)}$$

(1) 계산 과정에서 처음으로 잘못된 부분을 찾으시오.

(2) 바르게 계산하시오.

[마스터 전략]

분수 꼴인 일차식의 덧셈과 뺄셈은 분모의 최소공배수로 통분한 후 동류항끼리 모아서 계산한다. 이때 통분할 때는 반드시 분자에 괄호를 사용한다.

19-1 [242004-0279]

$\frac{x-2}{3}+\frac{5x-3}{2}=ax+b$일 때, $a-b$의 값은?

(단, a, b는 상수)

① -3　② -1　③ 1

④ 3　⑤ 5

19-2 [242004-0280]

$\frac{-4x+3}{2}-0.7(x-2)=ax+b$일 때, $a+b$의 값을 구하시오.

(단, a, b는 상수)

필수 유형

20 일차식의 덧셈과 뺄셈의 활용 – 도형

[242004-0281]

오른쪽 그림과 같이 직사각형 모양의 화단의 둘레에 폭이 일정한 산책로를 만들었다. 이 산책로의 넓이를 x를 사용한 식으로 나타내시오.

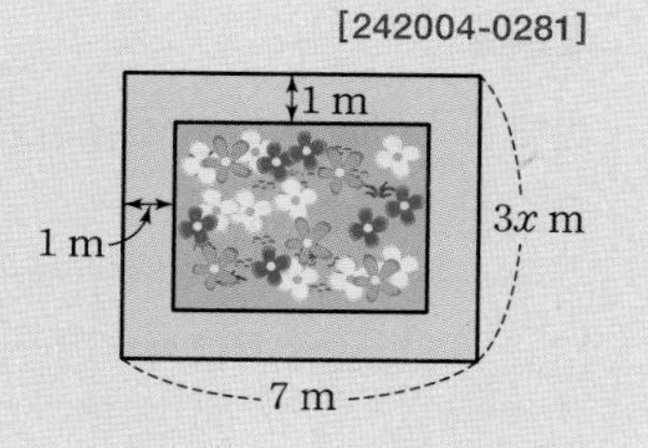

[마스터 전략]

주어진 상황을 일차식으로 나타낸 후 분배법칙을 이용하여 괄호를 풀고 동류항끼리 모아서 계산한다.

20-1

[242004-0282]

오른쪽 그림과 같이 삼각형과 직사각형으로 이루어진 도형의 넓이를 x를 사용한 식으로 나타내면?

4 cm
7 cm
$(x-2)$ cm

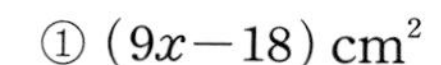

① $(9x-18)\text{ cm}^2$
② $(9x-10)\text{ cm}^2$
③ $(11x-10)\text{ cm}^2$
④ $(11x-1)\text{ cm}^2$
⑤ $(13x-18)\text{ cm}^2$

20-2

[242004-0283]

오른쪽 그림과 같은 도형의 둘레의 길이를 a, b를 사용한 식으로 나타내시오.

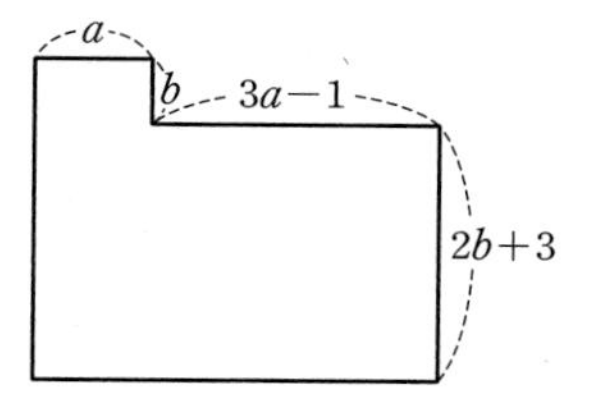

필수 유형

21 문자에 일차식 대입하기

[242004-0284]

$A=\frac{-x+3}{3}$, $B=\frac{2x-5}{6}$일 때, $-A+3B$를 x를 사용한 식으로 나타내면?

① $\frac{3x-4}{3}$ ② $\frac{-4x+9}{6}$ ③ $\frac{4x-9}{6}$
④ $\frac{8x-11}{6}$ ⑤ $\frac{8x-21}{6}$

[마스터 전략]

문자에 일차식을 대입할 때는 괄호를 사용한다.

21-1

[242004-0285]

$A=-x-5$, $B=3x-4$일 때, $3A-2(A+B)$를 x를 사용한 식으로 나타내시오.

21-2

[242004-0286]

$A=2x-3$, $B=-4x-1$, $C=\frac{x-3}{2}$일 때,

$A-3C-\left\{2A+C-4\left(\frac{B}{2}-C\right)\right\}$를 계산하여 $ax+b$의 꼴로 나타내었다. 이때 $a+b$의 값을 구하시오. (단, a, b는 상수)

소단원 필수 유형

필수 유형

22 □ 안에 알맞은 식 구하기

[242004-0287]

어떤 다항식에 $2x-3y$를 더했더니 $-5x+7y$가 되었다. 어떤 다항식에 $4x-3y$를 더한 식을 구하시오.

[마스터 전략]

□$+A=B$이면 □$=B-A$이고 □$-A=B$이면 □$=B+A$이다.

22-1 [242004-0288]

다음 □ 안에 알맞은 식을 $ax+b$라 할 때, $a-b$의 값을 구하시오. (단, a, b는 상수)

$$2(3x-1)-\square=-5x+4$$

22-2 [242004-0289]

오른쪽 보기 와 같이 아래의 이웃하는 두 식 중 앞의 식에서 뒤의 식을 뺀 것이 위의 식이 된다고 할 때, 다음 그림의 B에 알맞은 식을 구하시오.

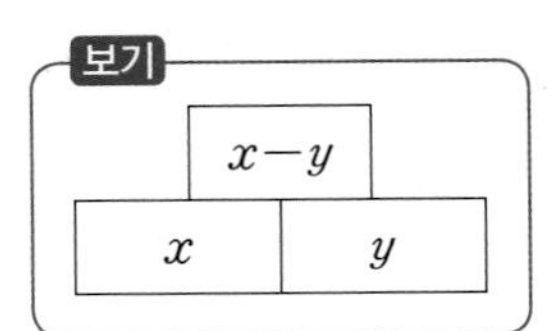

	$-2x-4$	$x-7$	
$-5x+1$	A	B	

필수 유형

23 바르게 계산한 식 구하기

[242004-0290]

어떤 다항식에 $6x-5$를 더해야 할 것을 잘못하여 뺐었더니 $4-7x$가 되었다. 바르게 계산한 식을 구하시오.

[마스터 전략]

어떤 다항식을 □로 놓고 주어진 조건에 따라 식을 세운다.

23-1 [242004-0291]

어떤 다항식에서 $-x+4$를 빼야 할 것을 잘못하여 더했더니 $-7x+4$가 되었다. 다음 물음에 답하시오.

(1) 어떤 다항식을 구하시오.

(2) 바르게 계산한 식을 구하시오.

23-2 [242004-0292]

어떤 일차식에 $-2x+4$를 더해야 하는데 수아는 상수항을 잘못 보고 더했더니 $3x-7$, 준표는 일차항의 계수를 잘못 보고 더했더니 $-5x+1$이 되었다. 바르게 계산한 식을 구하시오.

중단원 핵심유형 테스트

정답과 풀이 36쪽

1 중요 [242004-0293]

다음 중에서 기호 ×, ÷를 생략하여 나타내었을 때, 나머지 넷과 다른 하나는?

① $c \div a \times b$
② $c \div a \div b$
③ $c \times \frac{1}{a} \div b$
④ $\frac{1}{a} \div b \div \frac{1}{c}$
⑤ $\frac{1}{b} \times c \div a$

2 [242004-0294]

십의 자리의 숫자가 a, 일의 자리의 숫자가 b인 두 자리 자연수보다 3만큼 작은 수를 a, b를 사용하여 나타낸 식으로 옳은 것은?

① $ab-3$
② $ab+3$
③ $10ab-3$
④ $10a+b-3$
⑤ $10a+b+3$

3 [242004-0295]

원가가 800원인 공책에 x %의 이익을 붙여 정가를 정했을 때, 정가를 문자를 사용한 식으로 바르게 나타낸 것은?

① $\frac{2}{25}x$원
② $800x$원
③ $808x$원
④ $(800+8x)$원
⑤ $\left(800+\frac{x}{100}\right)$원

4 [242004-0296]

$a+b=-2$, $ab=6$일 때, $\frac{1}{a}+\frac{1}{b}$의 값은?

① -3
② $-\frac{1}{3}$
③ $\frac{1}{3}$
④ 3
⑤ 4

5 [242004-0297]

기온이 t ℃일 때, 공기 중에서 소리의 속력은 초속 $(0.6t+331)$m이다. 기온이 20 ℃일 때, 3초 동안 소리가 전달되는 거리를 구하시오.

6 [242004-0298]

가로와 세로의 길이가 각각 x, y인 직사각형이 있다. 이 직사각형의 둘레의 길이를 문자를 사용하여 나타낸 식과 $x=4$, $y=5$일 때의 직사각형의 둘레의 길이를 차례대로 나열한 것은?

① $x+y$, 9
② xy, 20
③ $2x+y$, 13
④ $x+2y$, 14
⑤ $2x+2y$, 18

7 중요 [242004-0299]

다음 중에서 옳지 않은 것은?

① $2x$, $-3x+1$은 모두 다항식이다.
② $x+y-3$의 항은 3개이다.
③ a^2-3a-7에서 상수항은 7이다.
④ $-x^2+2x+5$의 차수는 2이다.
⑤ $\frac{x}{4}-\frac{y}{2}+3$에서 x의 계수는 $\frac{1}{4}$이다.

8 [242004-0300]

x의 계수가 -2이고 상수항이 3인 x에 대한 일차식에 대하여 $x=5$일 때의 식의 값을 a, $x=-4$일 때의 식의 값을 b라 할 때, $a+b$의 값은?

① -3 ② -2 ③ -1
④ 2 ⑤ 4

9 [242004-0301]

다음 다항식에서 동류항을 찾으시오.

$$5x^2-x+\frac{x}{2}-\frac{1}{5}y-2xy+y^2$$

10 [242004-0302]

$3x^2-5x+7-ax^2+2x+b$가 x에 대한 일차식이고 상수항이 3이 되도록 하는 상수 a, b에 대하여 $a-b$의 값은?

① -7 ② -4 ③ -3
④ 5 ⑤ 7

11 중요 [242004-0303]

다음 식을 계산하였을 때, x의 계수가 나머지 넷과 다른 하나는?

① $2x-1+5x$ ② $(9x+5)+(3-2x)$
③ $(x-1)-(3-6x)$ ④ $3(2x-1)+4(x+2)$
⑤ $\frac{1}{2}(6x-1)-\frac{2}{3}(5-6x)$

12 [242004-0304]

다음 식을 계산하시오.

$$-4x+3[2x-5-\{3-(5x+1)\}]$$

13 [242004-0305]

$-\frac{4}{5}(x+1)-0.7\left(2x-\frac{5}{7}\right)$를 계산하면 $ax+b$일 때, 상수 a, b에 대하여 $a-b$의 값은?

① $-\frac{5}{2}$ ② $-\frac{12}{5}$ ③ $-\frac{19}{10}$
④ $\frac{19}{10}$ ⑤ $\frac{5}{2}$

14 [242004-0306]

오른쪽 그림과 같은 직사각형 모양의 화단에 평행사변형 모양의 길을 내었을 때, 길을 제외한 화단의 넓이를 x를 사용한 식으로 나타내면?

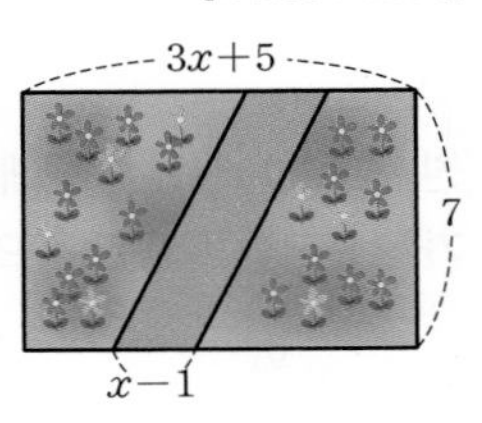

① $7x+28$ ② $7x+42$ ③ $14x+28$
④ $14x+35$ ⑤ $14x+42$

정답과 풀이 ● 37쪽

필수 유형

1 등식

[242004-0313]

다음 중에서 등식인 것을 모두 고르면? (정답 2개)

① $2x-4=8$ ② $3+4=7$

③ $-4a+1$ ④ $-3+1<4$

⑤ $-3+5\geq 2$

[마스터 전략]

등식은 등호(=)를 사용하여 나타낸 식이다.

1-1 [242004-0314]

다음 중에서 등식이 아닌 것을 모두 고르면? (정답 2개)

① $3-5=-2$ ② $x-3$

③ $3x-4=7$ ④ $2x-1>0$

⑤ $x+2x=3x$

필수 유형

2 문장을 등식으로 나타내기

[242004-0315]

다음 중에서 등식으로 나타낼 수 있는 것을 모두 고르면? (정답 2개)

① 2의 x배는 3보다 작다.

② x에 7을 더한 후 2배 한다.

③ x보다 3만큼 큰 수는 17 이상이다.

④ 어떤 수 x의 3배에서 5를 빼면 7이다.

⑤ 19를 3으로 나눈 몫은 6, 나머지는 1이다.

[마스터 전략]

좌변과 우변에 해당하는 식을 구한 후 등호를 사용하여 나타낼 수 있는 것을 찾는다.

2-1 [242004-0316]

다음 문장을 등식으로 바르게 나타낸 것은?

> 800원짜리 지우개 x개를 사고 5000원을 냈더니 거스름돈이 200원이었다.

① $5000-200x=800$ ② $5000-800x=200$

③ $800x-5000=200$ ④ $\frac{5000}{800}=x$

⑤ $\frac{5000}{x}=800$

필수 유형

3 방정식의 해

[242004-0317]

다음 중에서 [ ] 안의 수가 주어진 방정식의 해인 것은?

① $2x-5=4$ [3]

② $2x+4=3x+5$ [1]

③ $2(x-1)=3x-3$ [4]

④ $\frac{x+1}{2}=\frac{x}{5}-1$ [-5]

⑤ $0.2x-0.8=1.3x-0.3$ [-1]

[마스터 전략]

주어진 x의 값을 방정식에 대입하여 등식이 성립하면 방정식의 해이다.

3-1 [242004-0318]

x의 값이 -2, -1, 0, 1일 때, 방정식 $1-x=3(x+3)$의 해를 구하시오.

소단원 필수 유형

필수 유형

4 항등식

[242004-0319]

다음 보기 중에서 항등식인 것은 모두 몇 개인지 구하시오.

보기
ㄱ. $4x-3$　　ㄴ. $x-4=5x$
ㄷ. $2x-1<5$　　ㄹ. $3-4x=4x-3$
ㅁ. $3(2x-1)=6x-3$　　ㅂ. $2x-3=2(x-1)-1$

[마스터 전략]
등식의 좌변과 우변을 각각 정리하였을 때, (좌변)=(우변)이면 항등식이다.

4-1 [242004-0320]

다음 중에서 x의 값에 관계없이 항상 참인 등식은?

① $2x-1=3$
② $x-1=1-x$
③ $x+2x=3$
④ $5x-1=3x-4$
⑤ $2(x-2)+3=2x-1$

4-2 [242004-0321]

다음 중에서 항등식이 아닌 것은?

① $2x+5x=7x$
② $2\left(x-\frac{1}{2}\right)=2x-\frac{1}{2}$
③ $-(x-3)=-x+3$
④ $3-(4x+1)=-4x+2$
⑤ $2(x-4)-(3x-1)=-x-7$

필수 유형

5 항등식이 되기 위한 조건

[242004-0322]

등식 $3(4x-1)+2=ax+b$가 x에 대한 항등식일 때, $a+b$의 값은? (단, a, b는 상수)

① 9　② 10　③ 11　④ 12　⑤ 13

[마스터 전략]
등식 $ax+b=cx+d$가 x에 대한 항등식이면 $a=c$, $b=d$이다.

5-1 [242004-0323]

등식 $ax-4=b-3x$가 모든 x의 값에 대하여 항상 참일 때, ab의 값을 구하시오. (단, a, b는 상수)

5-2 [242004-0324]

등식 $a(x-2)+b=5x$가 x에 대한 항등식일 때, a^2+b^2의 값은? (단, a, b는 상수)

① 50　② 89　③ 106　④ 125　⑤ 136

2 일차방정식의 풀이

1 등식의 성질

(1) 등식의 성질

① 등식의 양변에 같은 수를 더하여도 등식은 성립한다.
➡ $a=b$이면 $a+c=b+c$

② 등식의 양변에서 같은 수를 빼어도 등식은 성립한다.
➡ $a=b$이면 $a-c=b-c$

③ 등식의 양변에 같은 수를 곱하여도 등식은 성립한다.
➡ $a=b$이면 $ac=bc$

④ 등식의 양변을 0이 아닌 같은 수로 나누어도 등식은 성립한다.
➡ $a=b$이면 $\frac{a}{c}=\frac{b}{c}$ (단, $c\neq0$)

(2) 등식의 성질을 이용한 방정식의 풀이

등식의 성질을 이용하여 주어진 방정식을 $x=$(수)의 꼴로 바꾸어 해를 구한다.

예 $2x+5=11$ →(양변에서 5를 뺀다. / 등식의 성질 ②) $2x=6$ →(양변을 2로 나눈다. / 등식의 성질 ④) $x=3$

개념 노트

- $ac=bc$이면 $a=b$ (×)
  ➡ $c=0$인 경우 $ac=bc$이지만 $a\neq b$일 수도 있다.
- 0으로는 어떤 수도 나눌 수 없으므로 등식의 양변을 나눌 때에는 0이 아닌 수로 나누어야 한다.

2 일차방정식

(1) 이항: 등식의 성질을 이용하여 등식의 한 변에 있는 항을 부호를 바꾸어 다른 변으로 옮기는 것

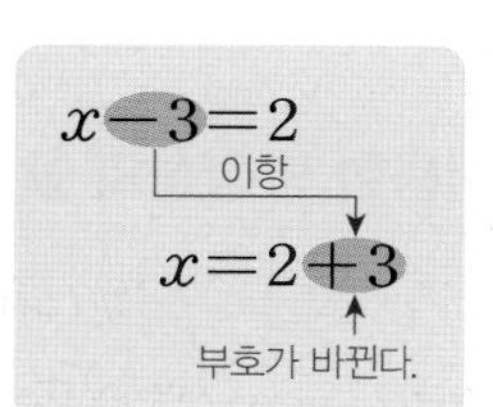

(2) 일차방정식: 방정식의 우변에 있는 모든 항을 좌변으로 이항하여 정리하였을 때, (x에 대한 일차식)$=0$의 꼴로 나타낼 수 있는 방정식을 x에 대한 일차방정식이라 한다.

예 $3x+1=5$ ➡ $3x-4=0$ (일차방정식이다.)
$x^2=2x-4$ ➡ $x^2-2x+4=0$ (일차방정식이 아니다.)
$2x-6=2(x-1)$ ➡ $-4=0$ (일차방정식이 아니다.)

(3) 일차방정식의 풀이

① 괄호가 있으면 분배법칙을 이용하여 괄호를 푼다.
② x를 포함하는 항은 좌변으로, 상수항은 우변으로 이항한다.
③ 양변을 정리하여 $ax=b$ $(a\neq0)$의 꼴로 나타낸다.
④ 양변을 x의 계수 a로 나눈다.

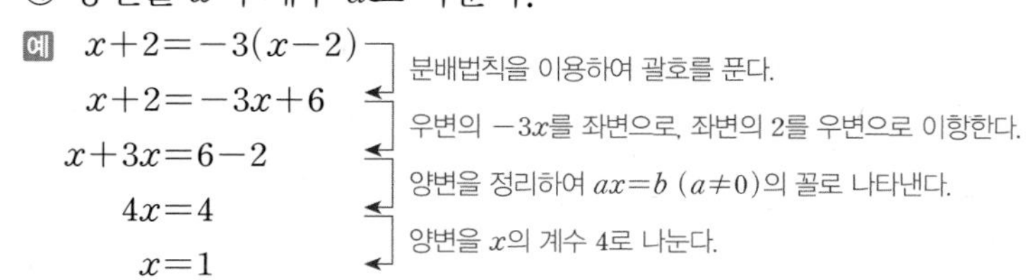

예
$x+2=-3(x-2)$
← 분배법칙을 이용하여 괄호를 푼다.
$x+2=-3x+6$
← 우변의 $-3x$를 좌변으로, 좌변의 2를 우변으로 이항한다.
$x+3x=6-2$
← 양변을 정리하여 $ax=b$ $(a\neq0)$의 꼴로 나타낸다.
$4x=4$
← 양변을 x의 계수 4로 나눈다.
$x=1$

- 이항(移옮기다, 項항목): 항을 옮긴다.
- 이항은 등식의 성질 중 '등식의 양변에 같은 수를 더하거나 빼어도 등식은 성립한다.'를 이용한 것이다.
  $2x-3=8$
  $2x-3+3=8+3$
  $2x=8+3$
  (부호를 바꾸어 다른 변으로 옮긴다.)

소단원 필수 유형

필수 유형

6 등식의 성질

[242004-0325]

다음 중에서 옳지 않은 것을 모두 고르면? (정답 2개)

① $a-2=b-2$이면 $a=b$이다.

② $2a-2=2b$이면 $a-1=b$이다.

③ $-4a+3=-4b-1$이면 $a=b$이다.

④ $\frac{a}{3}=\frac{b}{2}$이면 $2a=3b$이다.

⑤ $0.1a+1=0.3b$이면 $a+1=3b$이다.

[마스터 전략]

$a=b$이면 $a+c=b+c$, $a-c=b-c$, $ac=bc$, $\frac{a}{c}=\frac{b}{c}$ $(c\neq0)$이다.

6-1 [242004-0326]

$a=2b$일 때, 다음 중에서 옳지 않은 것은?

① $2a-4=4b-4$

② $-a-1=-2b-1$

③ $\frac{a}{4}=\frac{b}{2}$

④ $0.5a=0.1b$

⑤ $\frac{a}{2}-3=b-3$

6-2 [242004-0327]

다음 중에서 등식의 성질 '$a=b$이면 $ac=bc$이다.'를 이용한 것은?

① $a-4=5$이면 $a=9$이다.

② $2a-1=2b-1$이면 $2a=2b$이다.

③ $a+\frac{1}{2}=b$이면 $2a+1=2b$이다.

④ $a-2=b+4$이면 $a-3=b+3$이다.

⑤ $1-a=2-b$이면 $-a=1-b$이다.

필수 유형

7 등식의 성질을 이용한 방정식의 풀이

[242004-0328]

다음은 등식의 성질을 이용하여 방정식 $\frac{2}{3}x-4=2$를 푸는 과정이다. 이때 ㉠~㉣에 알맞은 네 수의 곱을 구하시오.

$\frac{2}{3}x-4=2$

$\frac{2}{3}x-4+\boxed{㉠}=2+\boxed{㉠}$

$\frac{2}{3}x=\boxed{㉡}$

$\frac{2}{3}x\times\boxed{㉢}=\boxed{㉡}\times\boxed{㉢}$

$x=\boxed{㉣}$

[마스터 전략]

등식의 성질을 이용하여 주어진 방정식을 $x=$(수)의 꼴로 바꾼다.

7-1 [242004-0329]

오른쪽은 등식의 성질을 이용하여 방정식 $2x-1=7$을 푸는 과정이다. ㉠, ㉡, ㉢에 들어갈 수를 차례로 구하시오.

$2x-1=7$

$2x-1+\boxed{㉠}=7+\boxed{㉠}$

$2x=8$

$\frac{2x}{\boxed{㉡}}=\frac{8}{\boxed{㉡}}$

$x=\boxed{㉢}$

7-2 [242004-0330]

오른쪽은 방정식 $3x+1=-8$을 푸는 과정이다. 이때 (가), (나)에서 이용한 등식의 성질을 다음 보기 중에서 각각 고르시오.

$3x+1=-8$ ⟶ (가)

$3x=-9$ ⟶ (나)

$x=-3$

보기

$a=b$이고 c는 자연수일 때

ㄱ. $a+c=b+c$

ㄴ. $a-c=b-c$

ㄷ. $ac=bc$

ㄹ. $\frac{a}{c}=\frac{b}{c}$

필수 유형

8 이항

[242004-0331]

다음 중에서 이항을 바르게 한 것은?

① $2x=1-x$ ➡ $2x-x=1$

② $-4x-1=5$ ➡ $-4x=5-1$

③ $3x-3=2x+1$ ➡ $3x+2x=1-3$

④ $4-5x=-3x$ ➡ $-5x-x=-3-4$

⑤ $2x-4=-3x+2$ ➡ $2x+3x=2+4$

[마스터 전략]

이항은 등식의 성질 중 '등식의 양변에 같은 수를 더하거나 빼어도 등식은 성립한다.'를 이용하여 등식의 어느 한 변에 있는 항을 부호를 바꾸어 다른 변으로 옮기는 것이다.

8-1 [242004-0332]

다음은 등식에서 밑줄 친 항을 이항한 것이다. 이때 이용한 등식의 성질을 보기 에서 고르시오.

$$-\frac{1}{2}x\underline{-4}=-x \Rightarrow -\frac{1}{2}x=-x+4$$

보기

$a=b$이고 $c>0$일 때

ㄱ. $a+c=b+c$ ㄴ. $a-c=b-c$

ㄷ. $ac=bc$ ㄹ. $\frac{a}{c}=\frac{b}{c}$

8-2 [242004-0333]

다음 중에서 밑줄 친 항을 이항한 것으로 옳은 것을 모두 고르면? (정답 2개)

① $6x=8\underline{+2x}$ ➡ $6x+2x=8$

② $x\underline{-2}=-4$ ➡ $x=-4-2$

③ $2x=3\underline{-4x}$ ➡ $2x+4x=3$

④ $-5x=6\underline{-3x}$ ➡ $-5x+3=6+x$

⑤ $x\underline{-3}=\underline{-2x}+4$ ➡ $x+2x=4+3$

필수 유형

9 일차방정식

[242004-0334]

다음 중에서 문장을 등식으로 나타낼 때 일차방정식이 아닌 것은?

① 시속 x km로 20분 동안 달린 거리는 60 km이다.

② 밑변의 길이가 x cm, 높이가 $3x$ cm인 삼각형의 넓이는 12 cm^2이다.

③ 가로의 길이가 세로의 길이 x cm의 두 배인 직사각형의 둘레의 길이는 60 cm이다.

④ 200원짜리 사탕 x개와 1500원짜리 과자 2개를 샀을 때 내야 할 금액은 5600원이다.

⑤ 입장료가 30000원인 놀이공원에 x % 할인을 받아 입장하려고 할 때, 내야 할 금액은 28000원이다.

[마스터 전략]

우변에 있는 모든 항을 좌변으로 이항하여 정리한 식이 $ax+b=0$ (a, b는 상수이고 $a\neq0$)의 꼴이면 x에 대한 일차방정식이다.

9-1 [242004-0335]

다음 보기 중에서 일차방정식인 것은 모두 몇 개인지 구하시오.

보기

ㄱ. $3x-4$ ㄴ. $x^2-3x=x^2+5$

ㄷ. $x^2-x=2x-1$ ㄹ. $3(1-x)=3-3x$

ㅁ. $\frac{2}{x}-7=9$ ㅂ. $\frac{x}{4}-1=\frac{1}{2}$

9-2 [242004-0336]

등식 $(a+2)x-1=3+5x$가 x에 대한 일차방정식이 될 때, 다음 중에서 상수 a의 값이 될 수 없는 것은?

① -3 ② -2 ③ 2

④ 3 ⑤ 4

소단원 필수 유형

필수 유형

10 괄호가 있는 일차방정식의 풀이

[242004-0337]

다음 일차방정식 중에서 해가 가장 작은 것은?

① $4x-(5-x)=-10$
② $2(5x-7)=5x+1$
③ $3(1-x)-2(3x-1)=-4$
④ $3(x+1)=2(2x-3)+1$
⑤ $2-(x-4)=-2(3x+1)$

[마스터 전략]
괄호가 있는 일차방정식은 분배법칙을 이용하여 괄호를 푼 후 해를 구한다.

10-1 [242004-0338]

다음 일차방정식 중에서 해가 나머지 넷과 다른 하나는?

① $12-x=3x$
② $x+1=2x-1$
③ $5(x-1)=2x+1$
④ $-4x+2=3(x-4)$
⑤ $2(2x+3)-7=-(x-9)$

필수 유형

11 계수가 소수인 일차방정식의 풀이

[242004-0339]

일차방정식 $0.5x-1=-2.4(x-2)$의 해가 $x=a$일 때, $2a-1$의 값은?

① -3 ② -2 ③ -1
④ 2 ⑤ 3

[마스터 전략]
계수가 소수인 일차방정식은 양변에 적당한 10의 거듭제곱을 곱하여 계수를 정수로 바꾼 후 해를 구한다.

11-1 [242004-0340]

일차방정식 $0.2(x-3)=0.02x-1.5$를 풀면?

① $x=-5$ ② $x=-4$ ③ $x=-2$
④ $x=1$ ⑤ $x=3$

필수 유형

12 계수가 분수인 일차방정식의 풀이

[242004-0341]

일차방정식 $\frac{x-8}{8}-\frac{3-2x}{2}=-1$의 해를 $x=a$라 할 때, 일차방정식 $ax-\frac{1}{6}=2$의 해를 구하시오.

[마스터 전략]
계수가 분수인 일차방정식은 양변에 분모의 최소공배수를 곱하여 계수를 정수로 바꾼 후 해를 구한다.

12-1 [242004-0342]

일차방정식 $\frac{2}{5}x-3=\frac{1}{10}-\frac{x-1}{2}$을 풀면?

① $x=\frac{4}{3}$ ② $x=3$ ③ $x=\frac{10}{3}$
④ $x=4$ ⑤ $x=5$

필수 유형

13 비례식으로 주어진 일차방정식의 풀이

[242004-0343]

비례식 $(2x+1):3=(7-x):1$을 만족시키는 x의 값은?

① 1　② 2　③ 3
④ 4　⑤ 5

[마스터 전략]

비례식 $a:b=c:d$는 $ad=bc$임을 이용하여 일차방정식을 세운다.

13-1 [242004-0344]

비례식 $\frac{3}{4}(x+2):2=(0.5x+1):1$을 만족시키는 x의 값은?

① -3　② -2　③ -1
④ 1　⑤ 2

13-2 [242004-0345]

비례식 $(2x-5):3=\frac{2x-1}{3}:2$를 만족시키는 x의 값보다 작은 자연수는 모두 몇 개인가?

① 2개　② 3개　③ 4개
④ 5개　⑤ 6개

필수 유형

14 일차방정식의 해의 조건이 주어진 경우

[242004-0346]

x에 대한 일차방정식 $3(6-x)=a$의 해가 자연수가 되도록 하는 자연수 a의 값은 모두 몇 개인가?

① 2개　② 3개　③ 4개
④ 5개　⑤ 6개

[마스터 전략]

주어진 방정식의 해를 미지수를 포함한 식으로 나타낸 후, 해의 조건을 만족시키는 미지수의 값을 구한다.

14-1 [242004-0347]

x에 대한 일차방정식 $4(7-3x)=a$의 해가 자연수가 되도록 하는 가장 작은 자연수 a의 값은?

① 1　② 2　③ 3
④ 4　⑤ 5

14-2 [242004-0348]

x에 대한 일차방정식 $2x+3a=5x+9$의 해가 음의 정수가 되도록 하는 자연수 a의 값을 모두 구하시오.

3 일차방정식의 활용

1 일차방정식의 활용 문제 푸는 순서

(1) 미지수 정하기 : 문제의 뜻을 파악하고 구하고자 하는 것을 미지수 x로 놓는다.

(2) 방정식 세우기 : 문제의 뜻에 맞게 x에 대한 일차방정식을 세운다.

(3) 방정식 풀기 : 일차방정식을 풀어 해를 구한다.

(4) 확인하기 : 구한 해가 문제의 뜻에 맞는지 확인한다.

2 여러 가지 활용 문제

(1) 연속하는 수에 대한 문제

① 연속하는 세 정수 ➡ $x-1$, x, $x+1$ 또는 x, $x+1$, $x+2$

② 연속하는 세 짝수(홀수) ➡ $x-2$, x, $x+2$ 또는 x, $x+2$, $x+4$

(2) 자릿수에 대한 문제 : 십의 자리의 숫자가 x, 일의 자리의 숫자가 y인 두 자리 자연수

➡ $10x+y$

(3) 일에 대한 문제 : 어떤 일을 혼자서 완성하는 데 x일이 걸린다.

➡ 전체 일의 양을 1이라 하면 하루에 하는 일의 양은 $\frac{1}{x}$이다.

(4) 거리, 속력, 시간에 대한 문제

① (거리)=(속력)×(시간)

예 시속 50 km로 x시간 동안 달린 거리: $50x$ km

② $(\text{속력})=\frac{(\text{거리})}{(\text{시간})}$

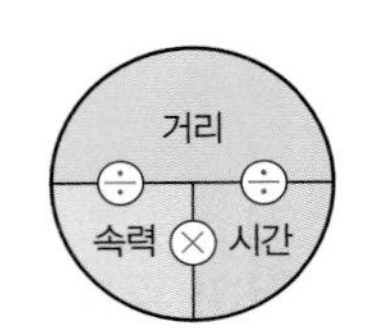

예 x km의 거리를 4시간 동안 달렸을 때의 속력: 시속 $\frac{x}{4}$ km

③ $(\text{시간})=\frac{(\text{거리})}{(\text{속력})}$

예 시속 4 km로 x km를 걸어가는 데 걸리는 시간: $\frac{x}{4}$시간

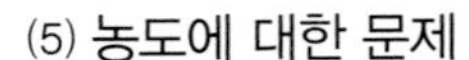

(5) 농도에 대한 문제

① $(\text{소금물의 농도})=\frac{(\text{소금의 양})}{(\text{소금물의 양})}\times 100(\%)$

예 20 g의 소금이 들어 있는 소금물 400 g의 농도: $\frac{20}{400}\times 100=5(\%)$

② $(\text{소금의 양})=\frac{(\text{소금물의 농도})}{100}\times(\text{소금물의 양})$

예 3 %의 소금물 200 g에 들어 있는 소금의 양: $\frac{3}{100}\times 200=6(\text{g})$

개념 노트

• 문제에 단위가 있으면 답을 쓸 때 단위를 함께 쓴다.

• 거리, 속력, 시간에 대한 문제를 풀 때에는 방정식을 세우기 전에 단위를 통일한다.
➡ 1 km=1000 m
1시간 =60분, 1분 $=\frac{1}{60}$시간

• 소금물에 물을 더 넣거나 물을 증발시켜도 소금의 양은 변하지 않는다.

소단원 필수 유형

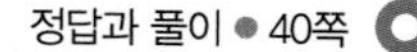

필수 유형

15 어떤 수에 대한 문제

[242004-0349]

어떤 수에서 5를 뺀 후 2배 한 수는 어떤 수의 $\frac{1}{2}$배보다 8만큼 크다고 한다. 어떤 수는?

① 6 ② 8 ③ 10
④ 12 ⑤ 14

[마스터 전략]
어떤 수를 x로 놓고 주어진 조건을 이용하여 x에 대한 방정식을 세운다.

15-1 [242004-0350]

어떤 수와 7의 합의 4배는 어떤 수의 6배보다 8만큼 크다고 한다. 어떤 수는?

① 2 ② 4 ③ 6
④ 8 ⑤ 10

15-2 [242004-0351]

어떤 수의 5배에 13을 더해야 할 것을 잘못하여 어떤 수의 13배에 5를 더했더니 처음 구하려고 했던 수의 2배가 되었다. 이때 처음 구하려고 했던 수를 구하시오.

필수 유형

16 연속하는 수에 대한 문제

[242004-0352]

연속하는 두 자연수의 합이 작은 수의 3배보다 7만큼 작을 때, 두 자연수 중에서 작은 수는?

① 6 ② 7 ③ 8
④ 9 ⑤ 10

[마스터 전략]
연속하는 두 자연수를 x, $x+1$로 놓고 주어진 조건을 이용하여 x에 대한 방정식을 세운다.

16-1 [242004-0353]

연속하는 세 자연수의 합이 54일 때, 세 자연수 중에서 가장 작은 수를 구하시오.

16-2 [242004-0354]

다음 그림은 어느 해 10월의 달력이다. 이 달력에서 그림과 같이 ✚자 모양으로 5개의 날짜를 선택하여 그 날짜의 합을 구하면 100이 될 때, 5개의 날짜 중 가장 마지막 날의 날짜를 구하시오.

10

일	월	화	수	목	금	토
				1	2	3
4	5	6	7	8	9	10
11	12	13	14	15	16	17
18	19	20	21	22	23	24
25	26	27	28	29	30	31

소단원 필수 유형

필수 유형

17 자릿수에 대한 문제

[242004-0355]

십의 자리의 숫자가 7인 두 자리 자연수가 있다. 이 자연수는 각 자리의 숫자의 곱보다 16만큼 크다고 할 때, 이 자연수는?

① 71 ② 73 ③ 75
④ 77 ⑤ 79

[마스터 전략]
십의 자리의 숫자가 x, 일의 자리의 숫자가 y인 두 자리 자연수는 $10x+y$이다.

17-1 [242004-0356]

일의 자리의 숫자가 8인 두 자리 자연수가 있다. 이 자연수는 각 자리의 숫자의 합의 4배보다 6만큼 작다고 할 때, 이 자연수는?

① 18 ② 28 ③ 38
④ 48 ⑤ 58

17-2 [242004-0357]

일의 자리의 숫자가 6인 두 자리 자연수가 있다. 이 자연수의 십의 자리의 숫자와 일의 자리의 숫자를 바꾼 수가 처음 수보다 18만큼 크다고 할 때, 처음 수를 구하시오.

필수 유형

18 나이에 대한 문제

[242004-0358]

현재 영우의 나이는 10세, 삼촌의 나이는 42세이다. 삼촌의 나이가 영우의 나이의 3배가 되는 것은 몇 년 후인가?

① 5년 후 ② 6년 후 ③ 7년 후
④ 8년 후 ⑤ 9년 후

[마스터 전략]
현재 나이가 a세인 사람의 x년 후의 나이는 $(a+x)$세이다.

18-1 [242004-0359]

현재 아버지의 나이는 아들의 나이의 7배이다. 5년 후에는 아버지의 나이가 아들의 나이의 4배가 된다고 할 때, 현재 아들의 나이는?

① 3세 ② 4세 ③ 5세
④ 6세 ⑤ 7세

18-2 [242004-0360]

수현이 아버지의 나이는 수현이 나이의 3배보다 6세 많고, 수현이의 나이는 아버지의 나이의 $\frac{1}{5}$배보다 4세 많다. 이때 아버지의 나이를 구하시오.

필수 유형

19 합이 일정한 문제

[242004-0361]

한 개에 800원 하는 아이스크림과 한 개에 1000원 하는 아이스크림을 모두 합하여 20개를 사고 17600원을 지불하였다. 이때 한 개에 800원 하는 아이스크림은 몇 개 샀는가?

① 11개 ② 12개 ③ 13개
④ 14개 ⑤ 15개

[마스터 전략]

A, B의 개수의 합이 a일 때, A의 개수를 x라 하면 B의 개수는 $a-x$이다.

19-1 [242004-0362]

동물원에 토끼와 원숭이를 합하여 모두 30마리가 있다. 토끼의 수의 2배가 원숭이의 수의 3배와 같을 때, 토끼는 몇 마리인가?

① 16마리 ② 18마리 ③ 20마리
④ 22마리 ⑤ 24마리

19-2 [242004-0363]

어느 시험에서 지민이가 3점짜리 문제와 4점짜리 문제를 합하여 21개를 맞혀 총 69점을 받았다. 지민이는 4점짜리 문제를 몇 개 맞혔는지 구하시오.

필수 유형

20 도형에 대한 문제

[242004-0364]

세로의 길이가 가로의 길이보다 5 cm 더 긴 직사각형의 둘레의 길이가 34 cm이다. 이 직사각형의 가로의 길이는?

① 6 cm ② 7 cm ③ 8 cm
④ 9 cm ⑤ 10 cm

[마스터 전략]

직사각형의 둘레의 길이는 $2\times\{$(가로의 길이)$+$(세로의 길이)$\}$이다.

20-1 [242004-0365]

아랫변의 길이가 윗변의 길이보다 2 cm 더 길고, 높이가 10 cm인 사다리꼴의 넓이가 80 cm^{2}이다. 이 사다리꼴의 윗변의 길이를 구하시오.

20-2 [242004-0366]

길이가 60 cm인 철사를 한 번 잘라 생긴 각각의 철사로 정사각형 두 개를 만들었다. 두 정사각형의 한 변의 길이의 비가 3 : 2일 때, 작은 정사각형의 넓이는?

① 4 cm^2 ② 9 cm^2 ③ 16 cm^2
④ 25 cm^2 ⑤ 36 cm^2

소단원 필수 유형

필수 유형

21 금액에 대한 문제

[242004-0367]

현재 승호와 정아의 예금액이 각각 20만 원, 5만 원이다. 두 사람이 매달 2만 원씩 예금한다면 승호의 예금액이 정아의 예금액의 2배가 되는 것은 몇 개월 후인지 구하시오. (단, 이자는 생각하지 않는다.)

[마스터 전략]

매달 a원씩 x개월 동안 예금할 때, x개월 후의 예금액은 $\{(\text{현재 예금액})+ax\}$원이다.

21-1 [242004-0368]

현재 형과 동생은 각각 20000원의 용돈을 가지고 있다. 용돈을 형은 하루에 3000원씩 사용하고, 동생은 하루에 2000원씩 사용한다. 동생의 남은 용돈이 형의 남은 용돈의 4배가 되는 것은 며칠 후인지 구하시오.

21-2 [242004-0369]

원가에 50 %의 이익을 붙여 정가를 정한 어떤 상품이 팔리지 않아 3000원을 할인하여 팔았더니 2000원의 이익이 생겼다. 이 상품의 정가를 구하시오.

필수 유형

22 과부족에 대한 문제

[242004-0370]

어느 마라톤 동호회에서 회원들에게 기념품을 나누어 주려고 한다. 기념품을 2개씩 나누어 주면 9개가 남고, 4개씩 나누어 주면 11개가 모자란다고 할 때, 마라톤 동호회 회원은 모두 몇 명인지 구하시오.

[마스터 전략]

사람들에게 물건을 나누어 주는 경우에는 사람 수를 x로 놓고 물건의 개수가 일정함을 이용하고, 사람들을 방에 배정하는 경우에는 방의 수를 x로 놓고 사람 수가 일정함을 이용하여 방정식을 세운다.

22-1 [242004-0371]

학생들에게 공책을 나누어 주는데 한 학생에게 3권씩 주면 4권이 남고, 4권씩 주면 8권이 모자란다고 한다. 학생 수를 x, 공책 수를 y라 할 때, $x+y$의 값은?

① 12　② 18　③ 35
④ 40　⑤ 52

22-2 [242004-0372]

어느 회사의 직원들이 단체 여행을 가서 방 배정을 하는데 한 방에 4명씩 배정하면 마지막 방에는 1명이 들어가고 빈방은 없으며, 5명씩 배정하면 마지막 방에는 2명이 들어가고 방이 3개 남는다. 이 회사의 직원 수를 구하시오.

필수 유형

23 일에 대한 문제

[242004-0373]

어떤 일을 완성하는 데 경현이는 4시간, 시우는 8시간이 걸린다고 한다. 이 일을 처음에 경현이가 혼자 1시간 동안 작업하고 난 후에 둘이 함께 작업하여 일을 완성했을 때, 둘이 함께 작업한 시간은?

① 1시간 ② 1시간 30분 ③ 2시간
④ 2시간 30분 ⑤ 3시간

[마스터 전략]
어떤 일을 혼자서 완성하는 데 x시간이 걸릴 때, 전체 일의 양을 1이라 하면 1시간 동안 하는 일의 양은 $\frac{1}{x}$이다.

23-1 [242004-0374]

어떤 일을 완성하는 데 승서는 10시간, 기홍이는 15시간이 걸린다고 한다. 이 일을 승서가 4시간 동안 한 후 나머지는 기홍이가 혼자 하여 완성했을 때, 기홍이가 일한 시간을 구하시오.

23-2 [242004-0375]

어떤 일을 완성하는 데 형은 8일, 동생은 12일이 걸린다. 형이 며칠 동안 일을 하다가 나머지 일은 동생이 혼자 완성하였는데 형이 동생보다 3일을 더 일했다고 한다. 이 일을 마치는 데 총 며칠이 걸렸는지 구하시오.

필수 유형

24 비율에 대한 문제

[242004-0376]

승현이가 짠 여행 계획표를 보니 전체의 $\frac{1}{3}$은 잠을 자는 시간이고 전체의 $\frac{1}{12}$은 이동하는 시간이며 전체의 $\frac{3}{8}$은 관광 시간이었다. 나머지 시간은 12시간의 식사 시간과 3시간의 쇼핑 시간이었을 때, 계획표에서 관광 시간은 모두 몇 시간인지 구하시오.

[마스터 전략]
전체를 x로 놓고 부분의 합이 전체와 같음을 이용하여 방정식을 세운다.

24-1 [242004-0377]

다음은 고대의 유명한 수학자 피타고라스의 제자에 관한 내용이다. 피타고라스의 제자는 모두 몇 명인지 구하시오.

> 내 제자의 절반은 수의 아름다움을 탐구하고, 자연의 이치를 연구하는 자가 $\frac{1}{4}$, 또 $\frac{1}{7}$의 제자들은 굳게 입을 다물고 깊은 사색에 잠겨 있다. 그 외에 여자인 제자가 3명이 있다. 그들이 제자의 전부이다.

24-2 [242004-0378]

예은이가 책 한 권을 모두 읽는 데 3일이 걸렸다. 첫째 날에는 전체의 $\frac{1}{2}$을, 둘째 날에는 남은 부분의 $\frac{3}{5}$을, 셋째 날에는 18쪽을 읽었다고 할 때, 책의 전체 쪽수를 구하시오.

소단원 필수 유형

필수 유형

25 거리, 속력, 시간에 대한 문제 –총 걸린 시간이 주어진 경우

[242004-0379]

준석이는 학교에서 학원까지 7 km의 거리를 자전거를 타고 다닌다. 어느 날 시속 10 km로 자전거를 타고 학원으로 가다가 중간에 자전거가 고장나서 시속 4 km로 자전거를 끌고 갔더니 학원까지 총 1시간 36분이 걸렸다. 이때 자전거를 끌고 간 거리는?

① 2 km ② 3 km ③ 4 km
④ 5 km ⑤ 6 km

[마스터 전략]
각 구간에서의 속력이 다르고 총 걸린 시간이 주어진 경우에는 (각 구간에서 걸린 시간의 합)=(총 걸린 시간)임을 이용하여 시간에 대한 방정식을 세운다.

25-1 [242004-0380]

지원이가 등산을 하는데 올라갈 때는 시속 3 km로 걷고, 내려올 때는 같은 길을 시속 4 km로 걸어서 총 7시간이 걸렸다. 이때 올라간 거리를 구하시오.

25-2 [242004-0381]

은소가 집에서 출발하여 6 km 떨어진 친구 집에 가는데 가는 길에 있는 문구점에 들러 10분 동안 친구의 선물을 샀다. 집에서 문구점까지는 시속 6 km로 걷고, 문구점에서 친구 집까지는 시속 12 km로 뛰어서 집에서 나온 지 1시간 만에 친구 집에 도착했다고 할 때, 집에서 문구점까지의 거리를 구하시오.

필수 유형

26 거리, 속력, 시간에 대한 문제 –시간 차가 생기는 경우

[242004-0382]

지유와 서정이가 자전거를 타고 학교에서 공원까지 가는데 지유는 시속 20 km로, 서정이는 시속 15 km로 동시에 출발하여 달렸더니 지유가 서정이보다 10분 먼저 공원에 도착하였다. 학교에서 공원까지의 거리를 구하시오.

[마스터 전략]
같은 거리를 가는데 속력이 달라 시간 차가 생기는 경우에는 (느린 속력으로 가는 데 걸린 시간)−(빠른 속력으로 가는 데 걸린 시간)=(시간 차)임을 이용하여 시간에 대한 방정식을 세운다.

26-1 [242004-0383]

민석이가 집에서 학원까지 가는데 시속 10 km로 달리면 시속 5 km로 걸어가는 것보다 30분 빨리 도착한다고 한다. 집에서 학원까지의 거리를 구하시오.

26-2 [242004-0384]

승현이가 집에서 할머니 댁까지 자전거를 타고 시속 12 km로 가면 자동차를 타고 시속 60 km로 가는 것보다 1시간이 더 걸린다. 이때 집에서 할머니 댁까지 자전거를 타고 가는데 걸리는 시간은?

① 65분 ② 70분 ③ 75분
④ 80분 ⑤ 85분

필수 유형

27 거리, 속력, 시간에 대한 문제 –따라가서 만나는 경우

[242004-0385]

성진이네 가족이 함께 있다가 여행을 가는데 아버지와 형은 먼저 자동차를 타고 시속 40 km로 출발하였다. 아버지와 형이 출발한 지 30분 후에 성진이와 어머니는 다른 자동차를 타고 시속 70 km로 따라갔을 때, 성진이는 출발한 지 몇 분 후에 형을 만나는지 구하시오.

[마스터 전략]

A와 B가 시간 차를 두고 같은 지점에서 출발하여 만나는 경우에는 (A가 이동한 거리)=(B가 이동한 거리) 임을 이용하여 거리에 대한 방정식을 세운다.

27-1 [242004-0386]

은수와 언니는 같은 학교를 다니는데 은수가 언니보다 30분 먼저 집에서 출발하여 학교를 향해 매분 60 m의 속력으로 걸어가고 있다. 언니는 자전거를 타고 매분 150 m의 속력으로 은수를 따라갔을 때, 언니가 집을 출발한 지 몇 분 후에 은수를 만나는지 구하시오.

27-2 [242004-0387]

서준이는 집에서 오전 8시에 매분 80 m의 속력으로 걸어서 출발하였다. 서준이가 출발한 지 45분 후에 누나가 자전거를 타고 매분 200 m의 속력으로 서준이를 따라갈 때, 서준이와 누나가 만나는 시각을 구하시오.

필수 유형

28 거리, 속력, 시간에 대한 문제 –마주 보고 걷거나 둘레를 도는 경우

[242004-0388]

둘레의 길이가 2.1 km인 원 모양의 공원이 있다. 이 공원의 둘레를 영서가 분속 40 m로 걷기 시작한 지 12분 후에 같은 출발 지점에서 서진이가 반대 방향으로 분속 50 m로 걷는다면 서진이가 출발한 지 몇 분 후에 처음으로 영서를 만나는지 구하시오.

[마스터 전략]

같은 지점에서 출발하여 공원의 둘레를 반대 방향으로 돌다가 만나는 경우에는 (두 사람이 걸은 거리의 합)=(공원의 둘레의 길이)임을 이용하여 거리에 대한 방정식을 세운다.

28-1 [242004-0389]

민지와 태영이네 집 사이의 거리는 4.5 km이다. 민지는 매분 70 m의 속력으로, 태영이는 매분 80 m의 속력으로 각자의 집에서 상대방의 집을 향하여 동시에 출발하여 걸어갔다. 두 사람이 만날 때까지 걸린 시간은?

① 10분 ② 20분 ③ 30분
④ 40분 ⑤ 50분

28-2 [242004-0390]

둘레의 길이가 800 m인 운동장 트랙에서 민준이는 매분 150 m의 속력으로, 준환이는 매분 200 m의 속력으로 달리고 있다. 두 사람이 같은 지점에서 같은 방향으로 동시에 출발한다면 출발한 지 몇 분 후에 처음으로 다시 만나는지 구하시오.

소단원 필수 유형

필수 유형

29 거리, 속력, 시간에 대한 문제 –열차가 다리 또는 터널을 지나는 경우

[242004-0391]

일정한 속력으로 달리는 열차가 길이가 900 m인 다리를 완전히 통과하는 데 30초가 걸리고, 길이가 1250 m인 터널을 완전히 통과하는 데 40초가 걸린다고 한다. 이 열차의 길이를 구하시오.

[마스터 전략]

열차가 터널을 완전히 통과할 때 달린 거리는 {(터널의 길이)+(열차의 길이)}이고, 열차가 터널을 통과할 때 열차가 보이지 않는 동안 달린 거리는 {(터널의 길이)−(열차의 길이)}이다.

29-1 [242004-0392]

분속 2100 m의 일정한 속력으로 달리는 열차가 600 m 길이의 터널을 완전히 통과하는 데 20초가 걸린다고 한다. 이 열차의 길이는?

① 100 m ② 120 m ③ 150 m
④ 180 m ⑤ 200 m

29-2 [242004-0393]

일정한 속력으로 달리는 열차가 500 m 길이의 터널을 완전히 통과하는 데 20초가 걸렸다. 또, 이 열차가 1200 m 길이의 터널을 통과할 때는 열차가 30초 동안 보이지 않았다고 할 때, 이 열차의 길이를 구하시오.

필수 유형

30 농도에 대한 문제

[242004-0394]

소금물 160 g에 물 40 g을 넣었더니 농도가 4 %인 소금물이 되었다. 이때 처음 소금물의 농도는?

① 3 % ② 5 % ③ 7 %
④ 10 % ⑤ 13 %

[마스터 전략]

소금물에 물을 더 넣는 경우에는 (처음 소금물의 소금의 양)=(나중 소금물의 소금의 양)임을 이용하여 방정식을 세운다.

30-1 [242004-0395]

7 %의 소금물 200 g에 물을 더 넣어서 5 %의 소금물을 만들려고 할 때, 더 넣어야 하는 물의 양은?

① 80 g ② 100 g ③ 120 g
④ 150 g ⑤ 200 g

30-2 [242004-0396]

5 %의 소금물 400 g과 10 %의 소금물을 섞어서 6 %의 소금물을 만들었다. 이때 10 %의 소금물의 양은?

① 80 g ② 100 g ③ 120 g
④ 150 g ⑤ 200 g

중단원 핵심유형 테스트

정답과 풀이 ● 43쪽

1 중요 [242004-0397]

다음 중에서 [ ] 안의 수가 주어진 방정식의 해가 아닌 것은?

① $2x+1=-x+4$ [1]
② $2x-5=-5-3x$ [-1]
③ $-5x+8=x+20$ [-2]
④ $2-x=x-2$ [2]
⑤ $4x+1=6x-7$ [4]

2 [242004-0398]

다음 등식이 성립하도록 □ 안에 알맞은 식을 구하시오.

> $2(a-3)=b+6$이면 $a+1=$□

3 [242004-0399]

오른쪽 그림은 접시저울을 이용하여 등식의 성질을 설명한 것이다. 다음 방정식 $3x-8=-(x-1)+x$를 푸는 과정에서 그림의 성질이 이용된 곳을 고르시오.

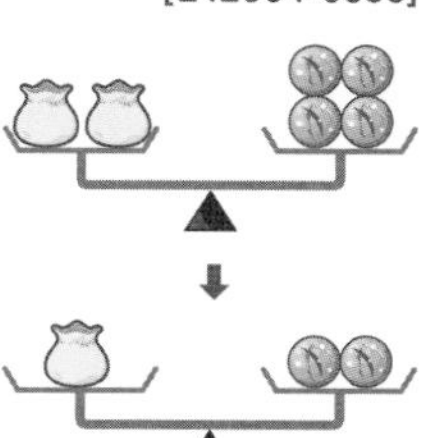

$3x-8=-(x-1)+x$
㉠
$3x-8=-x+1+x$
㉡
$3x-8=1$
㉢
$3x=9$
㉣
$x=3$

4 [242004-0400]

일차방정식 $3-\{2-(2x-5)\}=x-1$의 해를 $x=a$라 할 때, 일차방정식 $x-(2x-a)=3x-5$의 해를 구하시오.

5 중요 [242004-0401]

일차방정식 $ax+10=5a-2$의 해가 $x=-1$일 때, 일차방정식 $\frac{1}{4}ax+1=\frac{5}{2}$의 해를 구하시오. (단, a는 상수)

6 [242004-0402]

오른쪽 그림에서 ▭ 안의 수 또는 식은 바로 윗줄의 양 옆에 있는 ▭ 안의 수 또는 식의 합과 같다. 이때 x의 값을 구하시오.

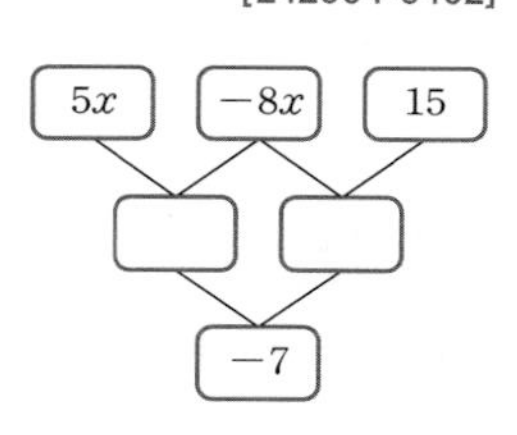

7 신유형 [242004-0403]

일차방정식 $-5x+7=3x-4$에서 좌변의 x의 계수 -5를 다른 수로 잘못 보고 풀었더니 해가 $x=1$이었다. 이때 -5를 어떤 수로 잘못 본 것인가?

① -10　② -8　③ 2
④ 5　⑤ 8

8

[242004-0404]

비례식 $\left(\frac{4}{3}x+2\right):4=\left(\frac{1}{2}x-1\right):3$을 만족시키는 x의 값은?

① -5　② -1　③ $-\frac{2}{3}$
④ 1　⑤ 5

9 고득점

[242004-0405]

x에 대한 일차방정식 $ax-3=2(4x+1)$의 해가 자연수가 되도록 하는 자연수 a의 개수는?

① 2　② 3　③ 4
④ 5　⑤ 6

10 중요

[242004-0406]

x에 대한 일차방정식 $3x-2(x+a)=4$의 해가 x에 대한 일차방정식 $1-0.2x=\frac{1}{5}(x-a)$의 해의 6배일 때, 상수 a의 값은?

① -11　② -7　③ -5
④ 7　⑤ 11

11

[242004-0407]

각 자리의 숫자의 합이 15인 두 자리 자연수가 있다. 이 자연수의 십의 자리의 숫자와 일의 자리의 숫자를 바꾼 수는 처음 수보다 9만큼 크다고 할 때, 처음 자연수를 구하시오.

12

[242004-0408]

조선 시대 학자인 황윤석의 저서 『이수신편』에 실린 '계토산'으로 알려진 다음과 같은 문제가 있다. 닭과 토끼는 각각 몇 마리인지 구하시오.

> 닭과 토끼가 모두 100마리인데, 다리를 세어보니 모두 272개였다. 닭과 토끼는 각각 몇 마리인가?

13

[242004-0409]

오른쪽 그림과 같이 가로의 길이가 15 m, 세로의 길이가 10 m인 직사각형 모양의 땅에 폭이 2 m인 직선 도로와 폭이 x m인 직선 도로를 만들었더니 도로를 제외한 땅의 넓이가 91 m^2가 되었다. 이때 x의 값은?

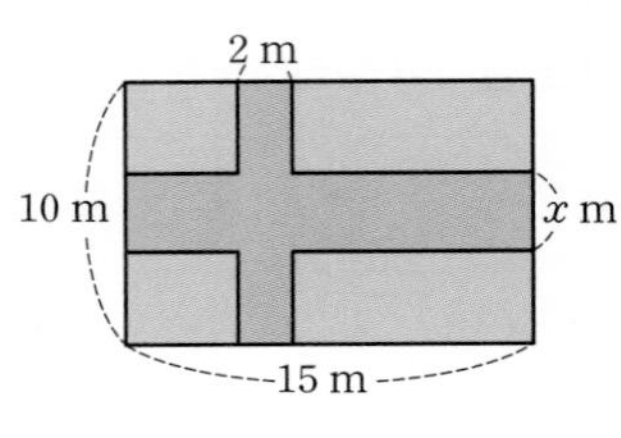

① 2　② 2.5　③ 3
④ 3.5　⑤ 4

14

[242004-0410]

강당에 긴 의자가 있는데 한 의자에 4명씩 앉으면 학생 3명이 남고 한 의자에 5명씩 앉으면 2명만 앉아 있는 의자 1개와 빈 의자 3개가 남는다. 이때 학생 수는?

① 81　② 83　③ 85
④ 87　⑤ 89

15 중요

[242004-0411]

승호 어머니는 만두 120개를 빚는 데 24분이 걸린다고 한다. 만두 200개를 승호 어머니 혼자 25분 동안 빚은 후 나머지는 승호 혼자 빚었더니 총 50분이 걸렸다고 한다. 승호가 1시간 동안 빚을 수 있는 만두의 수를 구하시오.

16 고득점

[242004-0412]

우진이가 학교에서 도서관을 향하여 출발한 지 9분 후에 인서가 우진이를 따라나섰다. 우진이는 매분 80 m의 속력으로 걷고 인서는 매분 100 m의 속력으로 걷는다면 인서는 학교에서 출발한 지 x분 후에 학교에서 y km 떨어진 곳에서 우진이를 만난다고 한다. $x+y$의 값은?

① 30.6 ② 36 ③ 39
④ 39.6 ⑤ 42.6

17

[242004-0413]

시속 1 km로 흐르는 강이 있다. 이 강에서 배를 타고 강물이 흐르는 방향으로 22 km를 가는 데 2시간이 걸렸다. 정지한 물에서의 배의 속력은? (단, 강물의 속력과 정지한 물에서의 배의 속력은 각각 일정하다.)

① 시속 7 km ② 시속 8 km ③ 시속 9 km
④ 시속 10 km ⑤ 시속 11 km

18

[242004-0414]

5 %의 소금물 800 g에서 물 220 g을 증발시킨 후 소금을 더 넣었더니 10 %의 소금물이 되었다. 소금을 몇 g 더 넣었는가?

① 10 g ② 20 g ③ 30 g
④ 40 g ⑤ 50 g

기출 서술형

19

[242004-0415]

두 일차방정식 $-0.23x-0.27=0.42$, $\frac{1-x}{3}=\frac{x-a}{2}$의 해가 서로 같을 때, 상수 a의 값을 구하시오.

풀이 과정

답 |

20

[242004-0416]

둘레의 길이가 5 km인 원 모양의 공원 둘레를 승희와 현지가 같은 지점에서 출발하여 반대 방향으로 걸으려고 한다. 승희가 시속 6 km로 출발한 지 20분 후에 현지가 시속 3 km로 출발하였다면 두 사람은 승희가 출발한 지 몇 분 후에 처음으로 만나는지 구하시오.

풀이 과정

답 |

5

좌표평면과 그래프

1 순서쌍과 좌표평면

2 그래프

1 순서쌍과 좌표평면

1 순서쌍과 좌표평면

(1) 수직선 위의 점의 좌표

① **좌표**: 수직선 위의 한 점에 대응하는 수

② 수 5가 점 P의 좌표일 때, 기호로 P(5)와 같이 나타낸다.

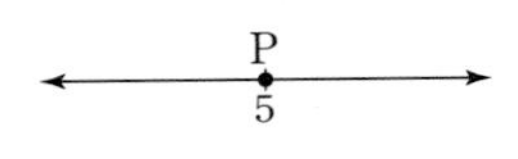

(2) 좌표평면

오른쪽 그림과 같이 두 수직선이 점 O에서 수직으로 만날 때

① **x축**: 가로의 수직선 ┐ 두 축을 통틀어 좌표축
   y축: 세로의 수직선 ┘

② **원점**: 두 좌표축이 만나는 점 O

③ **좌표평면**: 좌표축이 정해진 평면

(3) 좌표평면 위의 점의 좌표

① **순서쌍**: 순서를 생각하여 두 수를 짝 지어 나타낸 것

② 좌표평면 위의 한 점 P에서 x축, y축에 각각 수선을 내려 이 수선과 x축, y축이 만나는 점이 나타내는 수가 각각 a, b일 때, 순서쌍 (a, b)를 점 P의 좌표라 하고, 기호로 P(a, b)와 같이 나타낸다. 이때 a를 점 P의 x좌표, b를 점 P의 y좌표라 한다.

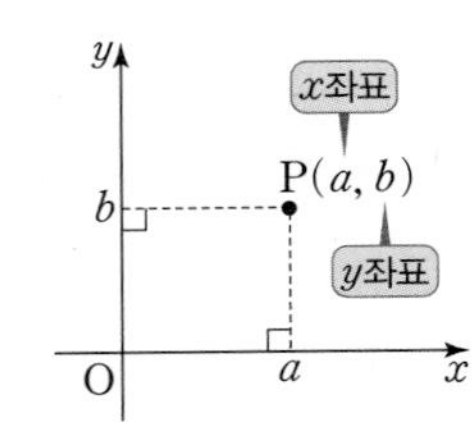

③ x축 위의 점의 좌표 ➡ (x좌표, 0)
   → y좌표는 0

y축 위의 점의 좌표 ➡ (0, y좌표)
   → x좌표는 0

- 순서쌍 (1, 2)와 (2, 1)은 두 수의 순서가 다르므로 서로 다르다.

2 사분면

(1) **사분면**: 좌표평면은 오른쪽 그림과 같이 좌표축에 의하여 제1사분면, 제2사분면, 제3사분면, 제4사분면의 네 부분으로 나누어진다.

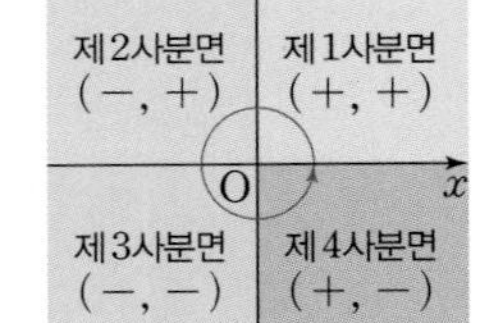

(2) 대칭인 점의 좌표

점 P(a, b)에 대하여

① x축에 대칭인 점 ➡ Q$(a, -b)$
   → y좌표의 부호만 바뀐다.

② y축에 대칭인 점 ➡ R$(-a, b)$
   → x좌표의 부호만 바뀐다.

③ 원점에 대칭인 점 ➡ S$(-a, -b)$
   → x좌표, y좌표의 부호가 모두 바뀐다.

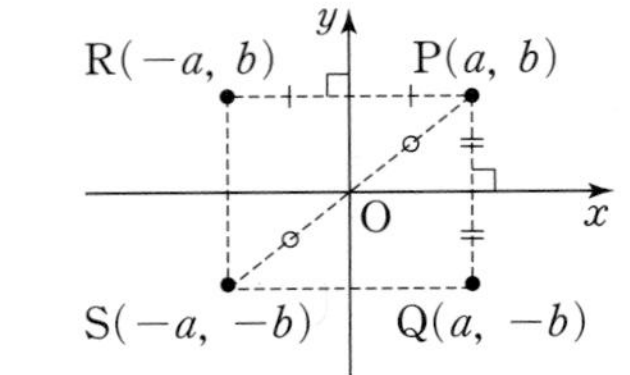

- 원점과 좌표축 위에 있는 점은 어느 사분면에도 속하지 않는다.

소단원 필수 유형

필수 유형

1 수직선 위의 점의 좌표

[242004-0417]

다음 수직선 위의 두 점 $\mathrm{A}(a)$, $\mathrm{B}(b)$에 대하여 $3a+2b$의 값을 구하시오.

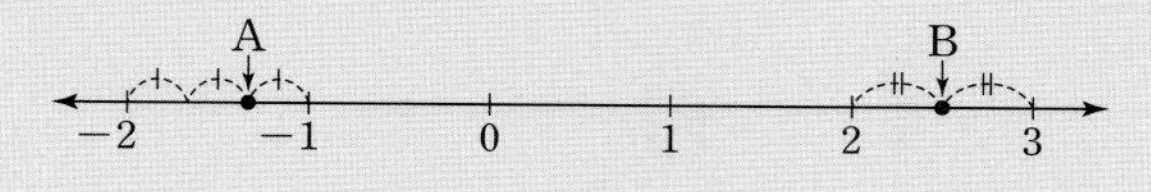

[마스터 전략]

길이 1을 2등분한 것 중에서 하나의 길이는 $\frac{1}{2}$, 3등분한 것 중에서 하나의 길이는 $\frac{1}{3}$이다.

1-1 [242004-0418]

다음 중에서 수직선 위의 점 A~E의 좌표를 나타낸 것으로 옳지 않은 것은?

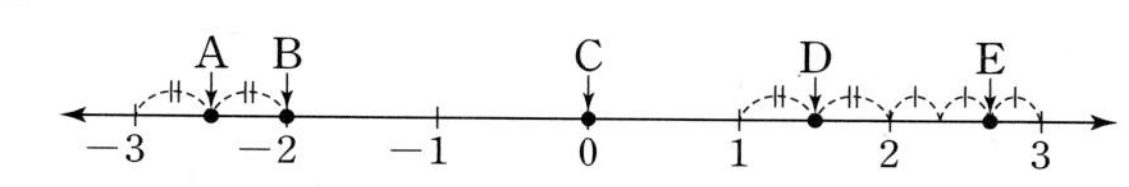

① $\mathrm{A}\left(-\frac{5}{2}\right)$ ② $\mathrm{B}(-2)$ ③ $\mathrm{C}(0)$
④ $\mathrm{D}\left(\frac{3}{2}\right)$ ⑤ $\mathrm{E}\left(\frac{7}{3}\right)$

필수 유형

2 순서쌍

[242004-0419]

두 순서쌍 $(3a+1,\ 2b+3)$, $(a+5,\ 6-b)$가 서로 같을 때, $a+b$의 값을 구하시오.

[마스터 전략]

두 순서쌍 $(a,\ b)$와 $(c,\ d)$가 서로 같다. ➡ $a=c$, $b=d$

2-1 [242004-0420]

x의 값이 1 또는 3이고, y의 값이 -2 또는 -1일 때, (x의 값, y의 값)으로 나타내는 순서쌍을 모두 구하시오.

필수 유형

3 좌표평면 위의 점의 좌표

[242004-0421]

다음 중에서 오른쪽 좌표평면 위의 점 A~E의 좌표를 나타낸 것으로 옳지 않은 것은?

① $\mathrm{A}(2,\ 0)$ ② $\mathrm{B}(2,\ -3)$
③ $\mathrm{C}(-4,\ 3)$ ④ $\mathrm{D}(4,\ 4)$
⑤ $\mathrm{E}(-2,\ -4)$

[마스터 전략]

좌표평면 위의 점 P의 x좌표가 a이고 y좌표가 b이다. ➡ $\mathrm{P}(a,\ b)$

3-1 [242004-0422]

오른쪽 좌표평면 위의 점 P의 좌표를 $(a,\ b)$라 할 때, $a+b$의 값을 구하시오.

소단원 필수 유형

필수 유형

4 x축 또는 y축 위의 점의 좌표

[242004-0423]

점 $\mathrm{A}(2a-3,\ 1-4a)$가 x축 위의 점일 때, 점 A의 x좌표는?

① -5　② $-\frac{5}{2}$　③ $-\frac{3}{4}$

④ $\frac{1}{4}$　⑤ $\frac{3}{2}$

[마스터 전략]

x축 위의 점의 좌표는 (x좌표, 0)이고 y축 위의 점의 좌표는 (0, y좌표)이다.

4-1 [242004-0424]

점 $\mathrm{A}(3a+1,\ 3-2a)$가 y축 위의 점일 때, 점 A의 좌표를 구하시오.

4-2 [242004-0425]

두 점 $\mathrm{A}(2a+4,\ 2b+2)$, $\mathrm{B}(a-3,\ 1-b)$가 각각 x축, y축 위의 점일 때, $a+b$의 값을 구하시오.

필수 유형

5 좌표평면 위의 도형의 넓이

[242004-0426]

오른쪽 그림과 같이 좌표평면 위의 세 점 $\mathrm{A}(1,\ 2)$, $\mathrm{B}(-1,\ -2)$, $\mathrm{C}(3,\ 0)$을 꼭짓점으로 하는 삼각형 ABC의 넓이를 구하시오.

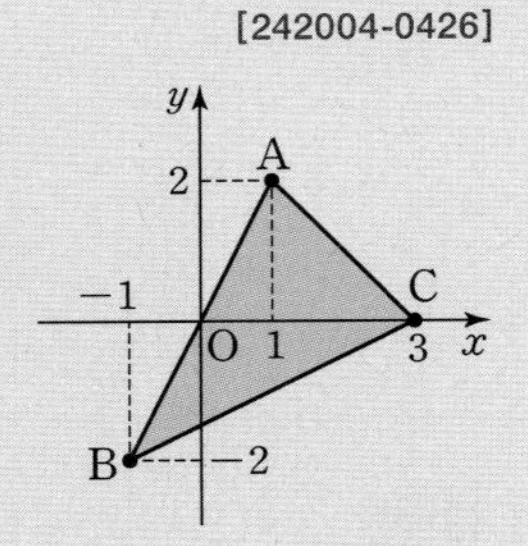

[마스터 전략]

좌표평면 위에 주어진 점을 선분으로 연결한 후 공식을 이용하여 도형의 넓이를 구한다.

5-1 [242004-0427]

좌표평면 위의 네 점 $\mathrm{A}(-1,\ 3)$, $\mathrm{B}(-1,\ -1)$, $\mathrm{C}(3,\ -1)$, $\mathrm{D}(1,\ 3)$을 꼭짓점으로 하는 사각형 ABCD의 넓이를 구하시오.

5-2 [242004-0428]

좌표평면 위의 세 점 $\mathrm{A}(-1,\ 3)$, $\mathrm{B}(-1,\ -2)$, $\mathrm{C}(a,\ 1)$에 대하여 삼각형 ABC의 넓이가 15일 때, 양수 a의 값을 구하시오.

필수 유형

6 사분면

[242004-0429]

다음 중에서 옳은 것은?

① 점 $(-2,\ -2)$는 제4사분면 위의 점이다.
② 점 $(1,\ -3)$은 제2사분면 위의 점이다.
③ 점 $(3,\ 0)$은 y축 위의 점이다.
④ 점 $(-1,\ 3)$은 제3사분면 위의 점이다.
⑤ 점 $(0,\ -1)$은 어느 사분면에도 속하지 않는다.

[마스터 전략]
x축 위의 점, y축 위의 점은 어느 사분면에도 속하지 않는다.

6-1 [242004-0430]

다음 중에서 점의 좌표와 그 점이 속하는 사분면이 바르게 짝 지어진 것은?

① $(1,\ 2)$ ➡ 제4사분면
② $(-2,\ 3)$ ➡ 제3사분면
③ $(4,\ -2)$ ➡ 제2사분면
④ $(0,\ 5)$ ➡ 제4사분면
⑤ $(-1,\ -3)$ ➡ 제3사분면

6-2 [242004-0431]

다음 중에서 옳지 않은 것을 모두 고르면? (정답 2개)

① x축 위의 점은 x좌표가 0이다.
② 점 $(-1,\ 4)$는 제2사분면 위의 점이다.
③ 점 $(-1,\ -2)$는 제4사분면 위의 점이다.
④ 점 $(-3,\ 0)$은 어느 사분면에도 속하지 않는다.
⑤ 점 $(0,\ 1)$은 어느 사분면에도 속하지 않는다.

필수 유형

7 사분면 위의 점 (1)

[242004-0432]

$a+b>0$, $ab>0$일 때, 점 $(a,\ b)$는 제몇 사분면 위의 점인가?

① 제1사분면
② 제2사분면
③ 제3사분면
④ 제4사분면
⑤ 어느 사분면에도 속하지 않는다.

[마스터 전략]
$ab>0$이면 a와 b는 서로 같은 부호이고 $ab<0$이면 a와 b는 서로 다른 부호이다.

7-1 [242004-0433]

$a-b>0$, $ab<0$일 때, 점 $(a,\ b)$는 제몇 사분면 위의 점인가?

① 제1사분면
② 제2사분면
③ 제3사분면
④ 제4사분면
⑤ 어느 사분면에도 속하지 않는다.

7-2 [242004-0434]

$a<b$, $ab<0$일 때, 점 $\left(ab,\ \dfrac{a-b}{3}\right)$는 제몇 사분면 위의 점인가?

① 제1사분면
② 제2사분면
③ 제3사분면
④ 제4사분면
⑤ 어느 사분면에도 속하지 않는다.

소단원 필수 유형

필수 유형

8 사분면 위의 점 (2)

[242004-0435]

점 $(a, -b)$가 제3사분면 위의 점일 때, 다음 중에서 제2사분면 위의 점인 것은?

① (a, b) ② $(-a, b)$ ③ $(-a, -b)$
④ $(a, a-b)$ ⑤ $(b-a, ab)$

[마스터 전략]
점 (a, b)가 속한 사분면이 주어지면 a, b의 부호를 먼저 구한 후 새로운 점의 좌표의 부호를 구하여 제몇 사분면 위의 점인지 판단한다.

8-1 [242004-0436]

점 $(-a, b)$가 제1사분면 위의 점일 때, 점 $\left(\frac{a}{b}, a-b\right)$는 제몇 사분면 위의 점인가?

① 제1사분면 ② 제2사분면
③ 제3사분면 ④ 제4사분면
⑤ 어느 사분면에도 속하지 않는다.

8-2 [242004-0437]

점 $(a-b, ab)$가 제4사분면 위의 점일 때, 다음 중에서 점 $\left(\frac{a}{b}, -\frac{1}{b}\right)$과 같은 사분면 위의 점인 것은?

① $(2, 3)$ ② $(-4, 1)$ ③ $(-1, -5)$
④ $(5, -2)$ ⑤ $(6, 0)$

필수 유형

9 대칭인 점의 좌표

[242004-0438]

점 (a, b)와 원점에 대칭인 점은 제1사분면 위에 있고, 점 (c, d)와 y축에 대칭인 점은 제2사분면 위에 있을 때, 점 $(a-c, bd)$는 제몇 사분면 위의 점인가?

① 제1사분면 ② 제2사분면
③ 제3사분면 ④ 제4사분면
⑤ 어느 사분면에도 속하지 않는다.

[마스터 전략]
점 (a, b)와 x축에 대칭인 점은 $(a, -b)$, y축에 대칭인 점은 $(-a, b)$, 원점에 대칭인 점은 $(-a, -b)$이다.

9-1 [242004-0439]

두 점 $(3a-1, 1-b)$와 $(a+5, 2b-8)$이 y축에 대칭일 때, ab의 값은?

① -5 ② -3 ③ -1
④ 3 ⑤ 5

9-2 [242004-0440]

점 $\mathrm{A}(-1, 3)$과 x축에 대칭인 점을 B, y축에 대칭인 점을 C라 할 때, 삼각형 ABC의 넓이는?

① 4 ② 5 ③ 6
④ 8 ⑤ 12

1 그래프

(1) **변수**: x, y와 같이 여러 가지로 변하는 값을 나타내는 문자

(2) **그래프**: 두 변수 x, y 사이의 관계를 만족시키는 순서쌍 (x, y)를 좌표로 하는 점을 좌표평면 위에 모두 나타낸 것

예 다음 표는 한 개에 800원짜리 지우개 x개의 가격 y원을 나타낸 것이다.

x	1	2	3	4	5
y	800	1600	2400	3200	4000

① 위의 표에서 두 변수 x, y의 순서쌍 (x, y)를 구하면
$(1, 800)$, $(2, 1600)$, $(3, 2400)$, $(4, 3200)$, $(5, 4000)$

② 순서쌍 (x, y)를 좌표평면 위에 나타내면 오른쪽 그림과 같이 점으로 나타난다.

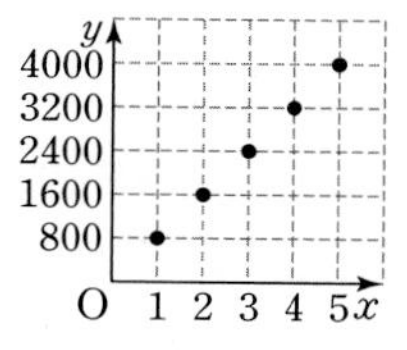

2 그래프의 이해

(1) **그래프의 해석**: 그래프로 나타내면 두 변수의 변화 관계를 쉽게 알아볼 수 있다.

예 오른쪽 그림은 x의 값에 따른 y의 값의 변화를 그래프로 나타낸 것이다.
이 그래프에서 다음을 알 수 있다.
㉠ x의 값이 증가함에 따라 y의 값도 증가한다.
㉡ x의 값이 증가하여도 y의 값은 변하지 않는다.
㉢ x의 값이 증가함에 따라 y의 값은 감소한다.

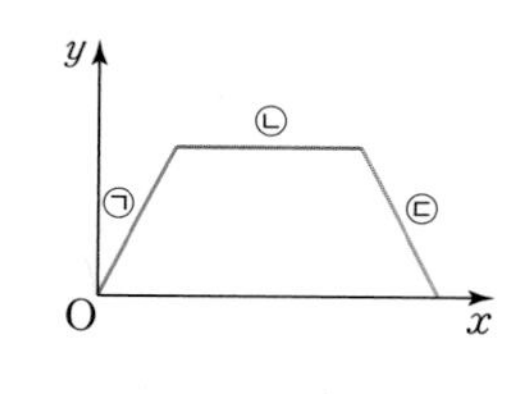

(2) **다양한 상황의 그래프**
각 그래프에서 x의 값이 증가함에 따라 y의 값의 변화는 다음과 같다.

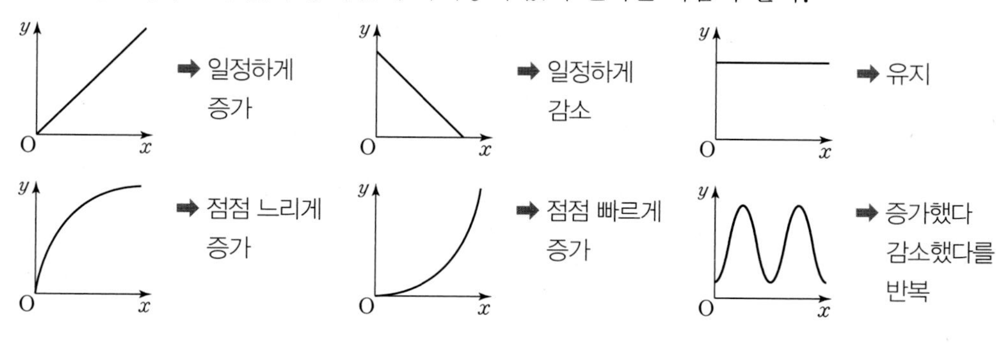

개념 노트

• 변수와 달리 일정한 값을 갖는 수나 문자를 상수라 한다.

• 그래프는 점, 직선, 곡선 등으로 나타낼 수 있다.

• 다음을 파악하여 상황에 맞는 그래프를 찾을 수 있다.
① 두 변수 x, y가 나타내는 것
② 두 변수 x와 y 사이의 관계
③ x의 값에 따른 y의 값의 변화

소단원 필수 유형

필수 유형

10 그래프 해석하기

[242004-0441]

승원이는 일정한 양의 물이 나오는 수도꼭지를 틀어 욕조에 물을 받다가 수도꼭지를 잠그고 몇 분이 지난 후 욕조 마개를 뽑아 욕조에 담긴 물을 모두 뺐다. 오른쪽 그림은 수도꼭지를 튼 지 x분 후 욕조에 담긴 물의 양을 y L라 할 때, x와 y 사이의 관계를 그래프로 나타낸 것이다. 다음 중에서 옳지 않은 것을 모두 고르면? (정답 2개)

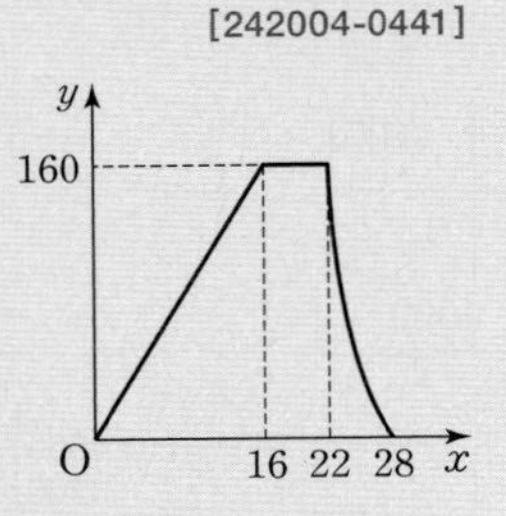

① 수도꼭지를 잠근 시간은 수도꼭지를 튼 지 16분 후이다.
② 수도꼭지를 잠갔을 때 욕조에 담긴 물의 양은 160 L이다.
③ 수도꼭지를 잠그고 6분 후 욕조 마개를 뽑았다.
④ 욕조 마개를 뽑은 후 물이 모두 빠지는 데 걸린 시간은 28분이다.
⑤ 수도꼭지를 틀었을 때, 1분 동안 나오는 물의 양은 16 L이다.

[마스터 전략]
그래프에서 x의 값에 따른 y의 값을 읽고 그래프를 해석한다.

10-1

[242004-0442]

어느 놀이공원에서 A 지점과 B 지점 사이를 왕복하는 순환 열차가 있다. 오른쪽 그림은 순환 열차가 A 지점을 출발한 지 x분 후 A 지점과 순환 열차 사이의 거리를 y m라 할 때, x와 y 사이의 관계를 나타낸 그래프이다. 다음을 구하시오.

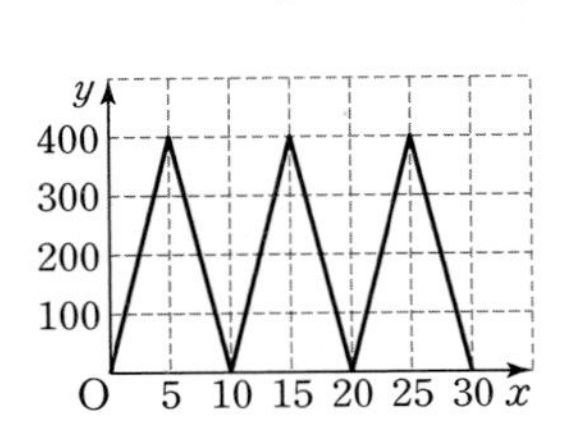

(1) 순환 열차가 한 번 왕복하는 데 걸리는 시간

(2) A 지점과 B 지점 사이의 거리

(3) 50분 동안 쉬지 않고 왕복할 때, 왕복 가능한 횟수

필수 유형

11 그래프 비교하기

[242004-0443]

5 km 단축 마라톤 경기에 형준, 승희, 경태가 참여했다. 오른쪽 그래프는 세 사람이 동시에 출발하여 x분 동안 이동한 거리를 y km라 할 때, x와 y 사이의 관계를 나타낸 것이다. 다음 중에서 옳지 않은 것은?

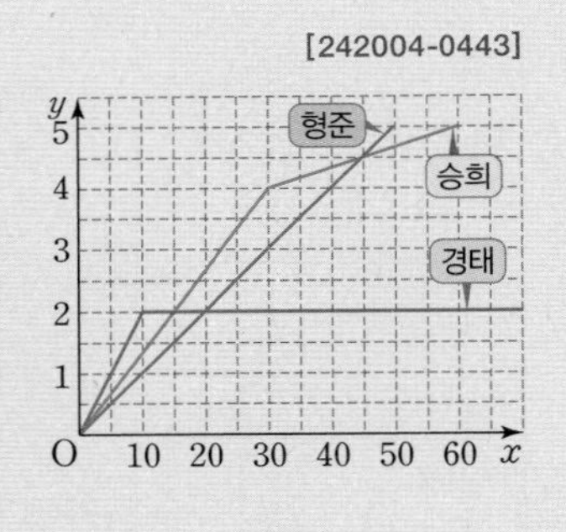

① 형준이와 승희는 5 km를 완주했다.
② 경태는 2 km 지점까지만 달리고 멈췄다.
③ 승희는 한 번도 세 사람 중 가장 앞선 적이 없다.
④ 형준이는 승희보다 10분 먼저 결승점에 도착했다.
⑤ 출발 후 10분까지는 앞에서부터 경태, 승희, 형준 순으로 달렸다.

[마스터 전략]
x의 값 또는 y의 값의 차를 이용하거나 두 그래프의 만나는 점의 x의 값 또는 y의 값을 이용하여 문제를 해결한다.

11-1

[242004-0444]

집에서 7 km 떨어진 체육관까지 가는데 우진이는 자전거를 타고 가고 인서는 달려갔다. 오른쪽 그래프는 두 사람이 집에서 동시에 출발하여 x분 동안 이동한 거리를 y km라 할 때, x와 y 사이의 관계를 나타낸 것이다. 우진이가 체육관에 도착한 지 몇 분 후에 인서가 체육관에 도착하였는지 구하시오.

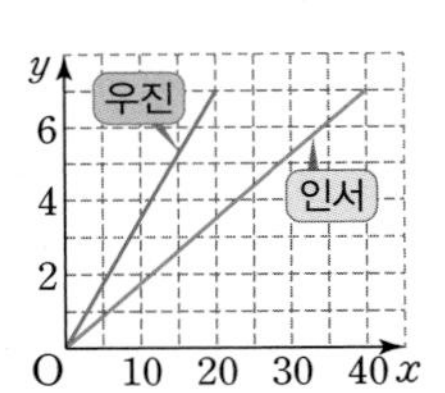

필수 유형

12 상황에 맞는 그래프 찾기

[242004-0445]

지유는 학교에서 집으로 일정한 속력으로 걸어오던 길에 친구를 만나 그 자리에 멈춰서서 잠시 이야기를 나누다가 다시 일정한 속력으로 걸어 집에 도착하였다. 학교에서 출발한 지 x분 후 지유가 이동한 거리를 y m라 할 때, 다음 보기 중에서 x와 y 사이의 관계를 나타낸 그래프로 가장 알맞은 것을 고르시오.

보기

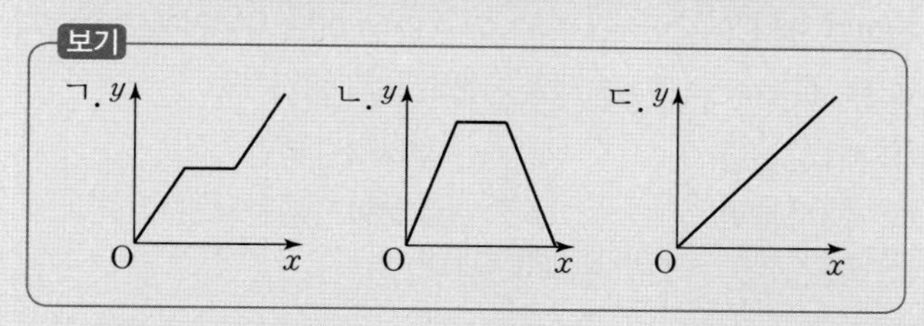

[마스터 전략]

x축과 y축이 각각 무엇을 나타내는지를 확인한 후 상황에 알맞은 그래프를 찾는다.

12-1 [242004-0446]

호영이는 목욕하기 위해 일정한 속도로 물이 나오는 수도꼭지를 열어 욕조에 물을 채우다가 친구에게 전화가 와서 수도꼭지를 잠갔다. 통화를 끝낸 후 다시 수도꼭지를 열어 욕조에 물을 채우는데 마지막에는 일정 시간 동안 욕조 밖으로 물이 넘쳐흘렀다. 처음 수도꼭지를 튼 지 x분 후 욕조 안 물의 높이를 y cm라 할 때, 다음 중에서 x와 y 사이의 관계를 나타낸 그래프로 가장 알맞은 것은?

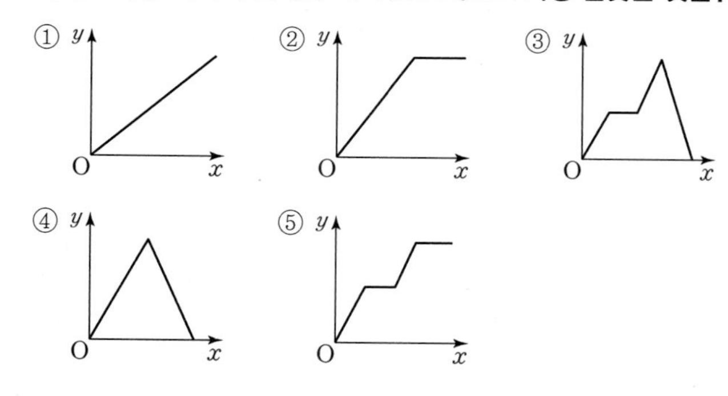

필수 유형

13 그래프의 변화 파악하기

[242004-0447]

다음 그림과 같은 서로 다른 모양의 물통 3개에 일정한 속력으로 물을 넣고 있다. 물을 넣기 시작한 지 x분 후 물의 높이를 y cm라 할 때, 물통과 x와 y 사이의 관계를 나타낸 그래프를 바르게 짝 지으시오.

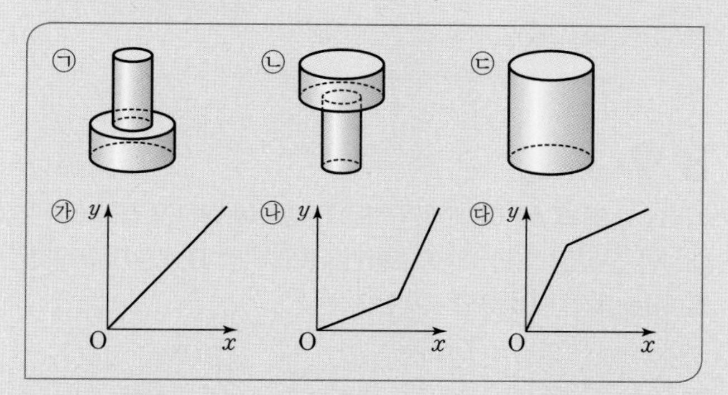

[마스터 전략]

각 그래프에서 x의 값이 증가함에 따른 y의 값의 변화를 파악한다.

13-1 [242004-0448]

다음 그림과 같이 부피가 같고 모양이 다른 세 용기에 시간당 일정한 양의 물을 넣을 때, 물을 넣기 시작한 지 x초 후 물의 높이를 y cm라 하자. 각 용기의 x와 y 사이의 관계를 나타낸 그래프에 가장 가까운 것을 오른쪽에서 찾아 바르게 짝 지으시오.

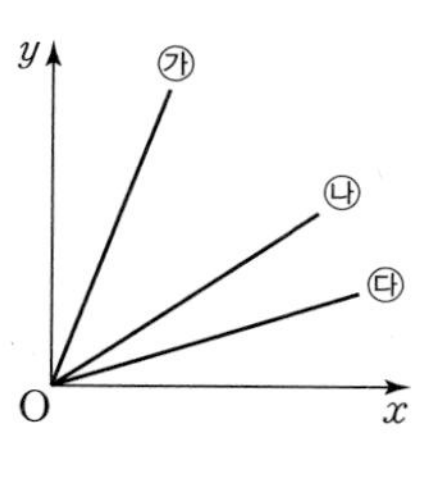

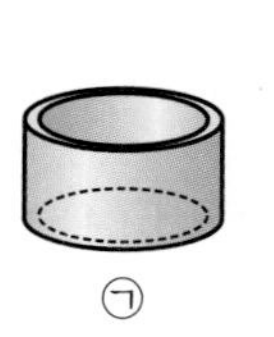

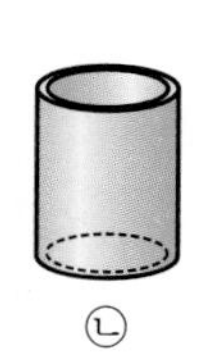

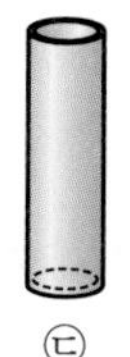

중단원 핵심유형 테스트

1 [242004-0449]

다음 수직선 위의 두 점 $A(a)$, $B(b)$에 대하여 $8a+3b$의 값은?

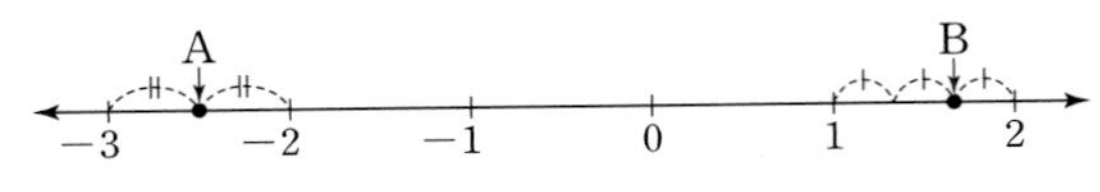

① -15　② -5　③ 0
④ 5　⑤ 10

2 [242004-0450]

두 순서쌍 $(2a-1,\ -3b+5)$, $(3a+1,\ -b-1)$이 서로 같을 때, $a+b$의 값은?

① -2　② -1　③ 0
④ 1　⑤ 2

3 중요 [242004-0451]

점 $(2a-3,\ 1-3b)$는 y축 위의 점이고, 점 $(a-5,\ 2a+5b)$는 x축 위의 점일 때, ab의 값을 구하시오.

4 [242004-0452]

좌표평면 위의 세 점 $A(0,\ 8)$, $B(0,\ a)$, $C(4,\ 1)$을 꼭짓점으로 하는 삼각형 ABC의 넓이가 18일 때, 음수 a의 값을 구하시오.

5 [242004-0453]

$a>0$, $b<0$이고 $|a|>|b|$일 때, 점 $(a+b,\ ab)$는 제몇 사분면 위의 점인지 구하시오.

6 [242004-0454]

두 점 $A(-3a,\ b-1)$, $B(a-2,\ 2b-3)$은 각각 x축, y축 위의 점이고, 점 $C(-2a-1+c,\ 5b-1)$은 어느 사분면에도 속하지 않을 때, 점 $(a-c,\ b)$는 제몇 사분면 위의 점인가?

① 제1사분면　② 제2사분면
③ 제3사분면　④ 제4사분면
⑤ 어느 사분면에도 속하지 않는다.

7 고득점 [242004-0455]

세 점 $A(-3,\ 5)$, $B(a,\ 5)$, $C(-3,\ b)$가 다음 조건을 모두 만족시킬 때, ab의 값은?

> (가) 선분 AB의 길이는 5이다.
> (나) 선분 AC의 길이는 7이다.
> (다) 점 B는 제1사분면, 점 C는 제3사분면 위의 점이다.

① -24　② -4　③ 4
④ 16　⑤ 24

8 중요 [242004-0456]

점 $A(4,\ 3)$과 x축에 대칭인 점을 B, y축에 대칭인 점을 C, 원점에 대칭인 점을 D라 할 때, 좌표평면 위의 세 점 B, C, D를 꼭짓점으로 하는 삼각형 BCD의 넓이는?

① 12　② 18　③ 24
④ 30　⑤ 36

9

[242004-0457]

승희와 영진이가 학교에서 출발하여 10 km 떨어진 쇼핑몰까지 가는데 승희는 자전거를 타고 영진이는 걸어서 갔다. 각자 출발 후 시각에 따른 이동 거리를 나타낸 그래프가 다음 그림과 같을 때, 보기 에서 옳은 것을 있는 대로 고르시오.

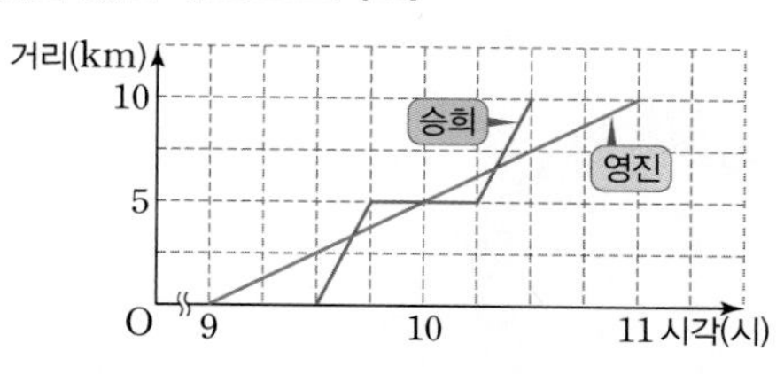

보기

ㄱ. 영진이는 9시에 출발했다.
ㄴ. 승희는 9시 20분에 출발했다.
ㄷ. 승희는 중간에 30분 동안 멈춰있었다.
ㄹ. 영진이는 승희보다 30분 먼저 도착했다.

10

[242004-0458]

현수는 집에서 학교까지 일정한 속력으로 걸어가다가 중간에 문구점에 들러 학용품을 사고 지각을 하지 않기 위해 일정한 속력으로 뛰어 학교에 도착했다. x분 후 현수가 이동한 거리를 y m라 할 때, 다음 중에서 x와 y 사이의 관계를 나타낸 그래프로 알맞은 것은?

① 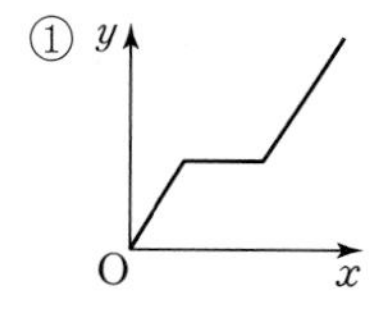

② 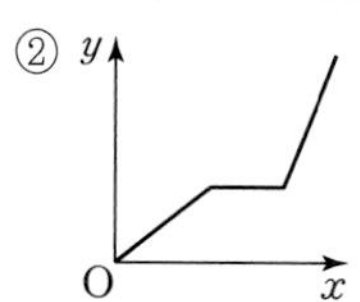

③ 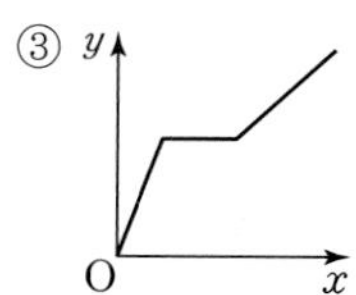

④ 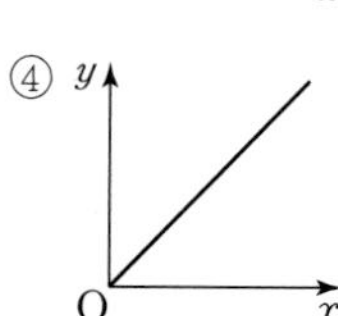

⑤ 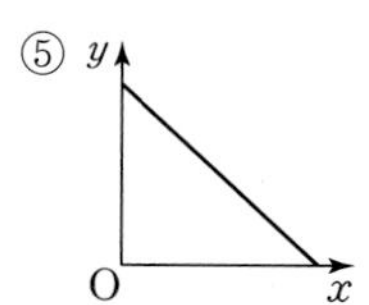

11

[242004-0459]

정현이는 어떤 컵에 일정한 속력으로 우유를 따르고 있다. 오른쪽 그림은 x초 후 우유의 높이를 y cm라 할 때, x와 y 사이의 관계를 나타낸 그래프이다. 다음 중에서 이 컵의 모양에 가장 가까운 것은?

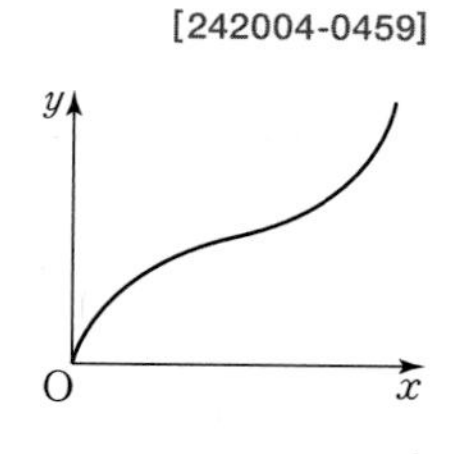

①

② 

③ 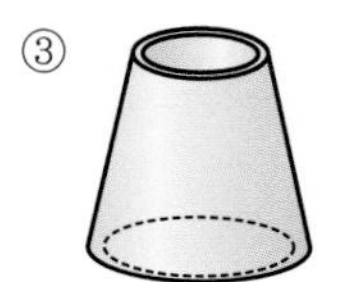

④ 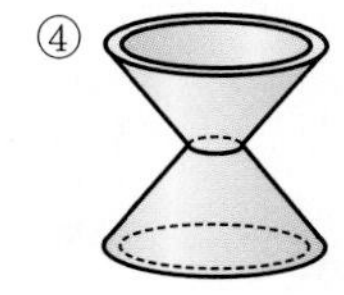

⑤ 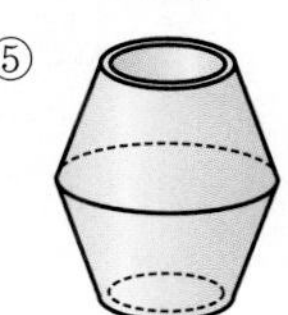

기출 서술형

12

[242004-0460]

점 $\mathrm{A}(a, b)$와 x축에 대칭인 점은 제1사분면 위에 있고,
점 $\mathrm{B}(c, d)$와 y축에 대칭인 점은 제2사분면 위에 있을 때,
점 $\mathrm{P}(a+c, bd)$는 제몇 사분면 위의 점인지 구하시오.

풀이 과정

답 |

6

정비례와 반비례

1 정비례

유형 1 정비례 관계 찾기
유형 2 정비례 관계식 구하기
유형 3 정비례 관계의 그래프
유형 4 정비례 관계의 그래프 위의 점
유형 5 정비례 관계의 그래프의 성질
유형 6 정비례 관계 $y=ax\ (a\neq0)$의 그래프와 a의 값 사이의 관계
유형 7 그래프에서 정비례 관계식 구하기
유형 8 정비례 관계의 그래프와 도형의 넓이

2 반비례

유형 9 반비례 관계 찾기
유형 10 반비례 관계식 구하기
유형 11 반비례 관계의 그래프
유형 12 반비례 관계의 그래프 위의 점
유형 13 반비례 관계의 그래프의 성질
유형 14 반비례 관계 $y=\frac{a}{x}\ (a\neq0)$의 그래프와 a의 값 사이의 관계
유형 15 그래프에서 반비례 관계식 구하기
유형 16 반비례 관계의 그래프와 도형의 넓이
유형 17 그래프 위의 점 중에서 좌표가 정수인 점 찾기
유형 18 정비례 관계와 반비례 관계의 그래프가 만나는 점

3 정비례, 반비례 관계의 활용

유형 19 정비례 관계의 활용
유형 20 반비례 관계의 활용

1 정비례

① 정비례 관계

(1) 정비례: 두 변수 x, y에 대하여 x의 값이 2배, 3배, 4배, …로 변함에 따라 y의 값도 2배, 3배, 4배, …로 변하는 관계가 있을 때, y는 x에 정비례한다고 한다.

x	1	2	3	4	…
y	2	4	6	8	…

(2) 정비례 관계식: y가 x에 정비례할 때, x와 y 사이의 관계식은 $y=ax(a\neq0)$로 나타낼 수 있다.

예 $y=x$, $y=-2x$, $y=\frac{2}{3}x$, $y=-0.7x$

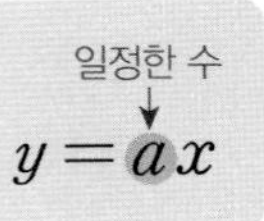

개념 노트

- x의 값이 $\frac{1}{2}$배, $\frac{1}{3}$배, $\frac{1}{4}$배, …로 변함에 따라 y의 값도 $\frac{1}{2}$배, $\frac{1}{3}$배, $\frac{1}{4}$배, …로 변하는 관계가 있을 때도 y는 x에 정비례한다고 한다.
- y가 x에 정비례할 때, x에 대한 y의 비율 $\frac{y}{x}(x\neq0)$는 a로 일정하다. ➡ $y=ax$에서 $\frac{y}{x}=a$(일정)

② 정비례 관계 $y=ax(a\neq0)$의 그래프

정비례 관계 $y=2x$의 그래프를 그려 보자.

x	-2	-1	0	1	2
y	-4	-2	0	2	4

(순서쌍을 좌표로 할 때)

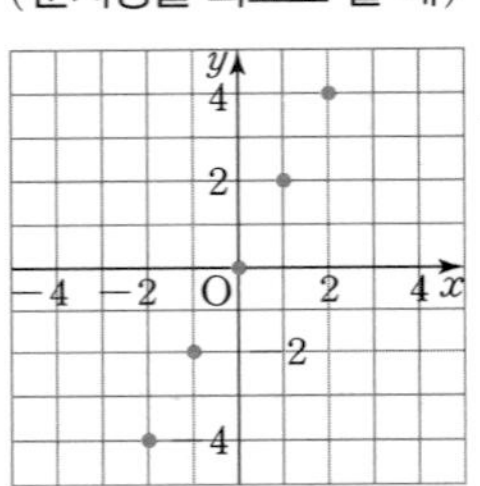

➡ (x의 값의 간격을 좁게 할 때)

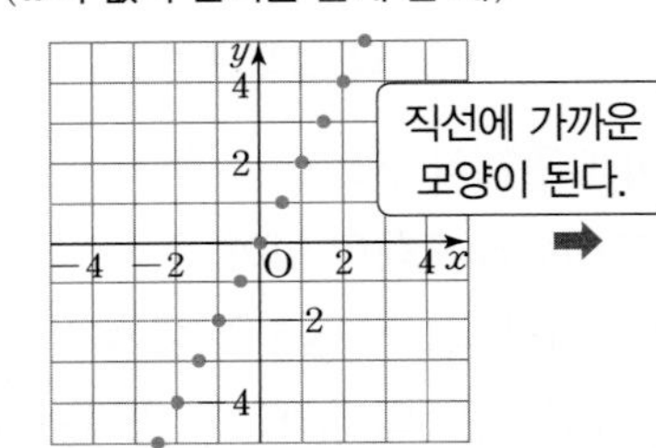

➡ (x의 값이 수 전체일 때)

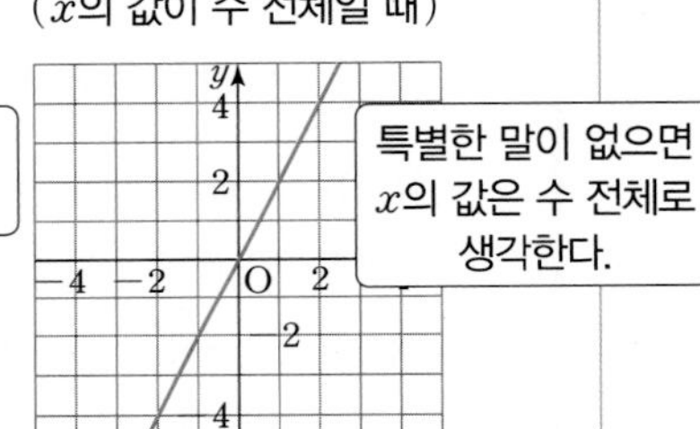

x의 값이 수 전체일 때, 정비례 관계 $y=2x$의 그래프는 원점을 지나는 직선이다.

→ $x=0$이면 항상 $y=0$이다.

- 정비례 관계 $y=ax(a\neq0)$의 그래프는 항상 원점을 지나는 직선이므로 원점과 그래프가 지나는 다른 한 점을 찾아 직선으로 연결하면 쉽게 그릴 수 있다.

③ 정비례 관계의 그래프의 성질

정비례 관계 $y=ax(a\neq0)$의 그래프는 a의 값에 따라 다음과 같은 특징을 갖는다.

	$a>0$일 때	$a<0$일 때
그래프	($y=ax$, 점 $(1, a)$를 지나는 직선)	($y=ax$, 점 $(1, a)$를 지나는 직선)
성질	오른쪽 위로 향하는 직선	오른쪽 아래로 향하는 직선
	제1사분면, 제3사분면을 지남	제2사분면, 제4사분면을 지남
	x의 값이 증가하면 y의 값도 증가	x의 값이 증가하면 y의 값은 감소

- 정비례 관계 $y=ax(a\neq0)$의 그래프는 a의 절댓값이 클수록 y축에 가깝다.

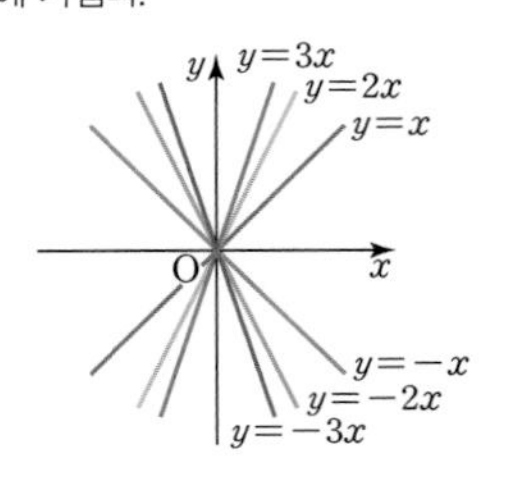

15 고득점

[242004-0533]

오른쪽 그림과 같이 반비례 관계 $y=\frac{11}{x}$의 그래프 위의 두 점 B, D에서 x축에 내린 수선의 발을 각각 A, C라 하면 두 점 A, C가 y축에 대하여 대칭이다. 이때 사각형 ABCD의 넓이를 구하시오.

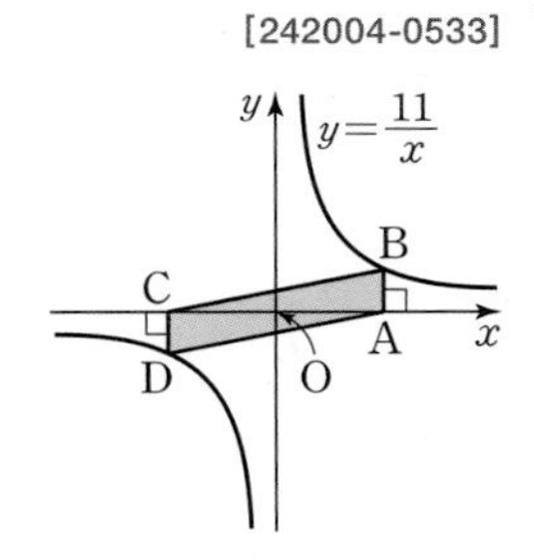

16

[242004-0534]

오른쪽 그림에서 색칠한 부분에 속하는 점 중에서 x좌표와 y좌표가 모두 정수인 점은 모두 몇 개인가? (단, 좌표축과 그래프 위의 점은 제외한다.)

① 4개 ② 5개
③ 6개 ④ 7개
⑤ 8개

$y=\frac{4}{x}\ (x>0)$

17

[242004-0535]

반비례 관계 $y=\frac{a}{x}$의 그래프가 점 $\left(6, \frac{3}{2}\right)$을 지날 때, 이 그래프 위에 있는 점 중에서 x좌표와 y좌표가 모두 정수인 점의 개수는? (단, a는 상수)

① 4 ② 6 ③ 8
④ 12 ⑤ 16

18 중요

[242004-0536]

진동수의 범위가 20000Hz 이상인 음파를 초음파라 한다. 초음파는 사람의 귀로는 들을 수 없고 일부 동물이 들을 수 있으며 박쥐는 초음파를 발생시켜 거리를 잰다고 한다. 오른쪽 그림은 진동수가 xHz인 음파의 파장을 y m라 할 때, x와 y 사이의 관계를 그래프로 나타낸 것이다. 음파의 파장은 진동수에 반비례한다고 할 때, 초음파의 파장의 범위를 구하시오.

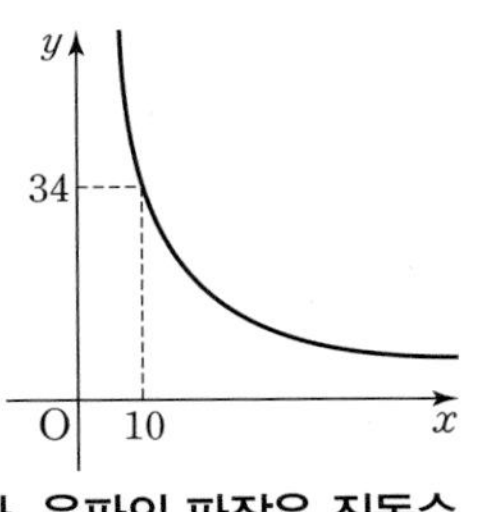

기출 서술형

19

[242004-0537]

오른쪽 그림과 같이 정비례 관계 $y=ax$의 그래프와 반비례 관계 $y=\frac{6}{x}$의 그래프가 점 A$(b, 3)$에서 만날 때, ab의 값을 구하시오. (단, a는 상수)

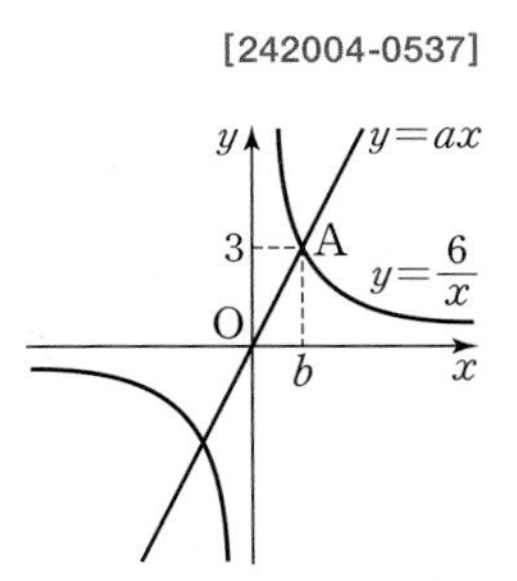

풀이 과정

답 |

20

[242004-0538]

오른쪽 그래프는 버스와 택시가 x분 동안 y km를 갈 때, x와 y 사이의 관계를 나타낸 것이다. 버스와 택시가 동시에 출발하여 멈추지 않고 일정한 속도로 36 km를 갈 때, 버스를 타면 택시를 타는 것보다 몇 분 늦게 도착하는지 구하시오.

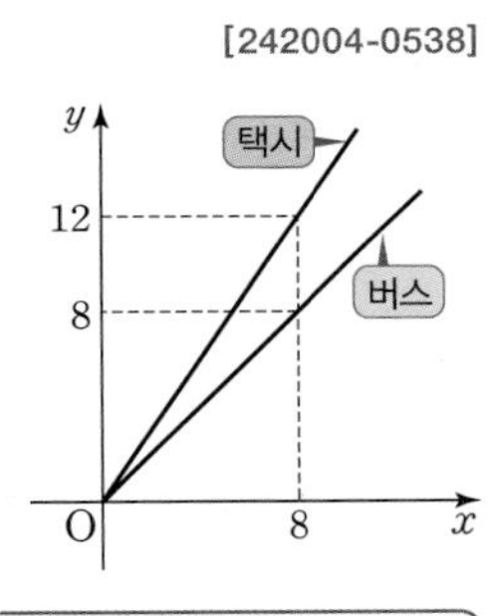

풀이 과정

답 |

MEMO

중학 수학 1-1

⬇ 정답과 풀이는 EBS 중학사이트(mid.ebs.co.kr)에서 다운로드 받으실 수 있습니다.

유형책

개념 정리 한눈에 보는 개념 정리와 문제가 쉬워지는 개념 노트
소단원 필수 유형 쌍둥이 유제와 함께 완벽한 유형 학습 문제
중단원 핵심유형 테스트 교과서와 기출 서술형으로 구성한 실전 연습

연습책

소단원 유형 익히기 개념책 필수 유형과 연동한 쌍둥이 보충 문제
중단원 핵심유형 테스트 실전 감각을 기르는 핵심 문제와 기출 서술형

정답과 풀이

빠른 정답 간편한 채점을 위한 한눈에 보는 정답
친절한 풀이 오답을 줄이는 자세하고 친절한 풀이

이 책의 차례

1 소수와 거듭제곱

유형 1 소수와 합성수

(1) 소수: 1보다 큰 자연수 중에서 1과 자기 자신만을 약수로 가지는 수
(2) 합성수: 1보다 큰 자연수 중에서 소수가 아닌 수

참고
자연수
- 1 ➡ 약수가 1개
- 소수 ➡ 약수가 2개
- 합성수 ➡ 약수가 3개 이상

1 대표 [242004-0539]

다음 수 중에서 약수가 2개인 수는 모두 몇 개인가?

11, 15, 23, 27, 35, 37

① 2개 ② 3개 ③ 4개
④ 5개 ⑤ 6개

2 [242004-0540]

10보다 크고 20보다 작은 자연수 중에서 소수의 개수를 a, 합성수의 개수를 b라 할 때, $b-a$의 값을 구하시오.

3 신유형 [242004-0541]

넓이가 1인 정사각형으로 직사각형을 만들 때, 넓이가 3인 직사각형은 다음 그림과 같이 1가지를 만들 수 있다.

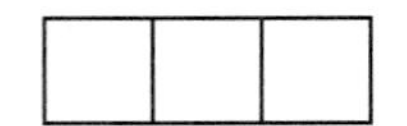

또, 넓이가 6인 직사각형은 아래 그림과 같이 2가지를 만들 수 있다.

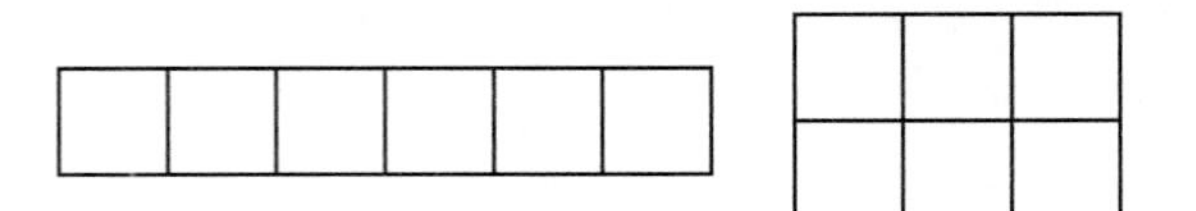

넓이가 한 자리 자연수인 직사각형을 만들 때, 직사각형이 1가지로만 만들어지는 수는 모두 몇 개인지 구하시오.

유형 2 소수와 합성수의 성질

(1) 소수는 약수가 2개이다.
(2) 1은 소수도 아니고 합성수도 아니다.
(3) 2는 가장 작은 소수이고, 소수 중에서 유일한 짝수이다.

예 소수: 2, 3, 5, 7, 11, 13, 17, 19, ⋯ (2: 짝수, 3, 5, 7, 11, 13, 17, 19, ⋯: 홀수)

4 대표 [242004-0542]

다음 중에서 옳은 것은?

① 가장 작은 소수는 1이다.
② 소수 중에서 짝수는 없다.
③ 합성수는 약수가 4개 이상이다.
④ 9의 배수 중에서 소수는 1개뿐이다.
⑤ 자연수는 1, 소수, 합성수로 이루어져 있다.

5 [242004-0543]

다음 보기에서 옳은 것을 있는 대로 고르시오.

보기
ㄱ. 1은 소수도 합성수도 아니다.
ㄴ. 2를 제외한 짝수는 모두 합성수이다.
ㄷ. 두 번째로 작은 소수는 3이다.
ㄹ. p, q가 소수이면 $p\times q$도 소수이다.

6 서술형 [242004-0544]

다음을 만족시키는 세 자연수 a, b, c에 대하여 $a+b+c$의 값을 구하시오.

- 소수는 약수가 a개인 수이다.
- 가장 작은 합성수는 b이다.
- 10 이하의 자연수 중에서 소수는 c개이다.

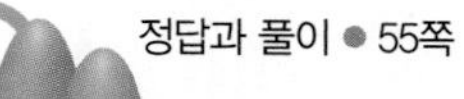

유형 3 거듭제곱

(1) 거듭제곱: 같은 수나 문자를 거듭하여 곱한 것을 간단히 나타낸 것
(2) 밑: 거듭제곱에서 거듭하여 곱한 수나 문자
(3) 지수: 거듭제곱에서 곱한 횟수를 나타내는 수
예 $2\times2\times2=2^3$ ➡ 밑: 2, 지수: 3

7 대표 [242004-0545]

다음 중에서 10^4에 대한 설명으로 옳지 않은 것을 모두 고르면? (정답 2개)

① 10000과 같다.
② 밑은 4이다.
③ 지수는 10이다.
④ 10의 네제곱이라 읽는다.
⑤ $10\times10\times10\times10$을 간단히 나타낸 것이다.

8 [242004-0546]

$2^5=a$, $3^b=243$을 만족시키는 자연수 a, b에 대하여 $a-b$의 값은?

① 25 ② 27 ③ 30
④ 59 ⑤ 61

9 신유형 [242004-0547]

한 변의 길이가 5인 정사각형의 넓이는 5^a, 한 모서리의 길이가 7인 정육면체의 부피는 7^b이다. 이때 $a+b$의 값을 구하시오. (단, a, b는 자연수)

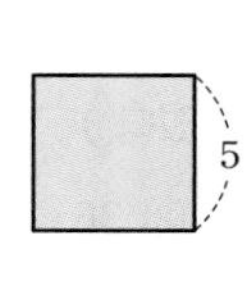

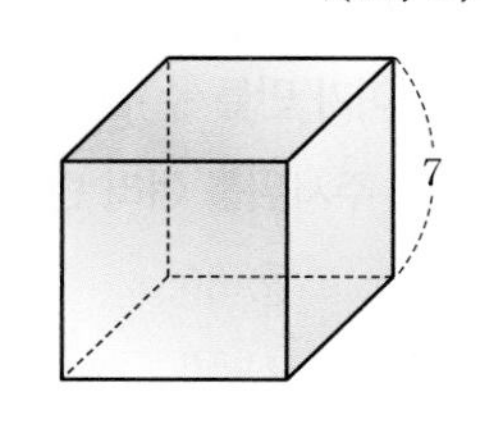

유형 4 거듭제곱으로 나타내기

(1) 같은 수를 여러 번 곱할 때에는 거듭제곱으로 나타낸다.
(2) 밑이 분수인 경우: ( )로 묶거나 분자는 분자끼리, 분모는 분모끼리 각각 곱한 결과를 거듭제곱으로 나타낸다.
(3) 밑이 여러 개인 경우: 같은 수 또는 같은 문자끼리만 거듭제곱으로 나타낸다.

10 대표 [242004-0548]

다음 중에서 옳은 것은?

① $2^3=6$
② $3+3+3=3^3$
③ $\frac{2}{7}\times\frac{2}{7}\times\frac{2}{7}\times\frac{2}{7}=\frac{2}{7^4}$
④ $2\times2\times2\times5\times5=2^3+5^2$
⑤ $\frac{1}{5\times11\times5\times11\times5}=\frac{1}{5^3\times11^2}$

11 [242004-0549]

$9\times9\times9=3^a$일 때, 자연수 a의 값은?

① 2 ② 4 ③ 6
④ 8 ⑤ 10

12 [242004-0550]

다음을 만족시키는 자연수 a, b에 대하여 $a+b$의 값을 구하시오.

$$125\times\frac{49}{100}=5^a\times\left(\frac{b}{10}\right)^2$$

2 소인수분해

유형 5 소인수분해

(1) 소인수분해 : 1이 아닌 자연수를 소인수만의 곱으로 나타내는 것

(2) 소인수분해 한 결과는 크기가 작은 소인수부터 차례대로 쓰고 같은 소인수의 곱은 거듭제곱으로 나타낸다.

주의 소인수분해 한 결과는 소인수만의 곱으로 나타내어야 한다.

$12=3\times4$ (×) ➡ 4는 소수가 아니다.

$12=2^2\times3$ (○)

13 대표 [242004-0551]

다음 중에서 소인수분해 한 것이 옳지 않은 것은?

① $18=2\times3^2$ ② $24=2^3\times3$ ③ $36=6^2$
④ $63=3^2\times7$ ⑤ $156=2^2\times3\times13$

14 [242004-0552]

168을 소인수분해 하면 $2^a\times3^b\times c$일 때, $a+b\times c$의 값을 구하시오. (단, a, b는 자연수, c는 3보다 큰 소수)

15 서술형 [242004-0553]

$1\times2\times3\times4\times\cdots\times9$를 소인수분해 한 결과에서 밑이 2인 거듭제곱의 지수를 a, 밑이 3인 거듭제곱의 지수를 b라 할 때, $a+b$의 값을 구하시오.

유형 6 소인수

자연수 A가 $A=a^m\times b^n$ (a, b는 서로 다른 소수, m, n은 자연수)으로 소인수분해 될 때, A의 소인수는 a, b이다.

16 대표 [242004-0554]

다음 중에서 96의 소인수를 모두 구한 것은?

① 1, 2 ② 2, 3 ③ 2, 3, 5
④ 2, 3, 2^5 ⑤ 1, 2, 3, 2^5

17 [242004-0555]

다음 중에서 2와 3을 모두 소인수로 갖는 수가 아닌 것은?

① 30 ② 48 ③ 66
④ 78 ⑤ 104

18 신유형 [242004-0556]

인서와 우진이는 주사위를 굴려 나온 수들을 곱해 새로운 수를 만드는 놀이를 반복하고 있다. 다음 중에서 인서와 우진이가 만들 수 없는 수는?

(단, 주사위를 여러 번 굴릴 수 있다.)

① 12 ② 30 ③ 36
④ 40 ⑤ 56

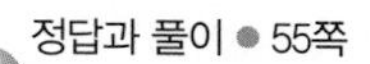

유형 7 소인수분해를 이용하여 제곱인 수 만들기 (1)

자연수를 곱하여 제곱인 수 만들기

① 주어진 수를 소인수분해 한다.

② 지수가 홀수인 소인수를 찾아 지수가 짝수가 되도록 적당한 수를 곱한다.

예 ① 12를 소인수분해 하면 $12=2^2\times3$

② $2^2\times3$에서 3의 지수가 홀수이므로 12에 3을 곱하면

$12\times3=2^2\times3^2=6^2$ ⬅ 6의 제곱인 수

19 대표 [242004-0557]

108에 자연수를 곱하여 어떤 수의 제곱이 되도록 할 때, 곱할 수 있는 가장 작은 자연수는?

① 2 ② 3 ③ 5
④ 6 ⑤ 10

20 [242004-0558]

$2^4\times3^3\times5^2\times7$에 자연수를 곱하여 어떤 수의 제곱이 되도록 할 때, 곱할 수 있는 수 중에서 두 번째로 작은 수는?

① 21 ② 42 ③ 60
④ 72 ⑤ 84

21 서술형 [242004-0559]

$294\times a=b^2$을 만족시키는 가장 작은 자연수 a, b에 대하여 $b-a$의 값을 구하시오.

유형 8 소인수분해를 이용하여 제곱인 수 만들기 (2)

자연수로 나누어 제곱인 수 만들기

① 주어진 수를 소인수분해 한다.

② 지수가 홀수인 소인수를 찾아 지수가 짝수가 되도록 적당한 수로 나눈다.

예 ① 18을 소인수분해 하면 $18=2\times3^2$

② 2×3^2에서 2의 지수가 홀수이므로 18을 2로 나누면

$18\div2=3^2$ ⬅ 3의 제곱인 수

22 대표 [242004-0560]

$\dfrac{2^2\times3\times5^4}{n}$이 어떤 자연수의 제곱이 되도록 하는 자연수 n의 최솟값은?

① 2 ② 3 ③ 6
④ 10 ⑤ 15

23 [242004-0561]

200을 자연수로 나누어 어떤 자연수의 제곱이 되도록 할 때, 나눌 수 있는 자연수 중에서 두 번째로 작은 수는?

① 2 ② 5 ③ 8
④ 18 ⑤ 25

24 [242004-0562]

189를 가능한 한 작은 자연수 a로 나누어 자연수 b의 제곱이 되도록 할 때, $a+b$의 값을 구하시오.

유형 9 소인수분해를 이용하여 약수의 개수 구하기

자연수 A가 $A=a^m \times b^n$ (a, b는 서로 다른 소수, m, n은 자연수)으로 소인수분해 될 때, A의 약수의 개수는
➡ $(m+1)\times(n+1)$

예 $24=2^3\times3$이므로 24의 약수의 개수는
$(3+1)\times(1+1)=8$

25 [242004-0563]

216의 약수의 개수는?

① 8　② 10　③ 12
④ 14　⑤ 16

26 대표 [242004-0564]

다음 중에서 약수의 개수가 나머지 넷과 다른 하나는?

① 2^5　② 45　③ 98
④ 105　⑤ $5^2\times7$

27 서술형 [242004-0565]

다음 보기의 수를 약수가 많은 것부터 차례대로 나열하시오.

보기
ㄱ. 144　ㄴ. 168
ㄷ. $2^2\times3^2\times5^2$　ㄹ. $2\times5^2\times7^3$

유형 10 소인수분해를 이용하여 약수 구하기

자연수 A가 $A=a^m \times b^n$ (a, b는 서로 다른 소수, m, n은 자연수)으로 소인수분해 될 때, A의 약수는
➡ (a^m의 약수)$\times$(b^n의 약수)

예 (1) 2^5의 약수 ➡ $1, 2, 2^2, 2^3, 2^4, 2^5$
(2) 3×5^2의 약수 ➡ $1\times1, 1\times5, 1\times5^2,$
$3\times1, 3\times5, 3\times5^2$

28 [242004-0566]

다음 중에서 $2^2\times3\times5$의 약수가 아닌 것은?

① 2×3　② 3×5　③ $2^2\times3$
④ $2^2\times5$　⑤ $2\times3^2\times5$

29 대표 [242004-0567]

다음 중에서 84의 약수인 것을 모두 고르면? (정답 2개)

① 2^2　② 3^2　③ $2\times3\times7$
④ 3×7^2　⑤ $2^2\times3^2\times7$

30 [242004-0568]

다음 중에서 분수 $\frac{270}{n}$이 자연수가 되도록 하는 자연수 n의 값이 될 수 있는 것은?

① 8　② 14　③ 16
④ 18　⑤ 20

유형 11 약수의 개수가 주어질 때, 지수 구하기

자연수 $a^m \times b^n$ (a, b는 서로 다른 소수, m, n은 자연수)의 약수의 개수가 $(m+1)\times(n+1)$임을 이용하여 식을 세운다.

예 $2^2 \times 3^a$의 약수의 개수가 120이다.
➡ $(2+1)\times(a+1)=120$이므로 $a=3$

31 [242004-0569]

$2^3 \times 9 \times 5^a$의 약수의 개수가 48일 때, 자연수 a의 값은?

① 2 ② 3 ③ 4
④ 5 ⑤ 6

32 대표 [242004-0570]

165의 약수의 개수와 $2^a \times 5$의 약수의 개수가 같을 때, 자연수 a의 값은?

① 1 ② 2 ③ 3
④ 4 ⑤ 5

33 서술형 [242004-0571]

5^4의 약수의 개수가 a, $2^2 \times 5^b \times 11$의 약수의 개수가 18일 때, $a+b$의 값을 구하시오. (단, b는 자연수)

유형 12 약수의 개수가 주어질 때, 자연수 구하기

약수의 개수를 만족시키는 모든 경우를 확인한다.

예 $2^2 \times \square$의 약수의 개수가 6일 때,
$6=5+1$ 또는 $6=(2+1)\times(1+1)$이므로
(i) $2^2 \times \square = 2^5$인 경우: $\square = 2^3 = 8$
(ii) $2^2 \times \square = 2^2 \times a$ (a는 2가 아닌 소수)인 경우:
$\square = 3, 5, 7, \cdots$

34 대표 [242004-0572]

$32 \times \square$의 약수의 개수가 18일 때, 다음 중에서 $\square$ 안에 들어갈 수 없는 수는?

① 9 ② 25 ③ 49
④ 81 ⑤ 121

35 [242004-0573]

$2^4 \times \square$의 약수의 개수가 20일 때, $\square$ 안에 들어갈 수 있는 수를 다음 보기에서 있는 대로 고르시오.

보기
ㄱ. 2^3 ㄴ. 5^3
ㄷ. 2^{15} ㄹ. 5^{15}

36 [242004-0574]

약수의 개수가 3인 자연수 중에서 두 번째로 작은 자연수를 구하시오.

3 최대공약수

유형 13 최대공약수의 성질

(1) 최대공약수 : 공약수 중에서 가장 큰 수
(2) 두 개 이상의 자연수의 공약수는 그 수들의 최대공약수의 약수이다.
예 두 수 A, B의 최대공약수가 4이면
➡ A, B의 공약수는 1, 2, 4이다.

37 대표 [242004-0575]

두 자연수 A, B의 최대공약수가 $2\times3^2\times5^2$일 때, 다음 중에서 A, B의 공약수가 아닌 것은?

① 5 ② 9 ③ 18
④ 25 ⑤ 36

38 [242004-0576]

두 자연수 A, B의 최대공약수가 36일 때, A, B의 공약수의 개수는?

① 5 ② 6 ③ 7
④ 8 ⑤ 9

39 서술형 [242004-0577]

두 자연수 A, B의 최대공약수가 $2^2\times7$일 때, A, B의 모든 공약수의 합을 구하시오.

유형 14 서로소

서로소 ➡ 최대공약수가 1인 두 자연수
➡ 공약수가 1 하나뿐인 두 자연수
예 4와 7 ➡ 최대공약수 : 1 ➡ 서로소이다.
6과 8 ➡ 최대공약수 : 2 ➡ 서로소가 아니다.

40 대표 [242004-0578]

다음 중에서 두 수가 서로소인 것은?

① 9, 15 ② 12, 20 ③ 17, 34
④ 18, 27 ⑤ 26, 33

41 [242004-0579]

다음 중에서 옳지 않은 것을 모두 고르면? (정답 2개)

① 8과 25는 서로소이다.
② 홀수와 짝수는 서로소이다.
③ $2^2\times3$과 $5^2\times7^3$은 서로소이다.
④ 서로 다른 두 소수는 서로소이다.
⑤ 두 수가 서로소이면 적어도 한 수는 소수이다.

42 신유형 [242004-0580]

연산 ◎를 다음과 같이 약속할 때, $12◎x=1$을 만족시키는 x의 값이 될 수 있는 15 이하의 자연수는 모두 몇 개인지 구하시오.

> 두 자연수 a, b에 대하여
> $a◎b=$(a, b의 최대공약수)

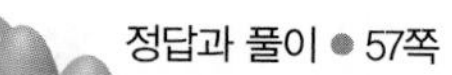

유형 15 최대공약수 구하기

방법 1 소인수분해를 이용하는 방법

$$24=2^3\times3$$
$$30=2\times3\times5$$
$$(\text{최대공약수})=2\times3=6$$

소인수의 지수가 다르면 지수가 작은 것을 곱한다.

소인수의 지수가 같으면 그대로 곱한다.

방법 2 나눗셈을 이용하는 방법

2) 24 30
3) 12 15
4 5 ← 서로소

$(\text{최대공약수})=2\times3=6$

43
[242004-0581]

다음 중에서 두 수의 최대공약수가 가장 큰 것은?

① 2^2, 2^3
② 2×3, $3^2\times5$
③ 2×5^2, $2^3\times5$
④ $3^2\times5$, $2^3\times3\times5$
⑤ $2\times3\times5$, $2^2\times3^2\times7$

44 대표
[242004-0582]

세 수 54, 72, 108의 최대공약수는?

① 2×3
② $2^2\times3$
③ 2×3^2
④ $2^2\times3^2$
⑤ $2^2\times3\times5$

45
[242004-0583]

세 수 $2^5\times3^3\times5$, $2^2\times3^3\times5\times11$, $3\times5^2\times7^4\times11^2$의 최대공약수를 구하시오.

유형 16 공약수 구하기

① 주어진 수들의 최대공약수를 구한다.
② 공약수는 최대공약수의 약수임을 이용하여 공약수를 구한다.

46 대표
[242004-0584]

다음 중에서 세 수 $2^3\times3^2\times5^4$, $2^2\times3^2\times5^3$, $2\times3^3\times5^2$의 공약수인 것은?

① $2^2\times3^2$
② $2^2\times5^3$
③ $3^2\times5^4$
④ $2\times3\times5$
⑤ $2\times3^2\times5^3$

47
[242004-0585]

세 수 75, 105, 120의 공약수의 개수는?

① 2
② 3
③ 4
④ 6
⑤ 8

48 서술형
[242004-0586]

세 수 $2^2\times3\times5^2$, $2^2\times5^3\times11$, $2^3\times5^2\times11^2$의 최대공약수를 a, 공약수의 개수를 b라 할 때, $a+b$의 값을 구하시오.

4 최소공배수

유형 17 최소공배수의 성질

(1) 최소공배수 : 공배수 중에서 가장 작은 수
(2) 두 개 이상의 자연수의 공배수는 그 수들의 최소공배수의 배수이다.
예 두 수 A, B의 최소공배수가 5이면
➡ A, B의 공배수는 5, 10, 15, …이다.

49 [242004-0587]

두 자연수 A, B의 최소공배수가 8일 때, 다음 중에서 A, B의 공배수가 아닌 것은?

① 32 ② 40 ③ 56
④ 82 ⑤ 96

50 대표 [242004-0588]

두 자연수 A, B의 최소공배수가 36일 때, A, B의 공배수 중에서 200 이하의 자연수는 모두 몇 개인가?

① 3개 ② 4개 ③ 5개
④ 6개 ⑤ 7개

51 서술형 [242004-0589]

두 자연수 A, B의 최소공배수가 15일 때, A, B의 공배수 중에서 100에 가장 가까운 수를 구하시오.

유형 18 최소공배수 구하기

방법 1 소인수분해를 이용하는 방법

$$12=2^2\times3$$
$$66=2\times3\times11$$
$$(\text{최소공배수})=2^2\times3\times11=132$$

소인수의 지수가 다르면 지수가 큰 것을 곱한다.
소인수의 지수가 같으면 그대로 곱한다.
공통이 아닌 소인수도 곱한다.

방법 2 나눗셈을 이용하는 방법

2)	18	28	42
3)	9	14	21
7)	3	14	7
	3	2	1

세 수의 최소공배수를 구할 때는 어떤 두 수를 택하여도 공약수가 1일 때까지 나눈다.

$(\text{최소공배수})=2\times3\times7\times3\times2\times1=252$

52 [242004-0590]

두 수 56, $2^2\times5^2$의 최소공배수는?

① 2^2 ② $2^2\times5^2$ ③ $2\times5\times7$
④ $2^2\times5^2\times7$ ⑤ $2^3\times5^2\times7$

53 대표 [242004-0591]

세 수 $2^3\times3$, $2^2\times3^2\times5$, $2\times3^2\times7^3$의 최소공배수는?

① 2×3 ② $2^3\times3^2$ ③ $2\times3\times5\times7$
④ $2^3\times3^2\times5\times7^3$ ⑤ $2^3\times3^3\times5\times7^3$

54 [242004-0592]

오른쪽은 세 수 120, 144, 45의 최소공배수를 구하는 과정이다. 네 자연수 a, b, c, d에 대하여 $a+b+c+d$의 값을 구하시오.

$$120=2^3\times3\times5$$
$$144=2^a\times3^2$$
$$45=3^b\times5$$
$$(\text{최소공배수})=2^c\times3^d\times5$$

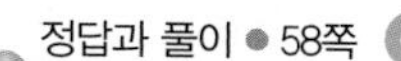

유형 19 공배수 구하기

① 주어진 수들의 최소공배수를 구한다.
② 공배수는 최소공배수의 배수임을 이용하여 공배수를 구한다.

55
[242004-0593]

두 수 $2^2\times5\times7^3$, $2^2\times5^2\times7$의 공배수 중에서 두 번째로 작은 수를 구하시오.

56 대표
[242004-0594]

다음 중에서 세 수 40, 56, 64의 공배수인 것은?

① 2^3 ② $2^3\times5\times7$ ③ $2^4\times5^2\times7$
④ $2^3\times3\times5^2\times7$ ⑤ $2^6\times3\times5\times7$

유형 20 최소공배수가 주어질 때, 미지수 구하기

예 두 자연수 $2\times x$, $3\times x$의 최소공배수가 300이면

$$x\,)\,\underline{2\times x \quad 3\times x}$$
$$\quad 2 \qquad\quad 3$$

➡ $x\times2\times3=300$이므로 $x=5$

57 대표
[242004-0595]

세 수 $4\times a$, $6\times a$, $8\times a$의 최소공배수가 720일 때, 자연수 a의 값을 구하시오.

58
[242004-0596]

세 자연수의 비가 $2:3:5$이고 최소공배수가 240일 때, 이 세 자연수의 합을 구하시오.

유형 21 최대공약수 또는 최소공배수가 주어질 때, 미지수 구하기

$24=2^3\times3$
$60=2^2\times3\times5$
(최대공약수)$=2^2\times3=12$ ← 지수가 작거나 같은 것을 곱한다.
(최소공배수)$=2^3\times3\times5=120$ ← 지수가 크거나 같은 것을 곱하고, 공통이 아닌 소인수도 곱한다.

59 대표
[242004-0597]

두 수 $2^3\times3^a\times7$, $2^b\times3^2\times11$의 최대공약수가 $2^2\times3$일 때, 최소공배수는? (단, a, b는 자연수)

① $2^3\times3^2$ ② $2^3\times3^2\times7$ ③ $2^3\times3^2\times7\times11$
④ $2^3\times3^3\times7\times11$ ⑤ $2^3\times3^2\times7\times11^2$

60
[242004-0598]

두 수 $2^a\times5$, $2^2\times3^b\times5^c$의 최대공약수는 20, 최소공배수는 300일 때, $a+b+c$의 값을 구하시오. (단, a, b, c는 자연수)

61
[242004-0599]

다음 세 수의 최소공배수가 720일 때, 최대공약수는?
(단, a, b는 자연수, c는 3보다 큰 소수)

$$2^a\times3,\ 2^2\times3^b\times5,\ 2^3\times3\times c$$

① 12 ② 18 ③ 24
④ 30 ⑤ 36

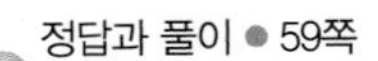

유형 22 두 분수를 자연수로 만들기

(1) 두 분수 $\frac{A}{n}$, $\frac{B}{n}$를 자연수로 만드는 자연수 n의 값 ➡ A, B의 공약수

(2) 두 분수 $\frac{1}{A}$, $\frac{1}{B}$ 중 어느 것에 곱해도 자연수가 되는 수 ➡ A, B의 공배수

(3) 두 분수 $\frac{A}{B}$, $\frac{C}{D}$ 중 어느 것에 곱해도 자연수가 되는 가장 작은 분수 ➡ $\frac{(B,\ D\text{의 최소공배수})}{(A,\ C\text{의 최대공약수})}$

62
[242004-0600]

두 분수 $\frac{1}{24}$, $\frac{1}{36}$ 중 어느 것에 곱하여도 그 결과가 자연수가 되는 가장 작은 자연수를 구하시오.

63 대표
[242004-0601]

두 분수 $\frac{4}{27}$, $\frac{8}{45}$ 중 어느 것에 곱하여도 그 결과가 자연수가 되는 분수 중에서 가장 작은 기약분수를 구하시오.

64 서술형
[242004-0602]

세 분수 $\frac{7}{30}$, $\frac{14}{15}$, $\frac{28}{45}$ 중 어느 것에 곱하여도 그 결과가 자연수가 되는 분수 중에서 가장 작은 기약분수를 $\frac{b}{a}$라 할 때, $a+b$의 값을 구하시오.

유형 23 최대공약수와 최소공배수의 관계 (1)

두 자연수 A, B의 최대공약수가 G이고 최소공배수가 L일 때 ➡ $A\times B=G\times L$

65
[242004-0603]

두 자연수의 최대공약수는 6이고 최소공배수는 120일 때, 이 두 자연수의 곱을 구하시오.

66
[242004-0604]

두 자연수 A, B의 곱이 $2^3\times5^3\times7^2$이고 최소공배수가 $2^3\times5^2\times7$일 때, 두 수의 최대공약수를 구하시오.

유형 24 최대공약수와 최소공배수의 관계 (2)

두 자연수 A, B의 최대공약수가 G이고 최소공배수가 L일 때, $A=a\times G$, $B=b\times G$ (a, b는 서로소)라 하면
➡ $L=a\times b\times G$

$$\begin{array}{r|ll} G & A & B \\ \hline & a & b \end{array}$$

서로소

67 대표
[242004-0605]

두 자리 자연수 A, B의 최대공약수는 7이고 최소공배수는 42일 때, $A-B$의 값을 구하시오. (단, $A>B$)

68
[242004-0606]

두 자연수 A, B의 곱이 243이고 최대공약수는 9일 때, $A+B$의 값을 구하시오. (단, $A<B$)

중단원 핵심유형 테스트

정답과 풀이 60쪽

1 [242004-0607]

다음 수 중에서 소수는 모두 몇 개인가?

21, 33, 39, 41, 47, 51

① 2개 ② 3개 ③ 4개
④ 5개 ⑤ 6개

2 중요 [242004-0608]

다음 중에서 옳지 않은 것은?

① 가장 작은 소수는 2이다.
② 합성수의 약수는 3개 이상이다.
③ 모든 자연수는 1을 약수로 갖는다.
④ 7의 배수 중에서 소수는 1개이다.
⑤ 두 소수의 합은 합성수이다.

3 [242004-0609]

다음 보기에서 옳은 것을 있는 대로 고르시오. (단, $a\neq0$, $b\neq0$)

보기

ㄱ. $5+5+5=5^3$

ㄴ. $\frac{1}{3}\times\frac{1}{3}\times\frac{1}{3}\times\frac{1}{3}=\left(\frac{1}{3}\right)^4$

ㄷ. $a\times a\times a\times a\times a=a\times5$

ㄹ. $\frac{1}{a}\times\frac{1}{a}\times\frac{1}{b}\times\frac{1}{b}\times\frac{1}{b}=\left(\frac{1}{a}\right)^2\times\left(\frac{1}{b}\right)^3$

4 [242004-0610]

다음 중에서 소인수가 나머지 넷과 다른 하나는?

① 10 ② 15 ③ 20
④ 50 ⑤ 100

5 [242004-0611]

60에 자연수 a를 곱하여 어떤 자연수의 제곱이 되도록 할 때, 다음 중에서 a의 값이 될 수 있는 것은?

① 3 ② 5 ③ 15
④ 25 ⑤ 30

6 [242004-0612]

$2^3\times3^2\times7$을 자연수로 나누어 어떤 자연수의 제곱이 되도록 할 때, 나눌 수 있는 자연수 중에서 두 번째로 작은 수를 구하시오.

7 [242004-0613]

다음은 소인수분해를 이용하여 196의 약수를 구하는 과정이다. ①~⑤에 알맞지 않은 것은?

196을 소인수분해하면
$196=2^2\times$ ①^2

×	1	7	②
1			
③			
4	④	⑤	

① 7 ② 14 ③ 2
④ 4 ⑤ 28

8

[242004-0614]

다음 중에서 252의 약수가 아닌 것은?

① 2×3　② 2×3^2　③ $2^2\times3^2$
④ $2^3\times3$　⑤ $2^2\times3^2\times7$

9 중요

[242004-0615]

120의 약수의 개수와 $3\times5^a\times7$의 약수의 개수가 서로 같을 때, 자연수 a의 값은?

① 2　② 3　③ 4
④ 5　⑤ 6

10

[242004-0616]

다음 중에서 21과 서로소인 것은?

① 9　② 14　③ 27
④ 38　⑤ 42

11

[242004-0617]

다음 중에서 두 수 84, 140의 공약수인 것은?

① 2^2　② 3×7　③ $2\times3\times5$
④ $2^2\times3\times5$　⑤ $2^2\times3\times7$

12 고득점

[242004-0618]

세 자연수 18, $2^a\times3^2\times5^3$, 2×5^b의 최소공배수가 어떤 자연수의 제곱이 되도록 하는 가장 작은 자연수 a, b에 대하여 $a+b$의 값을 구하시오.

13

[242004-0619]

300 이하의 자연수 중에서 세 수 16, $2^3\times3$, 32의 공배수의 개수는?

① 3　② 4　③ 5
④ 6　⑤ 7

14

[242004-0620]

세 수 $2^a\times3^3\times5$, $2^3\times3^4\times c$, $2^2\times3^b\times5^2\times7$의 최대공약수가 $2^2\times3^3$일 때, $a+b+c$의 값 중에서 가장 작은 값은?

(단, a, b는 자연수, c는 3보다 큰 소수)

① 8　② 9　③ 10
④ 11　⑤ 12

15

[242004-0621]

세 수 $2^a \times 5$, $2^2 \times 5^b \times 11$, $2 \times 5^3 \times 11^c$의 최소공배수가 $2^4 \times 5^4 \times 11^2$일 때, 최대공약수는? (단, a, b, c는 자연수)

① 6 ② 10 ③ 14
④ 20 ⑤ 24

16 중요

[242004-0622]

세 분수 $\frac{54}{n}$, $\frac{72}{n}$, $\frac{90}{n}$이 자연수가 되도록 하는 가장 큰 자연수 n의 값을 구하시오.

17

[242004-0623]

두 자연수의 곱이 216이고 최소공배수가 36일 때, 두 수의 최대공약수는?

① 5 ② 6 ③ 7
④ 8 ⑤ 9

18 고득점

[242004-0624]

두 자연수 A, B의 최대공약수가 8이고 최소공배수가 112일 때, $A+B$의 값 중에서 가장 큰 값을 구하시오. (단, $A<B$)

기출 서술형

19

[242004-0625]

두 자연수 A, B의 최대공약수가 $3^2 \times 5^2$일 때, A, B의 공약수의 개수를 구하시오.

풀이 과정

답 |

20

[242004-0626]

세 자연수 $6 \times x$, $9 \times x$, $21 \times x$의 최소공배수가 378일 때, 이 세 자연수의 합을 구하시오.

풀이 과정

답 |

1 정수와 유리수의 뜻

유형 1 부호를 사용하여 나타내기

서로 반대되는 성질의 두 수량을 나타낼 때, 다음과 같이 양의 부호 +, 음의 부호 −를 붙여 나타낼 수 있다.

+	증가	영상	해발	이익	~후
−	감소	영하	해저	손해	~전

1 대표 [242004-0627]

다음 중에서 양의 부호 + 또는 음의 부호 −를 사용하여 나타낸 것으로 옳지 않은 것은?

① 5 % 감소: −5 %
② 수입 3000원: +3000원
③ 10점 상승: +10점
④ 출발 2일 전: −2일
⑤ 해저 600 m: +600 m

2 [242004-0628]

다음 보기에서 양의 부호 + 또는 음의 부호 −를 사용하여 나타낸 것으로 옳은 것을 있는 대로 고르시오.

보기
ㄱ. 영상 14 °C: +14 °C
ㄴ. 1000원 인하: −1000원
ㄷ. 3개월 후: −3개월
ㄹ. 20 % 할인: −20 %

3 [242004-0629]

다음 밑줄 친 부분을 양의 부호 + 또는 음의 부호 −를 사용하여 나타낼 때, 부호가 나머지 넷과 다른 하나는?

① 몸무게가 4 kg 줄었다.
② 5000원을 지출하였다.
③ 3 m 하강하였다.
④ 2점을 득점하였다.
⑤ 공책 5권이 부족하였다.

유형 2 정수의 분류

정수 $\begin{cases} \text{양의 정수(자연수)}: +1, +2, +3, \cdots \\ 0 \\ \text{음의 정수}: -1, -2, -3, \cdots \end{cases}$

4 [242004-0630]

다음 중에서 정수로만 짝 지어진 것을 모두 고르면? (정답 2개)

① $1, -\frac{9}{3}, -2.2$
② $\frac{10}{2}, 2, -1$
③ $-1.5, +1, 2$
④ $0.99, -3.1, +3$
⑤ $\frac{18}{3}, -\frac{3}{1}, -\frac{21}{7}$

5 대표 [242004-0631]

다음 수 중에서 자연수가 아닌 정수의 개수는?

$+9, \quad -\frac{10}{5}, \quad 0, \quad -13, \quad +\frac{1}{6}, \quad -1.8$

① 1 ② 2 ③ 3
④ 4 ⑤ 5

6 [242004-0632]

보기에서 정수는 4개, 음수는 2개일 때, 다음 중에서 a가 될 수 있는 것을 모두 고르면? (정답 2개)

보기
$+2, \quad -\frac{14}{7}, \quad 1, \quad -7.1, \quad a$

① -6.1 ② 0 ③ 3.2
④ 3 ⑤ $\frac{1}{3}$

유형 3 유리수의 분류

$$\begin{cases} \text{정수} \begin{cases} \text{양의 정수(자연수)}: +1, +2, +3, \cdots \\ 0 \\ \text{음의 정수}: -1, -2, -3, \cdots \end{cases} \\ \text{정수가 아닌 유리수}: -\frac{1}{2}, \frac{2}{3}, -0.4, \cdots \end{cases}$$

7 [242004-0633]

다음 수 중에서 음의 유리수가 아닌 것을 모두 고르시오.

$-3,\quad +\frac{4}{2},\quad -\frac{1}{3},\quad 0,\quad -3.2,\quad 2$

8 대표 [242004-0634]

다음 중에서 정수가 아닌 유리수끼리 짝 지어진 것은?

① $-1, 0, 4$
② $2, -\frac{3}{5}, -6$
③ $\frac{7}{2}, 1.3, 9$
④ $-3.5, \frac{4}{6}, -\frac{1}{8}$
⑤ $-\frac{15}{3}, -6.1, \frac{2}{11}$

9 서술형 [242004-0635]

다음 수에 대한 보기 의 설명 중에서 □ 안에 알맞은 수의 합을 구하시오.

$+\frac{8}{2},\quad -2,\quad -3.1,\quad 0,\quad 6,\quad -\frac{2}{3},\quad 2.7$

보기
ㄱ. 정수는 □개이다.
ㄴ. 자연수는 □개이다.
ㄷ. 양의 유리수는 □개이다.
ㄹ. 유리수는 □개이다.

유형 4 정수와 유리수의 성질

유리수는 $\frac{(\text{정수})}{(0\text{이 아닌 정수})}$ 꼴로 나타낼 수 있다. 이때 모든 정수는 분수로 나타낼 수 있으므로 유리수이다.

예 $4=\frac{4}{1}=\frac{-8}{-2}=\frac{12}{3}=\cdots$

10 [242004-0636]

다음 중에서 옳은 것을 모두 고르면? (정답 2개)

① 0은 정수가 아니다.
② 정수는 모두 자연수이다.
③ 모든 유리수는 분수로 나타낼 수 있다.
④ 양수는 양의 부호 +를 생략하여 나타낼 수 있다.
⑤ 서로 다른 두 정수 사이에는 무수히 많은 정수가 존재한다.

11 대표 [242004-0637]

다음 중에서 옳지 않은 것은?

① 모든 자연수는 유리수이다.
② 0은 양의 정수도 아니고 음의 정수도 아니다.
③ 유리수는 양의 유리수, 음의 유리수로 이루어져 있다.
④ 정수가 아닌 유리수에는 양수, 음수가 있다.
⑤ 유리수는 분자가 정수이고, 분모는 0이 아닌 정수인 분수로 나타낼 수 있다.

12 신유형 [242004-0638]

다음 학생들의 대화에서 바르게 말한 학생을 모두 고르시오.

지민: 모든 정수는 분수 꼴로 나타낼 수 있으므로 유리수야.
윤서: 양의 정수 중 가장 작은 수는 1이야.
준수: 자연수에 음의 부호를 붙인 수는 음의 정수야.
세은: 2와 3 사이에는 유리수가 없어.

2 정수와 유리수의 대소 관계

유형 5 수를 수직선 위에 나타내기

0을 나타내는 점을 기준으로 하여 양수는 오른쪽에, 음수는 왼쪽에 나타낸다.

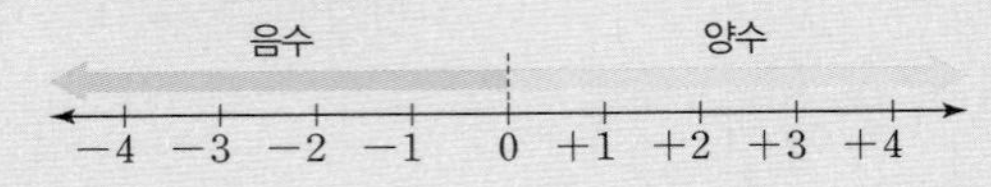

13 대표 [242004-0639]

다음 수직선 위의 다섯 개의 점 A, B, C, D, E가 나타내는 수로 옳지 않은 것은?

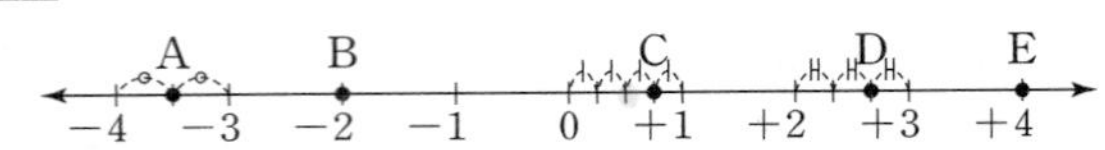

① A: -3.5 ② B: -2 ③ C: $\frac{1}{4}$

④ D: $\frac{8}{3}$ ⑤ E: 4

14 [242004-0640]

다음 수를 수직선 위에 나타낼 때, 왼쪽에서 두 번째에 있는 수는?

$-\frac{7}{2}$, $\frac{5}{3}$, $-\frac{1}{2}$, -3, 1

① $-\frac{7}{2}$ ② $\frac{5}{3}$ ③ $-\frac{1}{2}$

④ -3 ⑤ 1

15 [242004-0641]

수직선 위에서 $-\frac{11}{3}$에 가장 가까운 정수를 a, $\frac{7}{4}$에 가장 가까운 정수를 b라 할 때, a와 b 사이의 정수의 개수를 구하시오.

유형 6 수직선에서 같은 거리에 있는 점

수직선에서 두 수를 나타내는 두 점으로부터 같은 거리에 있는 점이 나타내는 수는 두 점의 한가운데에 있는 점이 나타내는 수와 같다.

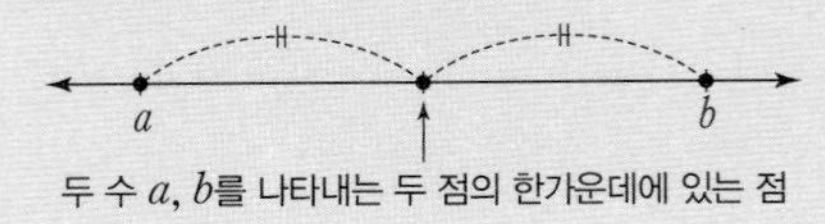

16 [242004-0642]

수직선에서 -2를 나타내는 점으로부터의 거리가 4인 점이 나타내는 두 수는?

① -8, 4 ② -6, 2 ③ -4, 6

④ 0, 2 ⑤ 2, 6

17 대표 [242004-0643]

수직선에서 -1과 5를 나타내는 두 점으로부터 같은 거리에 있는 점이 나타내는 수를 구하시오.

18 [242004-0644]

다음 수직선 위에서 점 A가 나타내는 수는 -5이고, 점 C가 나타내는 수는 1이다. 네 점 A, B, C, D 사이의 거리가 모두 같을 때, 점 D가 나타내는 수를 구하시오.

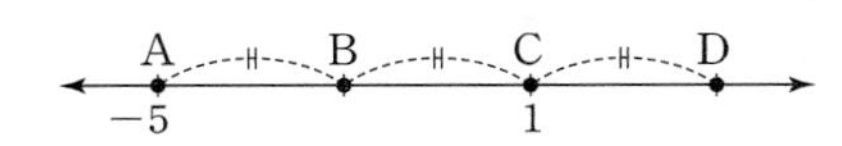

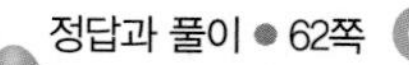

유형 7 절댓값

(1) a의 절댓값 : 수직선에서 0을 나타내는 점과 a를 나타내는 점 사이의 거리
(2) $a>0$일 때, $|a|=a$, $|-a|=a$
(3) 절댓값이 $a(a>0)$인 수 : $+a$, $-a$

19 대표 [242004-0645]

수직선에서 절댓값이 6인 수를 나타내는 두 점 사이의 거리는?

① 0 ② 3 ③ 6
④ 9 ⑤ 12

20 서술형 [242004-0646]

절댓값이 3인 양수를 a, $-\frac{1}{2}$의 절댓값을 b라 할 때, $a+b$의 값을 구하시오.

21 [242004-0647]

서로 다른 두 유리수 a, b에 대하여

$a☆b=$(a, b 중 절댓값이 큰 수의 절댓값)

$a\triangle b=$(a, b 중 절댓값이 작은 수의 절댓값)

이라 할 때, $(-3)☆\{(-5)\triangle 1\}$의 값은?

① -3 ② -1 ③ 1
④ 3 ⑤ 5

유형 8 절댓값의 성질

(1) 절댓값은 그 수에서 부호 +, −를 떼어낸 수와 같다.
(2) 0의 절댓값은 0이다. ➡ $|0|=0$
(3) 절댓값은 항상 0 또는 양수이다.
(4) 원점에서 멀리 떨어질수록 절댓값이 커진다.

22 대표 [242004-0648]

다음 중에서 옳지 않은 것은?

① 3과 -3의 절댓값은 같다.
② 절댓값은 항상 0보다 크거나 같다.
③ 절댓값이 같은 수는 항상 2개이다.
④ 양수의 절댓값은 자기 자신과 같다.
⑤ 수직선에서 0을 나타내는 점과 가까워질수록 그 점이 나타내는 수의 절댓값은 작아진다.

23 [242004-0649]

다음 보기에서 옳은 것을 있는 대로 고르시오.

보기
ㄱ. 0의 절댓값은 0이다.
ㄴ. 절댓값이 같은 두 수는 서로 같다.
ㄷ. 음수의 절댓값은 0보다 작다.
ㄹ. 절댓값이 1보다 작은 정수는 1개이다.

24 [242004-0650]

다음 중에서 옳은 것은?

① 절댓값은 항상 양수이다.
② -5의 절댓값은 $+5$의 절댓값보다 작다.
③ 절댓값이 가장 작은 정수는 1과 -1이다.
④ 절댓값이 -4인 수는 2개이다.
⑤ 절댓값이 클수록 수직선에서 0을 나타내는 점으로부터 멀리 떨어져 있다.

유형 9 절댓값이 같고 부호가 반대인 두 수

수직선에서 절댓값이 같고 부호가 반대인 두 수를 나타내는 두 점 사이의 거리가 a일 때,
(1) 두 수의 차는 a이다.
(2) 두 수를 나타내는 점은 원점으로부터 서로 반대 방향으로 각각 $\frac{a}{2}$만큼 떨어져 있다.
(3) 큰 수는 $\frac{a}{2}$, 작은 수는 $-\frac{a}{2}$이다.

25 대표 [242004-0651]

절댓값이 같고 부호가 반대인 두 수를 수직선 위에 나타내었더니 두 수를 나타내는 두 점 사이의 거리가 14일 때, 두 수 중에서 큰 수를 구하시오.

26 [242004-0652]

원점에서 두 수 a, b를 나타내는 점까지의 거리가 같고 두 수의 차가 10일 때, b의 값을 구하시오. (단, $a>b$)

27 [242004-0653]

다음 조건을 만족시키는 a의 값을 구하시오.

(가) 두 수 a, b는 절댓값이 같다.
(나) a는 b보다 5만큼 작다.

유형 10 절댓값의 대소 관계

(1) 절댓값이 가장 작은 수는 0이다.
(2) 절댓값의 대소 관계는 부호를 뗀 수끼리 대소를 비교한다.

28 [242004-0654]

다음 수 중에서 절댓값이 가장 큰 수는?

① 1　② -3　③ $-\frac{1}{2}$
④ $-\frac{7}{3}$　⑤ 2

29 대표 [242004-0655]

다음 수를 절댓값이 큰 수부터 차례대로 나열할 때, 네 번째에 오는 수는?

$2.7,\quad -\frac{4}{3},\quad 0,\quad -5.8,\quad \frac{11}{2}$

① 2.7　② $-\frac{4}{3}$　③ 0
④ -5.8　⑤ $\frac{11}{2}$

30 [242004-0656]

오른쪽 그림의 출발 지점에서 시작하여 길을 따라가는데 각 갈림길에서는 절댓값이 큰 수가 적힌 길을 택하여 간다고 한다. 이때 도착 지점을 구하시오.

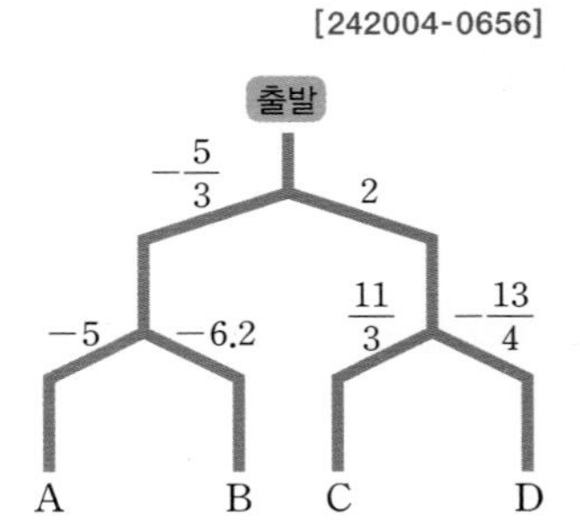

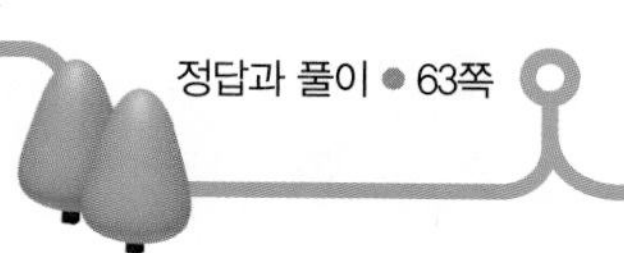

유형 11 **절댓값의 범위가 주어진 수**

(1) 절댓값이 $a\,(a>0)$보다 작은 정수
➡ 원점으로부터 거리가 a보다 작은 정수
➡ $-a$보다 크고 a보다 작은 정수
(2) 절댓값이 $a\,(a>0)$ 이상인 정수
➡ 원점으로부터 거리가 a 이상인 정수
➡ $-a$보다 작거나 같고 a보다 크거나 같은 정수

31 [242004-0657]

다음 수 중에서 절댓값이 4 미만인 수를 모두 고르시오.

$-3,\quad \frac{21}{5},\quad 0,\quad -\frac{9}{4},\quad +5,\quad -2.7,\quad 4$

32 대표 [242004-0658]

절댓값이 3보다 크지 않은 정수의 개수는?

① 3 ② 4 ③ 5
④ 6 ⑤ 7

33 서술형 [242004-0659]

절댓값이 4 초과 7 이하인 정수의 개수를 구하시오.

유형 12 **수의 대소 관계**

(1) (음수)$<0<$(양수)
(2) 양수끼리는 절댓값이 큰 수가 크다.
(3) 음수끼리는 절댓값이 작은 수가 크다.

34 대표 [242004-0660]

다음 중에서 대소 관계가 옳은 것은?

① $2<-5$ ② $-1>0$ ③ $\frac{1}{3}<\frac{1}{4}$
④ $-2.1>-1.6$ ⑤ $0.7<\frac{5}{6}$

35 [242004-0661]

다음 중에서 주어진 수에 대한 설명으로 옳은 것은?

$2.1,\quad -3,\quad -\frac{1}{4},\quad 0.13,\quad 7,\quad -2$

① 양수 중 가장 작은 수는 0.13이다.
② 음수 중 가장 큰 수는 -3이다.
③ 두 번째로 작은 수는 $-\frac{1}{4}$이다.
④ 0.13보다 작은 수는 2개이다.
⑤ 가장 큰 수는 2.1이다.

36 신유형 [242004-0662]

다음은 태양계 행성 중 일부의 표면 온도를 나타낸 것이다. 이 중에서 표면 온도가 세 번째로 높은 행성을 고르시오.

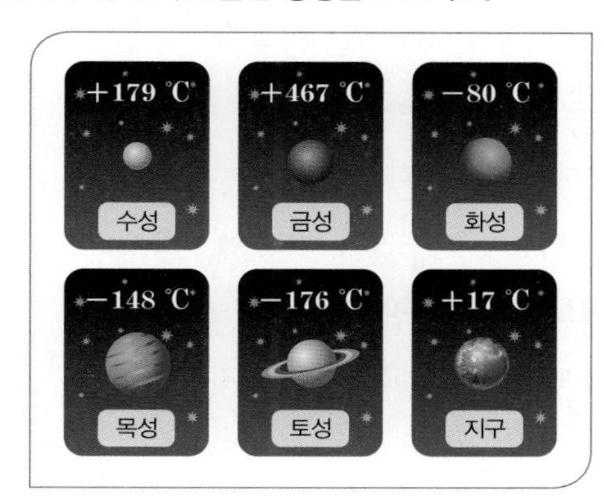

유형 13 부등호의 사용

$a>b$	• a는 b보다 크다. • a는 b 초과이다.
$a<b$	• a는 b보다 작다. • a는 b 미만이다.
$a\geq b$	• a는 b보다 크거나 같다. • a는 b보다 작지 않다. • a는 b 이상이다.
$a\leq b$	• a는 b보다 작거나 같다. • a는 b보다 크지 않다. • a는 b 이하이다.

37
[242004-0663]

다음을 부등호를 사용하여 나타내시오.

> x는 -2 이상이고 $\frac{7}{3}$보다 크지 않다.

38
[242004-0664]

다음 중에서 나머지 넷과 다른 하나는?

① a는 5 이상이다.
② a는 5보다 작거나 같다.
③ a는 5보다 작지 않다.
④ a는 5보다 크거나 같다.
⑤ $a\geq5$

39 대표
[242004-0665]

다음 중에서 부등호를 사용하여 나타낸 것으로 옳은 것은?

① x는 $-\frac{1}{5}$ 초과이다. ➡ $x<-\frac{1}{5}$
② x는 6보다 작거나 같다. ➡ $x\geq6$
③ x는 -2 이상이고 $\frac{13}{4}$보다 작다. ➡ $-2<x<\frac{13}{4}$
④ x는 -4보다 크고 8 미만이다. ➡ $-4<x\leq8$
⑤ x는 -1보다 작지 않고 $\frac{5}{3}$보다 크지 않다.
➡ $-1\leq x\leq\frac{5}{3}$

유형 14 주어진 범위에 속하는 수

부등호를 사용하여 수의 범위가 주어질 때, 다음을 이용하여 범위에 속하는 수를 구한다.
(1) 가분수는 대분수나 소수로 고쳐서 구한다.
(2) 등호의 포함 여부에 주의한다.

40 대표
[242004-0666]

$-\frac{7}{4}<x\leq3$을 만족시키는 정수 x의 개수는?

① 3 ② 4 ③ 5
④ 6 ⑤ 7

41
[242004-0667]

두 수 $\frac{1}{4}$과 $\frac{5}{6}$ 사이에 있는 정수가 아닌 유리수 중에서 분모가 12인 기약분수의 개수는?

① 2 ② 3 ③ 4
④ 5 ⑤ 6

42
[242004-0668]

$\frac{17}{5}$보다 작은 자연수의 개수를 a, -2.6 이상이고 3보다 크지 않은 정수의 개수를 b라 할 때, $a+b$의 값을 구하시오.

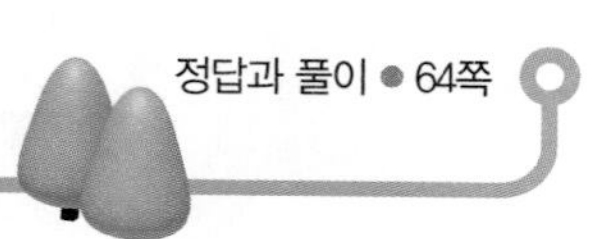

정답과 풀이 • 64쪽

유형 15 유리수의 덧셈

(1) 부호가 같은 두 수의 덧셈
➡ 두 수의 절댓값의 합에 공통인 부호를 붙인다.
(2) 부호가 다른 두 수의 덧셈
➡ 두 수의 절댓값의 차에 절댓값이 큰 수의 부호를 붙인다.

43 대표 [242004-0669]

다음 중에서 계산 결과가 나머지 넷과 다른 하나는?

① $(-2)+(-4)$ ② $(+1)+(-7)$
③ $(+2)+(-8)$ ④ $(-3)+(-3)$
⑤ $(+6)+(+1)$

44 [242004-0670]

다음 보기 중에서 계산 결과가 큰 것부터 차례대로 나열하시오.

보기
ㄱ. $(+7)+\left(-\frac{17}{3}\right)$ ㄴ. $(-3)+(-4)$
ㄷ. $(+1)+\left(+\frac{1}{5}\right)$ ㄹ. $(-8)+(+2)$

45 서술형 [242004-0671]

다음 수 중에서 절댓값이 가장 큰 수와 절댓값이 가장 작은 수의 합을 구하시오.

$+2.5,\quad -\frac{3}{5},\quad +4,\quad -1,\quad -\frac{7}{4}$

유형 16 수직선으로 나타내어진 덧셈식 찾기

다음과 같이 수직선으로 나타내어진 그림에서 덧셈식을 찾을 수 있다.

예 ① $(-4)+(-3)=-7$ ② $(-4)+(+3)=-1$

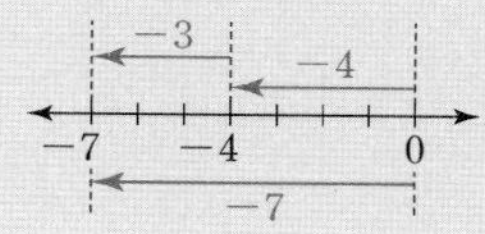

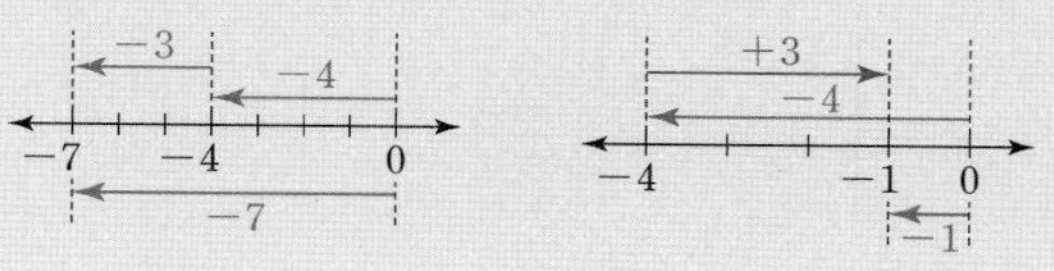

46 대표 [242004-0672]

다음 중에서 오른쪽 수직선으로 설명할 수 있는 덧셈식은?

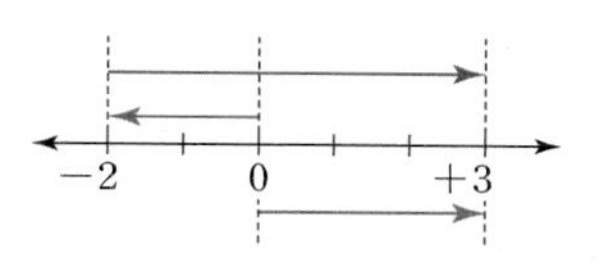

① $(+2)+(-5)=-3$ ② $(+2)+(+5)=+7$
③ $(-2)+(+3)=+1$ ④ $(-2)+(+5)=+3$
⑤ $(-2)+(-5)=-7$

47 [242004-0673]

오른쪽 수직선으로 설명할 수 있는 덧셈식을 쓰시오.

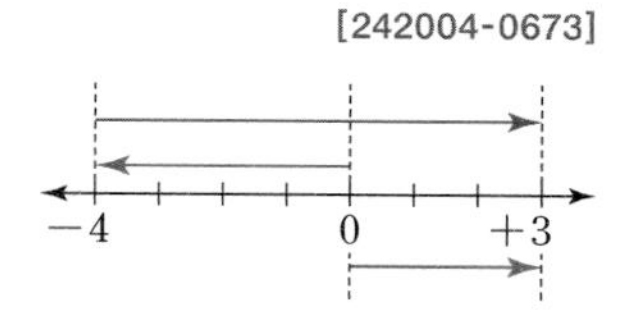

유형 17 덧셈의 계산 법칙

세 수 a, b, c에 대하여
(1) 덧셈의 교환법칙 : $a+b=b+a$
(2) 덧셈의 결합법칙 : $(a+b)+c=a+(b+c)$

48 [242004-0674]

다음은 소율이가 유리수의 덧셈을 하는 과정이다. ㉠~㉣에 알맞은 것을 각각 구하시오.

$\left(-\frac{2}{5}\right)+\left(-\frac{1}{3}\right)+\left(+\frac{12}{5}\right)$
$=\left(-\frac{2}{5}\right)+\left(+\frac{12}{5}\right)+\left(-\frac{1}{3}\right)$ ← 덧셈의 ㉠ 법칙
$=\left\{\left(-\frac{2}{5}\right)+\left(+\frac{12}{5}\right)\right\}+\left(-\frac{1}{3}\right)$ ← 덧셈의 ㉡ 법칙
$=($ ㉢ $)+\left(-\frac{1}{3}\right)$
$=$ ㉣

4 정수와 유리수의 뺄셈

유형 18 유리수의 뺄셈

유리수의 뺄셈은 빼는 수의 부호를 바꾸어 더한다.

➡ $(+)-(+)=(+)+(-)$

$(+)-(-)=(+)+(+)$

$(-)-(+)=(-)+(-)$

$(-)-(-)=(-)+(+)$

49 대표 [242004-0675]

다음 중에서 계산 결과가 가장 작은 것은?

① $(+3)-(+6)$ ② $(-5)-(-9)$

③ $\left(-\frac{5}{4}\right)-(-1)$ ④ $\left(-\frac{3}{2}\right)-\left(+\frac{7}{6}\right)$

⑤ $(+1.7)-(-2.8)$

50 [242004-0676]

$A=(+3)-(-4)$, $B=\left(+\frac{5}{2}\right)-\left(+\frac{8}{3}\right)$일 때, $|A|-|B|$의 값을 구하시오.

51 [242004-0677]

다음 수 중에서 가장 큰 수를 a, 가장 작은 수를 b라 할 때, $a-b$의 값을 구하시오.

$+3$, $-\frac{8}{5}$, -2.5, $+\frac{13}{4}$, -1

유형 19 덧셈과 뺄셈의 혼합 계산-부호가 있는 경우

덧셈과 뺄셈의 혼합 계산은 뺄셈을 덧셈으로 바꾼 후 덧셈의 계산 법칙을 이용하여 계산한다.

52 [242004-0678]

$\left(-\frac{3}{5}\right)-(+3)+\left(-\frac{2}{5}\right)$를 계산하면?

① $-\frac{21}{5}$ ② -4 ③ $-\frac{19}{5}$

④ -3 ⑤ -2

53 대표 [242004-0679]

다음 중에서 계산 결과가 옳은 것은?

① $(+5)+(-11)-(-5)=+11$

② $(-9)-(+6)-(-8)=-11$

③ $(+4.2)-(+2.6)+(+0.8)=-7.6$

④ $\left(-\frac{3}{8}\right)+(+2)-\left(+\frac{1}{2}\right)=+\frac{9}{8}$

⑤ $\left(+\frac{1}{6}\right)-\left(-\frac{2}{3}\right)+\left(-\frac{7}{6}\right)=-\frac{5}{3}$

54 [242004-0680]

$(+0.6)+\left(+\frac{3}{2}\right)-\left(+\frac{4}{3}\right)-\left(-\frac{1}{6}\right)$의 계산 결과를 기약분수로 나타내면 $\frac{b}{a}$이다. 자연수 a, b에 대하여 $a+b$의 값을 구하시오.

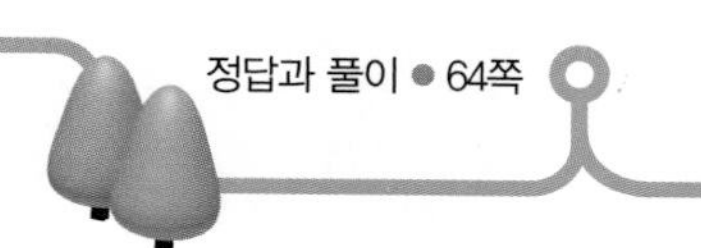

유형 20 덧셈과 뺄셈의 혼합 계산 – 부호가 생략된 경우

부호가 생략된 수의 덧셈과 뺄셈의 혼합 계산은 생략된 양의 부호 +를 넣은 후 뺄셈을 덧셈으로 바꾸어 계산한다.

55 대표 [242004-0681]

다음 중에서 계산 결과가 가장 큰 것은?

① $5-10+3$
② $-6+7-2$
③ $3.8-6-1.8$
④ $-\frac{5}{2}-\frac{1}{6}+\frac{4}{3}$
⑤ $-8+12-4+1$

56 [242004-0682]

$a=-\frac{3}{5}+\frac{2}{3}$, $b=-1-0.4$일 때, $a+b$의 값을 구하시오.

57 [242004-0683]

다음 계산 과정에서 처음으로 잘못된 부분을 찾아 기호를 쓰고, 바르게 계산한 답을 구하시오.

$3-7+5+6$
$=(+3)-(+7)+(+5)+(+6)$ ㉠
$=(+3)-(+12)+(+6)$ ㉡
$=(+3)-(+18)$ ㉢
$=(+3)+(-18)$ ㉣
$=-15$ ㉤

유형 21 어떤 수보다 □만큼 크거나 작은 수

(1) 어떤 수보다 □만큼 큰 수 ➡ (어떤 수)+□
(2) 어떤 수보다 □만큼 작은 수 ➡ (어떤 수)−□

58 [242004-0684]

다음 중에서 나머지 넷과 다른 하나는?

① 4보다 −1만큼 큰 수
② −7보다 3만큼 큰 수
③ −2보다 −2만큼 큰 수
④ 1보다 5만큼 작은 수
⑤ −7보다 −3만큼 작은 수

59 대표 [242004-0685]

3보다 −5만큼 큰 수를 a, −7보다 −5만큼 작은 수를 b라 할 때, $a-b$의 값을 구하시오.

60 서술형 [242004-0686]

−2보다 $\frac{3}{2}$만큼 큰 수를 a, 5보다 $-\frac{1}{3}$만큼 작은 수를 b라 할 때, 다음 물음에 답하시오.

(1) a, b의 값을 각각 구하시오.
(2) $a<x<b$를 만족시키는 정수 x의 개수를 구하시오.

유형 22 덧셈과 뺄셈 사이의 관계

(1) $A+\square=B$이면 $\square=B-A$
(2) $A-\square=B$이면 $\square=A-B$
(3) $\square+A=B$이면 $\square=B-A$
(4) $\square-A=B$이면 $\square=B+A$

61 [242004-0687]

다음 □ 안에 알맞은 수를 구하시오.

(1) $(-3)+\square=-9$
(2) $\square-\left(-\frac{5}{12}\right)=\frac{2}{3}$

62

[242004-0688]

두 수 a, b에 대하여 $a-\frac{3152}{2035}=-4$, $1-b=\frac{3152}{2035}$일 때, $a+b$의 값은?

① -5　② -3　③ 1
④ 3　⑤ 5

63 대표

[242004-0689]

다음 □ 안에 알맞은 수를 구하시오.

$$\left(-\frac{3}{4}\right)-(-3)+\square=2$$

유형 23 바르게 계산한 답 구하기－덧셈과 뺄셈

잘못 계산한 답이 주어진 문제는 다음과 같은 순서대로 해결한다.
① 어떤 수를 □로 놓고 식을 세운다.
② 덧셈과 뺄셈 사이의 관계를 이용하여 어떤 수를 구한다.
③ ②에서 구한 어떤 수로 바르게 계산한 답을 구한다.

64 대표

[242004-0690]

어떤 유리수에서 $-\frac{2}{5}$를 빼야 할 것을 잘못하여 더하였더니 그 결과가 $\frac{3}{2}$이 되었다. 이때 바르게 계산한 답을 구하시오.

65 서술형

[242004-0691]

$\frac{7}{4}$에 어떤 수를 더해야 할 것을 잘못하여 빼었더니 그 결과가 $\frac{5}{3}$가 되었다. 이때 바르게 계산한 답을 구하시오.

유형 24 절댓값이 주어진 두 수의 덧셈과 뺄셈

$|a|=A$, $|b|=B$ $(A>0, B>0)$일 때,
(1) $a=A$, $b=B$　(2) $a=A$, $b=-B$
(3) $a=-A$, $b=B$　(4) $a=-A$, $b=-B$

66 대표

[242004-0692]

a의 절댓값이 $\frac{4}{5}$이고, b의 절댓값이 $\frac{1}{4}$일 때, $a+b$의 값 중에서 가장 큰 값과 가장 작은 값을 차례대로 구하시오.

유형 25 조건을 만족시키는 수 구하기

a와 b가 절댓값이 같고 부호가 다른 수일 때, a가 b보다 ★만큼 크면 $|a|=|b|=\frac{1}{2}\times$★이다.

67

[242004-0693]

다음 조건을 모두 만족시키는 세 수 a, b, c의 값을 각각 구하시오.

(가) $|a|=|b|$　(나) $a-\frac{2}{5}=b$　(다) $b-c=1$

68

[242004-0694]

세 정수 a, b, c가 다음 조건을 모두 만족시킬 때, $a+b+c$의 값을 구하시오.

(가) a의 절댓값은 9이다.　(나) $|a|+|b|=10$
(다) $c<b<0<a$　(라) $a-b+c=5$

유형 26 유리수의 덧셈과 뺄셈의 활용(1) – 실생활

주어진 상황을 유리수의 계산식으로 나타낸다.
(1) 기준보다 많거나 커지면 ➡ $+$
(2) 기준보다 적거나 작아지면 ➡ $-$

69
[242004-0695]

오른쪽 표는 어느 도서관의 이용객 수를 전날과 비교하여 증가하면 $+$, 감소하면 $-$를 사용하여 나타낸 것이다. 이 주의 월요일의 이용객이 500명이었을 때, 금요일의 이용객은 몇 명인지 구하시오.

화요일	$+80$명
수요일	-50명
목요일	-120명
금요일	$+130$명

70
[242004-0696]

신체 나이는 신체의 노화 정도를 나타내는 나이이다. 다음은 어느 반 학생 어머니들의 실제 나이와 (신체 나이)$-$(실제 나이)를 나타낸 것이다. 신체 나이가 가장 적은 어머니를 구하시오.

어머니	A	B	C	D	E
실제 나이(세)	40	43	39	42	46
(신체 나이)$-$(실제 나이)(세)	1	-2	4	-3	-4

71 대표
[242004-0697]

일교차는 하루 중 최고 기온과 최저 기온의 차이다. 어느 날 세계 도시별 최저 기온과 최고 기온이 다음 표와 같을 때, 일교차가 가장 큰 도시를 구하시오.

도시	최저 기온 (°C)	최고 기온 (°C)
서울	-4	$+6$
베이징	-6	$+8$
도쿄	$+2$	$+15$
울란바토르	-14	-1
타이베이	$+15$	$+22$

유형 27 유리수의 덧셈과 뺄셈의 활용(2) – 도형

빈칸에 알맞은 수를 구하는 문제는 다음과 같은 순서대로 해결한다.
① 합을 알 수 있는 줄의 합을 먼저 구한다.
② 빈칸이 있는 줄을 찾아 식을 세운다.
③ ②의 식의 값이 ①의 값과 같음을 이용하여 빈칸에 알맞은 수를 구한다.

72
[242004-0698]

오른쪽 그림에서 가로, 세로, 대각선에 있는 세 수의 합이 모두 같을 때, $A+B$의 값을 구하시오.

A		
-3		-4
		B

73 대표
[242004-0699]

오른쪽 그림에서 삼각형의 한 변에 놓인 네 수의 합이 모두 같을 때, $A-B$의 값을 구하시오.

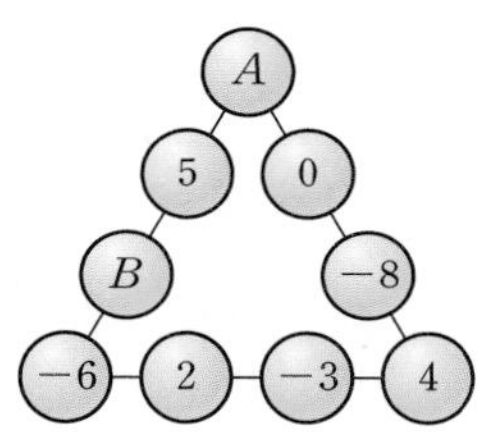

74
[242004-0700]

성민이가 오른쪽 그림과 같은 전개도를 접어 정육면체를 만들려고 한다. 정육면체의 마주 보는 두 면에 적힌 두 수의 합이 4가 되도록 수를 적을 때, 세 수 A, B, C에 대하여 $A-B+C$의 값을 구하시오.

5 정수와 유리수의 곱셈

유형 28 유리수의 곱셈

(1) 부호가 같은 두 수의 곱셈
➡ +(두 수의 절댓값의 곱)
(2) 부호가 다른 두 수의 곱셈
➡ −(두 수의 절댓값의 곱)

75
[242004-0701]

다음 중에서 계산 결과가 옳지 않은 것은?

① $(+2)\times(-4)=-8$
② $(-3)\times(+4)=-12$
③ $(-5)\times(-3)=-15$
④ $(+4)\times(-6)=-24$
⑤ $(+3)\times(+7)=+21$

76 대표
[242004-0702]

다음 중에서 계산 결과가 나머지 넷과 다른 하나는?

① $(-1)\times(-8)$
② $(+2)\times(+4)$
③ $(-1.6)\times(-5)$
④ $\left(-\frac{2}{3}\right)\times(-12)$
⑤ $\left(+\frac{2}{3}\right)\times\left(+\frac{3}{16}\right)$

77
[242004-0703]

다음 수 중에서 가장 큰 수와 가장 작은 수의 곱은?

$$-\frac{3}{2},\quad 2,\quad \frac{5}{3},\quad -\frac{2}{3},\quad -1$$

① -4
② -3
③ $-\frac{5}{2}$
④ $-\frac{10}{9}$
⑤ -1

유형 29 곱셈의 계산 법칙

세 수 a, b, c에 대하여
(1) 곱셈의 교환법칙 : $a\times b=b\times a$
(2) 곱셈의 결합법칙 : $(a\times b)\times c=a\times(b\times c)$

78
[242004-0704]

다음 계산 과정에서 곱셈의 결합법칙이 이용된 곳은?

$$\begin{aligned}&(+4)\times(+0.3)\times(-5)\\ &=(+4)\times(-5)\times(+0.3) \quad ①\\ &=\{(+4)\times(-5)\}\times(+0.3) \quad ②\\ &=\{-(4\times5)\}\times(+0.3) \quad ③\\ &=(-20)\times(+0.3) \quad ④\\ &=-6 \quad ⑤\end{aligned}$$

79 대표
[242004-0705]

다음 계산 과정에서 ㉠, ㉡에 이용된 계산 법칙을 각각 말하시오.

$$\begin{aligned}&\left(-\frac{8}{5}\right)\times(-2)\times\left(+\frac{5}{4}\right)\\ &=(-2)\times\left(-\frac{8}{5}\right)\times\left(+\frac{5}{4}\right) \quad ㉠\\ &=(-2)\times\left\{\left(-\frac{8}{5}\right)\times\left(+\frac{5}{4}\right)\right\} \quad ㉡\\ &=(-2)\times(-2)=4\end{aligned}$$

80
[242004-0706]

다음 계산 과정에서 ①~⑤에 들어갈 것으로 옳지 않은 것은?

$$\begin{aligned}&(-10)\times\left(+\frac{3}{8}\right)\times\left(-\frac{6}{5}\right)\\ &=(\boxed{③})\times(-10)\times\left(-\frac{6}{5}\right) \quad \text{곱셈의 }\boxed{①}\text{법칙}\\ &=(\boxed{③})\times\left\{(-10)\times\left(-\frac{6}{5}\right)\right\} \quad \text{곱셈의 }\boxed{②}\text{법칙}\\ &=\left(+\frac{3}{8}\right)\times(\boxed{④})\\ &=\boxed{⑤}\end{aligned}$$

① 교환
② 결합
③ $+\frac{3}{8}$
④ -12
⑤ $\frac{9}{2}$

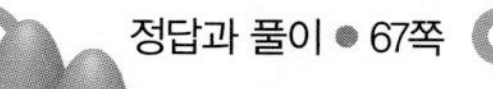

유형 30 세 수 이상의 곱셈

곱하는 수 중에서 음수가
(1) 짝수 개: +(각 수의 절댓값의 곱)
(2) 홀수 개: −(각 수의 절댓값의 곱)

81

[242004-0707]

$(+2)\times(-5)\times(+2)\times(-3)$을 계산하면?

① -60　② -30　③ 15
④ 30　⑤ 60

82 대표

[242004-0708]

다음 중에서 계산 결과가 가장 작은 것은?

① $(-6)\times(-3)\times(-2)$
② $(+11)\times(-7)\times0$
③ $\left(+\frac{3}{5}\right)\times(-16)\times\left(+\frac{5}{6}\right)$
④ $\left(-\frac{1}{4}\right)\times(+3)\times(-8)\times(-5)$
⑤ $(-1.5)\times(-0.3)\times\left(+\frac{5}{9}\right)$

83

[242004-0709]

$\left(-\frac{1}{2}\right)\times\frac{2}{3}\times\left(-\frac{3}{4}\right)\times\frac{4}{5}\times\cdots\times\frac{98}{99}\times\left(-\frac{99}{100}\right)$를 계산하시오.

유형 31 거듭제곱의 계산

자연수 n에 대하여
(1) (양수)^{n}의 부호 ➡ +
(2) (음수)^{n}의 부호 ➡ $\begin{cases} n\text{이 짝수}: + \\ n\text{이 홀수}: - \end{cases}$

84 대표

[242004-0710]

다음 중에서 계산 결과가 가장 큰 것은?

① $-\frac{1}{2^2}$　② $\left(-\frac{1}{2}\right)^3$　③ $\left(-\frac{1}{2}\right)^4$
④ $\left(-\frac{1}{3}\right)^2$　⑤ $-\left(-\frac{1}{3}\right)^3$

85

[242004-0711]

다음 중에서 계산 결과가 옳지 않은 것은?

① $(-2)^3=-8$　② $-3^2=-9$
③ $-(-4)^2=-16$　④ $\left\{-\left(-\frac{1}{2}\right)\right\}^3=-\frac{1}{8}$
⑤ $-\left(-\frac{1}{2}\right)^4=-\frac{1}{16}$

86 서술형

[242004-0712]

유리수 A가 다음과 같을 때, A에 가장 가까운 정수를 구하시오.

$$A=(-2)^2\times\left(-\frac{1}{3}\right)^3\times\left(-\frac{3}{4}\right)^2$$

정답과 풀이 ● 68쪽

유형 32 $(-1)^n$의 계산

자연수 n에 대하여

$$(-1)^n=\begin{cases} 1 & (n\text{이 짝수}) \\ -1 & (n\text{이 홀수}) \end{cases}$$

87 대표 [242004-0713]

다음 중에서 계산 결과가 나머지 넷과 다른 하나는?

① $(-1)^4$ ② $\{-(-1)\}^2$ ③ $-(-1)^5$
④ $\{-(-1)\}^7$ ⑤ $-(-1)^6$

88 [242004-0714]

$(-1)+(-1)^2+(-1)^3+\cdots+(-1)^{100}$을 계산하면?

① -100 ② -50 ③ 0
④ 50 ⑤ 100

89 [242004-0715]

곱이 1이 되는 10개의 정수를 모두 더하여 얻을 수 있는 값 중 가장 큰 값을 M, 가장 작은 값을 m이라 할 때, $M-m$의 값을 구하시오.

유형 33 분배법칙

세 수 a, b, c에 대하여
(1) $a\times(b+c)=a\times b+a\times c$
(2) $(a+b)\times c=a\times c+b\times c$

90 [242004-0716]

다음은 분배법칙을 이용하여 계산하는 과정이다. ㉠~㉢에 알맞은 자연수를 구하시오.

$$\begin{aligned} 23\times 99 &= 23\times(100-\boxed{㉠}) \\ &= 23\times 100-23\times\boxed{㉠} \\ &= 2300-\boxed{㉡} \\ &= \boxed{㉢} \end{aligned}$$

91 대표 [242004-0717]

세 수 a, b, c에 대하여 $a\times b=-8$, $a\times(b+c)=-2$일 때, $a\times c$의 값은?

① -10 ② -6 ③ -2
④ 6 ⑤ 10

92 신유형 [242004-0718]

1부터 88까지의 자연수 중에서 8의 배수의 합을 a, 1부터 99까지의 자연수 중에서 9의 배수의 합을 b라 할 때, $a-b$의 값을 구하시오.

6 정수와 유리수의 나눗셈

정답과 풀이 ● 68쪽

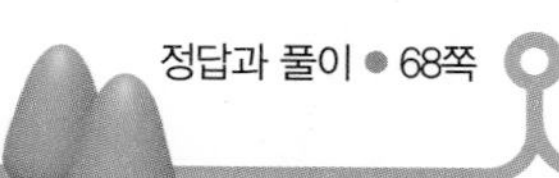

유형 34 역수

(1) 두 수의 곱이 1일 때, 한 수를 다른 수의 역수라 한다.
(2) 역수를 구할 때, 부호에는 변함이 없다.
(3) 분수의 역수는 분모와 분자를 바꾼 수이다.
(4) 소수는 분수로 바꾸어 역수를 구한다.

93

[242004-0719]

오른쪽 그림과 같은 주사위에서 마주 보는 면에 적힌 두 수의 곱이 1일 때, 보이지 않는 세 면에 적힌 세 수의 합을 구하시오.

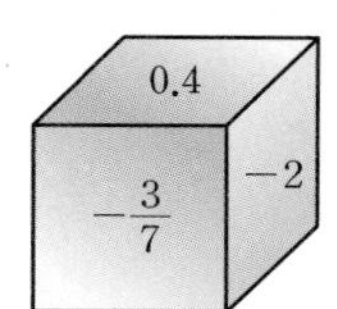

유형 35 유리수의 나눗셈

나누는 수의 역수를 곱하여 계산한다.

➡ ■ ÷ $\frac{▲}{●}$ = ■ × $\frac{●}{▲}$

94 대표

[242004-0720]

$a=(-8)\div\left(+\frac{3}{2}\right)$, $b=\left(-\frac{7}{5}\right)\div(-6)\div\left(+\frac{14}{3}\right)$일 때, $a\times b$의 값을 구하시오.

95

[242004-0721]

다음을 계산하시오.

$$\left(-\frac{1}{2}\right)\div\left(+\frac{2}{3}\right)\div\left(-\frac{3}{4}\right)\div\left(+\frac{4}{5}\right)\div\cdots\div\left(+\frac{98}{99}\right)\div\left(-\frac{99}{100}\right)$$

유형 36 곱셈과 나눗셈의 혼합 계산

곱셈과 나눗셈이 혼합된 식은 다음과 같은 순서대로 계산한다.

① 거듭제곱이 있으면 거듭제곱을 먼저 계산한다.
② 나눗셈을 곱셈으로 바꾼다.
③ 음수의 개수에 따라 부호를 정한다.

➡ 음수가 { 짝수 개 : +, 홀수 개 : − }

96 대표

[242004-0722]

다음 중에서 계산 결과가 옳은 것은?

① $(-4)\div(-3)\times(-6)=-2$

② $\left(-\frac{1}{7}\right)\times\left(+\frac{2}{9}\right)\div\left(-\frac{3}{14}\right)=\frac{8}{27}$

③ $(+3.5)\times(+4)\div\left(-\frac{7}{5}\right)=-\frac{1}{10}$

④ $\left(-\frac{1}{2}\right)^3\div\left(-\frac{3}{2}\right)\times(+9)=\frac{3}{4}$

⑤ $\left(+\frac{3}{8}\right)\times\left(-\frac{2}{5}\right)^2\div\left(-\frac{9}{10}\right)=-\frac{2}{15}$

97

[242004-0723]

$x=\frac{7}{3}\div\left(-\frac{4}{3}\right)\div\left(-\frac{7}{2}\right)$, $y=\left(-\frac{3}{4}\right)\times(-2)^3\div\left(-\frac{3}{2}\right)^2$일 때, $x\times y$의 값을 구하시오.

98 서술형

[242004-0724]

오른쪽 그림과 같은 전개도를 접어 정육면체를 만들려고 한다. 마주 보는 면에 적힌 두 수가 서로 역수일 때, $a\times b\div c$의 값을 구하시오.

$\frac{3}{5}$ / b, 1.4, $-1\frac{2}{7}$, a / c

유형 37 덧셈, 뺄셈, 곱셈, 나눗셈의 혼합 계산

덧셈, 뺄셈, 곱셈, 나눗셈이 혼합된 식은 다음과 같은 순서대로 계산한다.

① 거듭제곱이 있으면 거듭제곱을 먼저 계산한다.
② 괄호가 있으면 (소괄호) ➡ {중괄호} ➡ [대괄호]의 순서대로 괄호를 푼다.
③ 곱셈, 나눗셈을 계산한다.
④ 덧셈, 뺄셈을 계산한다.

99

[242004-0725]

다음 식을 계산할 때, 네 번째로 계산해야 할 곳은?

$$5+3\times[\{(-2)-16\div(-4)\}+7]$$

(↑ ㉠: 첫 번째 +, ↑ ㉡: ×, ↑ ㉢: −, ↑ ㉣: ÷, ↑ ㉤: 마지막 +)

① ㉠ ② ㉡ ③ ㉢
④ ㉣ ⑤ ㉤

100

[242004-0726]

다음과 같은 화살표 순서로 진행되는 계산이 있다. 이 계산 순서에 알맞은 하나의 식을 세우고 계산하시오.

$$(-5)\xrightarrow{+}2\xrightarrow{\times}\frac{2}{15}\xrightarrow{-}\frac{8}{5}\xrightarrow{\div}\left(-\frac{1}{4}\right)$$

101 대표

[242004-0727]

$8-\frac{6}{7}\times\left[\left\{\frac{1}{3}+(-2)^2\right\}\div\left(-\frac{13}{5}\right)-\frac{2}{3}\right]$를 계산하시오.

유형 38 곱셈과 나눗셈 사이의 관계

(1) $A\times\square=B$이면 $\square=B\div A$
(2) $\square\div A=B$이면 $\square=B\times A$
참고 $A\div\square=B$이면 $\square=A\div B$

102

[242004-0728]

$\frac{5}{6}\times\square=-\frac{2}{3}$일 때, □ 안에 알맞은 수를 구하시오.

103 대표

[242004-0729]

$A\div\left(-\frac{9}{4}\right)=\frac{1}{6}$, $(-3)\times B=-\frac{5}{2}$일 때, $A\times B$의 값은?

① $-\frac{15}{8}$ ② $-\frac{15}{16}$ ③ $-\frac{5}{16}$
④ $\frac{15}{8}$ ⑤ 2

104

[242004-0730]

다음 식이 성립하도록 □ 안에 알맞은 수를 구하시오.

$$2-\left[\frac{1}{3}+\square\div\{5\times(-3)+6\}\right]\times3=-1$$

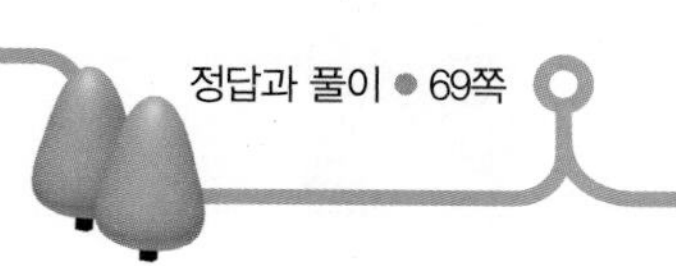

유형 39 바르게 계산한 답 구하기-곱셈과 나눗셈

잘못 계산한 답이 주어진 문제는 다음과 같은 순서대로 해결한다.
① 어떤 수를 □로 놓고 식을 세운다.
② 곱셈과 나눗셈 사이의 관계를 이용하여 어떤 수를 구한다.
③ ②에서 구한 어떤 수로 바르게 계산한 답을 구한다.

105 대표 [242004-0731]

어떤 수를 $\frac{5}{3}$로 나누어야 할 것을 잘못하여 곱했더니 그 결과가 -10이 되었다. 이때 바르게 계산한 답은?

① $-\frac{18}{5}$ ② $-\frac{9}{5}$ ③ $-\frac{5}{18}$
④ $\frac{5}{18}$ ⑤ $\frac{9}{5}$

106 [242004-0732]

어떤 수에 $-\frac{2}{7}$를 더해야 할 것을 잘못하여 나누었더니 그 결과가 $\frac{9}{4}$가 되었다. 이때 바르게 계산한 답을 구하시오.

107 서술형 [242004-0733]

어떤 유리수에 $-\frac{1}{2}$을 곱한 후 -3을 빼야 할 것을 잘못하여 $-\frac{1}{2}$로 나눈 후 -3을 뺐더니 그 결과가 -1이 되었다. 이때 바르게 계산한 답을 구하시오.

유형 40 문자로 주어진 유리수의 부호 결정

(1) $a\times b>0$(또는 $a\div b>0$)일 때
➡ 두 수 a, b는 같은 부호
➡ $a>0$, $b>0$ 또는 $a<0$, $b<0$
(2) $a\times b<0$(또는 $a\div b<0$)일 때
➡ 두 수 a, b는 다른 부호
➡ $a>0$, $b<0$ 또는 $a<0$, $b>0$

108 대표 [242004-0734]

세 수 a, b, c에 대하여 $a\times b>0$, $a-c<0$, $b\div c<0$일 때, 다음 중에서 옳은 것은?

① $a>0$, $b>0$, $c>0$ ② $a>0$, $b>0$, $c<0$
③ $a<0$, $b>0$, $c>0$ ④ $a<0$, $b<0$, $c>0$
⑤ $a<0$, $b<0$, $c<0$

109 [242004-0735]

두 수 a, b에 대하여 $a>0$, $b<0$, $|a|<|b|$일 때, 다음 중에서 옳지 않은 것은?

① $a-b>0$ ② $b-a<0$ ③ $a\times b<0$
④ $a\div b<0$ ⑤ $a+b>0$

110 [242004-0736]

두 수 a, b를 수직선 위에 나타내면 오른쪽 그림과 같을 때, 다음 중에서 옳지 않은 것은?

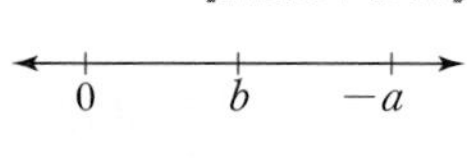

① $a-b<0$ ② $a+b<0$ ③ $b^2-a<0$
④ $a\times b<0$ ⑤ $a\div b<0$

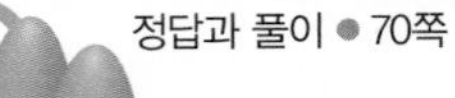

유형 41 문자로 주어진 유리수의 대소 관계

주어진 조건을 만족시키는 적당한 수를 문자 대신 넣어서 식의 값을 구한 후 대소를 비교한다.

111 [242004-0737]

$a<-1$일 때, 다음 중에서 가장 큰 수는?

① a ② $-a$ ③ a^2
④ $-a^2$ ⑤ $\frac{1}{a}$

112 대표 [242004-0738]

$0<a<1$일 때, 다음 중에서 가장 작은 수는?

① a ② $\frac{1}{a}$ ③ a^3
④ $\left(-\frac{1}{a}\right)^2$ ⑤ $-a$

113 [242004-0739]

두 유리수 a, b에 대하여 $0<a<1$, $b<-1$일 때, 다음 중에서 대소 관계를 나타낸 것으로 옳지 않은 것은?

① $a>a^2$ ② $\frac{1}{a}>a$ ③ $\frac{1}{a}>\frac{1}{b}$
④ $b<b^2$ ⑤ $a^2>b^2$

유형 42 새로운 연산 기호

새로운 연산 기호는 주어진 약속에 따라 식을 세우고 계산한다.

예 두 유리수 a, b에 대하여 $a \odot b=a-b+1$로 약속할 때,
$2 \odot 3=2-3+1=0$

114 대표 [242004-0740]

두 수 a, b에 대하여

$$a \triangle b=a \times b+1,\ a \diamond b=a \div b-2$$

로 약속할 때, $6 \diamond \left\{(-2) \triangle \frac{1}{4}\right\}$을 계산하시오.

115 [242004-0741]

두 수 a, b에 대하여

$$a \diamond b=a \times b-a \div b$$

로 약속할 때, $\left\{\frac{1}{3} \diamond \left(-\frac{1}{2}\right)\right\} \diamond \frac{2}{3}$를 계산하시오.

유형 43 유리수의 혼합 계산의 활용-실생활

이기면 a점을 얻고 지면 b점을 잃게 될 때
➡ □번 이기고 ○번 지면 받게 되는 점수는
$a \times \square+(-b) \times \bigcirc$

116 대표 [242004-0742]

어느 축구 시합에서 각 팀은 출전한 다른 팀과 한 번씩 시합을 하고 한 시합에서 이기면 $+3$점, 비기면 $+1$점, 지면 -2점을 받아 순위를 가린다. A팀이 이 시합에서 11승 5무 3패를 하였을 때, A팀의 점수를 구하시오.

117 [242004-0743]

혜민이는 한 문제를 맞히면 2점을 얻고 틀리면 1점을 잃는 퀴즈를 풀었다. 총 7문제를 푼 결과가 다음 표와 같을 때, 혜민이의 점수를 구하시오. (단, 맞히면 ○로, 틀리면 ×로 표시한다.)

1번	2번	3번	4번	5번	6번	7번
○	×	○	○	×	○	○

중단원 핵심유형 테스트

1 [242004-0744]

다음 중에서 밑줄 친 부분을 양의 부호 $+$ 또는 음의 부호 $-$를 사용하여 나타낼 때, 옳지 않은 것은?

① 작년보다 키가 2 cm 컸다. ➡ $+2$ cm
② 경기 시작 10분 전이다. ➡ -10분
③ 시청률이 지난주보다 0.6 % 하락하였다. ➡ $+0.6$ %
④ 오늘 서울의 최고 기온은 영상 20 °C이다. ➡ $+20$ °C
⑤ 다음 달부터 지하철 요금이 50원 인하될 예정이다.
➡ -50원

2 [242004-0745]

다음 중에서 음수가 아닌 정수는 모두 몇 개인지 구하시오.

$+5,\ -\frac{3}{4},\ -1,\ \frac{2}{7},\ 0,\ 6,\ -8$

3 [242004-0746]

다음은 유리수의 분류를 나타낸 것이다. □ 안에 들어갈 수로 알맞은 것을 모두 고르면? (정답 2개)

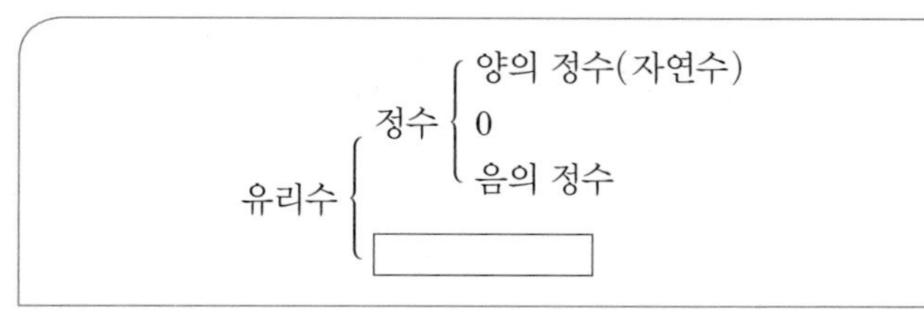

① -4　② $\frac{8}{3}$　③ -1.7
④ 2　⑤ $-\frac{15}{5}$

4 [242004-0747]

다음 수직선 위의 다섯 개의 점 A, B, C, D, E가 나타내는 수로 옳은 것을 모두 고르면? (정답 2개)

A　B　C　D　E
-4　-3　-2　-1　0　$+1$　$+2$　$+3$　$+4$

① A: $-\frac{8}{3}$　② B: -2　③ C: $-\frac{3}{2}$
④ D: $\frac{7}{4}$　⑤ E: 3.5

5 [242004-0748]

다음 보기에서 옳은 것을 있는 대로 고른 것은?

보기
ㄱ. 절댓값이 가장 작은 수는 0이다.
ㄴ. 절댓값이 같은 두 수는 서로 같은 수이다.
ㄷ. $|a|=a$이면 a는 양수이다.
ㄹ. 절댓값이 클수록 수직선에서 그 수를 나타내는 점과 0을 나타내는 점 사이의 거리가 멀다.

① ㄱ, ㄷ　② ㄱ, ㄹ　③ ㄴ, ㄷ
④ ㄴ, ㄹ　⑤ ㄷ, ㄹ

6 중요 [242004-0749]

다음 중에서 대소 관계가 옳은 것은?

① $-5>-4$　② $\frac{9}{2}<\frac{10}{3}$
③ $\frac{6}{5}>\left|-\frac{3}{2}\right|$　④ $|-0.6|<\left|-\frac{3}{4}\right|$
⑤ $\left|-\frac{13}{6}\right|<\left|-\frac{5}{3}\right|$

7 [242004-0750]

다음 조건을 모두 만족시키는 정수 x의 개수를 구하시오.

(가) x는 -5보다 작지 않고 2 이하이다.
(나) $|x|>3$

중단원 핵심유형 테스트

8 고득점 [242004-0751]

두 유리수 $-\frac{1}{4}$과 $\frac{5}{3}$ 사이에 있는 정수가 아닌 유리수 중에서 기약분수로 나타낼 때 분모가 12인 것의 개수는?

① 4 ② 5 ③ 6
④ 7 ⑤ 8

9 [242004-0752]

다음을 계산하시오.

$$(+0.2)-\left(-\frac{6}{5}\right)+(-3)$$

10 중요 [242004-0753]

다음 중에서 계산 결과가 가장 작은 것은?

① $\left(-\frac{1}{2}\right)-\left(+\frac{3}{10}\right)$ ② $\left(+\frac{5}{6}\right)-\left(-\frac{2}{3}\right)$
③ $-5+11-9$ ④ $-3+\frac{5}{2}-\frac{3}{4}$
⑤ $\frac{2}{5}-0.6+\frac{7}{3}$

11 [242004-0754]

3보다 $-\frac{1}{4}$만큼 작은 수를 a, $-\frac{1}{6}$보다 $\frac{2}{3}$만큼 큰 수를 b라 할 때, $a+b$의 값을 구하시오.

12 [242004-0755]

다음 표는 어느 날의 각 지역별 최고 기온과 최저 기온을 나타낸 것이다. 일교차가 가장 큰 지역을 구하시오.

(단, (일교차)=(최고 기온)−(최저 기온))

지역	서울	화천	대전	광주	부산
최고 기온(°C)	8	5	10	13	15
최저 기온(°C)	−5	−10	−4	1	5

13 [242004-0756]

다음 계산 과정에서 이용되지 않은 계산 법칙은?

$$\begin{aligned}&(-1.2)\times9+(-6)\times(-1.2)+(-1.2)\times7\\&=(-1.2)\times9+(-1.2)\times(-6)+(-1.2)\times7\\&=(-1.2)\times\{9+(-6)+7\}\\&=(-1.2)\times\{(-6)+9+7\}\\&=(-1.2)\times\{(-6)+16\}\\&=(-1.2)\times10\\&=-12\end{aligned}$$

① 덧셈의 교환법칙 ② 덧셈의 결합법칙
③ 곱셈의 교환법칙 ④ 곱셈의 결합법칙
⑤ 분배법칙

14 중요 [242004-0757]

다음 중에서 계산 결과가 옳은 것은?

① $\left(-\frac{5}{6}\right)\times(-3)=-\frac{5}{2}$ ② $\left(+\frac{7}{4}\right)\times\left(+\frac{2}{3}\right)=\frac{21}{8}$
③ $\left(-\frac{8}{5}\right)\times\left(+\frac{3}{4}\right)=\frac{6}{5}$ ④ $(+12)\div\left(-\frac{16}{3}\right)=-\frac{4}{9}$
⑤ $\left(-\frac{3}{5}\right)\div\left(-\frac{15}{8}\right)=\frac{8}{25}$

15

신유형 [242004-0758]

세 수 $\frac{2}{3}$, 6, $-\frac{5}{2}$를 다음 □ 안에 한 번씩 써넣어 계산하려고 한다. 나올 수 있는 수 중에서 가장 작은 값을 구하시오.

16
[242004-0759]

$\left[5-\left\{\left(-\frac{3}{2}\right)^2\div\frac{3}{8}+3\right\}\times\frac{1}{6}\right]\div\left(-\frac{7}{4}\right)$을 계산하면?

① -4 ② -3 ③ -2
④ -1 ⑤ 0

17
[242004-0760]

$\left(-\frac{3}{4}\right)^2\div\frac{9}{8}\times\square=-\frac{1}{3}$일 때, □ 안에 알맞은 수를 구하시오.

18
고득점 [242004-0761]

두 수 a, b에 대하여 $a-b<0$, $a\times b<0$, $|a|>|b|$일 때, 다음 중에서 옳지 않은 것은?

① $a+b<0$ ② $-a+b>0$ ③ $-a-b<0$
④ $|a|-b>0$ ⑤ $|b|-a>0$

기출 서술형

19
[242004-0762]

두 수 a, b의 절댓값이 같고 $a>b$이다. 수직선에서 a, b를 나타내는 두 점 사이의 거리가 $\frac{14}{3}$일 때, a의 값을 구하시오.

풀이 과정

답 |

20
[242004-0763]

어떤 수에서 $-\frac{4}{3}$를 빼야 할 것을 잘못하여 나누었더니 그 결과가 $\frac{5}{12}$가 되었다. 이때 바르게 계산한 답을 구하시오.

풀이 과정

답 |

1 문자의 사용과 식의 계산

유형 1 곱셈 기호의 생략

(1) (수)×(문자)	수를 문자 앞에 쓴다.
(2) 1×(문자) 또는 −1×(문자)	1을 생략한다.
(3) (문자)×(문자)	알파벳 순서로 쓴다.
(4) 같은 문자의 곱	거듭제곱으로 나타낸다.
(5) (수)×(괄호가 있는 식)	수를 괄호 앞에 쓴다.

1 [242004-0764]

$a\times a\times a\times 3\times b$를 곱셈 기호 ×를 생략하여 나타내면?

① $3ab$ ② $3a^2b$ ③ $3a^3b$
④ $3a^2b^2$ ⑤ $3a^3b^2$

2 대표 [242004-0765]

다음 중에서 옳지 않은 것은?

① $x\times x=x^2$
② $b\times a\times 3=3ab$
③ $a\times a\times b\times a=a^3b$
④ $\frac{1}{3}\times y\times x=\frac{1}{3}xy$
⑤ $0.1\times x\times x=0.x^2$

유형 2 나눗셈 기호의 생략

(1) 나눗셈 기호 ÷를 생략하고 분수의 꼴로 나타낸다.

➡ ▲÷■$=\frac{▲}{■}$ (분수의 꼴로)

(2) 나눗셈을 역수의 곱셈으로 고친 후 곱셈 기호 ×를 생략한다.

➡ ▲÷■=▲×$\frac{1}{■}=\frac{▲}{■}$ (역수의 곱셈으로)

3 대표 [242004-0766]

다음 중에서 옳지 않은 것은?

① $1\div a=\frac{1}{a}$
② $\frac{1}{3}\div a=\frac{1}{3a}$
③ $x\div\left(-\frac{1}{4}\right)=-4x$
④ $(-a)\div\frac{1}{8}\div b=-\frac{ab}{8}$
⑤ $x\div y\div(-3)=-\frac{x}{3y}$

유형 3 곱셈 기호와 나눗셈 기호의 생략

기호 ×, ÷가 섞여 있을 때는
(1) 앞에서부터 차례대로 기호 ×, ÷를 생략한다.
(2) 괄호가 있을 때는 괄호 안을 먼저 계산한다.

4 [242004-0767]

다음 중에서 기호 ×, ÷를 생략하여 나타낸 식이 $\frac{a}{bc}$와 같은 것을 모두 고르면? (정답 2개)

① $a\times b\div c$ ② $a\div b\times c$ ③ $a\div b\div c$
④ $a\times(b\div c)$ ⑤ $a\div(b\times c)$

5 대표 [242004-0768]

다음 중에서 옳지 않은 것은?

① $x\times(-1)\div y=-\frac{x}{y}$
② $a\div\frac{b}{4}\times a-3=\frac{4a^2}{b}-3$
③ $(a+3)\times b\div c=\frac{b(a+3)}{c}$
④ $x\times y\div\frac{1}{z-4}=xy(z-4)$
⑤ $x+(-8)\times y\div(-1)=x+\frac{8}{y}$

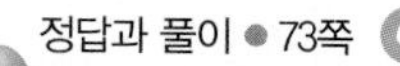

유형 4 문자를 사용한 식 – 나이, 단위, 수

(1) 현재 x세인 사람의 a년 후의 나이 ➡ $(x+a)$세
(2) (두 자리 자연수)
　$=$(십의 자리의 숫자)$\times 10+$(일의 자리의 숫자)

6  대표 [242004-0769]

다음 중에서 문자를 사용하여 나타낸 식으로 옳지 않은 것은?

① 15세인 형보다 x세 어린 동생의 나이 ➡ $(15-x)$세
② 하루 중 낮의 길이가 x시간일 때, 밤의 길이 ➡ $(24-x)$시간
③ 연속하는 두 홀수 중에서 작은 수가 a일 때, 큰 수 ➡ $a+2$
④ 십의 자리의 숫자가 5, 일의 자리의 숫자가 a인 두 자리 자연수 ➡ $5+a$
⑤ 1개의 무게가 a g인 초콜릿 3개를 무게가 b g인 상자에 넣었을 때, 초콜릿을 넣은 상자의 무게 ➡ $(3a+b)$ g

유형 5 문자를 사용한 식 – 비율, 평균

(1) x의 a % ➡ $x\times\frac{a}{100}=\frac{a}{100}x$
(2) a명의 평균 점수가 x점일 때, a명의 총점
　➡ $a\times x=ax$(점)

7 [242004-0770]

다음은 민서가 쓴 일기의 일부분이다. 민서가 어머니께 받은 용돈을 a원이라 할 때, 문장에서 밑줄 친 부분을 문자를 사용한 식으로 나타내시오.

> 오늘 어머니께 용돈을 받았는데 벌써 절반을 썼다. 내일은 <u>남은 돈의 10 %</u>만 써야겠다.

8 [242004-0771]

어느 중학교 A반 학생 20명, B반 학생 25명이 수학 수행평가를 보았는데 A반의 평균 점수는 a점, 두 반 전체의 평균 점수는 b점이라고 할 때, B반의 평균 점수를 구하시오.

유형 6 문자를 사용한 식 – 가격

(1) (거스름돈)$=$(지불한 금액)$-$(물건의 가격)
(2) 정가가 x원인 물건을 a % 할인하여 판매할 때,
　(판매 가격)$=$(정가)$-$(할인된 금액)
　$=x-x\times\frac{a}{100}=x-\frac{ax}{100}$(원)

9 대표 [242004-0772]

다음 중에서 문자를 사용하여 나타낸 식으로 옳지 않은 것은?

① 한 개에 a원인 귤 10개의 가격 ➡ $10a$원
② x권에 10000원인 공책 1권의 가격 ➡ $\frac{10000}{x}$원
③ 한 개에 300원인 사탕 a개와 한 개에 500원인 초콜릿 b개의 가격 ➡ $(300a+500b)$원
④ 5명이 x원씩 내서 y원인 물건을 사고 남은 금액
　➡ $(5x-y)$원
⑤ 정가가 1000원인 물건을 x % 할인하여 판매할 때, 판매 가격 ➡ $(1000-1000x)$원

유형 7 문자를 사용한 식 – 도형

(1) (삼각형의 넓이)$=\frac{1}{2}\times$(밑변의 길이)$\times$(높이)
(2) (직사각형의 넓이)$=$(가로의 길이)$\times$(세로의 길이)
(3) (사다리꼴의 넓이)
　$=\frac{1}{2}\times\{$(윗변의 길이)$+$(아랫변의 길이)$\}\times$(높이)

10 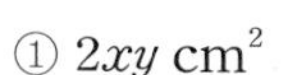 대표 [242004-0773]

오른쪽 그림과 같은 직육면체의 겉넓이를 문자를 사용한 식으로 나타내면?

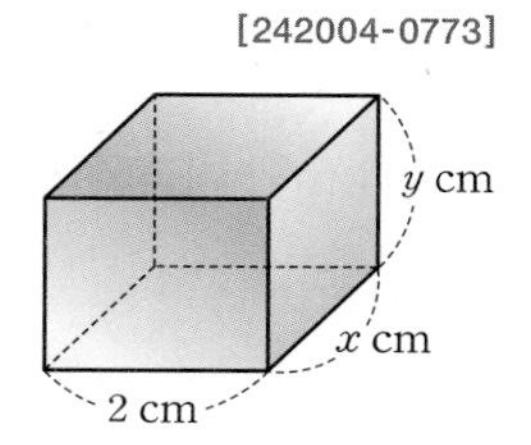

① $2xy$ cm^2
② $(2+x+y)$ cm^2
③ $(2x+2y+xy)$ cm^2
④ $2(x+y+xy)$ cm^2
⑤ $2(2x+2y+xy)$ cm^2

11

[242004-0774]

다음 대화에서 옳게 말한 학생을 모두 고르시오.

> 성원: 한 변의 길이가 x cm인 정사각형의 둘레의 길이는 $4x$ cm야.
> 승현: 밑변의 길이가 a cm, 높이가 b cm인 삼각형의 넓이는 ab cm^{2}야.
> 정수: 한 모서리의 길이가 a cm인 정육면체의 겉넓이는 $6a$ cm^{2}야.
> 영서: 한 변의 길이가 x cm인 정사각형의 넓이는 x^2 cm^{2}야.

유형 8 문자를 사용한 식 – 거리, 속력, 시간

(1) (거리)=(속력)×(시간)

(2) $(속력)=\dfrac{(거리)}{(시간)}$

(3) $(시간)=\dfrac{(거리)}{(속력)}$

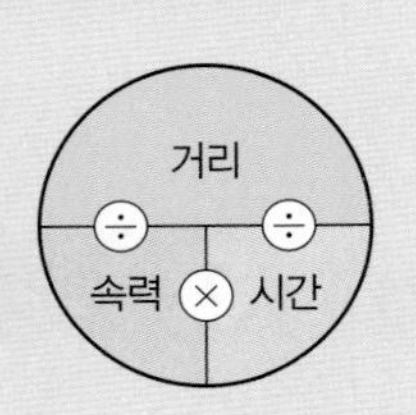

12 대표

[242004-0775]

다음은 문자를 사용하여 식을 나타낸 것이다. 옳지 않은 것을 모두 고르면? (정답 2개)

① 시속 x km로 y시간 동안 달린 거리는 xy km이다.

② x km의 거리를 3시간 동안 일정한 속력으로 달렸을 때의 속력은 시속 $\dfrac{3}{x}$ km이다.

③ 30 km의 거리를 시속 x km로 달렸을 때, 걸린 시간은 $\dfrac{30}{x}$ 시간이다.

④ 분속 40 m로 x km 갔을 때, 걸린 시간은 $\dfrac{x}{40}$분이다.

⑤ 8 km의 거리를 y분 동안 일정한 속력으로 달렸을 때의 속력은 분속 $\dfrac{8}{y}$ km이다.

13

[242004-0776]

선아가 집에서 출발하여 8 km 떨어진 할머니 댁까지 가는데 시속 5 km로 x시간 동안 걸어갔을 때, 할머니 댁까지 남은 거리를 문자를 사용한 식으로 나타내면?

① $\left(8-\dfrac{5}{x}\right)$ km ② $\left(8-\dfrac{x}{5}\right)$ km ③ $\left(\dfrac{5}{x}-8\right)$ km
④ $(8-5x)$ km ⑤ $(5x-8)$ km

14

[242004-0777]

준석이가 집에서 출발하여 도서관까지 가는데 처음 a분 동안은 시속 4 km의 속력으로 걷다가 다음 b분 동안은 시속 3 km의 속력으로 걸어 도서관에 도착하였다. 집에서 도서관까지의 거리를 문자를 사용한 식으로 나타내시오.

유형 9 문자를 사용한 식 – 농도

(1) $(소금물의\ 농도)=\dfrac{(소금의\ 양)}{(소금물의\ 양)}\times 100(\%)$

(2) $(소금의\ 양)=\dfrac{(소금물의\ 농도)}{100}\times(소금물의\ 양)$

15 대표

[242004-0778]

다음 보기에서 문자를 사용하여 나타낸 식으로 옳은 것을 있는 대로 고르시오.

> 보기
> ㄱ. 300 g의 설탕물에 x g의 설탕이 녹아 있을 때, 설탕물의 농도는 $\dfrac{x}{3}$ %이다.
> ㄴ. 농도가 5 %인 소금물 x g에 들어 있는 소금의 양은 $\dfrac{x}{5}$ g이다.
> ㄷ. 농도가 x %인 소금물 200 g과 농도가 3 %인 소금물 250 g을 섞은 소금물에는 $\left(2x+\dfrac{15}{2}\right)$ g의 소금이 들어 있다.

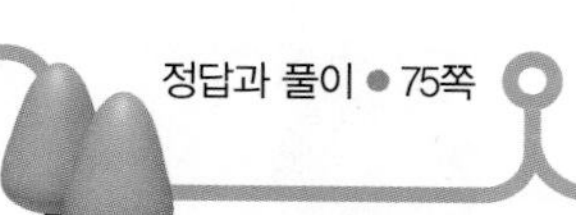

유형 20 일차식의 덧셈과 뺄셈의 활용 – 도형

① 주어진 상황을 일차식으로 나타낸다.
② 분배법칙을 이용하여 괄호를 푼다.
③ 동류항끼리 모아서 간단히 한다.

42 [242004-0805]

오른쪽 그림과 같이 가로의 길이가 30 m, 세로의 길이가 20 m인 직사각형 모양의 밭에 폭이 5 m와 x m인 십자형 길을 내었을 때, 밭의 넓이를 x를 사용한 식으로 나타내면?

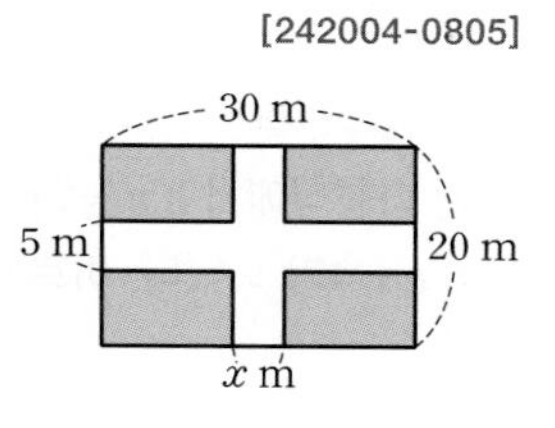

① $(600-5x)\ \mathrm{m}^2$　② $(600-20x)\ \mathrm{m}^2$
③ $(600-30x)\ \mathrm{m}^2$　④ $(500-25x)\ \mathrm{m}^2$
⑤ $(450-15x)\ \mathrm{m}^2$

43 대표 [242004-0806]

오른쪽 그림과 같이 한 변의 길이가 $4x-1$인 정사각형에서 가로의 길이와 세로의 길이를 각각 $x+5$, $2x-3$만큼 줄였더니 색칠한 직사각형이 되었다. 색칠한 직사각형의 둘레의 길이를 x를 사용한 식으로 나타내시오.

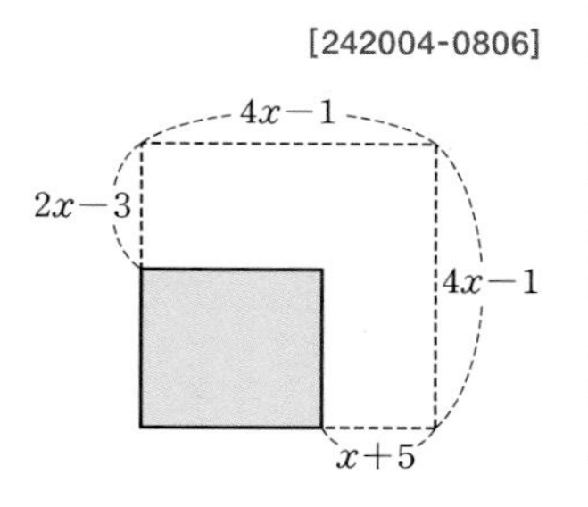

44 [242004-0807]

오른쪽 그림과 같은 도형의 둘레의 길이를 a, b를 사용한 식으로 나타내시오.

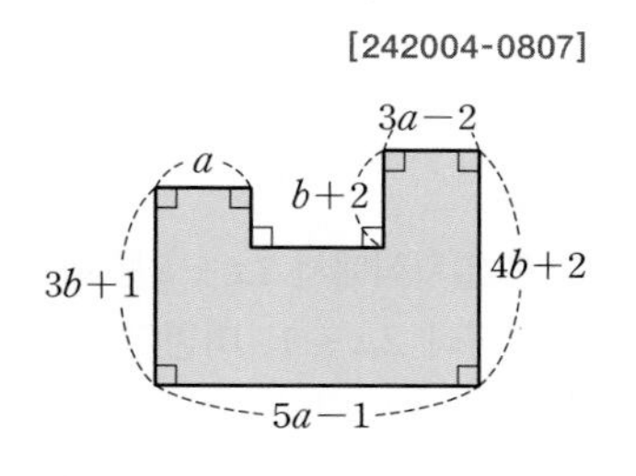

유형 21 문자에 일차식 대입하기

문자에 일차식을 대입할 때는 괄호를 사용한다.
예 $A=2x+1$일 때,
$2A-1=2(2x+1)-1=4x+2-1=4x+1$

45 대표 [242004-0808]

$A=3x+5$, $B=-2x+1$일 때, $3(A+B)-2(A-B)$를 x를 사용한 식으로 나타내면?

① $-8x+6$　② $-7x+5$　③ $-7x+10$
④ $x+5$　⑤ $5x+13$

46 [242004-0809]

$A=3-x$, $B=-\frac{2}{3}x+2$, $C=2x-1$일 때, $\frac{1}{3}A+B-C$를 계산하여 $ax+b$의 꼴로 나타내시오. (단, a, b는 상수)

47 신유형 [242004-0810]

$A◎B=6A-2B$, $A⊙B=3A-4B$로 약속할 때, 다음을 계산한 식에서 x의 계수와 y의 계수의 합은?

$$2(x◎y)-5(x⊙y)$$

① -19　② -13　③ -1
④ 13　⑤ 19

유형 22 □ 안에 알맞은 식 구하기

(1) $\square+A=B$이면 $\square=B-A$
(2) $\square-A=B$이면 $\square=B+A$

48 대표 [242004-0811]

다음 □ 안에 알맞은 식을 $ax+b$라 할 때, 상수 a, b에 대하여 ab의 값은?

$$2(x-7)-\square=-5x-13$$

① -7 ② -5 ③ -2
④ 25 ⑤ 169

49 [242004-0812]

어떤 다항식에 $4x+2y$를 더했더니 $-2x-3y$가 되었다. 어떤 다항식에 $3x-2y$를 더한 식을 구하시오.

50 서술형 [242004-0813]

다음 조건을 모두 만족시키는 두 다항식 A, B에 대하여 $A+B$를 계산하시오.

(가) A에 $3x+7$을 더하였더니 $-x+6$이 되었다.
(나) B에서 $6x-5$를 빼었더니 $2x+8$이 되었다.

유형 23 바르게 계산한 식 구하기

① 어떤 다항식을 □로 놓고 주어진 조건에 알맞은 식을 세운다.
② 다항식 □를 구한다.
③ 바르게 계산한 식을 구한다.

51 대표 [242004-0814]

어떤 다항식에서 $3x-7$을 빼야 할 것을 잘못하여 더하였더니 $-6x+4$가 되었다. 바르게 계산한 식을 구하시오.

52 [242004-0815]

어떤 다항식에 $2x-5$를 더해야 할 것을 잘못하여 빼었더니 $4x+3$이 되었다. 바르게 계산한 식은?

① $2x-8$ ② $2x+8$ ③ $6x-2$
④ $8x-7$ ⑤ $8x+3$

53 [242004-0816]

어떤 일차식에서 $7x-2$를 빼야 하는데 정희는 상수항을 잘못 보고 빼었더니 $2x+1$, 미영이는 일차항의 계수를 잘못 보고 빼었더니 $-3x+4$가 되었다. 바르게 계산한 식을 구하시오.

중단원 핵심유형 테스트

1 [242004-0817]

다음 식을 곱셈 기호 ×를 생략하여 나타내면?

$$(a+b)\times b\times c\times(-3)$$

① $(a+b)-3bc$　② $(a+b^2)-3c$　③ $bc(a+b)-3$
④ $-3bc(a+b)$　⑤ $-3c(a+b^2)$

2 [242004-0818]

다음 중에서 옳은 것은?

① $0.01\times a=0.0a$　② $x\times x\times x=3x$
③ $a\div 3\times b=\frac{a}{3b}$　④ $x-y\div 5=\frac{x-y}{5}$
⑤ $(a+b)\times(-4)\div c=-\frac{4(a+b)}{c}$

3 [242004-0819]

오른쪽 그림과 같은 사다리꼴의 넓이를 x, y를 사용한 식으로 나타내면?

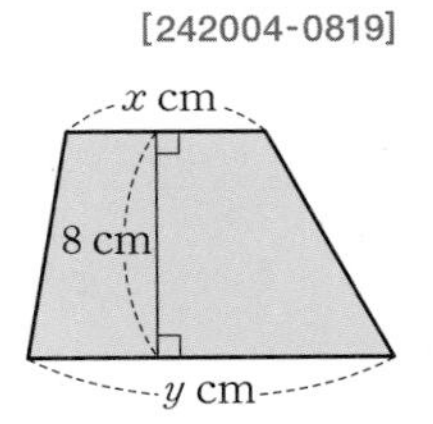

① $2xy$ cm²　② $4xy$ cm²
③ $8xy$ cm²　④ $4(x+y)$ cm²
⑤ $8(x+y)$ cm²

4 [242004-0820]

연승이네 집에서 할머니 댁까지의 거리는 30 km이다. 연승이네 가족이 집에서 출발하여 할머니 댁까지 가는데 자동차를 타고 시속 55 km로 x시간 동안 갔을 때, 남은 거리를 문자를 사용한 식으로 나타내시오.

5 중요 [242004-0821]

다음 중에서 옳지 않은 것은?

① 한 개에 a원인 껌 b개를 사고 3000원을 냈을 때의 거스름돈은 $(3000-ab)$원이다.
② 정가가 7000원인 책을 x % 할인하였을 때의 판매 가격은 $(7000-7x)$원이다.
③ 밑면의 가로, 세로의 길이가 각각 a cm, b cm이고 높이가 c cm인 직육면체의 겉넓이는 $2(ab+bc+ca)$ cm²이다.
④ 40 km의 거리를 가는 데 t시간이 걸렸을 때의 속력은 시속 $\frac{40}{t}$ km이다.
⑤ 물 100 g에 소금 x g을 넣어 만든 소금물의 농도는 $\frac{100x}{100+x}$ %이다.

6 [242004-0822]

$a=3$, $b=-1$일 때, $\frac{2ab}{a+b}$의 값은?

① -12　② -3　③ -1
④ 3　⑤ 12

7 [242004-0823]

$a=\frac{1}{2}$일 때, 다음 중에서 식의 값이 가장 큰 것은?

① $1-a$　② $2a-1$　③ $2(a-1)$
④ $4a-5$　⑤ a^2-a

8
[242004-0824]

$x=\frac{1}{2}$, $y=\frac{1}{4}$, $z=-\frac{1}{6}$일 때, $\frac{5}{x}-\frac{3}{y}+\frac{1}{z}$의 값은?

① -26　② -14　③ -8
④ 14　⑤ 26

9
[242004-0825]

온도를 나타낼 때, 우리나라에서는 섭씨온도(°C)를 사용하고 미국에서는 화씨온도(°F)를 사용한다. 화씨 x °F가 섭씨 $\frac{5}{9}(x-32)$ °C일 때, 화씨 50 °F는 섭씨 몇 °C인지 구하시오.

10
[242004-0826]

다항식 $4x^2-7x+9$의 차수를 a, x의 계수를 b, 상수항을 c라 할 때, $a-b+c$의 값을 구하시오.

11 중요
[242004-0827]

다음 중에서 옳은 것을 모두 고르면? (정답 2개)

① $(4-x)\times 2=8-x$
② $-\frac{1}{3}(6x-9)=-2x+3$
③ $\frac{30x+5}{5}=6x-1$
④ $(21x-28)\div(-7)=-3x+4$
⑤ $(-6x+12)\div\left(-\frac{3}{4}\right)=2x-4$

12
[242004-0828]

다음 보기 중에서 동류항끼리 짝 지어진 것을 모두 고른 것은?

보기
ㄱ. 9, -5　ㄴ. $4a$, $-11a$
ㄷ. $2xy$, x^2y^2　ㄹ. $6a^2$, $-6x^2$

① ㄱ, ㄴ　② ㄱ, ㄹ　③ ㄴ, ㄷ
④ ㄴ, ㄹ　⑤ ㄷ, ㄹ

13
[242004-0829]

$3x-4y-1+2x-y+5$를 계산하면?

① $x-3y-6$　② $x-5y+4$　③ $5x-3y-6$
④ $5x-3y+4$　⑤ $5x-5y+4$

14
[242004-0830]

다음 식의 계산 결과가 $ax+b$일 때, $a+3b$의 값을 구하시오. (단, a, b는 상수)

$$x-\left[0.5x-\frac{1}{2}\{3-x-(4x-1)\}\right]$$

15
[242004-0831]

오른쪽 그림과 같은 도형의 넓이를 x를 사용한 식으로 나타내면?

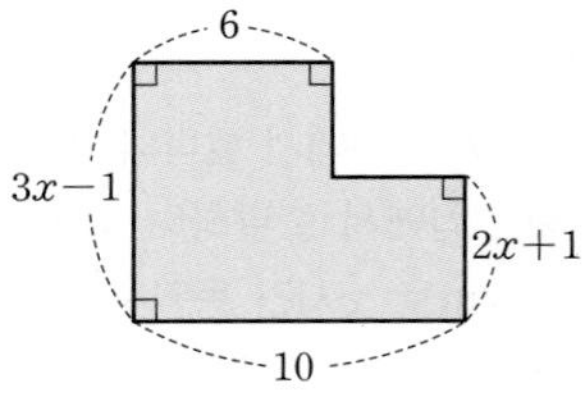

6
$3x-1$
$2x+1$
10

① $8x-2$　② $8x-1$
③ $26x-2$　④ $26x-1$
⑤ $26x+2$

16

[242004-0832]

x의 5배에서 3을 뺀 수를 A, x의 $\frac{1}{2}$배에 5를 더한 수를 B라 할 때, $A-4B$를 계산하시오.

17 중요

[242004-0833]

다음 □ 안에 알맞은 식에 대하여 옳지 않은 것을 모두 고르면? (정답 2개)

$$6(2x-3)-\square=7x+2$$

① 단항식이다.
② 일차식이다.
③ 항이 2개이다.
④ x의 계수는 -5이다.
⑤ 상수항은 -20이다.

18 고득점

[242004-0834]

다음 표에서 가로, 세로, 대각선에 놓인 세 식의 합이 모두 같을 때, A, B를 각각 구하시오.

A		$x+2$
	$2x-1$	-3
$3x-4$		B

기출 서술형

19

[242004-0835]

$\frac{3x-4}{5}-\frac{5x-3}{7}$을 계산하였을 때, x의 계수와 상수항의 합을 구하시오.

풀이 과정

답 |

20

[242004-0836]

어떤 다항식에 $\frac{3}{4}x+\frac{1}{2}$을 더해야 할 것을 잘못해서 뺐더니 $\frac{1}{6}x-\frac{2}{3}$가 되었다. 이때 바르게 계산한 식을 구하시오.

풀이 과정

답 |

1 등식과 방정식

유형 1 등식

등식은 등호(=)를 사용하여 수나 식이 서로 같음을 나타낸 식이다.

예 $x+2=3$, $4+1=5$ ➡ 등식이다.
$2x-1$, $x+3>6$ ➡ 등식이 아니다.

1

[242004-0837]

다음 중에서 등식인 것은?

① $2x-3$ ② $5(x+1)-3$ ③ $x+1\le 4$
④ $2+3<7$ ⑤ $3x+2=5$

유형 2 문장을 등식으로 나타내기

좌변과 우변에 해당하는 식을 구한 후 등호를 사용하여 나타낸다.

예 어떤 수 x의 2배에서 1을 뺀 수는 5이다. ➡ $2x-1=5$

2

[242004-0838]

다음 문장을 등식으로 나타내시오.

> 한 개에 400원인 귤을 x개 사고 3000원을 내었을 때, 거스름돈은 200원이었다.

3 대표

[242004-0839]

다음 중에서 문장을 등식으로 나타낸 것으로 옳지 않은 것은?

① x와 5의 합은 14이다. ➡ $x+5=14$
② a와 8의 평균은 6이다. ➡ $\dfrac{a+8}{2}=6$
③ 한 병에 a원인 음료수 2병의 가격은 1200원이다. ➡ $2a=1200$
④ 한 변의 길이가 x cm인 정사각형의 둘레의 길이는 28 cm이다. ➡ $4x=28$
⑤ 공책 15권을 x명의 학생들에게 4권씩 나누어 주었더니 3권이 남았다. ➡ $4x-15=3$

유형 3 방정식의 해

(1) 방정식: 미지수의 값에 따라 참이 되기도 하고 거짓이 되기도 하는 등식
(2) 방정식의 해(근): 방정식을 참이 되게 하는 미지수의 값

참고 $x=a$가 방정식의 해이다.
➡ $x=a$를 방정식에 대입하면 등식이 성립한다.

4

[242004-0840]

다음 방정식 중에서 $x=3$을 해로 갖는 것은?

① $x+3=5$ ② $3x-2=4$
③ $x+5=3x-1$ ④ $2x+3=6-x$
⑤ $2x-1=8-2x$

5

[242004-0841]

x의 값이 0 이상 4 미만의 정수일 때, 다음 방정식의 해를 구하시오.

$$\frac{1}{2}(x+2)=2x-2$$

6  대표

[242004-0842]

다음 중에서 [ ] 안의 수가 주어진 방정식의 해인 것은?

① $x+6=4$ [1] ② $2x-1=3$ [-2]
③ $5x+4=2x-4$ [0] ④ $10-x=3x+6$ [-1]
⑤ $2(2x+1)=5x-1$ [3]

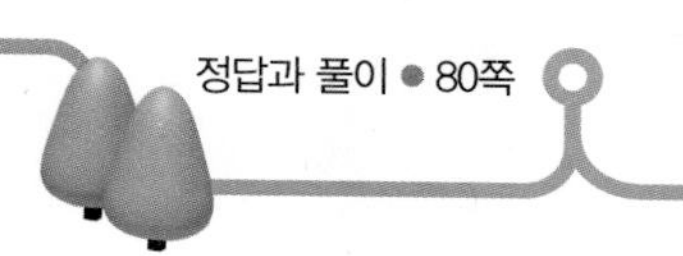

유형 12 계수가 분수인 일차방정식의 풀이

계수가 분수인 일차방정식은 양변에 분모의 최소공배수를 곱하여 계수를 정수로 바꾼 후 해를 구한다.

예 방정식 $\frac{1}{2}x-\frac{2}{3}x=1$의 양변에 분모의 최소공배수 6을 곱하면 $3x-4x=6$, $-x=6$, $x=-6$

31 대표 [242004-0867]

일차방정식 $\frac{2}{5}x-1=\frac{1}{2}x-\frac{7}{10}$을 풀면?

① $x=-3$ ② $x=-2$ ③ $x=1$
④ $x=2$ ⑤ $x=3$

32 [242004-0868]

일차방정식 $\frac{3x-2}{2}=\frac{1-x}{3}-5$를 풀면?

① $x=-3$ ② $x=-2$ ③ $x=-1$
④ $x=1$ ⑤ $x=2$

33 [242004-0869]

다음 두 일차방정식의 해가 서로 같을 때, 상수 a의 값을 구하시오.

$$\frac{3}{2}x+0.5=\frac{1}{2}(x-1),\ 4x-6=x+a$$

34 [242004-0870]

일차방정식 $0.1(x+3)-0.2x=0.9$의 해를 $x=a$, 일차방정식 $\frac{x-1}{3}-\frac{2x+3}{4}=-1$의 해를 $x=b$라 할 때, ab의 값을 구하시오.

35 [242004-0871]

일차방정식 $0.3(x-4)=\frac{1}{4}(2x+1)$의 해가 $x=a$일 때, 일차방정식 $ax+29=0$의 해를 구하시오.

36 [242004-0872]

다음 일차방정식의 해를 구하시오.

$$\frac{x}{2}-[3x+2\{x-0.2(x-1)\}]=3.7$$

37 [242004-0873]

x에 대한 일차방정식 $\frac{a}{4}x-(x-1)=-0.4$에서 상수 a의 부호를 잘못 보고 풀었더니 해가 $x=\frac{4}{5}$이었다. 처음 일차방정식의 해를 구하시오.

유형 13 비례식으로 주어진 일차방정식의 풀이

비례식 $a : b = c : d$는 $ad = bc$임을 이용하여 일차방정식을 세운다.

예 비례식 $(x+4) : 2 = (2x-1) : 1$에서
$x+4=2(2x-1)$, $x+4=4x-2$
$-3x=-6$, $x=2$

38  대표 [242004-0874]

비례식 $(3x+1) : 4 = (x+1) : 1$을 만족시키는 x의 값은?

① -4 ② -3 ③ -2
④ 1 ⑤ 3

39 [242004-0875]

다음 비례식을 만족시키는 x의 값을 구하시오.

$$\frac{x-5}{4} : 3 = \frac{x-8}{6} : 5$$

40 [242004-0876]

비례식 $(3x+5) : (x-1) = 2 : 1$을 만족시키는 x의 값을 a라 할 때, $2a+1$의 값은?

① -13 ② -10 ③ -6
④ 8 ⑤ 15

유형 14 일차방정식의 해의 조건이 주어진 경우

① 주어진 방정식의 해를 미지수를 포함한 식으로 나타낸다.
② 해의 조건을 만족시키는 미지수의 값을 구한다.

41 대표 [242004-0877]

일차방정식 $2(3-x)=a$의 해가 자연수가 되도록 하는 자연수 a의 값은 모두 몇 개인가?

① 1개 ② 2개 ③ 3개
④ 4개 ⑤ 5개

42 [242004-0878]

x에 대한 일차방정식 $4x+7=x+a$의 해가 음의 정수가 되도록 하는 자연수 a의 값의 합은?

① 5 ② 6 ③ 7
④ 8 ⑤ 9

43 [242004-0879]

일차방정식 $2(x+3)=a+7$의 해가 일차방정식 $0.1x+\frac{1}{2}=\frac{1-x}{5}$의 해의 2배일 때, 상수 a의 값을 구하시오.

3 일차방정식의 활용

정답과 풀이 ● 81쪽

유형 15 어떤 수에 대한 문제

어떤 수를 x로 놓고 주어진 조건을 이용하여 x에 대한 방정식을 세운다.

예 어떤 수에 4를 더한 수는 어떤 수의 2배에서 1을 뺀 수와 같다. ➡ $x+4=2x-1$

44 대표 [242004-0880]

어떤 수에 2를 더한 후 3배 한 수는 어떤 수의 5배에서 8을 뺀 수와 같다. 이때 어떤 수는?

① 3 ② 4 ③ 5
④ 6 ⑤ 7

45 신유형 [242004-0881]

고대 이집트의 수학책 '아메스파피루스'에는 오른쪽과 같은 문제가 실려 있다. 아하를 구하시오.

> 아하와 아하의 7분의 1의 합이 19일 때, 아하는 얼마인가?

46 [242004-0882]

어떤 수를 3배 하여 6을 더해야 할 것을 잘못하여 어떤 수에 6을 더하여 2배 하였더니 처음 구하려고 했던 수보다 1만큼 커졌다. 이때 처음 구하려고 했던 수는?

① 18 ② 21 ③ 24
④ 27 ⑤ 30

유형 16 연속하는 수에 대한 문제

(1) 연속하는 세 정수
➡ $x-1$, x, $x+1$ 또는 x, $x+1$, $x+2$

(2) 연속하는 세 짝수(홀수)
➡ $x-2$, x, $x+2$ 또는 x, $x+2$, $x+4$

47 [242004-0883]

연속하는 두 자연수의 합이 작은 수의 3배보다 8만큼 작을 때, 두 자연수 중에서 작은 수는?

① 3 ② 6 ③ 9
④ 12 ⑤ 15

48 대표 [242004-0884]

연속하는 세 짝수의 합이 72일 때, 세 수 중 가장 작은 수는?

① 22 ② 24 ③ 26
④ 28 ⑤ 30

49 서술형 [242004-0885]

연속하는 세 홀수 중에서 가장 큰 수의 3배는 나머지 두 수의 합보다 35만큼 크다고 한다. 이때 가장 큰 수를 구하시오.

유형 17 자릿수에 대한 문제

십의 자리의 숫자가 x, 일의 자리의 숫자가 y인 두 자리 자연수 ➡ $10x+y$

참고 십의 자리의 숫자가 x, 일의 자리의 숫자가 y인 두 자리 자연수의 십의 자리의 숫자와 일의 자리의 숫자를 바꾼 수 ➡ $10y+x$

50 [242004-0886]

일의 자리의 숫자가 6인 두 자리 자연수가 있다. 이 자연수는 각 자리의 숫자의 합의 5배보다 1만큼 크다고 할 때, 이 자연수는?

① 56 ② 66 ③ 76 ④ 86 ⑤ 96

51 [242004-0887]

십의 자리의 숫자가 일의 자리의 숫자보다 5만큼 큰 두 자리 자연수가 있다. 이 자연수는 각 자리의 숫자의 합의 8배와 같다고 할 때, 이 자연수는?

① 50 ② 61 ③ 72 ④ 83 ⑤ 94

52 대표 [242004-0888]

각 자리의 숫자의 합이 7인 두 자리 자연수가 있다. 이 자연수의 십의 자리의 숫자와 일의 자리의 숫자를 바꾼 수는 처음 수보다 27만큼 작다고 할 때, 처음 수를 구하시오.

유형 18 나이에 대한 문제

(1) x년 후의 나이 ➡ $\{($현재 나이$)+x\}$세

(2) x년 전의 나이 ➡ $\{($현재 나이$)-x\}$세

예 현재 14세인 민정이의 x년 전의 나이는 $(14-x)$세, x년 후의 나이는 $(14+x)$세이다.

53 대표 [242004-0889]

현재 현아의 나이는 14세이고, 아버지의 나이는 42세이다. 아버지의 나이가 현아의 나이의 2배가 되는 것은 몇 년 후인가?

① 11년 후 ② 12년 후 ③ 13년 후 ④ 14년 후 ⑤ 15년 후

54 [242004-0890]

아들에게 나이를 물어 보았더니 아버지의 나이의 $\frac{1}{3}$보다 3세가 적다고 하고, 아버지에게 나이를 물어 보았더니 아들의 나이의 4배보다 3세가 적다고 한다. 아버지의 나이를 구하시오.

55 서술형 [242004-0891]

현재 아버지와 아들의 나이의 합은 48세이고, 12년 후 아버지의 나이는 아들의 나이의 3배가 된다고 한다. 현재 아버지와 아들의 나이를 각각 구하시오.

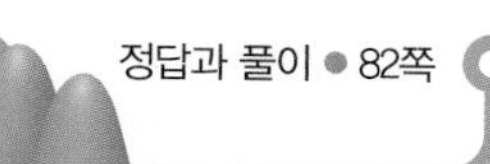

유형 19 합이 일정한 문제

A, B의 개수의 합이 a인 경우
➡ A의 개수를 x라 하면 B의 개수는 $a-x$이다.
예 빵과 우유가 합하여 10개 있을 때, 빵이 x개이면 우유는 $(10-x)$개이다.

56 대표 [242004-0892]

어느 농구 선수가 2점짜리 슛과 3점짜리 슛을 합하여 15개를 넣어 34점을 얻었을 때, 2점짜리 슛은 몇 개 넣었는가?

① 4개 ② 7개 ③ 8개
④ 11개 ⑤ 12개

57 [242004-0893]

한 개에 1200원인 초콜릿과 한 개에 800원인 사탕을 합하여 10개를 사서 2000원짜리 선물 상자에 담았더니 12400원이 되었다. 초콜릿과 사탕을 각각 몇 개씩 샀는지 구하시오.

58 [242004-0894]

우리가 일상생활에서 자주 사용하는 동전은 종류마다 무게가 다른데 100원짜리 동전은 5.42 g, 500원짜리 동전은 7.7 g이다. 100원짜리 동전과 500원짜리 동전을 합하여 20개의 무게가 142.6 g이라 할 때, 100원짜리 동전은 몇 개인지 구하시오.

유형 20 도형에 대한 문제

(1) (직사각형의 둘레의 길이)
$=2\times\{($가로의 길이$)+($세로의 길이$)\}$
(2) (사다리꼴의 넓이)
$=\frac{1}{2}\times\{($윗변의 길이$)+($아랫변의 길이$)\}\times($높이$)$

59 대표 [242004-0895]

한 변의 길이가 9 cm인 정사각형의 가로의 길이를 3 cm만큼 늘이고 세로의 길이를 x cm만큼 줄였더니 넓이가 84 cm^2가 되었다. 이때 x의 값을 구하시오.

60 [242004-0896]

아랫변의 길이가 윗변의 길이보다 4 cm만큼 더 길고 높이가 7 cm인 사다리꼴의 넓이가 63 cm^2일 때, 이 사다리꼴의 아랫변의 길이는?

① 11 cm ② 12 cm ③ 13 cm
④ 14 cm ⑤ 15 cm

61 [242004-0897]

오른쪽 그림과 같이 둘레의 길이가 20 cm인 직사각형이 있다. 이 직사각형 4개를 이어 붙여 정사각형을 만들었을 때, 이 정사각형의 넓이는?

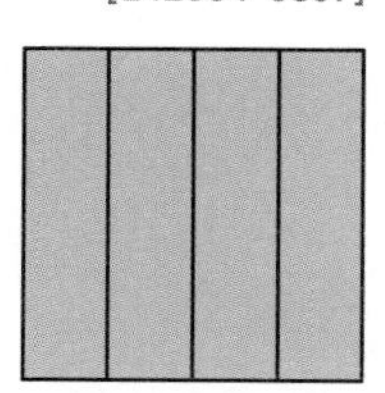

① 36 cm^2 ② 64 cm^2
③ 100 cm^2 ④ 144 cm^2
⑤ 196 cm^2

유형 21 금액에 대한 문제

(1) 원가가 x원인 물건에 a %의 이익을 붙인 정가

➡ $x+\frac{a}{100}x=\left(1+\frac{a}{100}\right)x$(원)

(2) 정가가 x원인 물건을 a % 할인한 판매 가격

➡ $x-\frac{a}{100}x=\left(1-\frac{a}{100}\right)x$(원)

(3) (이익)=(판매 가격)−(원가)

62 대표 [242004-0898]

현재 형과 동생의 예금액은 각각 30000원, 10000원이다. 형은 매달 3000원씩, 동생은 매달 2000원씩 저금한다면 형의 예금액이 동생의 예금액의 2배가 되는 것은 몇 개월 후인지 구하시오.

(단, 이자는 생각하지 않는다.)

63 [242004-0899]

현재 준호와 민정이의 통장에는 각각 80000원, 62000원이 예금되어 있다. 앞으로 준호는 매달 5000원씩, 민정이는 매달 2000원씩 각자의 통장에서 돈을 찾아 쓸 때, 준호와 민정이의 예금액이 같아지는 것은 몇 개월 후인지 구하시오. (단, 이자는 생각하지 않는다.)

64 [242004-0900]

어떤 물건을 원가에 30 %의 이익을 붙여서 정가를 정하고, 정가에서 1000원을 할인하여 팔았더니 원가에 비하여 20 %의 이익이 생겼다. 이 물건의 원가를 구하시오.

유형 22 과부족에 대한 문제

학생들에게 물건을 나누어 줄 때, 학생 수를 x로 놓고 나누어 주는 방법에 관계없이 물건의 개수는 일정함을 이용하여 방정식을 세운다.

예 (1) x명에게 2개씩 나누어 주면 1개가 남는다. ➡ $2x+1$

(2) x명에게 3개씩 나누어 주면 1개가 모자란다. ➡ $3x-1$

65 대표 [242004-0901]

학생들에게 연필을 나누어 주려고 한다. 한 명에게 3자루씩 나누어 주면 12자루가 남고, 한 명에게 4자루씩 나누어 주면 8자루가 부족하다고 할 때, 학생 수는?

① 8 ② 10 ③ 12 ④ 20 ⑤ 22

66 서술형 [242004-0902]

다음은 고대 중국의 수학책인 '구장산술'에 있는 문제이다. 물건의 가격을 구하시오.

> 몇 사람이 공동으로 물건을 구입하려고 한다. 각자 8전씩 내면 3전이 남고, 7전씩 내면 4전이 부족하다고 한다. 물건의 가격을 구하시오.

67 [242004-0903]

강당에 있는 긴 의자에 학생들이 앉는데 한 의자에 4명씩 앉으면 9명이 앉지 못하고, 6명씩 앉으면 완전히 빈 의자가 1개 남고 마지막 의자에는 5명만 앉게 될 때, 학생 수를 구하시오.

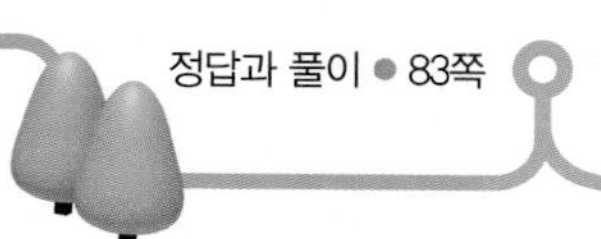

유형 23 일에 대한 문제

어떤 일을 혼자서 완성하는 데 x일이 걸린다.

➡ 전체 일의 양을 1이라 하면 하루에 하는 일의 양은 $\frac{1}{x}$이다.

예 어떤 일을 정현이가 혼자서 완성하는 데 5일이 걸린다.

➡ 전체 일의 양을 1이라 하면 정현이가 하루에 하는 일의 양은 $\frac{1}{5}$이다.

68 대표 [242004-0904]

어떤 일을 완성하는 데 형은 6일, 동생은 12일이 걸린다고 한다. 이 일을 형과 동생이 함께 완성하려면 며칠이 걸리는지 구하시오.

69 서술형 [242004-0905]

어떤 일을 완성하는 데 정아는 6일, 승호는 14일이 걸린다. 정아가 며칠 동안 일을 하다가 쉬고 승호가 나머지 일을 완성하였는데, 승호가 정아보다 4일을 더 일했다고 한다. 이 일을 마치는 데 총 며칠이 걸렸는지 구하시오.

70 [242004-0906]

어떤 장난감 50개를 조립하는 데 윤지는 1시간이 걸리고 명운이는 30분이 걸린다고 한다. 윤지와 명운이가 함께 300개의 장난감을 조립하는 데 걸리는 시간은?

① 1시간 ② 1시간 30분 ③ 2시간
④ 2시간 10분 ⑤ 2시간 30분

유형 24 비율에 대한 문제

전체를 x로 놓고 부분의 합이 전체와 같음을 이용하여 방정식을 세운다.

➡ $\left(\text{전체의 } \frac{b}{a}\right)=x\times\frac{b}{a}$

71 대표 [242004-0907]

상현이네 가족이 여행을 갔는데 총 여행 일수의 $\frac{1}{2}$은 부산에, $\frac{1}{4}$은 거제도에 있었고, 마지막 2일은 전주에 있다가 집으로 돌아왔다. 이때 상현이네 가족의 총 여행 일수를 구하시오.

72 [242004-0908]

미영이가 책 한 권을 모두 읽는 데 3일이 걸렸다. 첫째 날에는 전체의 $\frac{1}{2}$을, 둘째 날에는 남은 부분의 $\frac{1}{3}$을, 셋째 날에는 40장을 읽었다고 할 때, 책의 전체 쪽수를 구하시오.

73 신유형 [242004-0909]

고대 그리스의 수학자인 디오판토스의 묘비에는 다음과 같은 기록이 있다. 디오판토스가 사망한 나이를 구하시오.

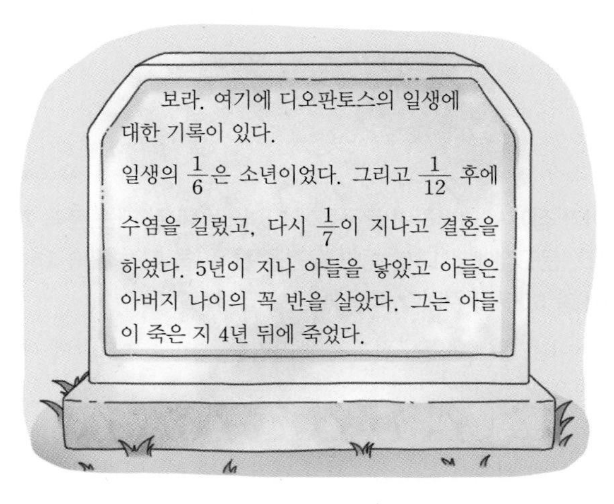

유형 25 거리, 속력, 시간에 대한 문제 –총 걸린 시간이 주어진 경우

중간에 속력이 바뀌는 경우
➡ (각 구간에서 걸린 시간의 합)=(총 걸린 시간)

74 대표 [242004-0910]

두 지점 A, B 사이를 왕복하는데 갈 때는 시속 5 km로 걷고, 올 때는 시속 4 km로 걸어서 총 4시간 30분이 걸렸다. 두 지점 A, B 사이의 거리를 구하시오.

75 서술형 [242004-0911]

민석이가 등산을 하는데 올라갈 때는 시속 2 km로 걷고, 내려올 때는 올라갈 때보다 2 km 더 먼 길을 시속 4 km로 걸어서 총 3시간 30분이 걸렸다. 올라갈 때 걸은 거리는 몇 km인지 구하시오.

76 [242004-0912]

수현이가 집에서 출발하여 문구점에 다녀오는데 갈 때는 분속 200 m로 걷고, 문구점에서 15분 동안 물건을 산 후 올 때는 분속 150 m로 걸어서 총 50분이 걸렸다. 다음 물음에 답하시오.

(1) 수현이네 집에서 문구점까지의 거리를 x m로 놓고 x에 대한 방정식을 세우시오.

(2) 수현이네 집에서 문구점까지의 거리는 몇 km인지 구하시오.

유형 26 거리, 속력, 시간에 대한 문제 –시간 차가 생기는 경우

속력이 달라 시간 차가 생기는 경우
➡ (느린 속력으로 가는 데 걸린 시간)
　　　　−(빠른 속력으로 가는 데 걸린 시간)
　=(시간 차)

77 대표 [242004-0913]

미연이가 집에서 공원까지 시속 4 km로 걸어가면 자전거를 타고 시속 10 km로 가는 것보다 36분이 더 걸린다고 한다. 이때 집에서 공원까지의 거리는 몇 km인지 구하시오.

78 [242004-0914]

두 지점 A, B 사이를 자동차로 왕복하는데 갈 때는 시속 90 km로 달리고, 올 때는 시속 60 km로 달렸더니 올 때는 갈 때보다 25분이 더 걸렸다. 이때 두 지점 A, B 사이의 거리는?

① 55 km　② 60 km　③ 65 km
④ 70 km　⑤ 75 km

79 [242004-0915]

효준이가 집에서 수영장까지 가는데 시속 3 km로 걸어서 가면 약속 시간보다 10분 늦고, 시속 5 km로 뛰어서 가면 약속 시간보다 6분 일찍 도착한다고 한다. 이때 집에서 수영장까지의 거리를 구하시오.

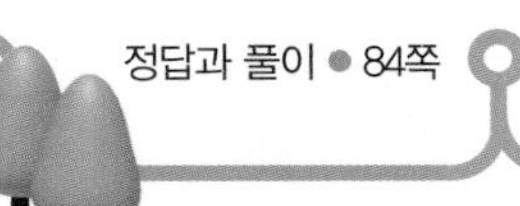

유형 27 **거리, 속력, 시간에 대한 문제 –따라가서 만나는 경우**

A와 B가 시간 차를 두고 같은 지점에서 출발하여 만나는 경우
➡ (A가 이동한 거리)=(B가 이동한 거리)

80 대표 [242004-0916]

소희가 학교에서 출발한 지 30분 후에 인수가 소희를 따라나섰다. 소희는 분속 60 m로 걷고, 인수는 분속 150 m로 뛰어갈 때, 인수는 출발한 지 몇 분 후에 소희를 만나는지 구하시오.

81 [242004-0917]

상윤이는 집에서 오전 9시에 분속 80 m로 걸어서 공원을 향해 출발하였다. 상윤이가 출발한 지 15분 후에 형이 자전거를 타고 분속 120 m로 상윤이를 따라갈 때, 상윤이와 형이 만나는 시각을 구하시오.

82 [242004-0918]

지우와 준호는 학교에서 출발하여 도서관에 가기로 했는데 준호가 지우보다 5분 늦게 출발하였다. 지우는 분속 60 m로 가고, 준호는 분속 80 m로 갔을 때, 두 사람이 만났을 때까지 지우가 걸은 거리는?

① 900 m ② 1200 m ③ 1500 m
④ 1600 m ⑤ 1800 m

유형 28 **거리, 속력, 시간에 대한 문제 –마주 보고 걷거나 둘레를 도는 경우**

(1) 두 지점에서 마주 보고 걷다가 만나는 경우
➡ (두 사람이 걸은 거리의 합)=(두 지점 사이의 거리)
(2) 같은 지점에서 동시에 출발하여 호수의 둘레를 반대 방향으로 돌다가 만나는 경우
➡ (두 사람이 걸은 거리의 합)=(호수의 둘레의 길이)
(3) 같은 지점에서 동시에 출발하여 호수의 둘레를 같은 방향으로 돌다가 만나는 경우
➡ (두 사람이 걸은 거리의 차)=(호수의 둘레의 길이)

83 [242004-0919]

영미와 진우네 집 사이의 거리는 3 km이다. 오후 4시에 영미는 시속 4 km로, 진우는 시속 5 km로 각자의 집에서 출발하여 상대방의 집을 향하여 걸어갔다. 이때 두 사람이 만나는 시각을 구하시오.

84 대표 [242004-0920]

둘레의 길이가 2.4 km인 호수의 둘레를 석훈이와 준수가 같은 지점에서 동시에 출발하여 반대 방향으로 걸어갔다. 석훈이는 분속 100 m로, 준수는 분속 60 m로 걸을 때, 두 사람은 출발한 지 몇 분 후에 처음으로 다시 만나는지 구하시오.

85 [242004-0921]

둘레의 길이가 480 m인 운동장 트랙을 A, B 두 사람이 같은 지점에서 동시에 출발하여 같은 방향으로 걷고 있다. A는 분속 70 m로, B는 분속 55 m로 걸을 때, 두 사람이 처음으로 다시 만나는 것은 출발한 지 몇 분 후인지 구하시오.

유형 29 거리, 속력, 시간에 대한 문제 –열차가 다리 또는 터널을 지나는 경우

열차가 터널을 완전히 통과한다는 것은 열차의 맨 앞부분이 터널에 들어가기 시작하여 열차의 맨 뒷부분이 터널을 완전히 빠져나오는 것을 말한다.
➡ (열차가 터널을 완전히 통과할 때 달린 거리)
=(터널의 길이)+(열차의 길이)

86 대표 [242004-0922]

초속 60 m로 달리는 열차가 길이가 1400 m인 다리를 완전히 통과하는 데 25초가 걸렸다고 한다. 열차의 길이는?

① 100 m ② 110 m
③ 120 m ④ 130 m
⑤ 140 m

87 [242004-0923]

일정한 속력으로 달리는 열차가 길이가 600 m인 철교를 완전히 통과하는 데 30초가 걸리고, 길이가 1800 m인 터널을 완전히 통과하는 데 80초가 걸린다고 한다. 이때 열차의 속력은?

① 초속 12 m ② 초속 18 m ③ 초속 24 m
④ 초속 30 m ⑤ 초속 36 m

88 [242004-0924]

초속 50 m로 달리는 열차가 길이가 1200 m인 터널을 통과할 때 20초 동안 보이지 않았다. 이 열차의 길이를 구하시오.

유형 30 농도에 대한 문제

(1) 물을 더 넣거나 증발시키는 경우
➡ (처음 소금물의 소금의 양)=(나중 소금물의 소금의 양)
(2) 소금을 더 넣는 경우
➡ (처음 소금물의 소금의 양)+(더 넣은 소금의 양)
=(나중 소금물의 소금의 양)
(3) 두 소금물을 섞는 경우
➡ (섞기 전의 두 소금물의 소금의 양의 합)
=(섞은 후의 소금물의 소금의 양)

89 대표 [242004-0925]

5 %의 소금물 300 g이 있다. 여기에서 몇 g의 물을 증발시키면 6 %의 소금물이 되는지 구하시오.

90 서술형 [242004-0926]

농도가 15 %인 소금물 400 g에 소금을 더 넣어 농도가 20 %인 소금물을 만들려고 한다. 이때 소금을 몇 g 더 넣어야 하는지 구하시오.

91 [242004-0927]

농도가 10 %인 소금물과 농도가 20 %인 소금물을 섞어서 농도가 14 %인 소금물 200 g을 만들려고 한다. 이때 농도가 10 %인 소금물은 몇 g을 섞어야 하는가?

① 60 g ② 80 g ③ 100 g
④ 120 g ⑤ 150 g

중단원 핵심유형 테스트

정답과 풀이 85쪽

1 [242004-0928]

다음 중에서 등식이 아닌 것은?

① $\frac{1}{2}x=3$ ② $2+4=5$ ③ $4x+1\geq 0$
④ $5x-x=8$ ⑤ $x-3=6x+7$

2 [242004-0929]

등식 $3(x+a)-4=bx+11$이 x에 대한 항등식일 때, $a+b$의 값을 구하시오. (단, a, b는 상수)

3 중요 [242004-0930]

다음 중에서 옳지 않은 것은?

① $a=b$이면 $a+2=b+2$이다.
② $a=b$이면 $-\frac{a}{4}=-\frac{b}{4}$이다.
③ $\frac{a}{5}=-b$이면 $a=-5b$이다.
④ $a=b-3$이면 $2a=2b-3$이다.
⑤ $a+1=b+1$이면 $2a=2b$이다.

4 [242004-0931]

오른쪽은 등식의 성질을 이용하여 방정식 $\frac{6x-2}{5}=-4$를 푸는 과정이다. 이때 $a-b+c$의 값을 구하시오. (단, a, b, c는 상수)

$\frac{6x-2}{5}=-4$
$6x-2=a$
$6x=b$
$x=c$

5 [242004-0932]

다음 중에서 일차방정식이 아닌 것은?

① $2x+1=x-4$ ② $8x-2=5x$
③ $3x-1=x-3$ ④ $x^2+x=x^2-5$
⑤ $2(2-x)=7-2x$

6 [242004-0933]

일차방정식 $ax+5(x-1)=10$의 해가 $x=5$일 때, 상수 a의 값을 구하시오.

7 중요 [242004-0934]

다음 일차방정식 중에서 해가 가장 작은 것은?

① $6x+5=-1$ ② $2(x-4)=7-3x$
③ $2x+13=-3x-12$ ④ $1.2x-1=0.8x+0.6$
⑤ $\frac{2}{3}x-\frac{1}{6}=\frac{1}{4}x-1$

8
[242004-0935]

일차방정식 $0.1x+3=0.4(x+3)$의 해가 $x=a$일 때, 일차방정식 $9x+a=5x+2$의 해는?

① $x=-3$　② $x=-2$　③ $x=-1$
④ $x=1$　⑤ $x=2$

9
[242004-0936]

비례식 $(2x-5):3=(x+10):4$를 만족시키는 x의 값은?

① 7　② 8　③ 9
④ 10　⑤ 11

10 고득점
[242004-0937]

다음 중에서 일차방정식 $6x-a=4x+5$의 해가 자연수가 되도록 하는 상수 a의 값이 아닌 것은?

① -5　② -3　③ -1
④ 1　⑤ 3

11
[242004-0938]

어떤 수에서 5를 뺀 후 4배 한 수는 그 수에 7을 더한 수와 같다고 한다. 이때 어떤 수를 구하시오.

12 신유형
[242004-0939]

어느 달력에서 오른쪽 그림과 같이 ┐ 모양의 틀을 사용하여 4개의 수를 더하였더니 그 합이 48이었다. 이 틀을 사용하여 택한 4개의 수의 합이 72일 때, 4개의 수 중에서 가장 작은 수를 구하시오. (단, 틀을 돌리거나 뒤집지 않는다.)

일	월	화	수	목	금	토
			1	2	3	4
5	6	7	8	9	10	11
12	13	14	15	16	17	18
19	20	21	22	23	24	25
26	27	28	29	30	31	

13
[242004-0940]

2020년에 어머니의 나이는 38살, 아들의 나이는 12살이었다. 어머니의 나이가 아들의 나이의 2배보다 10살이 많아지는 것은 몇 년도인가?

① 2022년　② 2023년　③ 2024년
④ 2025년　⑤ 2026년

14
[242004-0941]

오른쪽 그림과 같은 사각형의 넓이가 56일 때, x의 값을 구하시오.

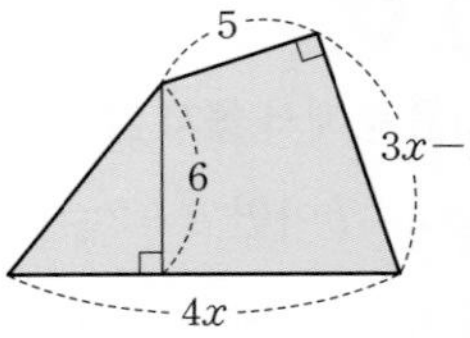

15 중요
[242004-0942]

어떤 일을 완성하는 데 현수는 6일, 정훈이는 4일이 걸린다고 한다. 이 일을 현수 혼자서 하루 동안 한 후 현수와 정훈이가 함께 하여 완성하였을 때, 현수와 정훈이가 함께 일한 날은 며칠인지 구하시오.

16 신유형 [242004-0943]

다음은 인도의 수학자 바스카라의 책 '리라바티'에 실려 있는 시이다. 시를 읽고 처음 참새의 수를 구하시오.

> 선녀같이 아름다운 눈동자의 아가씨여!
> 참새 몇 마리가 들판에서 놀고 있는데 두 마리가 더 날아왔어요. 그리고 전체의 다섯 배가 되는 귀여운 참새 떼가 더 날아와서 함께 놀았어요. 저녁 노을이 질 무렵, 열 마리의 참새가 숲으로 돌아가고, 남은 참새 스무 마리는 밀밭으로 숨었대요.
> 처음 참새는 몇 마리였는지 내게 말해 주세요.

17 고득점 [242004-0944]

어느 중학교의 작년 학생 수는 500이었다. 올해는 작년에 비하여 남학생 수는 10 % 증가하고, 여학생 수는 8 % 감소하여 전체적으로 5명 늘었다. 올해의 남학생 수는?

① 260 ② 265 ③ 270
④ 275 ⑤ 280

18 중요 [242004-0945]

경민이가 집에서 4 km 떨어진 할머니 댁에 가는데 처음에는 시속 8 km로 자전거를 타고 가다가 도중에 자전거가 고장이 나서 시속 4 km로 걸었더니 총 50분이 걸렸다. 이때 경민이가 자전거를 타고 간 거리는?

① $\frac{2}{3}$ km ② 1 km ③ $\frac{4}{3}$ km
④ $\frac{5}{3}$ km ⑤ 2 km

기출 서술형

19 [242004-0946]

다음 두 일차방정식의 해가 서로 같을 때, 상수 a의 값을 구하시오.

$$0.2x-3.1=\frac{1}{2}x-4,\quad 5(x+2)=7x+a$$

풀이 과정

답 |

20 [242004-0947]

준수는 친구들과 공책을 공동으로 구매하여 나누어 갖기로 하였다. 공책을 한 명에게 8권씩 나누어 주면 4권이 모자라고, 7권씩 나누어 주면 5권이 남는다고 한다. 공동 구매에 참여한 학생 수와 구매한 공책 수를 각각 구하시오.

풀이 과정

답 |

1 순서쌍과 좌표평면

유형 1 수직선 위의 점의 좌표

수직선 위의 점 P의 좌표가 a이다. ➡ $P(a)$

예 수직선 위의 점 A의 좌표가 2일 때, 기호로 $A(2)$와 같이 나타낸다.

1 대표 [242004-0948]

다음 중에서 수직선 위의 점 A∼E의 좌표를 나타낸 것으로 옳지 않은 것은?

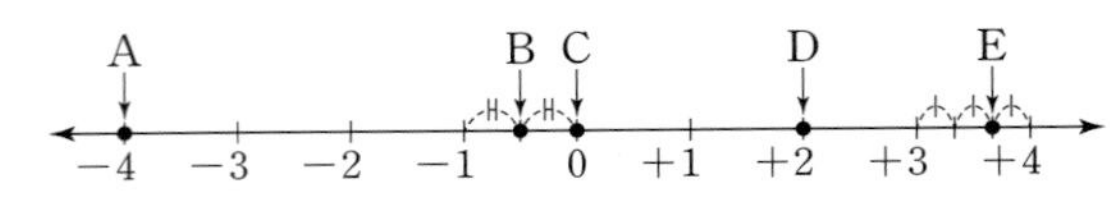

① $A(-4)$ ② $B(-0.5)$ ③ $C(0)$
④ $D(2)$ ⑤ $E\left(\frac{10}{3}\right)$

2 [242004-0949]

수직선 위에서 두 점 $A(-1)$, $B(7)$로부터 같은 거리에 있는 점 C의 좌표를 구하시오.

유형 2 순서쌍

두 순서쌍 (a, b)와 (c, d)가 서로 같다.
➡ $a=c$, $b=d$

주의 $a \neq b$일 때, 순서쌍 (a, b)와 순서쌍 (b, a)는 서로 다르다.

3 대표 [242004-0950]

두 순서쌍 $(a+1, 3b)$, $(4-2a, b+6)$이 서로 같을 때, $a+b$의 값은?

① -1 ② 0 ③ 1
④ 3 ⑤ 4

4 [242004-0951]

두 수 a, b에 대하여 $|a|=1$, $|b|=3$일 때, 만들 수 있는 순서쌍 (a, b)를 모두 구하시오.

유형 3 좌표평면 위의 점의 좌표

좌표평면 위의 점 P의 x좌표가 a이고 y좌표가 b이다.
➡ $P(a, b)$

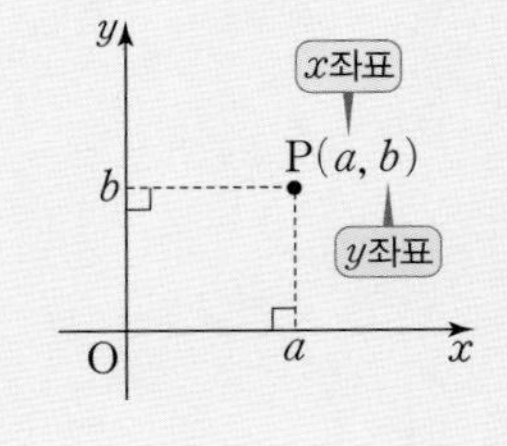

5 대표 [242004-0952]

다음 중에서 오른쪽 좌표평면 위의 점 A∼E의 좌표를 나타낸 것으로 옳지 않은 것은?

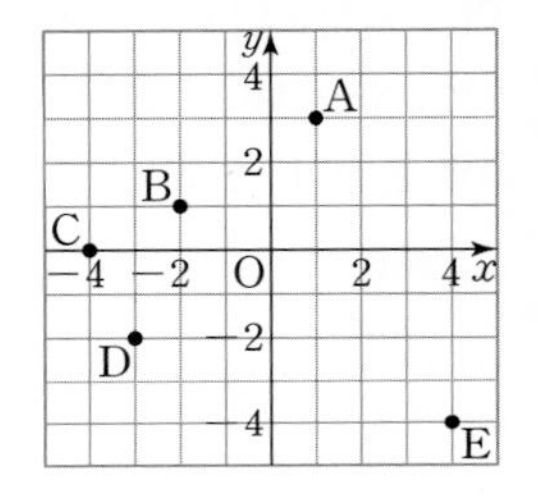

① $A(1, 3)$
② $B(-2, 1)$
③ $C(-4, 0)$
④ $D(-2, -3)$
⑤ $E(4, -4)$

6 신유형 [242004-0953]

다음 점을 오른쪽 좌표평면 위에 나타내고 차례로 선분으로 연결하여 밤하늘에 빛나는 많은 별자리 중 하나인 카시오페아자리를 완성하시오.

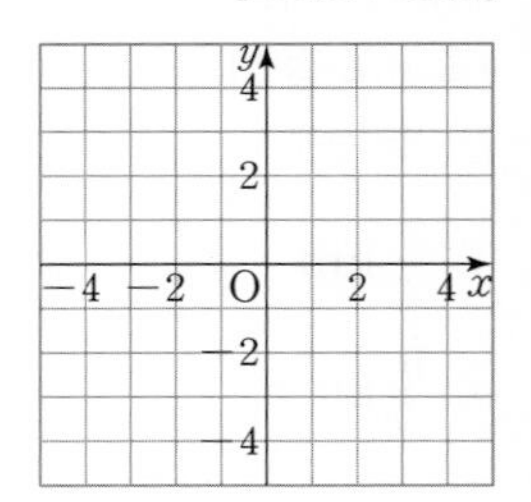

$(2, 4)$ ➡ $(4, 1)$ ➡ $(0, 0)$ ➡ $(-1, -3)$ ➡ $(-4, -4)$

유형 4 x축 또는 y축 위의 점의 좌표

(1) x축 위의 점의 좌표 ➡ (x좌표, 0)
(2) y축 위의 점의 좌표 ➡ (0, y좌표)
참고 점 (3, 0)은 x축 위의 점이고, 점 (0, 3)은 y축 위의 점이다.

7 [242004-0954]

점 $A(a, b)$가 x축 위의 점일 때, ab의 값은?

① -4　② -1　③ 0
④ 1　⑤ 알 수 없다.

8 대표 [242004-0955]

점 $A\left(3a-1, \frac{1}{2}a+2\right)$는 x축 위의 점이고, 점 $B(5-b, 2b-4)$는 y축 위의 점일 때, $a+b$의 값을 구하시오.

9 [242004-0956]

x축 위에 있고 x좌표가 4인 점 A의 좌표가 $A(a, b)$이고, y축 위에 있고 y좌표가 -6인 점 B의 좌표가 $B(c, d)$일 때, $a-b+c+d$의 값을 구하시오.

유형 5 좌표평면 위의 도형의 넓이

① 좌표평면 위에 주어진 점의 좌표를 나타낸 후 선분으로 연결한다.
② 공식을 이용하여 도형의 넓이를 구한다.

10 대표 [242004-0957]

좌표평면 위의 세 점 $A(-3, -1)$, $B(1, -1)$, $C(-1, 4)$를 꼭짓점으로 하는 삼각형 ABC의 넓이를 구하시오.

11 [242004-0958]

좌표평면 위의 네 점 $A(1, -2)$, $B(3, -2)$, $C(3, 4)$, D를 꼭짓점으로 하는 사각형 ABCD가 직사각형이 되도록 할 때, 점 D의 좌표와 직사각형 ABCD의 넓이를 각각 구하시오.

12 서술형 [242004-0959]

좌표평면 위의 세 점 $A(-3, 3)$, $B(-1, -3)$, $C(2, 1)$을 꼭짓점으로 하는 삼각형 ABC의 넓이를 구하시오.

유형 6 사분면

사분면 위의 점의 좌표의 부호는 오른쪽 그림과 같다.

주의 좌표축 위의 점은 어느 사분면에도 속하지 않는다.

제2사분면 $(-, +)$	제1사분면 $(+, +)$
제3사분면 $(-, -)$	제4사분면 $(+, -)$

13 [242004-0960]

다음 중에서 제4사분면 위의 점인 것은?

① $(0, 4)$ ② $(1, -3)$ ③ $(-5, 3)$
④ $(2, 7)$ ⑤ $(-5, -1)$

14 대표 [242004-0961]

다음 중에서 점의 좌표와 그 점이 속하는 사분면이 바르게 짝 지어지지 않은 것은?

① $(5, 8)$ ➡ 제1사분면
② $(-3, 4)$ ➡ 제2사분면
③ $(1, -4)$ ➡ 제4사분면
④ $(6, 0)$ ➡ 제1사분면
⑤ $(-2, -3)$ ➡ 제3사분면

15 [242004-0962]

다음 보기에서 옳은 것을 있는 대로 고른 것은?

보기
ㄱ. y축 위의 점은 y좌표가 0이다.
ㄴ. 점 $(6, -1)$은 제4사분면 위의 점이다.
ㄷ. 점 $(-2, -5)$는 제2사분면 위의 점이다.
ㄹ. 원점은 어느 사분면에도 속하지 않는다.

① ㄱ, ㄴ ② ㄱ, ㄹ ③ ㄴ, ㄷ
④ ㄴ, ㄹ ⑤ ㄷ, ㄹ

유형 7 사분면 위의 점 (1)

두 수 x, y에 대하여

(1) $xy>0$이면 x와 y는 서로 같은 부호이다.
① $x+y>0$ ➡ $x>0$, $y>0$
② $x+y<0$ ➡ $x<0$, $y<0$

(2) $xy<0$이면 x와 y는 서로 다른 부호이다.
① $x-y>0$ ➡ $x>0$, $y<0$
② $x-y<0$ ➡ $x<0$, $y>0$

16 대표 [242004-0963]

$a>0$, $b<0$일 때, 점 $(-a, b-a)$는 제몇 사분면 위의 점인가?

① 제1사분면 ② 제2사분면
③ 제3사분면 ④ 제4사분면
⑤ 어느 사분면에도 속하지 않는다.

17 [242004-0964]

$ab>0$, $a+b<0$일 때, 다음 중에서 점 $(a, -b)$와 같은 사분면 위에 있는 점인 것은?

① $(1, 1)$ ② $(2, 0)$ ③ $(3, -1)$
④ $(-1, 2)$ ⑤ $(-1, -3)$

18 [242004-0965]

$a<0$, $b>0$이고 $|a|>|b|$일 때, 점 $(a-b, a+b)$는 제몇 사분면 위의 점인지 구하시오.

정답과 풀이 ● 88쪽

유형 8 사분면 위의 점 (2)

점 $(a,\ b)$가 속한 사분면이 주어지면 $a,\ b$의 부호를 먼저 구한 후 새로운 점의 좌표의 부호를 구하여 제몇 사분면 위의 점인지 판단한다.

참고 (1) 제1사분면 ➡ $a>0,\ b>0$
(2) 제2사분면 ➡ $a<0,\ b>0$
(3) 제3사분면 ➡ $a<0,\ b<0$
(4) 제4사분면 ➡ $a>0,\ b<0$

19 대표 [242004-0966]

점 $(a,\ b)$가 제4사분면 위의 점일 때, 점 $(ab,\ a-b)$는 제몇 사분면 위의 점인가?

① 제1사분면 ② 제2사분면
③ 제3사분면 ④ 제4사분면
⑤ 어느 사분면에도 속하지 않는다.

20 서술형 [242004-0967]

점 $(a,\ b)$는 제1사분면 위의 점이고, 점 $(c,\ d)$는 제3사분면 위의 점일 때, 점 $(a-d,\ bc)$는 제몇 사분면 위의 점인지 구하시오.

21 [242004-0968]

점 $(a,\ b)$가 제2사분면 위의 점일 때, 다음 중에서 제4사분면 위의 점인 것은?

① $(a,\ -b)$ ② $(-a,\ b)$ ③ $(-a,\ -b)$
④ $(-b,\ a)$ ⑤ $(ab,\ -b)$

유형 9 대칭인 점의 좌표

점 $(a,\ b)$와 대칭인 점의 좌표는 다음과 같다.

(1) x축에 대칭인 점
➡ $(a,\ -b)$
(2) y축에 대칭인 점
➡ $(-a,\ b)$
(3) 원점에 대칭인 점 ➡ $(-a,\ -b)$

22 대표 [242004-0969]

좌표평면 위의 두 점 $\mathrm{A}(a,\ 4)$, $\mathrm{B}(-1,\ b)$가 y축에 대칭일 때, $a+b$의 값을 구하시오.

23 [242004-0970]

좌표평면 위의 두 점 $\mathrm{A}(6-a,\ 1-2b)$, $\mathrm{B}(2a,\ a+b-1)$이 원점에 대칭일 때, ab의 값은?

① -36 ② -6 ③ 0
④ 6 ⑤ 36

24 [242004-0971]

점 $(2a+1,\ 1)$과 x축에 대칭인 점의 좌표와 점 $(3,\ 3-b)$와 y축에 대칭인 점의 좌표가 같을 때, $a+b$의 값은?

① -2 ② -1 ③ 2
④ 4 ⑤ 5

유형 10 그래프 해석하기

그래프를 이용하면 두 변수 사이의 증가와 감소, 변화의 빠르기, 변화의 전체 흐름 등을 쉽게 파악할 수 있다.

25 대표 [242004-0972]

경비행기가 이륙하기 위하여 활주로를 달리기 시작한 지 x분 후의 고도를 y km라 할 때, x와 y 사이의 관계를 그래프로 나타내면 오른쪽 그림과 같다. 다음 물음에 답하시오.

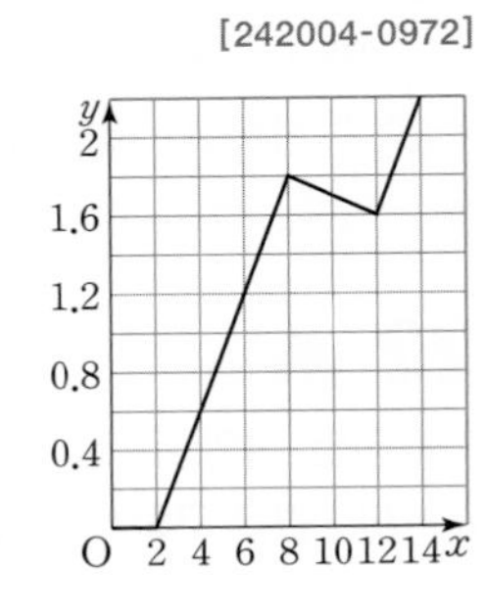

(1) 경비행기가 활주로를 달린 시간을 구하시오.

(2) 경비행기가 활주로를 달리기 시작한 지 6분 후 경비행기의 고도를 구하시오.

(3) 경비행기의 고도가 높아지다가 낮아지다가 다시 높아지기 시작한 것은 활주로를 달리기 시작한 지 몇 분 후인지 구하시오.

26 [242004-0973]

미정이가 직선 도로를 따라 이동하기 시작한 지 x분 후의 출발 장소로부터의 거리를 y km라 할 때, x와 y 사이의 관계를 그래프로 나타내면 오른쪽 그림과 같다. 다음 중에서 옳지 않은 것은?

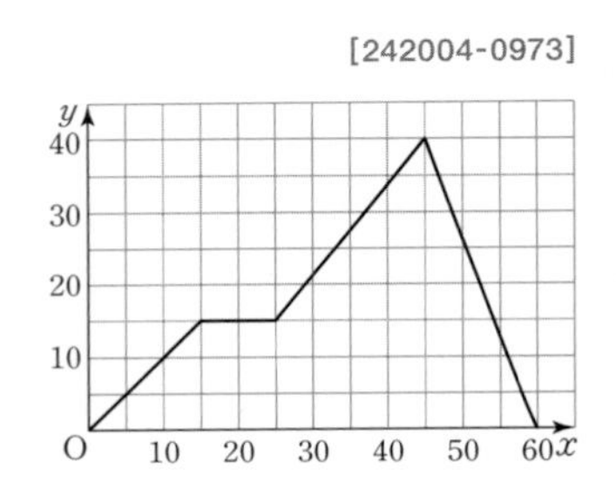

① 출발 후 10분 동안 10 km를 이동하였다.
② 이동하는 도중에 10분 동안 멈추어 있었다.
③ 출발 장소로부터 가장 멀리 떨어져 있을 때는 출발한 지 45분 후이다.
④ 이동한 총 거리는 40 km이다.
⑤ 이동한 총 시간은 60분이다.

유형 11 그래프 비교하기

2개 이상의 그래프에서

(1) x의 값 또는 y의 값의 차를 이용하여 문제를 해결한다.

(2) 두 그래프가 만나는 점이 있으면 그 점의 x의 값 또는 y의 값을 이용하여 문제를 해결한다.

27 대표 [242004-0974]

찬영이와 지원이가 등산로 입구에서 동시에 출발하여 정상까지 가는데 출발한 지 x분 후 출발점으로부터 이동한 거리를 y km라 할 때, x와 y 사이의 관계를 그래프로 나타내면 오른쪽 그림과 같다. 다음 보기에서 옳은 것을 있는 대로 고르시오.

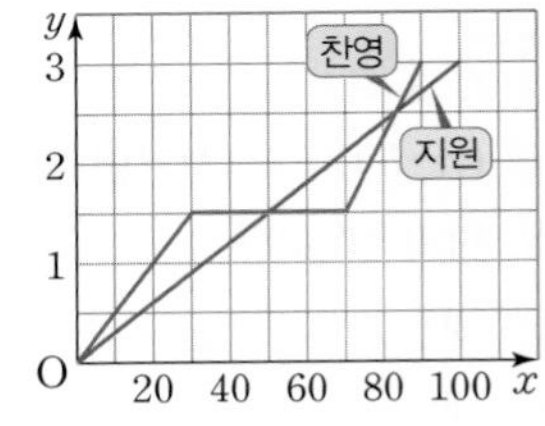

보기

ㄱ. 등산로의 길이는 3 km이다.
ㄴ. 지원이가 정상에 먼저 도착했다.
ㄷ. 찬영이가 중간에 쉰 시간은 30분이다.
ㄹ. 찬영이와 지원이는 출발한 지 50분 후 처음으로 다시 만났다.

28 [242004-0975]

10 km 단축 마라톤 경기에 수아와 영진이가 참여했다. 두 사람이 동시에 출발하여 x분 동안 이동한 거리를 y km라 할 때, x와 y 사이의 관계를 그래프로 나타내면 오른쪽 그림과 같다. 다음 중에서 옳지 않은 것을 모두 고르면? (정답 2개)

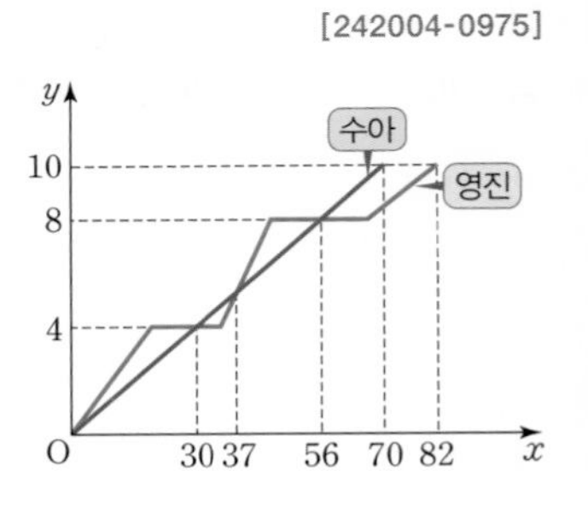

① 영진이는 중간에 총 2번 쉬었다.
② 수아는 영진이를 세 번 추월하였다.
③ 영진이가 수아보다 앞선 시간은 총 49분이다.
④ 수아는 영진이보다 도착 지점에 12분 먼저 도착하였다.
⑤ 수아와 영진이는 8 km 지점에서 출발 후 두 번째로 다시 만났다.

유형 12 상황에 맞는 그래프 찾기

x축과 y축이 각각 무엇을 나타내는지를 확인한 후 상황에 알맞은 그래프를 찾는다.

29 대표 [242004-0976]

지면으로부터 똑바로 위로 쏘아 올린 공이 x초 후 처음 땅에 떨어질 때까지 지면으로부터의 높이를 y m라 할 때, 다음 중에서 x와 y 사이의 관계를 나타낸 그래프로 알맞은 것은?

① 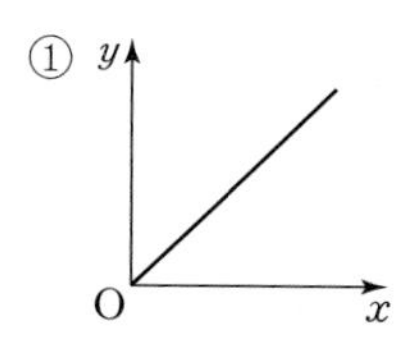

② 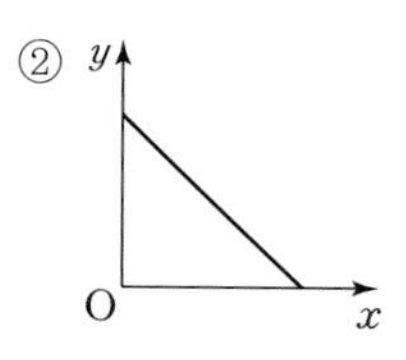

③ 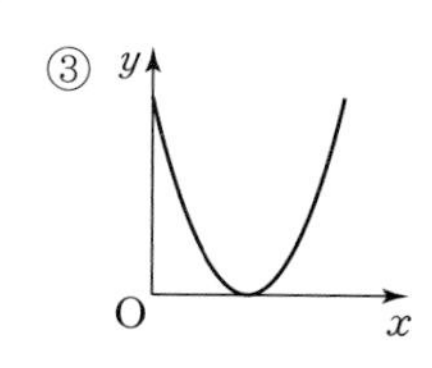

④ 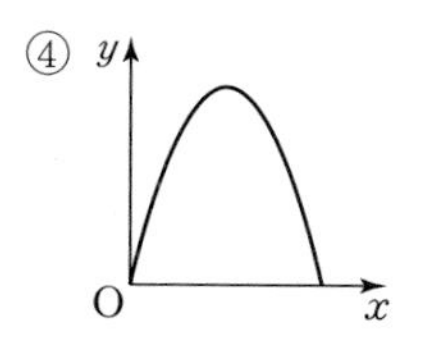

⑤ 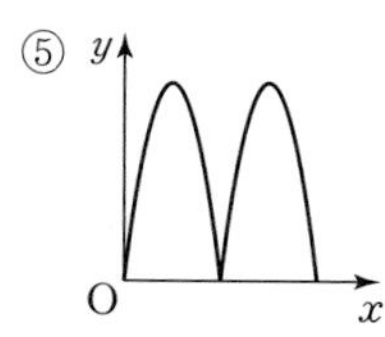

30 [242004-0977]

도영이 어머니가 자동차를 타고 일정한 속력으로 가다가 도영이를 태우기 위해 속력을 줄여 잠시 멈추었다가 다시 속력을 높인 후 이전과 같은 일정한 속력으로 움직였을 때, 다음 중에서 이 상황을 가장 잘 나타낸 그래프는?

① 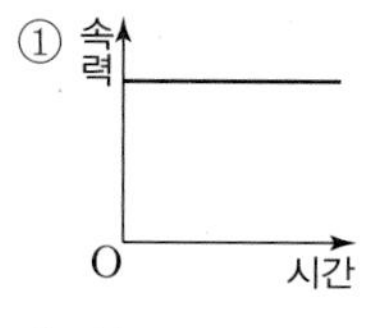

② 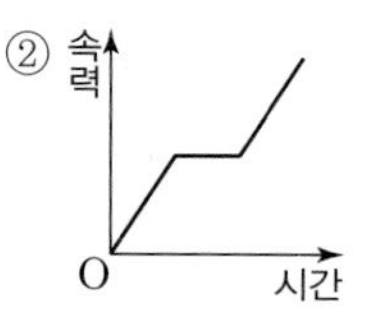

③ 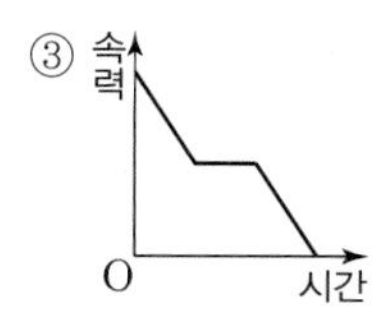

④ 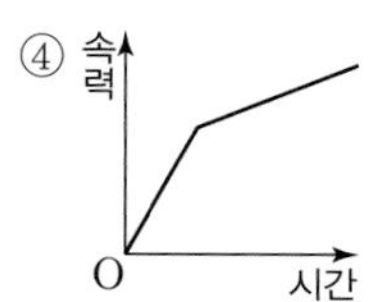

⑤ 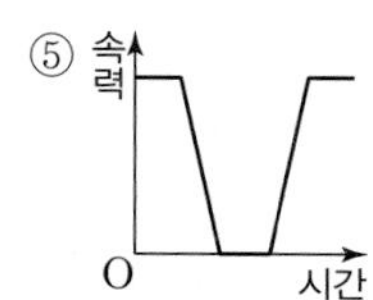

유형 13 그래프의 변화 파악하기

그래프에서 x의 값이 증가함에 따른 y의 값의 변화

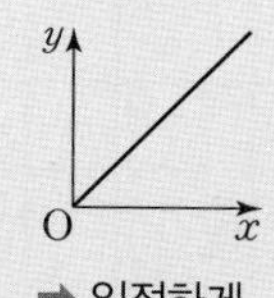

➡ 일정하게 증가한다.

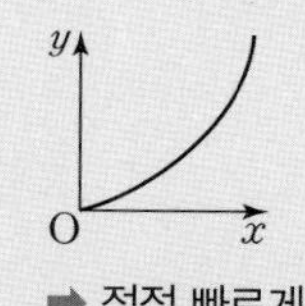

➡ 점점 빠르게 증가한다.

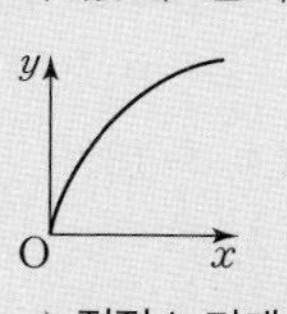

➡ 점점 느리게 증가한다.

31 [242004-0978]

오른쪽 그림과 같은 모양의 그릇에 물을 일정한 속력으로 넣을 때, 시간 x와 물의 높이 y 사이의 관계를 나타낸 그래프로 가장 적당한 것은?

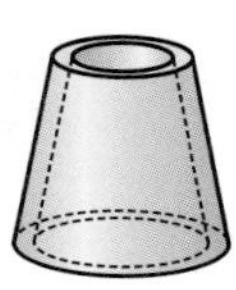

① 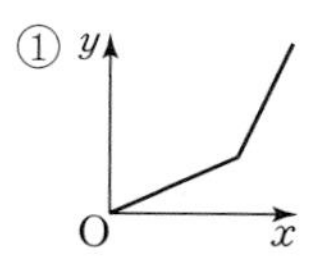

② 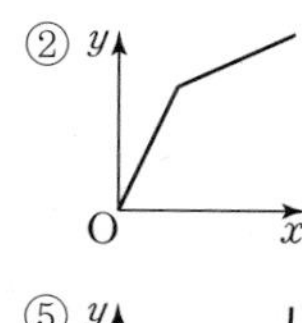

③ 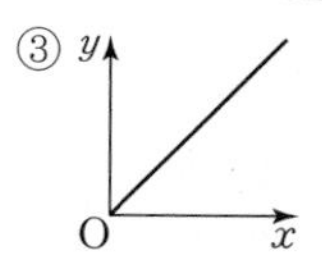

④ 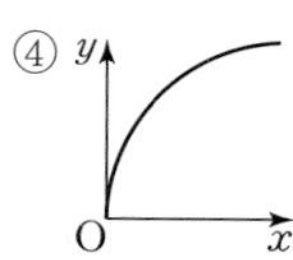

⑤ 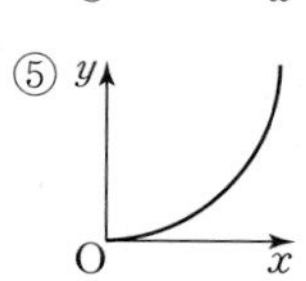

32 대표 [242004-0979]

오른쪽 그림은 어떤 유리병에 일정한 속력으로 용액을 넣을 때 용액의 높이를 시간에 따라 나타낸 그래프이다. 다음 중에서 유리병의 모양으로 알맞은 것은?

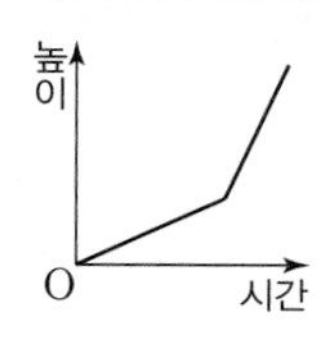

① 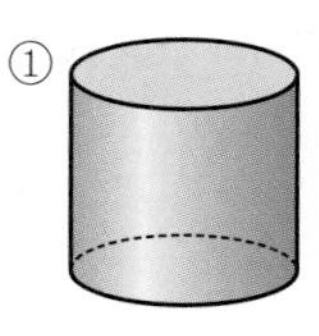

② 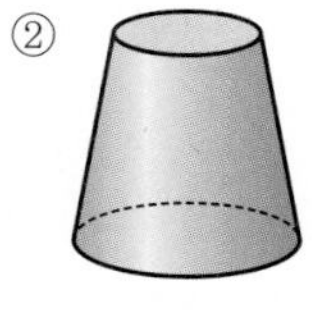

③ 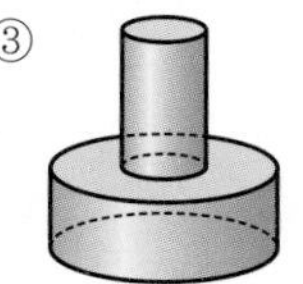

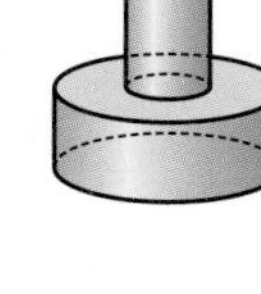

④ 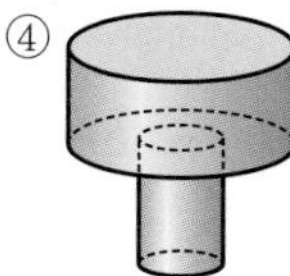

⑤ 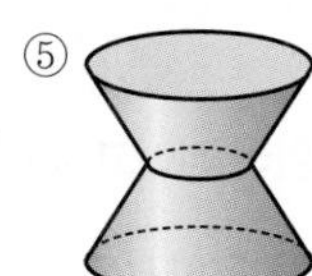

중단원 핵심유형 테스트

1

[242004-0980]

다음 중에서 오른쪽 좌표평면 위의 점 A~E의 좌표를 나타낸 것으로 옳은 것은?

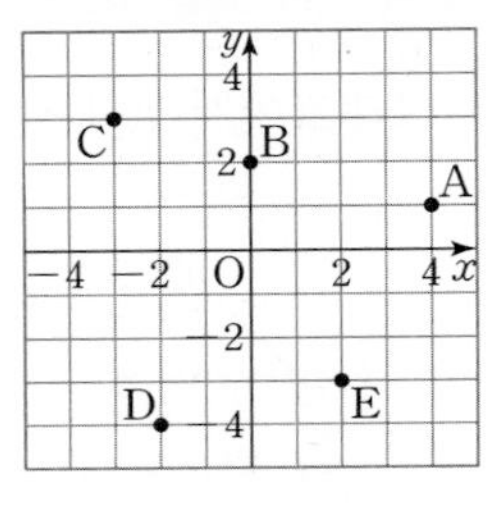

① A(4, −1)
② B(2, 0)
③ C(−3, 3)
④ D(−2, 4)
⑤ E(2, 3)

2 고득점

[242004-0981]

오른쪽 그림과 같이 좌표평면 위에 사각형 ABCD가 있다. 점 $\mathrm{P}(a, b)$가 사각형 ABCD의 변을 따라 움직일 때, $a-b$의 값 중에서 가장 큰 값을 구하시오. (단, 사각형 ABCD의 네 변은 각각 좌표축에 평행하다.)

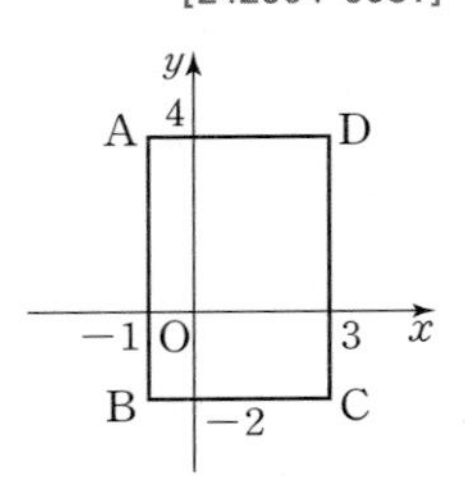

3

[242004-0982]

다음 중에서 x축 또는 y축 위의 점이 아닌 것은?

① (0, 0) ② (−8, 0) ③ (3, 3)
④ (0, −6) ⑤ (7, 0)

4

[242004-0983]

점 $\mathrm{A}\left(4-a, \frac{1}{3}b-1\right)$은 x축 위의 점이고, 점 $\mathrm{B}(6a+1, -5b-1)$은 y축 위의 점일 때, ab의 값을 구하시오.

5 중요

[242004-0984]

좌표평면 위의 네 점 A(−1, 5), B(−3, −2), C(3, −2), D(3, 5)를 꼭짓점으로 하는 사각형 ABCD의 넓이는?

① $\frac{49}{2}$ ② 28 ③ $\frac{63}{2}$
④ 35 ⑤ $\frac{77}{2}$

6

[242004-0985]

다음 보기 중에서 제4사분면 위의 점은 모두 몇 개인지 구하시오.

보기

ㄱ. (1, −1) ㄴ. (−4, 0)
ㄷ. (6, 3) ㄹ. (3, −4)
ㅁ. (−7, −2) ㅂ. (−2, 5)

7

[242004-0986]

다음 중에서 옳지 않은 것은?

① 원점의 좌표는 (0, 0)이다.
② x좌표가 3, y좌표가 −1인 점의 좌표는 (3, −1)이다.
③ 점 (0, −6)은 y축 위의 점이다.
④ 점 (−5, −3)은 제3사분면 위의 점이다.
⑤ 점 (2, −2)와 점 (−2, 2)는 서로 같은 점이다.

8

[242004-0987]

두 순서쌍 $(3a+1, 2b)$, $(a-7, 6-b)$가 서로 같을 때, 점 (a, b)는 제몇 사분면 위의 점인지 구하시오.

9

[242004-0988]

$ab<0$, $b-a>0$일 때, 다음 중에서 점 $(-b,\ -a)$와 같은 사분면 위에 있는 점인 것은?

① $(0,\ -4)$　② $(-2,\ 8)$　③ $(6,\ 1)$
④ $(3,\ -3)$　⑤ $(-4,\ -5)$

10 중요

[242004-0989]

점 $(a,\ b)$가 제3사분면 위의 점일 때, 다음 중에서 제4사분면 위의 점인 것은?

① $(a+b,\ ab)$　② $(b,\ a)$　③ $(-b,\ a)$
④ $(-ab,\ -b)$　⑤ $\left(\frac{a}{b},\ -a\right)$

11

[242004-0990]

좌표평면 위의 두 점 $\mathrm{A}(-2,\ -3b)$, $\mathrm{B}(a+5,\ -6)$이 x축에 대칭일 때, $a-b$의 값은?

① -7　② -5　③ -1
④ 3　⑤ 5

12

[242004-0991]

오른쪽 그림은 희주가 달리기 시작한 지 x분 후 소모되는 열량을 y kcal라 할 때, x와 y 사이의 관계를 그래프로 나타낸 것이다. 다음 보기 에서 이 그래프에 대한 설명으로 옳은 것을 있는 대로 고르시오.

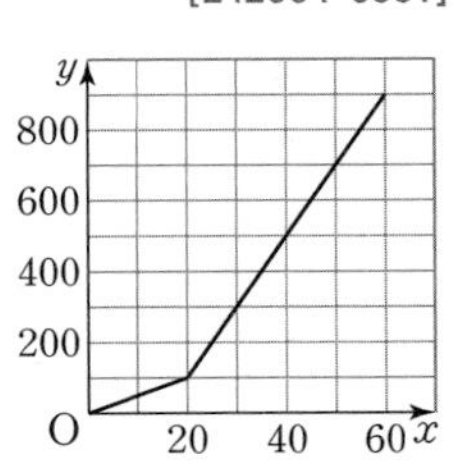

보기
ㄱ. 희주가 달리기 시작한 지 20분 후 소모되는 열량은 200 kcal이다.
ㄴ. 1시간을 달렸을 때 소모되는 열량은 900 kcal이다.
ㄷ. 300 kcal를 소모하려면 30분 동안 달려야 한다.
ㄹ. 희주가 달리기 시작한 지 40분 후 소모되는 열량은 20분 후 소모되는 열량의 3배이다.

13 신유형

[242004-0992]

다음 글에서 토끼가 달리기 시작한 지 x분 후 출발점으로부터 토끼까지의 거리를 y m라 할 때, x와 y 사이의 관계를 나타낸 그래프로 가장 적당한 것은?

출발점에서 달리기 시작한 토끼는 3분 뒤 거북이가 한참 뒤처진 것을 보고 5분 동안 낮잠을 잤다.	잠에서 깬 토끼는 거북이가 어느새 결승점에 가까워진 것을 보고 빠르게 달려 2분 만에 결승점에 도착하였다.

①
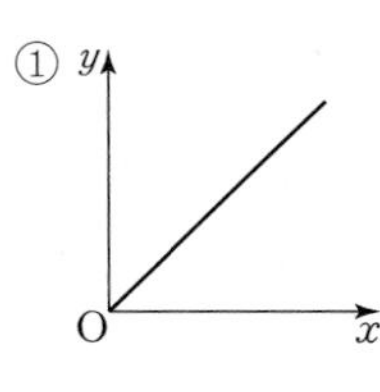

②
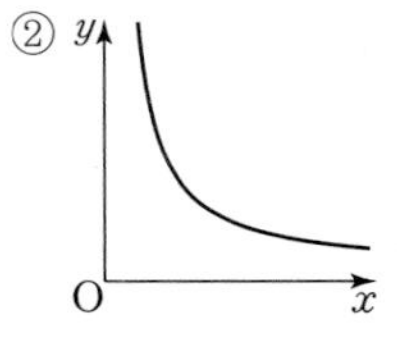

③
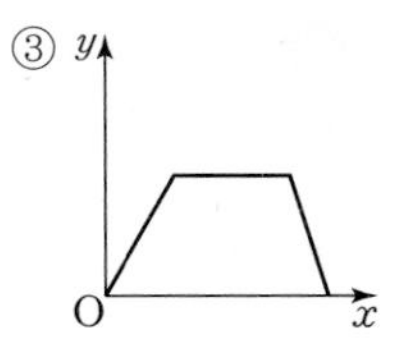

④
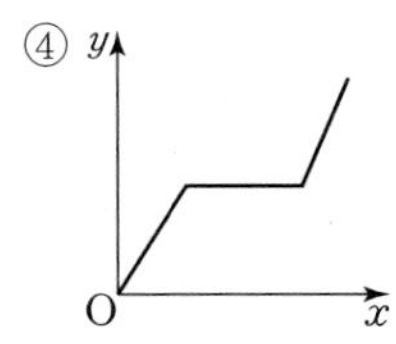

⑤
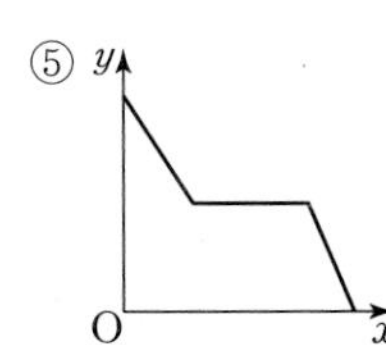

기출 서술형

14

[242004-0993]

점 $(ab,\ a+b)$가 제4사분면 위의 점일 때, 점 $\left(\frac{b}{a},\ -a\right)$는 제몇 사분면 위의 점인지 구하시오.

풀이 과정

답 |

1 정비례

유형 1 정비례 관계 찾기

x의 값이 2배, 3배, 4배, …로 변함에 따라 y의 값도 2배, 3배, 4배, …로 변하는 관계가 있을 때, y는 x에 정비례한다고 한다.

➡ y가 x에 정비례하면 $y=ax$, 즉 $\frac{y}{x}=a(a\neq0)$

1 대표 [242004-0994]

다음 보기 중에서 y가 x에 정비례하는 것을 모두 고르시오.

보기

ㄱ. $y=4x$ ㄴ. $y=\frac{2x}{5}$ ㄷ. $y=-\frac{3}{x}$

ㄹ. $xy=-1$ ㅁ. $\frac{y}{x}=10$ ㅂ. $y=x+2$

2 [242004-0995]

다음 중에서 x의 값이 2배, 3배, 4배, …가 될 때, y의 값도 2배, 3배, 4배, …가 되는 것은?

① $y=\frac{2}{x}$ ② $x+y=1$ ③ $y=-\frac{4}{5}x$

④ $xy=10$ ⑤ $y=3-x$

3 [242004-0996]

x와 y 사이의 관계식이 $y=-5x$일 때, 다음 중에서 옳지 않은 것은?

① y는 x에 정비례한다.

② x의 값이 2일 때, y의 값은 -10이다.

③ x의 값이 $-\frac{1}{5}$일 때, y의 값은 1이다.

④ xy의 값이 일정하다.

⑤ x의 값이 2배가 되면 y의 값도 2배가 된다.

유형 2 정비례 관계식 구하기

y가 x에 정비례하고 $x=m$일 때, $y=n$이다.

➡ x와 y 사이의 관계식을 $y=ax$로 놓고 $x=m$, $y=n$을 대입하여 a의 값을 구한다.

4 대표 [242004-0997]

y가 x에 정비례하고 $x=5$일 때, $y=-15$이다. $x=-2$일 때, y의 값을 구하시오.

5 [242004-0998]

y가 x에 정비례하고 $x=3$일 때, $y=\frac{1}{3}$이다. 다음 중에서 옳지 않은 것은?

① x와 y 사이의 관계식은 $y=\frac{x}{9}$이다.

② $x=-9$일 때, $y=-1$이다.

③ $x=-3$일 때, $y=-\frac{1}{3}$이다.

④ $\frac{y}{x}$의 값이 일정하다.

⑤ x의 값이 3배가 되면 y의 값은 $\frac{1}{3}$배가 된다.

6 서술형 [242004-0999]

두 변수 x, y에 대하여 y가 x에 정비례할 때, x와 y 사이의 관계를 표로 나타내면 다음과 같다. 이때 $A+B+C$의 값을 구하시오.

x	-3	-2	1	C
y	A	8	B	-16

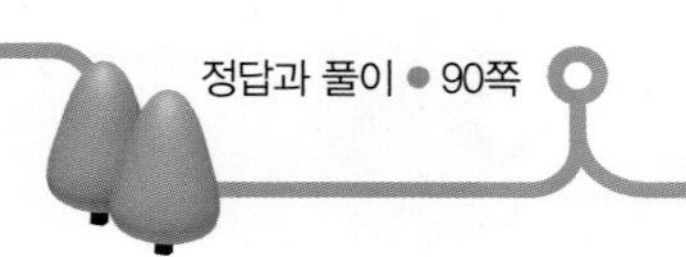

유형 3 정비례 관계의 그래프

정비례 관계 $y=ax(a\neq0)$의 그래프는 원점을 지나는 직선이다.

➡ 원점과 그래프가 지나는 다른 한 점을 찾아 직선으로 연결한다.

7 [242004-1000]

x의 값이 -2, 0, 2일 때, 다음 중에서 정비례 관계 $y=-\frac{1}{2}x$의 그래프는?

①
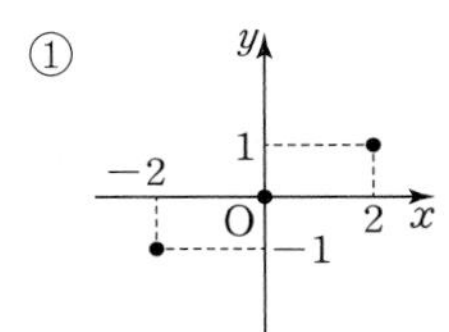

②
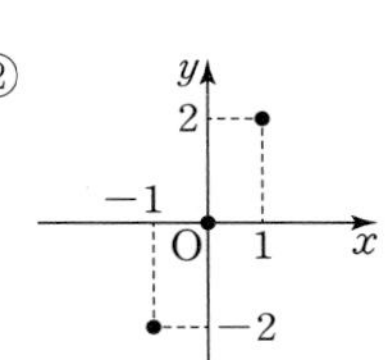

③
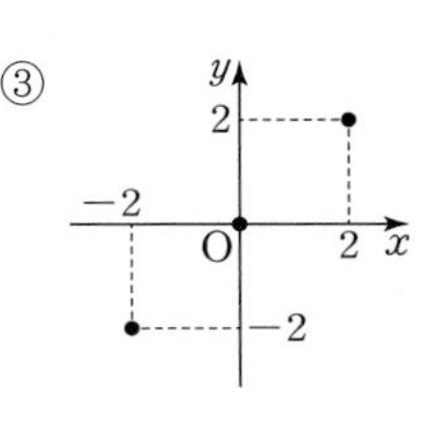

④
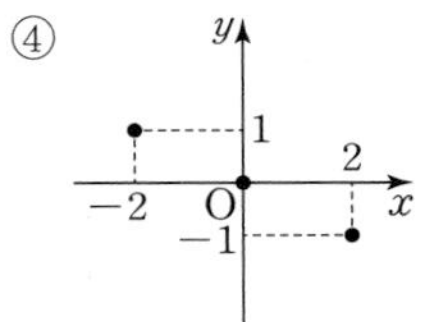

⑤
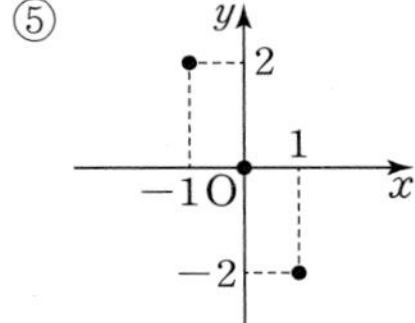

8 대표 [242004-1001]

다음 중에서 정비례 관계 $y=\frac{3}{5}x$의 그래프는?

①
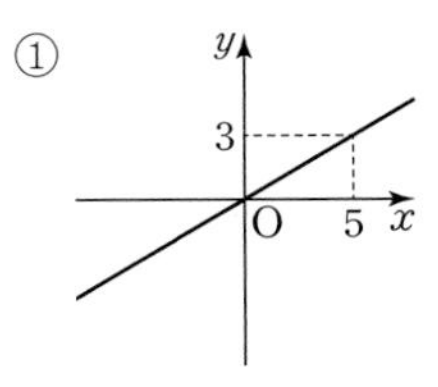

②
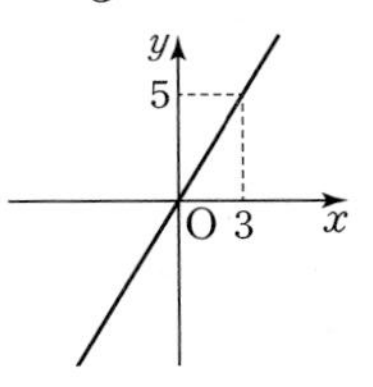

③
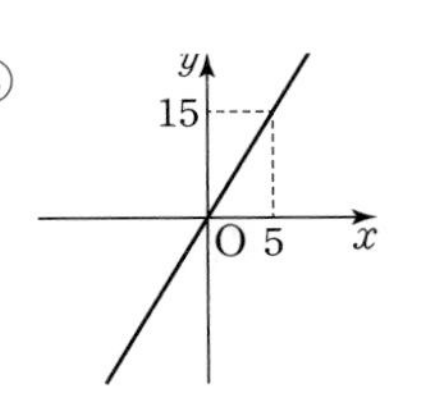

④
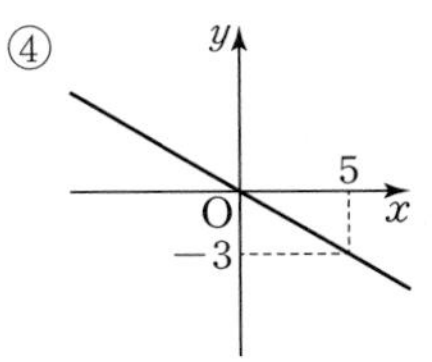

⑤
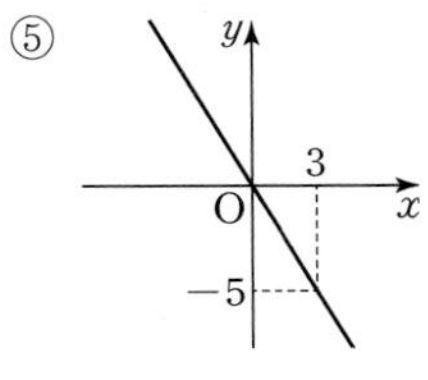

유형 4 정비례 관계의 그래프 위의 점

정비례 관계 $y=ax(a\neq0)$의 그래프가 점 $(p,\ q)$를 지난다.

➡ $y=ax$에 $x=p$, $y=q$를 대입하면 등식이 성립한다.

예 정비례 관계 $y=-3x$의 그래프가 점 $(2,\ -6)$을 지난다.

➡ $y=-3x$에 $x=2$, $y=-6$을 대입하면 $-6=-3\times2$

9 대표 [242004-1002]

정비례 관계 $y=3x$의 그래프가 점 $(a-1,\ 2a+1)$을 지날 때, a의 값을 구하시오.

10 [242004-1003]

정비례 관계 $y=\frac{3}{4}x$의 그래프가 세 점 $(8,\ a)$, $(b,\ -9)$, $(c,\ 15)$를 지날 때, $a+b+c$의 값을 구하시오.

11 서술형 [242004-1004]

정비례 관계 $y=-\frac{2}{3}x$의 그래프가 오른쪽 그림과 같을 때, $a+b$의 값을 구하시오.

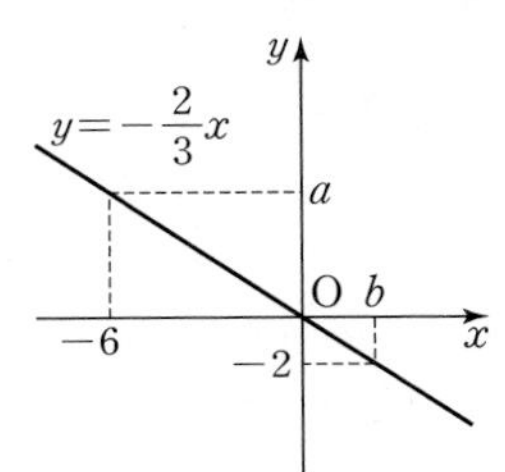

유형 5 정비례 관계의 그래프의 성질

정비례 관계 $y=ax(a\neq0)$의 그래프는
(1) 원점을 지나는 직선이다.
(2) $a>0$이면 제1사분면과 제3사분면을 지나고, x의 값이 증가하면 y의 값도 증가한다.
(3) $a<0$이면 제2사분면과 제4사분면을 지나고, x의 값이 증가하면 y의 값은 감소한다.

12 [242004-1005]

$a>0$, $b<0$일 때, 다음 정비례 관계 중에서 그래프가 제3사분면을 지나는 것을 모두 고르면? (정답 2개)

① $y=ax$ ② $y=bx$ ③ $y=abx$
④ $y=(a-b)x$ ⑤ $y=(b-a)x$

13 대표 [242004-1006]

다음 중에서 정비례 관계 $y=-2x$의 그래프에 대한 설명으로 옳지 <u>않은</u> 것은?

① 원점을 지난다.
② 점 $(2,\ -4)$를 지난다.
③ 오른쪽 위로 향하는 직선이다.
④ 제2사분면과 제4사분면을 지난다.
⑤ x의 값이 증가하면 y의 값은 감소한다.

14 [242004-1007]

다음 보기 중에서 정비례 관계 $y=ax(a\neq0)$의 그래프에 대한 설명으로 옳은 것을 모두 고르시오.

보기
ㄱ. 원점을 지난다.
ㄴ. x의 값이 증가하면 y의 값도 증가한다.
ㄷ. $a>0$이면 오른쪽 아래로 향하는 직선이다.
ㄹ. $a<0$이면 제2사분면과 제4사분면을 지난다.

유형 6 정비례 관계 $y=ax(a\neq0)$의 그래프와 a의 값 사이의 관계

정비례 관계 $y=ax(a\neq0)$의 그래프는
(1) a의 절댓값이 작을수록 x축에 가깝다.
(2) a의 절댓값이 클수록 y축에 가깝다.

15 대표 [242004-1008]

두 정비례 관계 $y=-x$, $y=ax$의 그래프가 오른쪽 그림과 같을 때, 다음 중에서 상수 a의 값이 될 수 있는 것은?

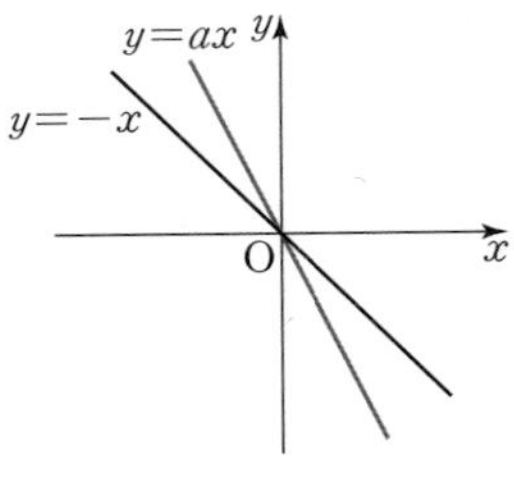

① -3 ② $-\frac{2}{3}$
③ $-\frac{1}{4}$ ④ $\frac{4}{5}$ ⑤ 2

16 [242004-1009]

오른쪽 그림은 정비례 관계 $y=x$, $y=\frac{1}{3}x$, $y=2x$, $y=-x$, $y=-\frac{1}{2}x$, $y=-3x$의 그래프를 나타낸 것이다. ㉠~㉥ 중에서 정비례 관계 $y=-\frac{1}{2}x$의 그래프를 고르시오.

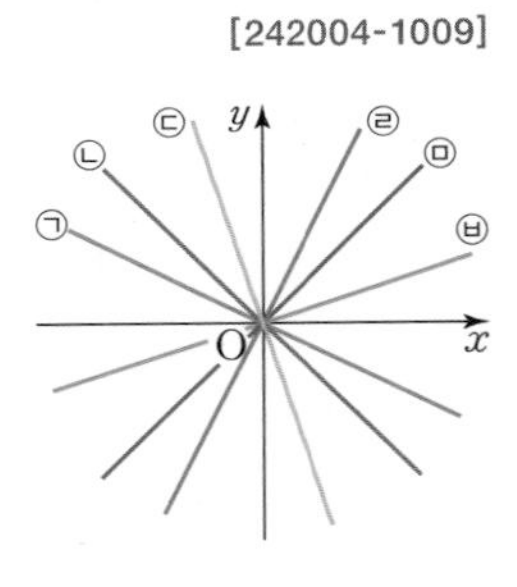

17 서술형 [242004-1010]

세 정비례 관계 $y=ax$, $y=bx$, $y=cx$의 그래프가 오른쪽 그림과 같을 때, 상수 a, b, c의 대소 관계를 부등호를 사용하여 나타내시오.

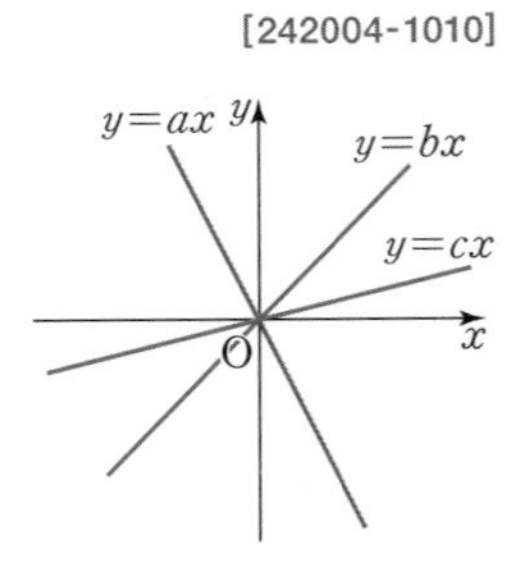

유형 7 그래프에서 정비례 관계식 구하기

그래프가 원점을 지나는 직선이면 x와 y 사이의 관계식을 $y=ax$로 놓고 $y=ax$에 그래프가 지나는 원점이 아닌 점의 좌표를 대입하여 a의 값을 구한다.

18

[242004-1011]

다음 중에서 오른쪽 그림과 같은 그래프 위에 있지 않은 점은?

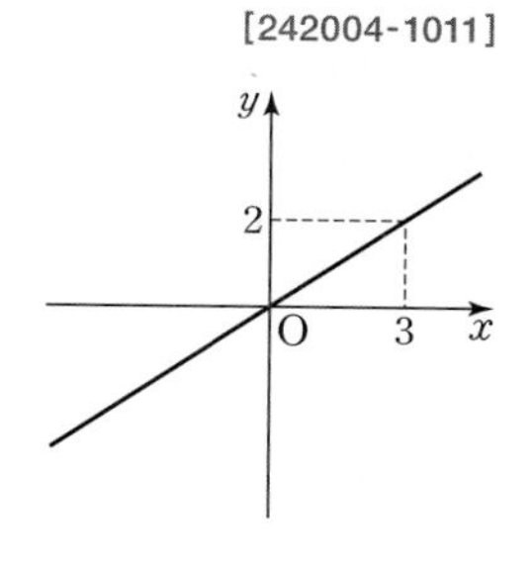

① $(-3,\ -2)$ ② $(-2,\ -3)$

③ $(0,\ 0)$ ④ $\left(1,\ \frac{2}{3}\right)$

⑤ $\left(\frac{3}{2},\ 1\right)$

19 대표

[242004-1012]

정비례 관계 $y=ax$의 그래프가 두 점 $(-4,\ 12)$, $(3,\ b)$를 지날 때, $a+b$의 값은? (단, a는 상수)

① -12 ② -6 ③ -4

④ 6 ⑤ 12

20

[242004-1013]

정비례 관계 $y=ax$의 그래프가 오른쪽 그림과 같을 때, 이 그래프 위의 점 A의 좌표를 구하시오. (단, a는 상수)

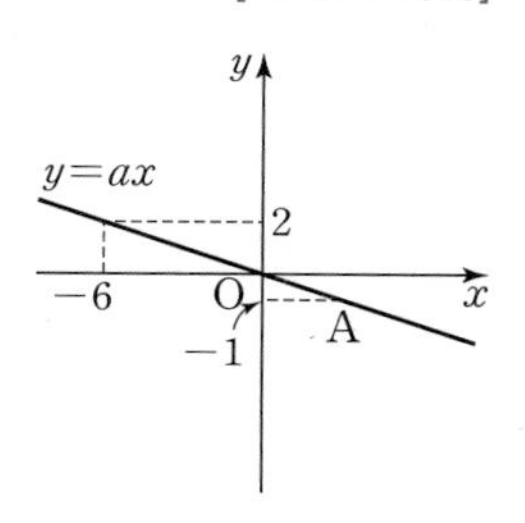

유형 8 정비례 관계의 그래프와 도형의 넓이

오른쪽 그림과 같이 정비례 관계 $y=ax$의 그래프 위의 한 점 $A(m,\ n)$을 지나고 x축, y축에 수직인 직선을 각각 그을 때, 이 직선이 좌표축과 만나는 점의 좌표는 각각 $P(m,\ 0)$, $Q(0,\ n)$이다.

➡ (선분 AP의 길이)$=|n|$, (선분 AQ의 길이)$=|m|$

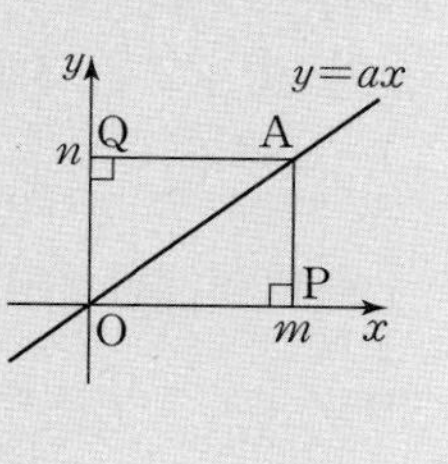

21 대표

[242004-1014]

두 정비례 관계 $y=2x$, $y=-x$의 그래프가 오른쪽 그림과 같이 x좌표가 2인 점 A, B를 각각 지날 때, 삼각형 AOB의 넓이를 구하시오.

(단, 점 O는 원점이다.)

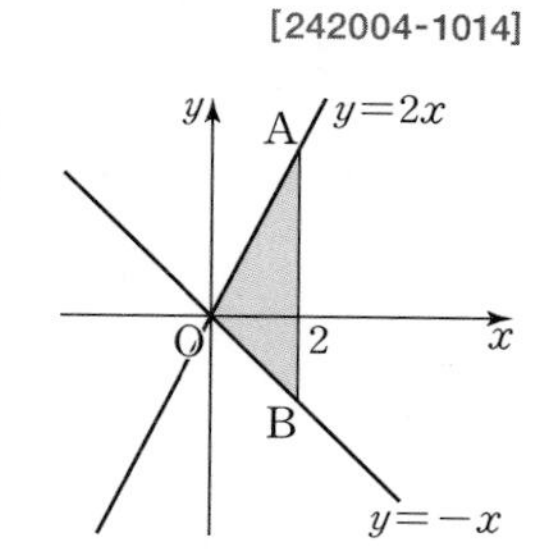

22

[242004-1015]

오른쪽 그림과 같이 정비례 관계 $y=ax$의 그래프 위의 한 점 A를 지나고 y축에 수직인 직선을 그을 때, 이 직선이 y축과 만나는 점 B의 좌표가 $B(0,\ 3)$이다. 삼각형 ABO의 넓이가 9일 때, 상수 a의 값을 구하시오. (단, 점 O는 원점이다.)

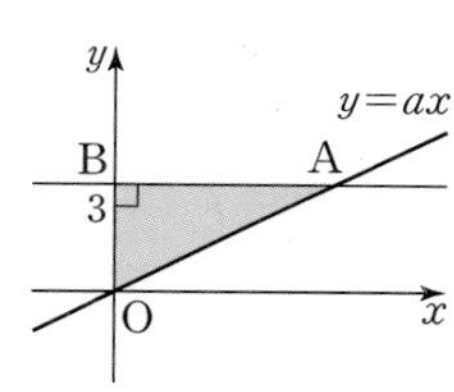

23

[242004-1016]

오른쪽 그림과 같이 좌표평면 위의 네 점 $O(0,\ 0)$, $A(8,\ 0)$, $B(8,\ 8)$, $C(2,\ 9)$를 꼭짓점으로 하는 사각형 OABC의 넓이를 정비례 관계 $y=ax$의 그래프가 이등분할 때, 상수 a의 값을 구하시오.

(단, $a>0$)

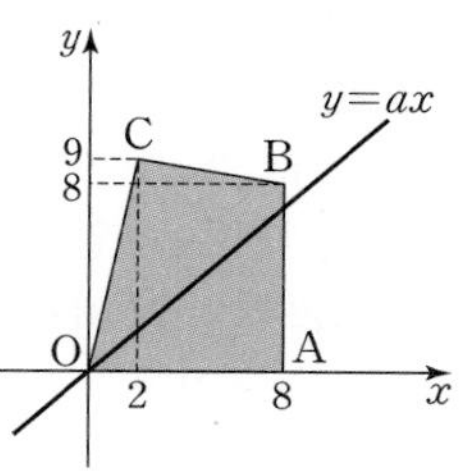

2 반비례

유형 9 반비례 관계 찾기

x의 값이 2배, 3배, 4배, …로 변함에 따라 y의 값은 $\frac{1}{2}$배, $\frac{1}{3}$배, $\frac{1}{4}$배, …로 변하는 관계가 있을 때, y는 x에 반비례한다고 한다.

➡ y가 x에 반비례하면 $y=\frac{a}{x}$, 즉 $xy=a(a\neq0)$

24 대표 [242004-1017]

다음 중에서 y가 x에 반비례하는 것을 모두 고르면? (정답 2개)

① $y=\frac{3}{2}x$　② $y=\frac{x}{4}$　③ $y=-\frac{6}{x}$

④ $\frac{y}{x}=9$　⑤ $xy=-2$

25 [242004-1018]

다음 보기 중에서 x의 값이 2배, 3배, 4배, …가 될 때, y의 값은 $\frac{1}{2}$배, $\frac{1}{3}$배, $\frac{1}{4}$배, …가 되는 것을 모두 고르시오.

보기

ㄱ. $y=-3x$　ㄴ. $y=\frac{1}{2}x$　ㄷ. $y=\frac{1}{5x}$

ㄹ. $xy=7$　ㅁ. $x+y=4$　ㅂ. $y=6-x$

26 [242004-1019]

x와 y 사이의 관계식이 $y=-\frac{4}{x}$일 때, 다음 보기에서 옳은 것을 있는 대로 고르시오.

보기

ㄱ. y는 x에 반비례한다.

ㄴ. x의 값이 4일 때, y의 값은 -1이다.

ㄷ. x의 값이 2배가 되면 y의 값은 -2배가 된다.

ㄹ. xy의 값이 일정하다.

유형 10 반비례 관계식 구하기

y가 x에 반비례하고 $x=m$일 때, $y=n$이다.

➡ x와 y 사이의 관계식을 $y=\frac{a}{x}$로 놓고 $x=m$, $y=n$을 대입하여 a의 값을 구한다.

27 대표 [242004-1020]

y가 x에 반비례하고 $x=-2$일 때, $y=-3$이다. $y=-2$일 때, x의 값을 구하시오.

28 [242004-1021]

y가 x에 반비례하고 $x=5$일 때, $y=2$이다. 다음 중에서 옳지 않은 것은?

① $x=2$일 때, $y=5$이다.

② xy의 값은 항상 10이다.

③ $y=20$일 때, $x=4$이다.

④ x와 y 사이의 관계식은 $y=\frac{10}{x}$이다.

⑤ x의 값이 $\frac{1}{2}$배가 되면 y의 값은 2배가 된다.

29 서술형 [242004-1022]

다음 표에서 y가 x에 반비례할 때, $p-q$의 값을 구하시오.

x	-2	-1	q
y	9	p	-6

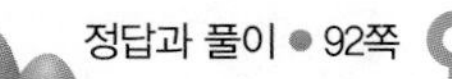

유형 11 반비례 관계의 그래프

반비례 관계 $y=\frac{a}{x}(a\neq0)$의 그래프는 좌표축에 점점 가까워지면서 한없이 뻗어 나가는 한 쌍의 매끄러운 곡선이다.

➡ 그래프가 지나는 점을 찾아 매끄러운 곡선으로 연결한다.

30 대표 [242004-1023]

다음 중에서 반비례 관계 $y=-\frac{2}{x}$의 그래프는?

①
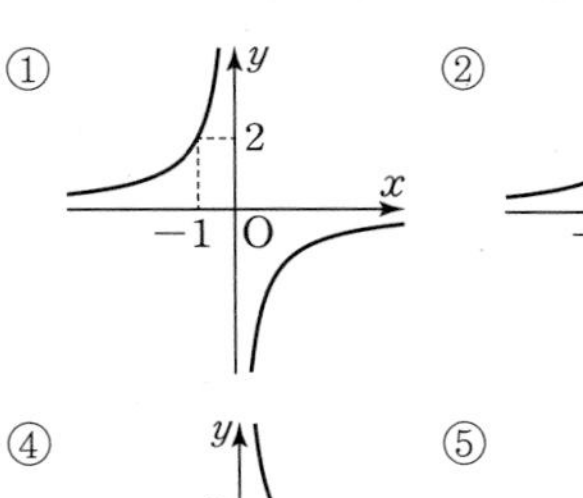

②
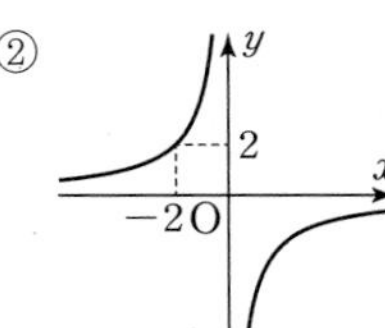

③
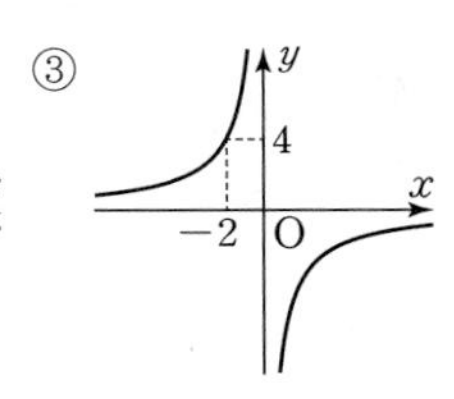

④
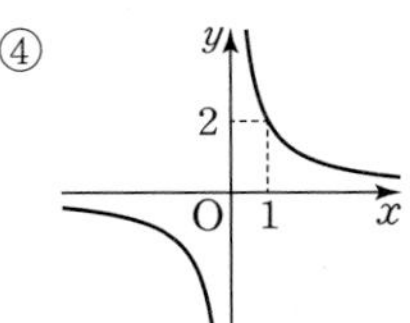

⑤
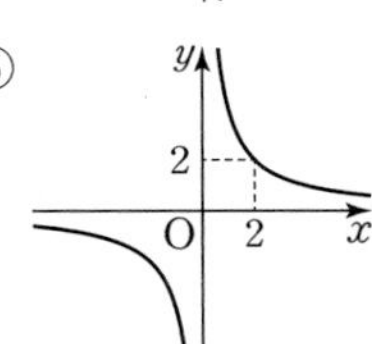

31 [242004-1024]

다음 중에서 반비례 관계 $y=\frac{8}{x}$의 그래프는?

①
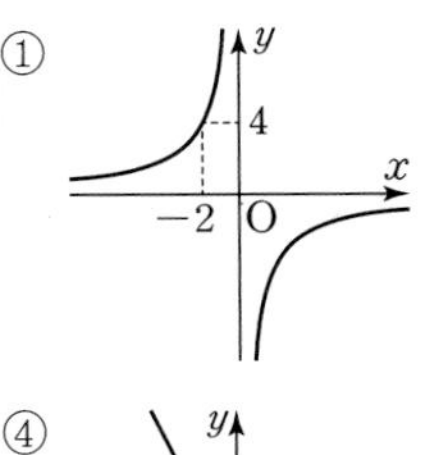

②
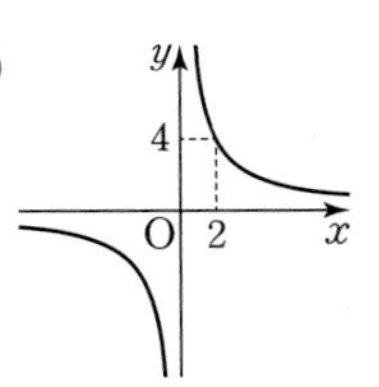

③
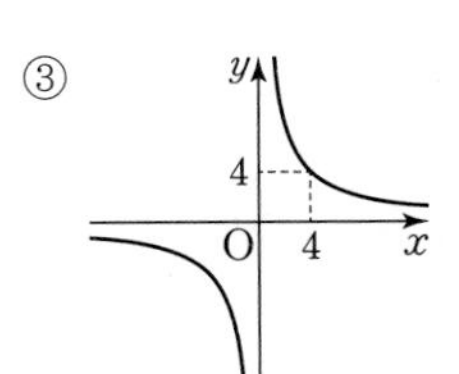

④
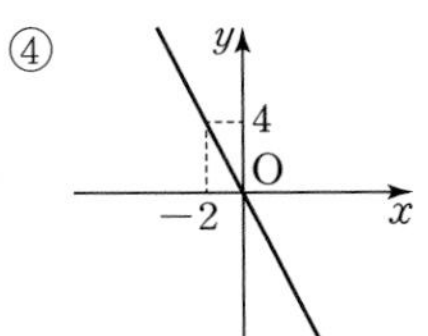

⑤
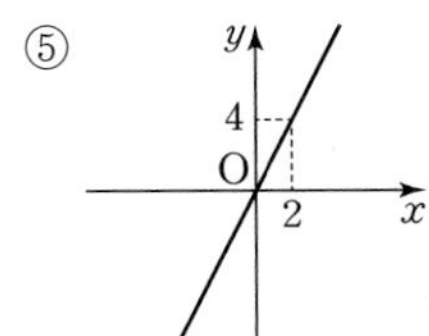

유형 12 반비례 관계의 그래프 위의 점

반비례 관계 $y=\frac{a}{x}(a\neq0)$의 그래프가 점 $(p,\ q)$를 지난다.

➡ $y=\frac{a}{x}$에 $x=p$, $y=q$를 대입하면 등식이 성립한다.

예 반비례 관계 $y=\frac{6}{x}$의 그래프가 점 $(2, 3)$을 지난다.

➡ $y=\frac{6}{x}$에 $x=2$, $y=3$을 대입하면 $3=\frac{6}{2}$

32 대표 [242004-1025]

다음 중에서 반비례 관계 $y=-\frac{16}{x}$의 그래프 위의 점을 모두 고르면? (정답 2개)

① $(-8,\ -2)$　② $(-4,\ 4)$　③ $(2,\ -6)$
④ $\left(8,\ -\frac{1}{2}\right)$　⑤ $(16,\ -1)$

33 [242004-1026]

반비례 관계 $y=\frac{12}{x}$의 그래프가 점 $\left(4,\ \frac{1}{2}a-1\right)$을 지날 때, a의 값을 구하시오.

34 서술형 [242004-1027]

반비례 관계 $y=-\frac{20}{x}$의 그래프가 두 점 $(4,\ a)$, $(b,\ -10)$을 지날 때, $a+b$의 값을 구하시오.

유형 13 반비례 관계의 그래프의 성질

반비례 관계 $y=\frac{a}{x}(a\neq0)$의 그래프는

(1) 한없이 뻗어 나가는 한 쌍의 매끄러운 곡선이다.

(2) $a>0$이면 제1사분면과 제3사분면을 지나고, 각 사분면에서 x의 값이 증가하면 y의 값은 감소한다.

(3) $a<0$이면 제2사분면과 제4사분면을 지나고, 각 사분면에서 x의 값이 증가하면 y의 값도 증가한다.

35 [242004-1028]

다음 보기 중에서 그래프가 제2사분면과 제4사분면을 지나는 것을 모두 고르시오.

보기

ㄱ. $y=\frac{x}{2}$　　ㄴ. $y=-8x$　　ㄷ. $y=\frac{3}{7}x$

ㄹ. $y=-\frac{9}{x}$　　ㅁ. $y=\frac{4}{x}$　　ㅂ. $y=-\frac{2}{5x}$

36 대표 [242004-1029]

다음 중에서 반비례 관계 $y=-\frac{10}{x}$의 그래프에 대한 설명으로 옳은 것은?

① 원점을 지난다.

② 점 $(5,\ 2)$를 지난다.

③ 제1사분면과 제3사분면을 지난다.

④ 각 사분면에서 x의 값이 증가하면 y의 값도 증가한다.

⑤ x의 값이 2배, 3배, 4배, …가 되면 y의 값도 2배, 3배, 4배, …가 된다.

37 [242004-1030]

정비례 관계 $y=ax$의 그래프가 오른쪽 그림과 같을 때, 다음 보기 중에서 반비례 관계 $y=-\frac{a}{x}$의 그래프가 될 수 있는 것을 고르시오. (단, a는 상수)

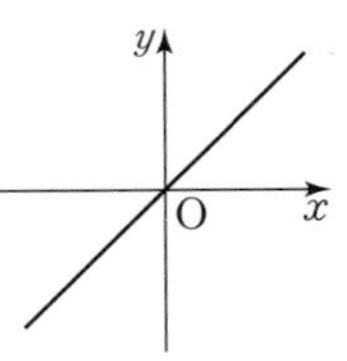

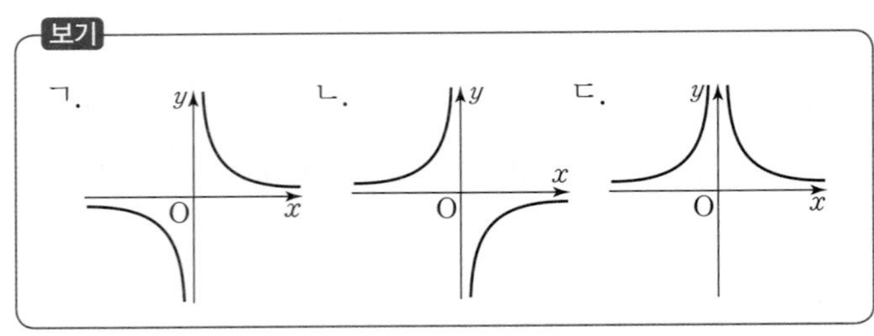

유형 14 반비례 관계 $y=\frac{a}{x}(a\neq0)$의 그래프와 a의 값 사이의 관계

반비례 관계 $y=\frac{a}{x}(a\neq0)$의 그래프는

(1) a의 절댓값이 작을수록 좌표축(원점)에 가깝다.

(2) a의 절댓값이 클수록 좌표축(원점)에서 멀리 떨어져 있다.

38 대표 [242004-1031]

다음 보기의 반비례 관계의 그래프 중에서 원점에 가장 가까운 것과 원점에서 가장 멀리 떨어져 있는 것을 차례대로 구하시오.

보기

ㄱ. $y=\frac{1}{x}$　　ㄴ. $y=-\frac{2}{x}$　　ㄷ. $y=\frac{3}{x}$

ㄹ. $y=-\frac{4}{x}$　　ㅁ. $y=\frac{5}{x}$　　ㅂ. $y=-\frac{6}{x}$

39 서술형 [242004-1032]

두 반비례 관계 $y=\frac{a}{x}$, $y=\frac{3}{x}$의 그래프가 오른쪽 그림과 같을 때, 상수 a의 값의 범위를 구하시오.

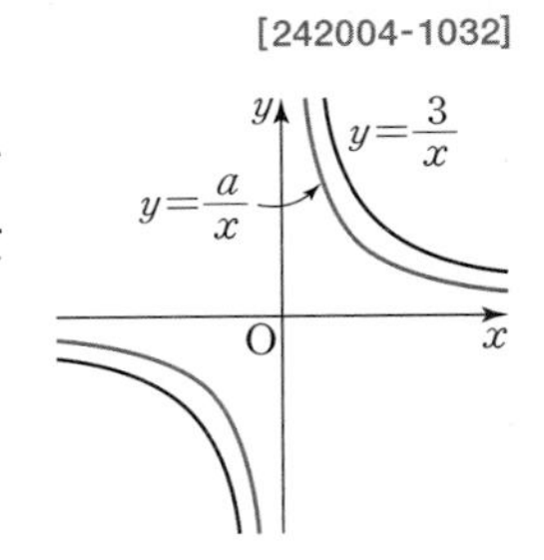

40 [242004-1033]

오른쪽 그림은 $y=\frac{a}{x}$, $y=\frac{b}{x}$, $y=cx$, $y=dx$의 그래프이다. 이때 상수 a, b, c, d의 대소 관계를 바르게 나타낸 것은?

① $a<b<c<d$　② $c<d<b<a$

③ $c<d<a<b$　④ $d<c<a<b$

⑤ $d<c<b<a$

유형 15 그래프에서 반비례 관계식 구하기

그래프가 좌표축에 점점 가까워지면서 한없이 뻗어 나가는 한 쌍의 매끄러운 곡선이면 x와 y 사이의 관계식을 $y=\frac{a}{x}$로 놓고 $y=\frac{a}{x}$에 그래프가 지나는 한 점의 좌표를 대입하여 a의 값을 구한다.

41 대표 [242004-1034]

반비례 관계 $y=\frac{a}{x}$의 그래프가 오른쪽 그림과 같을 때, $a+b$의 값은? (단, a는 상수)

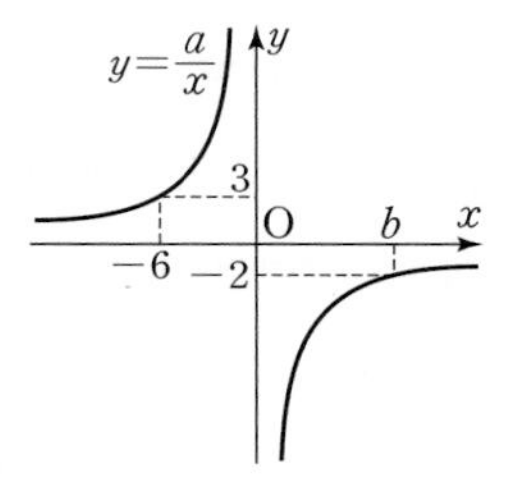

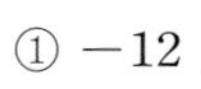

① -12 ② -9
③ -6 ④ 9
⑤ 27

42 [242004-1035]

다음 조건을 모두 만족시키는 x와 y 사이의 관계식을 구하시오.

(가) xy의 값은 일정하다.
(나) x와 y 사이의 관계를 나타내는 그래프는 점 $(-3,\ 2)$를 지난다.

43 [242004-1036]

오른쪽 그림은 반비례 관계의 그래프이다. 그래프 위의 두 점 A, B의 x좌표의 차가 2일 때, 그래프가 나타내는 식을 구하시오.

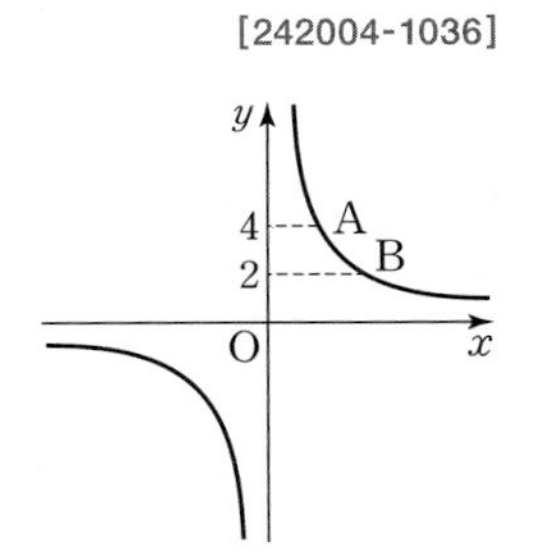

유형 16 반비례 관계의 그래프와 도형의 넓이

오른쪽 그림과 같이 반비례 관계 $y=\frac{a}{x}(x>0)$의 그래프 위의 한 점 P의 x좌표가 m이면 y좌표는 $\frac{a}{m}$이다.

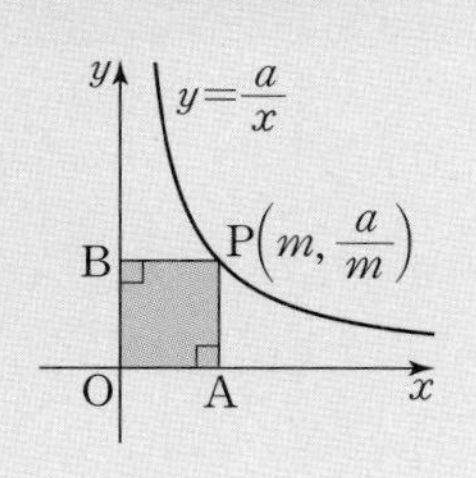

참고 (직사각형 OAPB의 넓이)
$=$(선분 OA의 길이)$\times$(선분 OB의 길이)$=m\times\frac{a}{m}=a$

44 대표 [242004-1037]

오른쪽 그림과 같이 반비례 관계 $y=\frac{18}{x}(x>0)$의 그래프가 지나는 한 점 A에서 x축, y축에 수직인 직선을 그어 이 직선이 x축, y축과 만나는 점을 각각 B, C라 하자. 이때 사각형 ACOB의 넓이를 구하시오. (단, 점 O는 원점이다.)

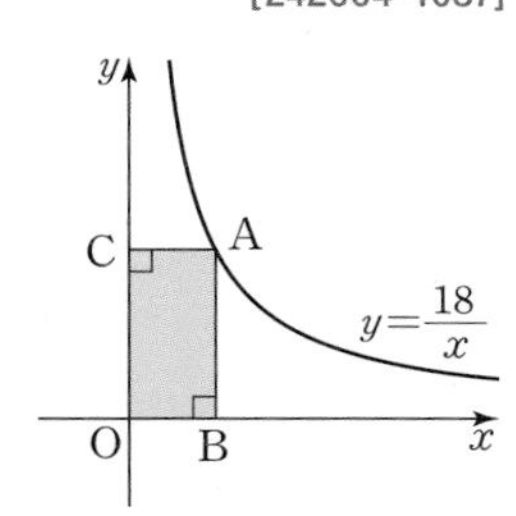

45 서술형 [242004-1038]

오른쪽 그림과 같이 두 점 A$(4,\ 4)$, B$(8,\ b)$를 지나는 반비례 관계 $y=\frac{a}{x}(x>0)$의 그래프에서 색칠한 직사각형의 넓이를 구하시오. (단, a는 상수)

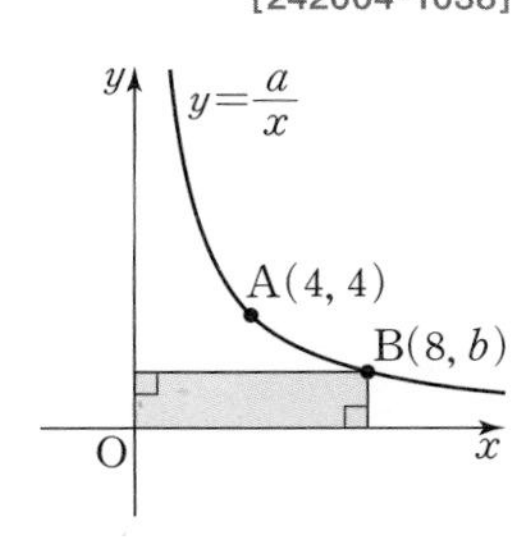

46 [242004-1039]

오른쪽 그림과 같이 두 점 B, D가 반비례 관계 $y=\frac{a}{x}$의 그래프 위에 있다. 직사각형 ABCD의 넓이가 60일 때, 상수 a의 값을 구하시오. (단, 직사각형 ABCD의 네 변은 각각 좌표축에 평행하다.)

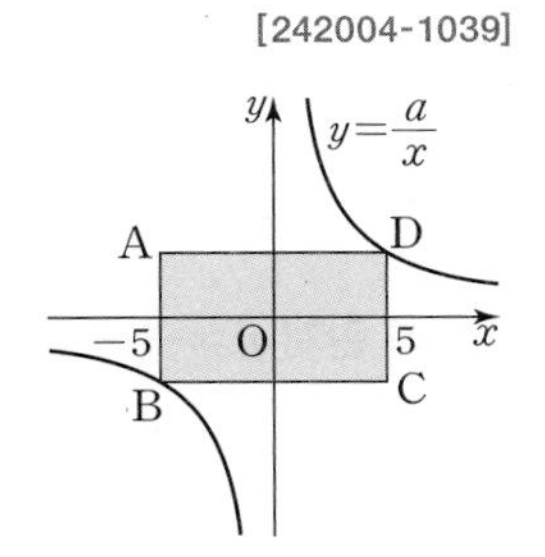

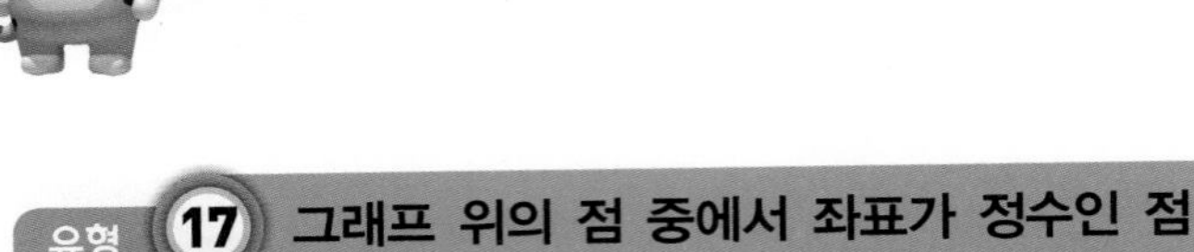

유형 17 그래프 위의 점 중에서 좌표가 정수인 점 찾기

반비례 관계 $y=\frac{a}{x}(a\neq0)$의 그래프 위의 점 중에서 x좌표와 y좌표가 모두 정수인 점의 x좌표
➡ $+(|a|$의 약수$)$ 또는 $-(|a|$의 약수$)$

47 대표 [242004-1040]

반비례 관계 $y=\frac{4}{x}$의 그래프 위에 있는 점 중에서 x좌표와 y좌표가 모두 정수인 점의 개수를 구하시오.

48 [242004-1041]

반비례 관계 $y=-\frac{20}{x}$의 그래프 위에 있는 점 중에서 x좌표와 y좌표가 모두 정수인 점의 개수를 구하시오.

49 [242004-1042]

반비례 관계 $y=\frac{a}{x}$의 그래프가 점 $(-4, 2)$를 지날 때, 이 그래프 위에 있는 점 중에서 x좌표와 y좌표가 모두 정수인 점의 개수를 구하시오. (단, a는 상수)

유형 18 정비례 관계와 반비례 관계의 그래프가 만나는 점

정비례 관계 $y=ax(a\neq0)$의 그래프와 반비례 관계 $y=\frac{b}{x}(b\neq0)$의 그래프가 점 (m, n)에서 만난다.
➡ $y=ax$, $y=\frac{b}{x}$에 각각 $x=m$, $y=n$을 대입하면 등식이 성립한다.

50 대표 [242004-1043]

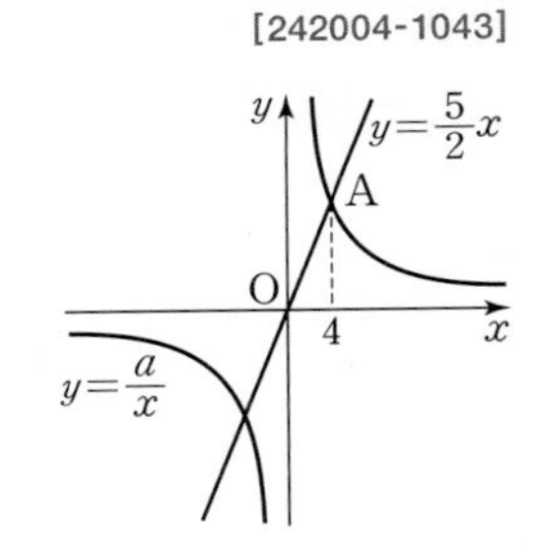

오른쪽 그림과 같이 정비례 관계 $y=\frac{5}{2}x$의 그래프와 반비례 관계 $y=\frac{a}{x}$의 그래프가 점 A에서 만난다. 점 A의 x좌표가 4일 때, 상수 a의 값을 구하시오.

51 서술형 [242004-1044]

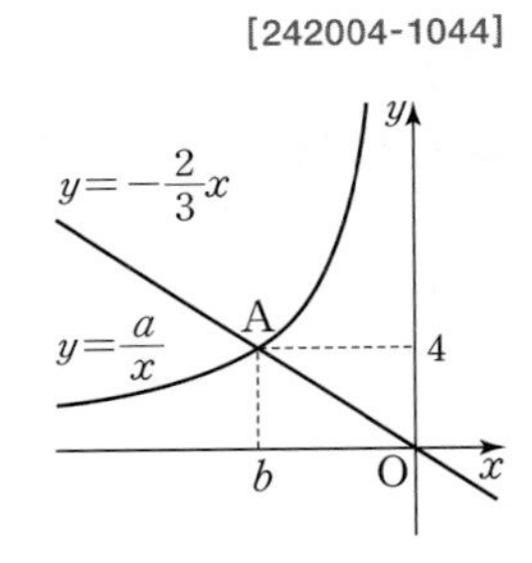

오른쪽 그림과 같이 정비례 관계 $y=-\frac{2}{3}x$의 그래프와 반비례 관계 $y=\frac{a}{x}(x<0)$의 그래프가 점 $A(b, 4)$에서 만난다. 이때 $a+b$의 값을 구하시오. (단, a는 상수)

52 [242004-1045]

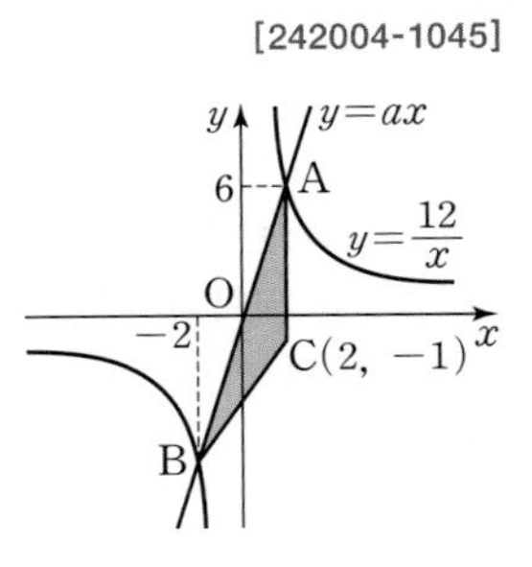

오른쪽 그림과 같이 정비례 관계 $y=ax$의 그래프와 반비례 관계 $y=\frac{12}{x}$의 그래프가 두 점 A, B에서 만난다. 점 A의 y좌표가 6, 점 B의 x좌표가 -2이고, 점 C의 좌표는 $C(2, -1)$이다. 삼각형 ABC의 넓이와 상수 a의 값을 차례대로 구하시오.

3 정비례, 반비례 관계의 활용

정답과 풀이 ● 95쪽

유형 19 정비례 관계의 활용

두 변수 x, y 사이에 정비례 관계가 성립하면 x와 y 사이의 관계식을 $y=ax$로 놓고 주어진 x 또는 y의 값을 대입하여 필요한 값을 구한다.

53 대표 [242004-1046]

소현이의 맥박 수는 1분에 90회로 일정하다. x분 동안 소현이의 맥박 수를 y회라 할 때, 3분 동안 소현이의 맥박 수를 구하시오.

54 [242004-1047]

톱니가 각각 16개, 20개인 두 톱니바퀴 A, B가 서로 맞물려 돌고 있다. 톱니바퀴 A가 10번 회전할 때, 톱니바퀴 B는 몇 번 회전하는가?

① 4번 ② 8번 ③ 10번
④ 12번 ⑤ 16번

55 신유형 [242004-1048]

미국 항공 우주국(NASA)은 탐사 로봇인 큐리오시티를 화성에 착륙시켜 화성에 대한 여러 가지 정보를 수집하는데 지구와 화성은 중력이 달라서 지구에서 900 kg인 큐리오시티의 무게가 화성에서는 300 kg이라고 한다. 지구에서 120 kg인 물건의 화성에서의 무게는 몇 kg인지 구하시오.

유형 20 반비례 관계의 활용

두 변수 x, y 사이에 반비례 관계가 성립하면 x와 y 사이의 관계식을 $y=\frac{a}{x}$로 놓고 주어진 x 또는 y의 값을 대입하여 필요한 값을 구한다.

56 대표 [242004-1049]

우리나라로부터 2700 km 떨어진 지점에서 발생한 태풍이 시속 x km로 이동하여 우리나라로 오는 데 y시간이 걸린다고 한다. 이때 x와 y 사이의 관계식을 구하고, 태풍이 시속 180 km로 이동하면 우리나라에 몇 시간 만에 도착하는지 구하시오.

(단, 태풍은 직선 방향으로 이동한다.)

57 [242004-1050]

일정한 온도에서 기체의 부피 y cm^{3}는 압력 x기압에 반비례하고 기체의 온도 z℃에 정비례한다. 어떤 기체의 부피가 20 cm^{3}일 때, 압력은 3기압이고 이때 기체의 온도는 30℃였다. 이 기체의 온도가 18℃일 때, 압력은 몇 기압인지 구하시오.

58 신유형 [242004-1051]

오른쪽은 주파수와 파장 사이의 관계를 나타낸 그래프이다. 다음 물음에 답하시오.

파장 (m)
30
15
10
O 5 10 15
주파수 (MHz)

(1) 주파수가 5 MHz일 때, 파장은 몇 m인지 구하시오.

(2) 파장이 10 m일 때, 주파수는 몇 MHz인지 구하시오.

(3) 주파수가 x MHz일 때의 파장을 y m라 할 때, x와 y 사이의 관계식을 구하시오.

(4) 주파수가 75 MHz일 때, 파장은 몇 m인지 구하시오.

중단원 핵심유형 테스트

1
[242004-1052]

다음 중에서 y가 x에 정비례하지 않는 것을 모두 고르면? (정답 2개)

① $y=x$ ② $y=x+2$ ③ $y=-\frac{x}{4}$

④ $xy=-3$ ⑤ $\frac{y}{x}=7$

2
[242004-1053]

다음 보기 중에서 y가 x에 정비례하는 것은 모두 몇 개인지 구하시오.

보기

ㄱ. 곱이 9인 두 자연수 x, y

ㄴ. 한 변의 길이가 x cm인 정육각형의 둘레의 길이 y cm

ㄷ. 1분에 23장씩 인쇄하는 프린터가 x분 동안 인쇄한 종이 y장

ㄹ. 매일 x시간씩 총 40시간의 봉사 활동을 했을 때, 봉사 활동을 한 날의 수 y

3 중요
[242004-1054]

정비례 관계 $y=-\frac{5}{2}x$의 그래프가 두 점 $(-2, a)$, $(b, 10)$을 지날 때, $a+b$의 값을 구하시오.

4
[242004-1055]

오른쪽 그림에서 정비례 관계 $y=\frac{5}{2}x$의 그래프가 될 수 있는 것은?

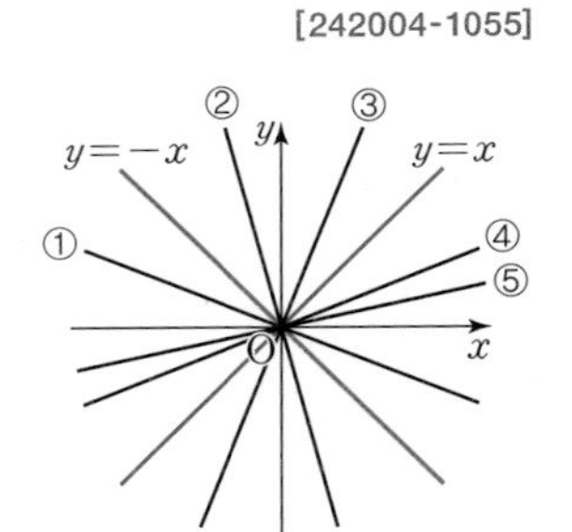

5
[242004-1056]

정비례 관계 $y=ax$의 그래프가 점 $(2, 3a+1)$을 지날 때, 상수 a의 값을 구하시오.

6
[242004-1057]

오른쪽 그림에서 정비례 관계 $y=ax$의 그래프가 삼각형 AOB의 넓이를 이등분할 때, 상수 a의 값을 구하시오.

(단, 점 O는 원점이다.)

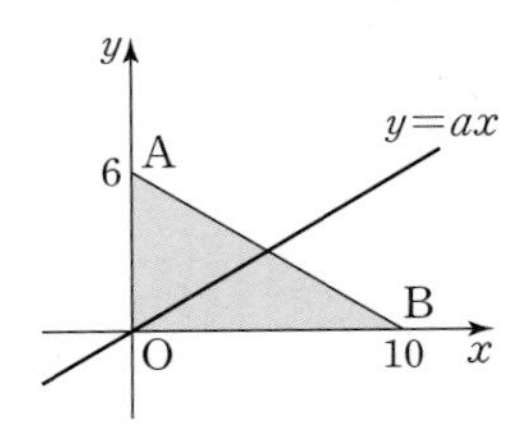

7 고득점
[242004-1058]

오른쪽 그림과 같이 두 점 A, C는 각각 두 정비례 관계 $y=2x$, $y=\frac{1}{3}x$의 그래프 위의 점이고 사각형 ABCD는 한 변의 길이가 5인 정사각형이다. 이때 점 D의 좌표를 구하시오.

(단, 정사각형 ABCD의 네 변은 각각 좌표축에 평행하다.)

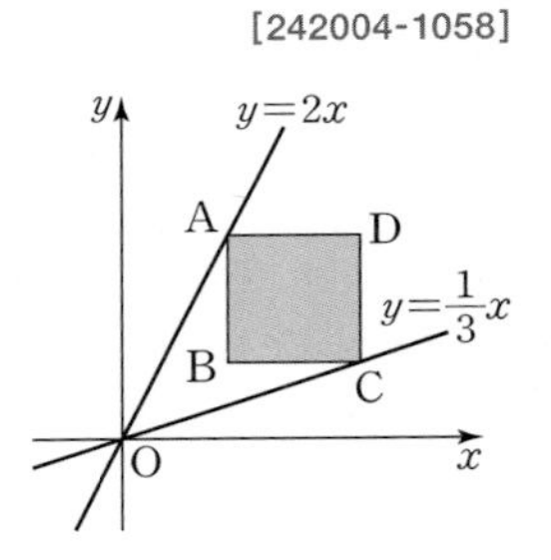

8
[242004-1059]

다음 보기 중에서 그래프가 제2사분면을 지나는 것을 모두 고르시오.

보기

ㄱ. $y=x$ ㄴ. $y=\frac{9}{x}$ ㄷ. $y=-\frac{1}{6}x$

ㄹ. $y=\frac{3}{4}x$ ㅁ. $y=-\frac{7}{5x}$ ㅂ. $y=-8x$

9

[242004-1060]

다음 중에서 반비례 관계 $y=\frac{14}{x}$의 그래프에 대한 설명으로 옳지 않은 것은?

① 한 쌍의 매끄러운 곡선이다.
② 점 $(-2,\ -7)$을 지난다.
③ 제1사분면과 제3사분면을 지난다.
④ 각 사분면에서 x의 값이 증가하면 y의 값도 증가한다.
⑤ 정비례 관계 $y=x$의 그래프와 만난다.

10

[242004-1061]

다음 반비례 관계의 그래프 중에서 좌표축에 가장 가까운 것은?

① $y=-\frac{8}{x}$　② $y=-\frac{1}{4x}$　③ $y=\frac{1}{x}$
④ $y=\frac{3}{x}$　⑤ $y=\frac{6}{x}$

11

[242004-1062]

다음 설명에 알맞은 그래프를 오른쪽 그림의 ㉠~㉢ 중에서 고르시오.

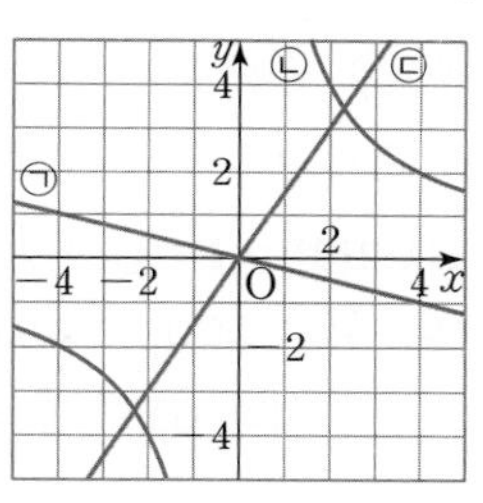

(1) 점 $(-4,\ 1)$을 지난다.
(2) $y=\frac{3}{2}x$의 그래프이다.
(3) 그래프 위의 점의 x좌표와 y좌표의 곱은 항상 8이다.

12 중요

[242004-1063]

반비례 관계 $y=\frac{a}{x}$의 그래프가 오른쪽 그림과 같을 때, $a-b$의 값을 구하시오. (단, a는 상수)

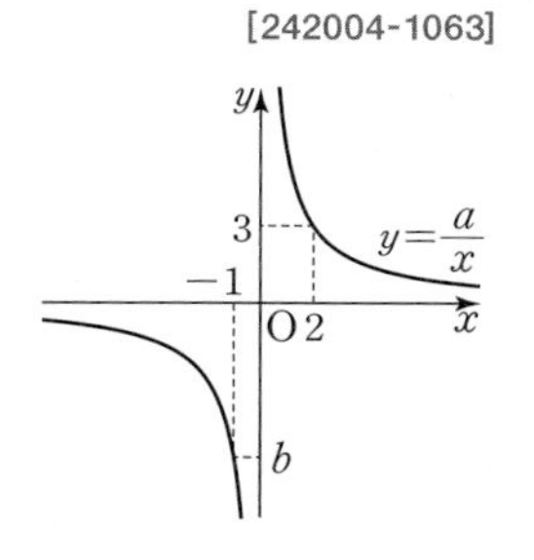

13

[242004-1064]

반비례 관계 $y=\frac{16}{x}$의 그래프 위에 있는 점 중에서 x좌표와 y좌표가 모두 정수인 점의 개수는?

① 8　② 9　③ 10
④ 11　⑤ 12

14 중요

[242004-1065]

오른쪽 그림과 같이 정비례 관계 $y=ax$의 그래프와 반비례 관계 $y=-\frac{6}{x}$의 그래프가 점 A에서 만난다. 점 A의 y좌표가 2일 때, 상수 a의 값을 구하시오.

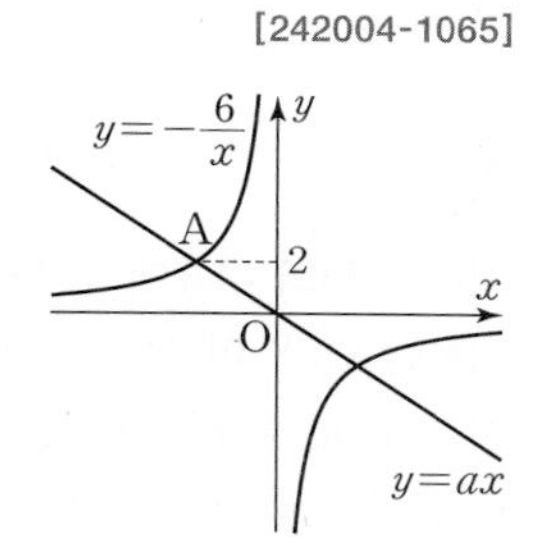

15  신유형

[242004-1066]

다음 성환이와 유미의 대화를 읽고, 번개가 친 지 2초 후에 천둥소리가 들렸을 때, 번개가 친 곳은 현재 위치에서 몇 m 떨어진 곳인지 구하시오.

: 왜 번개가 친 후 천둥소리가 들릴까?

유미 : 빛이 소리보다 빨라서 그래.

: 소리의 속력이 초속 340 m임을 이용하면 번개가 친 곳의 위치를 알 수 있겠네!

중단원 핵심유형 테스트

16

[242004-1067]

어느 자동차 회사에서 출시한 신차는 5 L의 휘발유로 60 km를 달린다고 한다. 168 km를 달리려면 몇 L의 휘발유가 필요한지 구하시오.

17

[242004-1068]

매단 물체의 무게에 정비례하여 용수철의 길이가 늘어나는 용수철 저울이 있다. 이 저울에 무게가 15 g인 물체를 매달면 용수철의 길이가 3 cm 늘어난다고 할 때, 무게가 40 g인 물체를 매달면 용수철의 길이가 몇 cm 늘어나는지 구하시오.

18 중요

[242004-1069]

서현이가 빈 욕조에 1분에 15 L씩 물이 나오도록 수도를 틀었더니 물을 가득 채우는 데 8분이 걸렸다고 한다. 1분에 20 L씩 물이 나오도록 수도를 틀면 물을 가득 채우는 데 몇 분이 걸리는지 구하시오.

기출 서술형

19

[242004-1070]

반비례 관계 $y=\frac{a}{x}$의 그래프가 점 $(3,\ -4)$를 지나고, 정비례 관계 $y=ax$의 그래프가 점 $\left(-\frac{1}{2},\ b\right)$를 지날 때, $a+b$의 값을 구하시오. (단, a는 상수)

풀이 과정

답 |

20

[242004-1071]

오른쪽 그림과 같이 두 점 A, C가 반비례 관계 $y=\frac{a}{x}$의 그래프 위에 있을 때, 직사각형 ABCD의 넓이를 구하시오. (단, a는 상수이고, 직사각형 ABCD의 네 변은 각각 좌표축에 평행하다.)

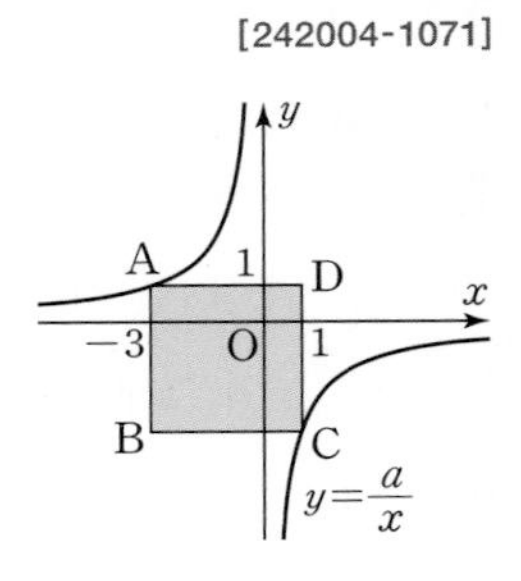

풀이 과정

답 |

이 책의 차례

1 빠른 정답

2 정답과 풀이 / 유형책

3 정답과 풀이 / 연습책

빠른 정답

유형책

1. 소인수분해

1 소수와 거듭제곱

소단원 필수 유형 9~10쪽

1	③	1-1	③	1-2	④
2	③, ④	2-1	ㄷ, ㄹ	2-2	⑤
3	④, ⑤	3-1	ㄱ, ㄷ	3-2	2^{10} 가닥
4	①, ④	4-1	②, ⑤	4-2	7

2 소인수분해

소단원 필수 유형 12~15쪽

5	⑤	5-1	8	5-2	②
6	②	6-1	④, ⑤	6-2	⑤
7	(1) $2^2\times7$ (2) 7 (3) 7	7-1	⑤	7-2	5
8	⑤	8-1	10	8-2	①, ④
9	③	9-1	④	9-2	④
10	⑤	10-1	⑤	10-2	4
11	②	11-1	②	11-2	⑤
12	②	12-1	ㄴ, ㄹ	12-2	②

3 최대공약수

소단원 필수 유형 17~18쪽

13	②, ⑤	13-1	①, ②	13-2	④
14	③	14-1	⑤	14-2	③
15	④	15-1	②	15-2	①
16	④	16-1	②, ⑤	16-2	12

4 최소공배수

소단원 필수 유형 20~22쪽

17	③	17-1	④		
18	⑤	18-1	⑤		
19	①, ⑤	19-1	②		
20	①	20-1	②	20-2	⑤
21	②	21-1	③	21-2	11
22	$\frac{140}{9}$	22-1	②		
23	30	23-1	⑤		
24	①	24-1	②		

중단원 핵심유형 테스트 23~25쪽

1 ④	2 ①, ④	3 ③	4 1	5 ③
6 ①	7 ④	8 16	9 ⑤	10 260
11 ⑤	12 ⑤	13 ①, ③	14 ①	15 ③
16 ①	17 9	18 ②	19 6	20 108

2. 정수와 유리수

1 정수와 유리수의 뜻

소단원 필수 유형 29~30쪽

1 ①, ⑤ 1-1 3개 1-2 ①, ⑤

2 ② 2-1 ③, ⑤

2-2 양의 정수 : $+2$, 음의 정수 : -3, $-\frac{8}{4}$

3 ① 3-1 1.4, $\frac{4}{5}$, $+2.37$ 3-2 7

4 ⑤ 4-1 ① 4-2 1

2 정수와 유리수의 대소 관계

소단원 필수 유형 32~36쪽

5	①	5-1	$-\frac{5}{3}$	5-2	$a=-4$, $b=2$
6	③	6-1	③	6-2	②, ⑤
7	⑤	7-1	①	7-2	7
8	⑤	8-1	ㄱ, ㄷ	8-2	⑤
9	②	9-1	$\frac{5}{2}$	9-2	②
10	⑤	10-1	$\frac{6}{5}$	10-2	$-\frac{7}{2}$, -2.5
11	-7, $-\frac{17}{4}$	11-1	③, ⑤	11-2	⑤
12	$-\frac{7}{8}$	12-1	④	12-2	⑤
13	②	13-1	①, ④	13-2	①
14	④	14-1	②	14-2	④

3 정수와 유리수의 덧셈

소단원 필수 유형 38쪽

15 ④ 15-1 ⑤

16 ④ 16-1 ④

17 ㉠ 교환 ㉡ 결합 ㉢ $+1$ ㉣ 0 17-1 ①

4 정수와 유리수의 뺄셈

소단원 필수 유형 40~44쪽

18	③	18-1	④	18-2	$-\frac{21}{4}$
19	②, ④	19-1	①	19-2	$+\frac{19}{12}$
20	⑤	20-1	⑤	20-2	-50
21	①	21-1	④	21-2	5개
22	④	22-1	$-\frac{31}{10}$	22-2	1100원
23	②	23-1	14	23-2	(1) $-\frac{17}{6}$ (2) $\frac{7}{6}$
24	⑤	24-1	$-\frac{11}{3}$, $-\frac{1}{3}$, $\frac{1}{3}$, $\frac{11}{3}$		
24-2	$\frac{19}{6}$, $-\frac{19}{6}$				
25	3	25-1	2	25-2	$a=\frac{1}{6}$, $b=-\frac{1}{6}$
26	15.3 ℃	26-1	(1) 5시간 (2) 월요일 오전 7시		
26-2	11월 23일, -7만 원				
27	$A=10$, $B=-5$	27-1	1	27-2	$-\frac{25}{6}$

5 정수와 유리수의 곱셈

소단원 필수 유형 46~48쪽

28	④	28-1	$+\frac{1}{2}$	28-2	$-\frac{5}{3}$
29	②	29-1	②	29-2	④
30	②	30-1	㉡, ㉠, ㉢, ㉣		
30-2	$a=\frac{3}{2}$, $b=-1$				
31	④	31-1	②	31-2	68
32	④	32-1	3	32-2	①
33	④	33-1	-39	33-2	⑤

6 정수와 유리수의 나눗셈

소단원 필수 유형 50~54쪽

34	$-\frac{5}{4}$	34-1	②	34-2	2
35	$-\frac{8}{3}$	35-1	-60	35-2	④
36	③	36-1	④	36-2	$\frac{4}{3}$
37	㉤, -1	37-1	㉡	37-2	6
38	$\frac{4}{3}$	38-1	$-\frac{3}{4}$	38-2	③
39	②	39-1	①	39-2	$-\frac{9}{8}$
40	③	40-1	②	40-2	$-\frac{4}{5}$
41	④	41-1	⑤		
41-2	ㄹ, ㄴ, ㄱ, ㄷ, ㅁ				
42	$-\frac{3}{8}$	42-1	④	42-2	2
43	민지 : 4점, 수진 : 7점			43-1	10
43-2	4문제				

중단원 핵심유형 테스트 55~57쪽

1 ③ 2 ② 3 ③ 4 -6
5 $a=\frac{1}{3}$, $b=-6$ 6 $-\frac{7}{3}$ 7 ②
8 덧셈의 교환법칙 9 ⑤ 10 ① 11 ⑤
12 -1 13 $-\frac{10}{9}$ 14 ③ 15 ⑤ 16 ③
17 ④ 18 $-\frac{5}{4}$ 19 $\frac{7}{3}$ 20 $\frac{3}{4}$

3. 문자의 사용과 식

1 문자의 사용과 식의 계산

소단원 필수 유형 61~65쪽

1 ㄴ, ㄷ 1-1 ③
2 ① 2-1 ②
3 ③ 3-1 ③
4 ④ 4-1 ① 4-2 ①, ⑤
5 $\frac{23}{10}x+\frac{27}{10}y$ 5-1 ⑤ 5-2 $\frac{42x+4y}{x+4}$점
6 ⑤ 6-1 (1) $8x$원 (2) $(800-8x)$원
6-2 (1) $2x$원 (2) $\frac{21}{10}x$원 (3) A 가게
7 ② 7-1 $ab\text{ cm}^2$ 7-2 $(2a+4b)\text{ cm}^2$
8 $(3a+70b)$ km 8-1 ① 8-2 $\left(12-\frac{9}{2}x\right)$ km
9 ㄴ, ㄷ 9-1 $\left(\frac{x}{20}+\frac{y}{10}\right)$ g 9-2 $\frac{2x+y}{3}$ %
10 ⑤ 10-1 ④ 10-2 ③
11 (1) $\frac{(a+b)h}{2}\text{ cm}^2$ (2) 35 cm^2 11-1 95 °F
11-2 686 m

2 일차식과 수의 곱셈, 나눗셈

소단원 필수 유형 67쪽

12 -35 12-1 ③
13 ② 13-1 ㄱ, ㄷ, ㄹ, ㅂ
14 ④ 14-1 -5

3 일차식의 덧셈과 뺄셈

소단원 필수 유형 69~72쪽

15 ② 15-1 ⑤
16 ③ 16-1 8
17 ③ 17-1 ④
18 ③ 18-1 ④ 18-2 -1
19 (1) (나) (2) $-x-\frac{11}{4}$ 19-1 ⑤ 19-2 $\frac{1}{5}$
20 $(6x+10)\text{ m}^2$ 20-1 ① 20-2 $8a+6b+4$
21 ⑤ 21-1 $-7x+3$ 21-2 -1
22 $-3x+7y$ 22-1 17 22-2 $-4x+12$
23 $5x-6$ 23-1 (1) $-6x$ (2) $-5x-4$
23-2 $3x+1$

중단원 핵심유형 테스트 73~75쪽

1 ① 2 ④ 3 ④ 4 ② 5 1029 m
6 ⑤ 7 ③ 8 ⑤ 9 $-x$, $\frac{x}{2}$ 10 ⑤
11 ④ 12 $17x-21$ 13 ③ 14 ⑤
15 $-\frac{13}{6}x+\frac{16}{3}$ 16 ② 17 $-3x+6$
18 $6x-8$ 19 $\frac{7}{3}$ 20 -9

4. 일차방정식

1 등식과 방정식

소단원 필수 유형 79~80쪽

1 ①, ② 1-1 ②, ④ 2 ④, ⑤
2-1 ② 3 ④ 3-1 $x=-2$
4 2개 4-1 ⑤ 4-2 ②
5 ③ 5-1 12 5-2 ④

2 일차방정식의 풀이

소단원 필수 유형 82~85쪽

6	③, ⑤	6-1	④	6-2	③
7	324	7-1	㉠: 1, ㉡: 2, ㉢: 4		
7-2	(가): ㄴ, (나): ㄹ				
8	⑤	8-1	ㄱ	8-2	③, ⑤
9	②	9-1	2개	9-2	④
10	⑤	10-1	①		
11	⑤	11-1	①		
12	$x=\frac{13}{8}$	12-1	④		
13	④	13-1	②	13-2	③
14	④	14-1	④	14-2	1, 2

3 일차방정식의 활용

소단원 필수 유형 87~94쪽

15	④	15-1	⑤	15-2	48
16	③	16-1	17	16-2	27일
17	⑤	17-1	③	17-2	46
18	②	18-1	③	18-2	45세
19	②	19-1	②	19-2	6개
20	①	20-1	7 cm	20-2	⑤
21	5개월 후	21-1	6일 후	21-2	15000원
22	10명	22-1	⑤	22-2	57
23	③	23-1	9시간	23-2	9일
24	27시간	24-1	28명	24-2	90
25	⑤	25-1	12 km	25-2	4 km
26	10 km	26-1	5 km	26-2	③
27	40분 후	27-1	20분 후	27-2	오전 9시 15분
28	18분 후	28-1	③	28-2	16분 후
29	150 m	29-1	①	29-2	180 m
30	②	30-1	①	30-2	②

중단원 핵심유형 테스트 95~97쪽

1 ②	2 $\frac{b}{2}+7$	3 ㉣	4 $x=2$	5 $x=3$
6 2	7 ②	8 ①	9 ①	10 ①
11 78	12 닭 : 64마리, 토끼 : 36마리			13 ③
14 ④	15 180	16 ④	17 ④	18 ②
19 $-\frac{17}{3}$	20 40분 후			

5. 좌표평면과 그래프

1 순서쌍과 좌표평면

소단원 필수 유형 101~104쪽

1	1	1-1	⑤		
2	3	2-1	(1, −2), (1, −1), (3, −2), (3, −1)		
3	①	3-1	−2		
4	②	4-1	$A\left(0, \frac{11}{3}\right)$	4-2	2
5	6	5-1	12	5-2	5
6	⑤	6-1	⑤	6-2	①, ③
7	①	7-1	④	7-2	③
8	①	8-1	③	8-2	②
9	③	9-1	②	9-2	③

2 그래프

소단원 필수 유형 106~107쪽

10	④, ⑤	10-1	(1) 10분 (2) 400 m (3) 5
11	③	11-1	20분 후
12	ㄱ	12-1	⑤
13	㉠-㉯, ㉡-㉰, ㉢-㉮	13-1	㉠-㉰, ㉡-㉯, ㉢-㉮

중단원 핵심유형 테스트 108~109쪽

1 ① 2 ④ 3 $-\frac{9}{10}$ 4 -1
5 제4사분면 6 ② 7 ② 8 ③ 9 ㄱ, ㄷ
10 ② 11 ⑤ 12 제4사분면

6. 정비례와 반비례

1 정비례

소단원 필수 유형 113~116쪽

1	②	1-1	③, ④	1-2	⑤
2	③	2-1	$y=-\frac{1}{2}x$	2-2	④
3	③	3-1	①		
4	②	4-1	$\frac{10}{9}$	4-2	①
5	ㄱ, ㄴ	5-1	①, ④	5-2	③
6	③	6-1	①	6-2	②
7	②	7-1	④	7-2	$y=-\frac{3}{2}x$
8	30	8-1	42	8-2	$\frac{3}{4}$

2 반비례

소단원 필수 유형 118~122쪽

9	②, ④	9-1	③, ④	9-2	②
10	③	10-1	④	10-2	6
11	②	11-1	①		
12	①, ③	12-1	-6	12-2	①
13	①, ③	13-1	①, ②	13-2	②
14	ㄱ, ㅁ	14-1	①	14-2	a, b, d, c
15	9	15-1	④	15-2	$y=-\frac{12}{x}$
16	3	16-1	$\frac{13}{2}$	16-2	50
17	8	17-1	12	17-2	6
18	60	18-1	1	18-2	-8

3 정비례, 반비례 관계의 활용

소단원 필수 유형 124쪽

19	9 kg	19-1	7 cm	19-2	40분 후
20	①	20-1	③	20-2	10 cm

중단원 핵심유형 테스트 125~127쪽

1 ④, ⑤ 2 $\frac{8}{7}$ 3 -1 4 ②, ⑤ 5 ③
6 ⑤ 7 ② 8 1 9 ⑤ 10 ②, ④
11 ④ 12 ⑤ 13 $\frac{2}{3}\le b\le\frac{8}{3}$ 14 ①
15 22 16 ② 17 ② 18 $\frac{17}{1000}$ m 이하
19 3 20 12분

빠른 정답

연습책

1. 소인수분해

1 소수와 거듭제곱 2~3쪽

유형 1 | 소수와 합성수

1 ② 2 1 3 5개

유형 2 | 소수와 합성수의 성질

4 ⑤ 5 ㄱ, ㄴ, ㄷ 6 10

유형 3 | 거듭제곱

7 ②, ③ 8 ② 9 5

유형 4 | 거듭제곱으로 나타내기

10 ⑤ 11 ③ 12 10

2 소인수분해 4~7쪽

유형 5 | 소인수분해

13 ③ 14 10 15 11

유형 6 | 소인수

16 ② 17 ⑤ 18 ⑤

유형 7 | 소인수분해를 이용하여 제곱인 수 만들기 (1)

19 ② 20 ⑤ 21 36

유형 8 | 소인수분해를 이용하여 제곱인 수 만들기 (2)

22 ② 23 ③ 24 24

유형 9 | 소인수분해를 이용하여 약수의 개수 구하기

25 ⑤ 26 ④ 27 ㄷ, ㄹ, ㄴ, ㄱ

유형 10 | 소인수분해를 이용하여 약수 구하기

28 ⑤ 29 ①, ③ 30 ④

유형 11 | 약수의 개수가 주어질 때, 지수 구하기

31 ② 32 ③ 33 7

유형 12 | 약수의 개수가 주어질 때, 자연수 구하기

34 ④ 35 ㄴ, ㄷ 36 9

3 최대공약수 8~9쪽

유형 13 | 최대공약수의 성질

37 ⑤ 38 ⑤ 39 56

유형 14 | 서로소

40 ⑤ 41 ②, ⑤ 42 5개

유형 15 | 최대공약수 구하기

43 ④ 44 ③ 45 15

유형 16 | 공약수 구하기

46 ④ 47 ③ 48 109

4 최소공배수 10~12쪽

유형 17 | 최소공배수의 성질

49 ④ 50 ③ 51 105

유형 18 | 최소공배수 구하기

52 ⑤ 53 ④ 54 12

유형 19 | 공배수 구하기

55 $2^3 \times 5^2 \times 7^3$ 56 ⑤

유형 20 | 최소공배수가 주어질 때, 미지수 구하기

57 30 58 80

유형 21 | 최대공약수 또는 최소공배수가 주어질 때, 미지수 구하기

59 ③ 60 5 61 ①

유형 22 | 두 분수를 자연수로 만들기

62 72 63 $\frac{135}{4}$ 64 97

유형 23 | 최대공약수와 최소공배수의 관계 (1)

65 720 66 35

유형 24 | 최대공약수와 최소공배수의 관계 (2)

67 7 68 36

중단원 핵심유형 테스트 13~15쪽

1 ①	2 ⑤	3 ㄴ, ㄹ	4 ②	5 ③
6 56	7 ②	8 ④	9 ②	10 ④
11 ①	12 6	13 ①	14 ⑤	15 ②
16 18	17 ②	18 120	19 9	20 108

2. 정수와 유리수

1 정수와 유리수의 뜻 16~17쪽

유형 1 | 부호를 사용하여 나타내기

1 ⑤ 2 ㄱ, ㄴ, ㄹ 3 ④

유형 2 | 정수의 분류

4 ②, ⑤ 5 ③ 6 ②, ④

유형 3 | 유리수의 분류

7 $+\frac{4}{2}$, 0, 2 8 ④ 9 16

유형 4 | 정수와 유리수의 성질

10 ③, ④ 11 ③ 12 지민, 윤서, 준수

2 정수와 유리수의 대소 관계 18~22쪽

유형 5 | 수를 수직선 위에 나타내기

13 ③ 14 ④ 15 5

유형 6 | 수직선에서 같은 거리에 있는 점

16 ② 17 2 18 4

유형 7 | 절댓값

19 ⑤ 20 $\frac{7}{2}$ 21 ④

유형 8 | 절댓값의 성질

22 ③ 23 ㄱ, ㄹ 24 ⑤

유형 9 | 절댓값이 같고 부호가 반대인 두 수

25 7 26 -5 27 $-\frac{5}{2}$

유형 10 | 절댓값의 대소 관계

28 ② 29 ② 30 C

유형 11 | 절댓값의 범위가 주어진 수

31 -3, 0, $-\frac{9}{4}$, -2.7 32 ⑤ 33 6

유형 12 | 수의 대소 관계

34 ⑤ 35 ① 36 지구

유형 13 | 부등호의 사용

37 $-2\le x\le\frac{7}{3}$ 38 ② 39 ⑤

유형 14 | 주어진 범위에 속하는 수

40 ③ 41 ① 42 9

3 정수와 유리수의 덧셈 23쪽

유형 15 | 유리수의 덧셈

43 ⑤ 44 ㄱ, ㄷ, ㄹ, ㄴ 45 $+\frac{17}{5}$

유형 16 | 수직선으로 나타내어진 덧셈식 찾기

46 ④ 47 $(-4)+(+7)=+3$

유형 17 | 덧셈의 계산 법칙

48 ㉠ 교환 ㉡ 결합 ㉢ $+2$ ㉣ $+\frac{5}{3}$

유형 24 | 절댓값이 주어진 두 수의 덧셈과 뺄셈

66 $\frac{21}{20}$, $-\frac{21}{20}$

유형 25 | 조건을 만족시키는 수 구하기

67 $a=\frac{1}{5}$, $b=-\frac{1}{5}$, $c=-\frac{6}{5}$ 68 3

유형 26 | 유리수의 덧셈과 뺄셈의 활용 (1) – 실생활

69 540명 70 D 71 베이징

유형 27 | 유리수의 덧셈과 뺄셈의 활용 (2) – 도형

72 -7 73 4 74 $\frac{25}{6}$

4 정수와 유리수의 뺄셈 24~27쪽

유형 18 | 유리수의 뺄셈

49 ① 50 $+\frac{41}{6}$ 51 $+\frac{23}{4}$

유형 19 | 덧셈과 뺄셈의 혼합 계산 – 부호가 있는 경우

52 ② 53 ④ 54 29

유형 20 | 덧셈과 뺄셈의 혼합 계산 – 부호가 생략된 경우

55 ⑤ 56 $-\frac{4}{3}$ 57 ㉡, 7

유형 21 | 어떤 수보다 □만큼 크거나 작은 수

58 ① 59 0 60 (1) $a=-\frac{1}{2}$, $b=\frac{16}{3}$ (2) 6

유형 22 | 덧셈과 뺄셈 사이의 관계

61 (1) -6 (2) $\frac{1}{4}$ 62 ② 63 $-\frac{1}{4}$

유형 23 | 바르게 계산한 답 구하기–덧셈과 뺄셈

64 $\frac{23}{10}$ 65 $\frac{11}{6}$

5 정수와 유리수의 곱셈 28~30쪽

유형 28 | 유리수의 곱셈

75 ③ 76 ⑤ 77 ②

유형 29 | 곱셈의 계산 법칙

78 ② 79 ㉠ 곱셈의 교환법칙 ㉡ 곱셈의 결합법칙 80 ④

유형 30 | 세 수 이상의 곱셈

81 ⑤ 82 ① 83 $\frac{1}{100}$

유형 31 | 거듭제곱의 계산

84 ④ 85 ④ 86 0

유형 32 | $(-1)^n$의 계산

87 ⑤ 88 ③ 89 20

유형 33 | 분배법칙

90 ㉠ 1 ㉡ 23 ㉢ 2277 91 ④ 92 -66

6 정수와 유리수의 나눗셈 31~34쪽

유형 34 | 역수

93 $-\frac{1}{3}$

유형 35 | 유리수의 나눗셈

94 $-\frac{4}{15}$ 95 25

유형 36 | 곱셈과 나눗셈의 혼합 계산

96 ④ 97 $\frac{4}{3}$ 98 $-\frac{1}{3}$

유형 37 | 덧셈, 뺄셈, 곱셈, 나눗셈의 혼합 계산

99 ② 100 $\left[\{(-5)+2\}\times\frac{2}{15}-\frac{8}{5}\right]\div\left(-\frac{1}{4}\right)$, 8 101 10

유형 38 | 곱셈과 나눗셈 사이의 관계

102 $-\frac{4}{5}$ 103 ③ 104 -6

유형 39 | 바르게 계산한 답 구하기 – 곱셈과 나눗셈

105 ① 106 $-\frac{13}{14}$ 107 2

유형 40 | 문자로 주어진 유리수의 부호 결정

108 ④ 109 ⑤ 110 ③

유형 41 | 문자로 주어진 유리수의 대소 관계

111 ③ 112 ⑤ 113 ⑤

유형 42 | 새로운 연산 기호

114 10 115 $-\frac{5}{12}$

유형 43 | 유리수의 혼합 계산의 활용 – 실생활

116 32점 117 8점

중단원 핵심유형 테스트 35~37쪽

1 ③	2 3개	3 ②, ③	4 ②, ④	5 ②
6 ④	7 2	8 ⑤	9 $-\frac{8}{5}$	10 ③
11 $\frac{15}{4}$	12 화천	13 ④	14 ⑤	15 $-\frac{13}{2}$
16 ③	17 $-\frac{2}{3}$	18 ③	19 $\frac{7}{3}$	20 $\frac{7}{9}$

3. 문자의 사용과 식

1 문자의 사용과 식의 계산 38~41쪽

유형 1 | 곱셈 기호의 생략

1 ③ 2 ⑤

유형 2 | 나눗셈 기호의 생략

3 ④

유형 3 | 곱셈 기호와 나눗셈 기호의 생략

4 ③, ⑤ 5 ⑤

유형 4 | 문자를 사용한 식 – 나이, 단위, 수

6 ④

유형 5 | 문자를 사용한 식 – 비율, 평균

7 $\frac{1}{20}a$원　8 $\frac{9b-4a}{5}$ 점

유형 6 | 문자를 사용한 식 – 가격

9 ⑤

유형 7 | 문자를 사용한 식 – 도형

10 ⑤　11 성원, 영서

유형 8 | 문자를 사용한 식 – 거리, 속력, 시간

12 ②, ④　13 ④　14 $\left(\frac{a}{15}+\frac{b}{20}\right)$ km

유형 9 | 문자를 사용한 식 – 농도

15 ㄱ, ㄷ　16 ⑤

유형 10 | 식의 값

17 ④　18 -2　19 -16

유형 11 | 식의 값의 활용

20 ⑤　21 12 ℃　22 (1) ab cm²　(2) 70 cm²

2 일차식과 수의 곱셈, 나눗셈

42쪽

유형 12 | 다항식

23 ③　24 ①　25 ④, ⑤

유형 13 | 일차식

26 ④, ⑤

유형 14 | 일차식과 수의 곱셈, 나눗셈

27 ⑤　28 ④

3 일차식의 덧셈과 뺄셈

43~46쪽

유형 15 | 동류항

29 ⑤　30 ②

유형 16 | 일차식의 덧셈과 뺄셈

31 ④　32 -1

유형 17 | 일차식이 되기 위한 조건

33 -5　34 ②　35 ③

유형 18 | 괄호가 여러 개인 일차식의 덧셈과 뺄셈

36 ②　37 ④　38 3

유형 19 | 분수 꼴인 일차식의 덧셈과 뺄셈

39 ⑤　40 $\frac{1}{5}$　41 ①

유형 20 | 일차식의 덧셈과 뺄셈의 활용 – 도형

42 ⑤　43 $10x-8$　44 $10a+8b+4$

유형 21 | 문자에 일차식 대입하기

45 ③　46 $-3x+4$　47 ④

유형 22 | □ 안에 알맞은 식 구하기

48 ①　49 $-3x-7y$　50 $4x+2$

유형 23 | 바르게 계산한 식 구하기

51 $-12x+18$　52 ④　53 $2x+4$

중단원 핵심유형 테스트

47~49쪽

1 ④　2 ⑤　3 ④　4 $(30-55x)$ km
5 ②　6 ②　7 ①　8 ③　9 10 ℃
10 18　11 ②, ④　12 ①　13 ⑤　14 4
15 ③　16 $3x-23$　17 ①, ④　18 $A=-x$, $B=5x-2$
19 $-\frac{17}{35}$　20 $\frac{5}{3}x+\frac{1}{3}$

4. 일차방정식

1 등식과 방정식

50~51쪽

유형 1 | 등식

1 ⑤

유형 2 | 문장을 등식으로 나타내기

2 $3000-400x=200$　3 ⑤

유형 3 | 방정식의 해

4 ③　5 $x=2$　6 ⑤

유형 4 | 항등식

7 ④　8 2개　9 ④

유형 5 | 항등식이 되기 위한 조건

10 ④　11 -2　12 $x+6$

2 일차방정식의 풀이

52~56쪽

유형 6 | 등식의 성질

13 ②, ④　14 ㄴ, ㄹ　15 ④

유형 7 | 등식의 성질을 이용한 방정식의 풀이

16 (가) ㄴ (나) ㄹ　17 ㉠　18 ㉡

유형 8 | 이항

19 ②　20 ④　21 5

유형 9 | 일차방정식

22 ②, ⑤　23 $a\neq3$　24 수찬, 하준

유형 10 | 괄호가 있는 일차방정식의 풀이

25 1　26 ②　27 4

유형 11 | 계수가 소수인 일차방정식의 풀이

28 ⑤　29 2　30 $x=-2$

유형 12 | 계수가 분수인 일차방정식의 풀이

31 ①　32 ②　33 -9　34 3　35 $x=4$
36 $x=-1$　37 $x=\frac{28}{5}$

유형 13 | 비례식으로 주어진 일차방정식의 풀이

38 ②　39 3　40 ①

유형 14 | 일차방정식의 해의 조건이 주어진 경우

41 ②　42 ①　43 -5

3 일차방정식의 활용

57~64쪽

유형 15 | 어떤 수에 대한 문제

44 ⑤　45 $\frac{133}{8}$　46 ②

유형 16 | 연속하는 수에 대한 문제

47 ③　48 ①　49 29

유형 17 | 자릿수에 대한 문제

50 ①　51 ③　52 52

유형 18 | 나이에 대한 문제

53 ④　54 45세　55 아버지: 42세, 아들: 6세

유형 19 | 합이 일정한 문제

56 ④　57 초콜릿: 6개, 사탕: 4개　58 5개

유형 20 | 도형에 대한 문제

59 2　60 ①　61 ②

유형 21 | 금액에 대한 문제

62 10개월 후　63 6개월 후　64 10000원

유형 22 | 과부족에 대한 문제

65 ④　66 53전　67 41

유형 23 | 일에 대한 문제

68 4일　69 10일　70 ③

유형 24 | 비율에 대한 문제

71 8　72 120　73 84세

유형 25 | 거리, 속력, 시간에 대한 문제 – 총 걸린 시간이 주어진 경우

74 10 km　75 4 km　76 (1) $\frac{x}{200}+15+\frac{x}{150}=50$ (2) 3 km

유형 26 | 거리, 속력, 시간에 대한 문제 – 시간 차가 생기는 경우

77 4 km　78 ⑤　79 2 km

유형 27 | 거리, 속력, 시간에 대한 문제 – 따라가서 만나는 경우

80 20분 후　81 오전 9시 45분　82 ②

유형 28 | 거리, 속력, 시간에 대한 문제 – 마주 보고 걷거나 둘레를 도는 경우

83 오후 4시 20분　84 15분 후　85 32분 후

유형 29 | 거리, 속력, 시간에 대한 문제 – 열차가 다리 또는 터널을 지나는 경우

86 ①　87 ③　88 200 m

유형 30 | 농도에 대한 문제

89 50 g　90 25 g　91 ④

중단원 핵심유형 테스트 65~67쪽

1 ③　2 8　3 ④　4 −5　5 ⑤
6 −2　7 ③　8 ③　9 ④　10 ①
11 9　12 12　13 ③　14 3
15 2일　16 3　17 ④　18 ③　19 4
20 학생 수: 9, 공책 수: 68

5. 좌표평면과 그래프

1 순서쌍과 좌표평면

68~71쪽

유형 1 | 수직선 위의 점의 좌표

1 ⑤　2 C(3)

유형 2 | 순서쌍

3 ⑤　4 (−1, −3), (−1, 3), (1, −3), (1, 3)

유형 3 | 좌표평면 위의 점의 좌표

5 ④　6 풀이 참조

유형 4 | x축 또는 y축 위의 점의 좌표

7 ③　8 1　9 −2

유형 5 | 좌표평면 위의 도형의 넓이

10 10　11 D(1, 4), 12　12 13

유형 6 | 사분면

13 ②　14 ④　15 ④

유형 7 | 사분면 위의 점 (1)

16 ③　17 ④　18 제3사분면

유형 8 | 사분면 위의 점 (2)

19 ②　20 제4사분면　21 ③

유형 9 | 대칭인 점의 좌표

22 5　23 ⑤　24 ③

2 그래프 72~73쪽

유형 10 | 그래프 해석하기

25 (1) 2분 (2) 1.2 km (3) 12분 후 26 ④

유형 11 | 그래프 비교하기

27 ㄱ, ㄹ 28 ②, ⑤

유형 12 | 상황에 맞는 그래프 찾기

29 ④ 30 ⑤

유형 13 | 그래프의 변화 파악하기

31 ⑤ 32 ③

중단원 핵심유형 테스트 74~75쪽

1 ③ 2 5 3 ③ 4 $-\frac{1}{2}$ 5 ④
6 2개 7 ⑤ 8 제2사분면 9 ②
10 ③ 11 ② 12 ㄴ, ㄷ 13 ④ 14 제1사분면

6. 정비례와 반비례

1 정비례 76~79쪽

유형 1 | 정비례 관계 찾기

1 ㄱ, ㄴ, ㅁ 2 ③ 3 ④

유형 2 | 정비례 관계식 구하기

4 6 5 ⑤ 6 12

유형 3 | 정비례 관계의 그래프

7 ④ 8 ①

유형 4 | 정비례 관계의 그래프 위의 점

9 4 10 14 11 7

유형 5 | 정비례 관계의 그래프의 성질

12 ①, ④ 13 ③ 14 ㄱ, ㄹ

유형 6 | 정비례 관계 $y=ax(a\neq0)$의 그래프와 a의 값 사이의 관계

15 ① 16 ㉠ 17 $a<c<b$

유형 7 | 그래프에서 정비례 관계식 구하기

18 ② 19 ① 20 A(3, -1)

유형 8 | 정비례 관계의 그래프와 도형의 넓이

21 6 22 $\frac{1}{2}$ 23 $\frac{15}{16}$

2 반비례 80~84쪽

유형 9 | 반비례 관계 찾기

24 ③, ⑤ **25** ㄷ, ㄹ **26** ㄱ, ㄴ, ㄹ

유형 10 | 반비례 관계식 구하기

27 -3 **28** ③ **29** 15

유형 11 | 반비례 관계의 그래프

30 ① **31** ②

유형 12 | 반비례 관계의 그래프 위의 점

32 ②, ⑤ **33** 8 **34** -3

유형 13 | 반비례 관계의 그래프의 성질

35 ㄴ, ㄹ, ㅂ **36** ④ **37** ㄴ

유형 14 | 반비례 관계 $y=\frac{a}{x}$ $(a\neq0)$의 그래프와 a의 값 사이의 관계

38 ㄱ, ㅂ **39** $0<a<3$ **40** ⑤

유형 15 | 그래프에서 반비례 관계식 구하기

41 ② **42** $y=-\frac{6}{x}$ **43** $y=\frac{8}{x}$

유형 16 | 반비례 관계의 그래프와 도형의 넓이

44 18 **45** 16 **46** 15

유형 17 | 그래프 위의 점 중에서 좌표가 정수인 점 찾기

47 6 **48** 12 **49** 8

유형 18 | 정비례 관계와 반비례 관계의 그래프가 만나는 점

50 40 **51** -30 **52** (삼각형 ABC의 넓이)$=14$, $a=3$

3 정비례, 반비례 관계의 활용 85쪽

유형 19 | 정비례 관계의 활용

53 270 **54** ② **55** 40 kg

유형 20 | 반비례 관계의 활용

56 $y=\frac{2700}{x}$, 15시간 **57** 5기압

58 (1) 30 m (2) 15 MHz (3) $y=\frac{150}{x}$ (4) 2 m

중단원 핵심유형 테스트 86~88쪽

1 ②, ④ **2** 2개 **3** 1 **4** ③ **5** -1
6 $\frac{3}{5}$ **7** D(9, 8) **8** ㄷ, ㅁ, ㅂ **9** ④ **10** ②
11 (1) ㉠ (2) ㉢ (3) ㉡ **12** 12 **13** ③ **14** $-\frac{2}{3}$
15 680 m **16** 14 L **17** 8 cm **18** 6분 **19** -6
20 16

1. 소인수분해

1 소수와 거듭제곱

소단원 필수 유형 9~10쪽

1	③	1-1	③	1-2	④
2	③, ④	2-1	ㄷ, ㄹ	2-2	⑤
3	④, ⑤	3-1	ㄱ, ㄷ	3-2	2^{10} 가닥
4	①, ④	4-1	②, ⑤	4-2	7

1 소수는 5, 11, 13의 3개이므로 $a=3$
합성수는 10, 12, 15의 3개이므로 $b=3$
따라서 $a-b=3-3=0$

1-1
소수는 3, 5, 47의 3개이다.

1-2
20 미만의 자연수 중에서 소수는 2, 3, 5, 7, 11, 13, 17, 19이다.
이때 가장 큰 소수는 19이므로 $a=19$
가장 작은 합성수는 4이므로 $b=4$
따라서 $a-b=19-4=15$

2 ③ 합성수의 약수는 3개 이상이다.
④ 3의 배수 중에서 3은 소수이다.
따라서 옳지 않은 것은 ③, ④이다.

2-1
ㄱ. 소수 중에서 2는 짝수이다.
ㄴ. 2는 짝수인 소수이다.
따라서 옳은 것은 ㄷ, ㄹ이다.

2-2
① 1은 소수도 아니고 합성수도 아니다.
② 9는 합성수이지만 홀수이다.
③ 5는 5를 약수로 갖지만 소수이다.
④ 자연수는 1, 소수, 합성수로 이루어져 있다.
따라서 옳은 것은 ⑤이다.

3 ④ $\left(\frac{1}{2}\right)^5$의 지수는 5이고 밑은 $\frac{1}{2}$이다.
⑤ 2를 4번 더한 수는 2×4로 나타낼 수 있다.
따라서 옳지 않은 것은 ④, ⑤이다.

3-1
ㄴ. 3^6의 지수는 6이고 밑은 3이다.
ㄹ. $6+6+6+6+6$은 6×5로 나타낼 수 있다.
따라서 옳은 것은 ㄱ, ㄷ이다.

3-2
1번 접으면 2가닥
2번 접으면 $2\times2=2^2$(가닥)
3번 접으면 $2\times2\times2=2^3$(가닥)
⋮
따라서 10번 접으면 $2\times2\times\cdots\times2=2^{10}$(가닥)이다.

4 ② $2+2+2+2+2=2\times5$
③ $a\times a\times b\times b\times c=a^2\times b^2\times c$
⑤ $\frac{5}{4}\times\frac{5}{4}\times\frac{5}{4}=\left(\frac{5}{4}\right)^3$
따라서 옳은 것은 ①, ④이다.

4-1
② $3+3+3+3=3\times4$
⑤ $\frac{1}{5}\times\frac{1}{5}\times\frac{1}{5}\times\frac{1}{5}=\left(\frac{1}{5}\right)^4$
따라서 옳지 않은 것은 ②, ⑤이다.

4-2
(가) $5\times5\times11\times11\times11=5^2\times11^3$이므로 $a=3$
(나) $2\times2\times81=2^2\times3^4$이므로 $b=4$
따라서 $a+b=3+4=7$

2 소인수분해

소단원 필수 유형 12~15쪽

5	⑤	5-1	8	5-2	②
6	②	6-1	④, ⑤	6-2	⑤
7	(1) $2^2\times7$ (2) 7 (3) 7	7-1	⑤	7-2	5
8	⑤	8-1	10	8-2	①, ④
9	③	9-1	④	9-2	④
10	⑤	10-1	⑤	10-2	4
11	②	11-1	②	11-2	⑤
12	②	12-1	ㄴ, ㄹ	12-2	②

5 ① $18=2\times3^2$ ② $32=2^5$
③ $68=2^2\times17$ ④ $100=2^2\times5^2$
따라서 소인수분해를 바르게 한 것은 ⑤이다.

5-1
108을 소인수분해 하면 $108=2^2\times3^3$이므로
$a=2$, $b=3$, $c=3$
따라서 $a+b+c=2+3+3=8$

5-2
① $45=3^{\boxed{2}}\times5$ ② $54=2\times3^{\boxed{3}}$
③ $72=2^3\times3^{\boxed{2}}$ ④ $98=2\times7^{\boxed{2}}$

⑤ $140=2^{\boxed{2}}\times5\times7$
따라서 □ 안에 들어갈 수가 나머지 넷과 다른 하나는 ②이다.

6 $840=2^3\times3\times5\times7$이므로 840의 소인수는 2, 3, 5, 7이다.

6-1
$240=2^4\times3\times5$이므로 240의 소인수는 2, 3, 5이다.
따라서 240의 소인수가 아닌 것은 ④, ⑤이다.

6-2
① $72=2^3\times3^2$이므로 소인수는 2, 3이다.
② $96=2^5\times3$이므로 소인수는 2, 3이다.
③ $144=2^4\times3^2$이므로 소인수는 2, 3이다.
④ $216=2^3\times3^3$이므로 소인수는 2, 3이다.
⑤ $252=2^2\times3^2\times7$이므로 소인수는 2, 3, 7이다.
따라서 소인수가 나머지 넷과 다른 하나는 ⑤이다.

7 (1) $28=2^2\times7$
(2) 지수가 홀수인 소인수는 7이다.
(3) 어떤 자연수의 제곱이 되도록 하려면 소인수의 지수가 짝수가 되어야 하므로 곱할 수 있는 자연수는 $7\times(\text{자연수})^2$의 꼴이어야 한다. 따라서 곱할 수 있는 가장 작은 자연수는 7이다.

7-1
$50\times x=2\times5^2\times x$가 어떤 자연수의 제곱이 되도록 하려면 x는 $2\times(\text{자연수})^2$의 꼴이어야 한다.
① $2=2\times1^2$ ② $8=2\times2^2$
③ $18=2\times3^2$ ④ $50=2\times5^2$
⑤ $64=2\times2^5$
따라서 자연수 x의 값으로 적당하지 않은 것은 ⑤이다.

7-2
$180=2^2\times3^2\times5$에 자연수를 곱하여 어떤 자연수의 제곱이 되도록 하려면 $5\times(\text{자연수})^2$의 꼴을 곱해야 한다.
따라서 곱할 수 있는 가장 작은 자연수는 5이다.

8 $2^2\times3^3\times5$를 자연수로 나누어 어떤 자연수의 제곱이 되도록 하려면 $2^2\times3^3\times5$의 약수 중에서 $3\times5\times(\text{자연수})^2$의 꼴로 나누어야 한다.
따라서 나눌 수 있는 가장 작은 자연수는 $3\times5=15$이다.

8-1
$360=2^3\times3^2\times5$를 자연수로 나누어 어떤 자연수의 제곱이 되도록 하려면 360의 약수 중에서 $2\times5\times(\text{자연수})^2$의 꼴로 나누어야 한다.
따라서 나눌 수 있는 가장 작은 자연수는 $2\times5=10$이다.

8-2
$1500=2^2\times3\times5^3$을 자연수 x로 나누어 어떤 자연수의 제곱이 되도록 하려면 x는 1500의 약수 중에서 $3\times5\times(\text{자연수})^2$의 꼴이어야 한다.
① $15=3\times5\times1^2$ ④ $60=3\times5\times2^2$
따라서 자연수 x의 값이 될 수 있는 것은 ①, ④이다.

9 ① $20=2^2\times5$이므로 약수의 개수는
$(2+1)\times(1+1)=6$
② $32=2^5$이므로 약수의 개수는 $5+1=6$
③ $60=2^2\times3\times5$이므로 약수의 개수는
$(2+1)\times(1+1)\times(1+1)=12$
④ 2×7^2의 약수의 개수는 $(1+1)\times(2+1)=6$
⑤ $3^2\times11$의 약수의 개수는 $(2+1)\times(1+1)=6$
따라서 약수의 개수가 나머지 넷과 다른 하나는 ③이다.

9-1
$225=3^2\times5^2$이므로 약수의 개수는
$(2+1)\times(2+1)=9$

9-2
① $2^4\times3$의 약수의 개수는 $(4+1)\times(1+1)=10$
② 2^7의 약수의 개수는 $7+1=8$
③ $3^2\times7^3$의 약수의 개수는 $(2+1)\times(3+1)=12$
④ $120=2^3\times3\times5$이므로 약수의 개수는
$(3+1)\times(1+1)\times(1+1)=16$
⑤ $3^2\times5\times7$의 약수의 개수는
$(2+1)\times(1+1)\times(1+1)=12$
따라서 약수의 개수가 가장 많은 것은 ④이다.

10 $720=2^4\times3^2\times5$
① 2×5^2에서 5^2은 720의 약수가 아니다.
② $2^4\times7$에서 7은 720의 약수가 아니다.
③ $2\times5\times7$에서 7은 720의 약수가 아니다.
④ 3^3은 720의 약수가 아니다.
따라서 720의 약수인 것은 ⑤이다.

10-1
⑤ $2^4\times5\times7^2$에서 7^2은 $2^4\times5^2\times7$의 약수가 아니다.
따라서 $2^4\times5^2\times7$의 약수가 아닌 것은 ⑤이다.

10-2
$252=2^2\times3^2\times7$이므로 252의 약수 중에서 어떤 자연수의 제곱이 되는 수는 1, 2^2, 3^2, $2^2\times3^2$의 4개이다.

11 $3^4\times7^a$의 약수의 개수는
$(4+1)\times(a+1)=5\times(a+1)$
즉 $5\times(a+1)=15$이므로
$a+1=3$에서 $a=2$

11-1
$4\times3^a\times5=2^2\times3^a\times5$이므로 약수의 개수는
$(2+1)\times(a+1)\times(1+1)=6\times(a+1)$
즉 $6\times(a+1)=18$이므로
$a+1=3$에서 $a=2$

11-2
$180=2^2\times3^2\times5$의 약수의 개수는
$(2+1)\times(2+1)\times(1+1)=18$

$2^a \times 3^2$의 약수의 개수는 $(a+1)\times(2+1)=3\times(a+1)$
즉 $3\times(a+1)=18$이므로 $a+1=6$에서 $a=5$

12 ① $3^3\times4=2^2\times3^3$의 약수의 개수는 $(2+1)\times(3+1)=12$
② $3^3\times16=2^4\times3^3$의 약수의 개수는 $(4+1)\times(3+1)=20$
③ $3^3\times25=3^3\times5^2$의 약수의 개수는 $(3+1)\times(2+1)=12$
④ $3^3\times3^8=3^{11}$의 약수의 개수는 $11+1=12$
⑤ $3^3\times13^2$의 약수의 개수는 $(3+1)\times(2+1)=12$
따라서 □ 안에 들어갈 수 없는 수는 ②이다.

다른 풀이
$3^3\times$□의 약수의 개수가 12이므로
(i) $3^3\times$□$=3^{11}$인 경우: □$=3^8$
(ii) $3^3\times$□$=3^5\times a$ (a는 3이 아닌 소수)인 경우:
□$=3^2\times2,\ 3^2\times5,\ 3^2\times7,\ \cdots$
(iii) $3^3\times$□$=3^3\times a^2$ (a는 3이 아닌 소수)인 경우:
□$=2^2,\ 5^2,\ 7^2,\ 11^2,\ 13^2,\ \cdots$
따라서 □ 안에 들어갈 수 없는 수는 ②이다.

12-1
ㄱ. $2\times4\times5^2=2^3\times5^2$의 약수의 개수는
$(3+1)\times(2+1)=12$
ㄴ. $2\times9\times5^2=2\times3^2\times5^2$의 약수의 개수는
$(1+1)\times(2+1)\times(2+1)=18$
ㄷ. $2\times25\times5^2=2\times5^4$의 약수의 개수는
$(1+1)\times(4+1)=10$
ㄹ. $2\times2\times5^3\times5^2=2^2\times5^5$의 약수의 개수는
$(2+1)\times(5+1)=18$
따라서 A의 값이 될 수 있는 것은 ㄴ, ㄹ이다.

12-2
약수의 개수가 6인 자연수는 p^5, $p\times q^2$ (p, q는 서로 다른 소수)의 꼴인 수이다.
(i) p^5 (p는 소수)의 꼴인 경우: 2^5의 1개
(ii) $p\times q^2$ (p, q는 서로 다른 소수)의 꼴인 경우:
$2\times3^2,\ 3\times2^2,\ 5\times2^2,\ 7\times2^2$의 4개
따라서 40 이하의 자연수 중에서 약수의 개수가 6인 수는 모두 $1+4=5$(개)이다.

3 최대공약수

소단원 필수 유형 17~18쪽

13	②, ⑤	13-1	①, ②	13-2	④
14	③	14-1	⑤	14-2	③
15	④	15-1	②	15-2	①
16	④	16-1	②, ⑤	16-2	12

13 두 자연수 A, B의 공약수는 이들의 최대공약수인 42의 약수이므로 1, 2, 3, 6, 7, 14, 21, 42이다.
따라서 A, B의 공약수인 것은 ②, ⑤이다.

13-1
두 자연수 A, B의 공약수는 이들의 최대공약수인 $2^2\times3^3\times5$의 약수이다.
③ 2^3은 $2^2\times3^3\times5$의 약수가 아니다.
④ $3^2\times5^2$에서 5^2은 $2^2\times3^3\times5$의 약수가 아니다.
⑤ $14=2\times7$에서 7은 $2^2\times3^3\times5$의 약수가 아니다.
따라서 A, B의 공약수인 것은 ①, ②이다.

13-2
두 자연수 A, B의 공약수는 이들의 최대공약수인 $2^5\times3^3\times5^2$의 약수이므로 그 개수는
$(5+1)\times(3+1)\times(2+1)=72$

14 ① 7과 49의 최대공약수는 7이다.
② 11과 33의 최대공약수는 11이다.
③ 27과 32의 최대공약수는 1이다.
④ 28과 60의 최대공약수는 4이다.
⑤ 30과 45의 최대공약수는 15이다.
따라서 두 수가 서로소인 것은 ③이다.

14-1
주어진 두 수의 최대공약수를 각각 구해 보면 다음과 같다.
① 1 ② 1 ③ 1 ④ 1 ⑤ 13
따라서 두 수가 서로소가 아닌 것은 ⑤이다.

14-2
$14=2\times7$이므로 14와 서로소인 수는 2 또는 7을 약수로 갖지 않아야 한다.
따라서 20보다 작은 자연수 중에서 14와 서로소인 수는 1, 3, 5, 9, 11, 13, 15, 17, 19의 9개이다.

15 주어진 두 수의 최대공약수를 각각 구해 보면 다음과 같다.
① $2\times3=6$ ② $2\times3^2=18$
③ $2\times5=10$ ④ $2^2\times3=12$
⑤ $2^2\times3^2=36$
따라서 최대공약수가 12인 두 수끼리 짝 지어진 것은 ④이다.

15-1
$$\begin{array}{r} 2^3\times3\times5^2\times11 \\ 2^2\times3^2\times5 \\ 2^3\times3\times5\times11 \\ \hline (\text{최대공약수})=2^2\times3\times5 \end{array}$$

15-2
$$\begin{array}{r} 360=2^3\times3^2\times5 \\ 420=2^2\times3\times5\times7 \\ 504=2^3\times3^2\times7 \\ \hline (\text{최대공약수})=2^2\times3=12 \end{array}$$

16 두 수 $2^5\times3^4\times5$, $2^3\times3^5\times5^2$의 최대공약수는 $2^3\times3^4\times5$이고, 공약수는 이들의 최대공약수인 $2^3\times3^4\times5$의 약수이다.
④ $2^2\times5^2$에서 5^2은 $2^3\times3^4\times5$의 약수가 아니다.
따라서 두 수의 공약수가 아닌 것은 ④이다.

16-1
세 수 $200=2^3\times5^2$, $2^2\times3\times5^3$, $2^2\times5^2\times7$의 최대공약수는 $2^2\times5^2$이고, 공약수는 이들의 최대공약수인 $2^2\times5^2$의 약수이다.
② 2^3은 $2^2\times5^2$의 약수가 아니다.
⑤ $2\times5\times7$에서 7은 $2^2\times5^2$의 약수가 아니다.
따라서 세 수의 공약수가 아닌 것은 ②, ⑤이다.

16-2
세 수 $2^3\times3^2\times7$, $2\times3^2\times5\times7$, $2^2\times3^3\times7$의 최대공약수는 $2\times3^2\times7$이고, 공약수는 이들의 최대공약수인 $2\times3^2\times7$의 약수이므로 공약수의 개수는 $(1+1)\times(2+1)\times(1+1)=12$

4 최소공배수

소단원 필수 유형 20~22쪽

17	③	17-1	④		
18	⑤	18-1	⑤		
19	①, ⑤	19-1	②		
20	①	20-1	②	20-2	⑤
21	②	21-1	③	21-2	11
22	$\frac{140}{9}$	22-1	②		
23	30	23-1	⑤		
24	①	24-1	②		

17 두 자연수 A, B의 공배수는 이들의 최소공배수인 24의 배수이다.
따라서 A, B의 공배수 중에서 두 자리 자연수는 24, 48, 72, 96의 4개이다.

17-1
두 자연수 A, B의 공배수는 이들의 최소공배수인 6의 배수이다.
따라서 A, B의 공배수가 아닌 것은 6의 배수가 아닌 ④이다.

18
$$84=2^2\times3\times7$$
$$2^3\times3^2$$
$$2\times7^2$$
$$(\text{최소공배수})=2^3\times3^2\times7^2$$

18-1
주어진 두 수의 최소공배수를 각각 구해 보면 다음과 같다.
① $2^3\times3^3=216$ ② $5^4=625$
③ $2^3\times3\times5^2=600$ ④ $2\times3\times5\times7=210$
⑤ $2^2\times3^2\times5=180$
따라서 두 수의 최소공배수가 가장 작은 것은 ⑤이다.

19
$$2^2\times3$$
$$2^2\times5^2\times7$$
$$2^3\times5^3\times7$$
$$(\text{최소공배수})=2^3\times3\times5^3\times7$$
세 수 $2^2\times3$, $2^2\times5^2\times7$, $2^3\times5^3\times7$의 공배수는 이들의 최소공배수인 $2^3\times3\times5^3\times7$의 배수이다.
따라서 세 수의 공배수가 아닌 것은 ①, ⑤이다.

19-1
$$28=2^2\times7$$
$$42=2\times3\times7$$
$$56=2^3\times7$$
$$(\text{최소공배수})=2^3\times3\times7=168$$
세 수 28, 42, 56의 공배수는 이들의 최소공배수인 168의 배수이다.
이때 $999\div168=5.9\cdots$이므로 공배수 중에서 세 자리 수는 5개이다.
참고 168의 배수 중에서 세 자리 수는 168, 336, 504, 672, 840이다.

20
$$5\times x=5\times x$$
$$8\times x=2^3\times x$$
$$12\times x=2^2\times3\times x$$
$$(\text{최소공배수})=2^3\times3\times5\times x$$
즉 $2^3\times3\times5\times x=240$이므로
$120\times x=240$에서 $x=2$

다른 풀이
세 자연수 $5\times x$, $8\times x$, $12\times x$의 최소공배수는
$x\times2\times2\times5\times2\times3=x\times120$
즉 $x\times120=240$이므로 $x=2$

x)	$5\times x$	$8\times x$	$12\times x$
2)	5	8	12
2)	5	4	6
	5	2	3

20-1
$$6\times x=2\times3\times x$$
$$10\times x=2\times5\times x$$
$$(\text{최소공배수})=2\times3\times5\times x$$
즉 $2\times3\times5\times x=90$이므로
$30\times x=90$에서 $x=3$

20-2
$280=2^3\times5\times7$이므로
$$56=2^3\times7$$
$$70=2\times5\times7$$
$$N$$
$$(\text{최소공배수})=2^3\times5\times7$$
① $4=2^2$ ② $8=2^3$ ③ $10=2\times5$
④ $14=2\times7$ ⑤ $16=2^4$
따라서 N은 $2^3\times5\times7$의 약수이어야 하므로 N의 값이 될 수 없는 것은 ⑤이다.

21

$$\begin{array}{l} 2^3\times3^a\times7 \\ 2^b\times3^2\quad\times11 \\ \hline \end{array}$$

(최대공약수)$=2\times3^2$

(최소공배수)$=2^3\times3^4\times7^c\times11$

따라서 $a=4$, $b=1$, $c=1$이므로

$a+b+c=4+1+1=6$

21-1

$$\begin{array}{l} 2^a\times3^4 \\ 2^2\times3^b \\ \hline \end{array}$$

(최대공약수)$=2\times3^c$

(최소공배수)$=2^2\times3^5$

따라서 $a=1$, $b=5$, $c=4$이므로

$a+b+c=1+5+4=10$

21-2

$42=2\times3\times7$, $2100=2^2\times3\times5^2\times7$이므로

$$\begin{array}{l} 2^2\times3^a\quad\times b \\ 2^c\times3\times5^d\times7 \\ \hline \end{array}$$

(최대공약수)$=2\times3\quad\times7$

(최소공배수)$=2^2\times3\times5^2\times7$

따라서 $a=1$, $b=7$, $c=1$, $d=2$이므로

$a+b+c+d=1+7+1+2=11$

22 두 분수 $\frac{9}{35}$, $\frac{27}{20}$ 중 어느 것에 곱하여도 그 결과가 자연수가 되는 분수 중에서 가장 작은 분수는 $\frac{(35,\ 20\text{의 최소공배수})}{(9,\ 27\text{의 최대공약수})}$이다.

$$\begin{array}{l} 35=\quad5\times7 \\ 20=2^2\times5 \\ \hline \end{array}$$

(최소공배수)$=2^2\times5\times7=140$

이때 35와 20의 최소공배수는 140이고, 9와 27의 최대공약수는 9이므로 구하는 가장 작은 기약분수는 $\frac{140}{9}$이다.

22-1

두 분수 $\frac{48}{n}$, $\frac{56}{n}$을 자연수로 만드는 n의 값은 48과 56의 공약수이다.

이때 48과 56의 공약수는 이들의 최대공약수인 8의 약수이므로 자연수 n은 1, 2, 4, 8의 4개이다.

23 (두 자연수의 곱)=(최대공약수)×(최소공배수)이므로

$450=15\times$(최소공배수)에서 (최소공배수)$=30$

23-1

(두 자연수의 곱)=(최대공약수)×(최소공배수)이므로

$A\times2^2\times5=2\times5\times2^2\times5\times7$에서

$A=2\times5\times7$

따라서 자연수 A의 소인수는 2, 5, 7이므로 그 합은

$2+5+7=14$

24 두 자연수의 최대공약수가 12이므로 두 자연수를

$A=12\times a$, $B=12\times b$ (a, b는 서로소, $a<b$)라 하자.

최소공배수가 168이므로

$12\times a\times b=168$에서 $a\times b=14$

이때 $a<b$이므로 $a=1$, $b=14$ 또는 $a=2$, $b=7$

(i) $a=1$, $b=14$일 때, $A=12$, $B=168$이므로

$A+B=12+168=180$

(ii) $a=2$, $b=7$일 때, $A=24$, $B=84$이므로

$A+B=24+84=108$

(i), (ii)에서 두 수의 합이 108이므로 $A=24$, $B=84$

따라서 두 수의 차는 $84-24=60$

24-1

두 자연수의 최대공약수가 18이므로 두 자연수를

$A=18\times a$, $B=18\times b$ (a, b는 서로소, $a<b$)라 하자.

최소공배수가 360이므로

$18\times a\times b=360$에서 $ab=20$

이때 a, b는 서로소이고 $a<b$이므로

$a=1$, $b=20$ 또는 $a=4$, $b=5$

(i) $a=1$, $b=20$일 때, $A=18$, $B=360$이므로

$k=18+360=378$

(ii) $a=4$, $b=5$일 때, $A=72$, $B=90$이므로

$k=72+90=162$

(i), (ii)에서 k의 최솟값은 162이다.

중단원 핵심유형 테스트 23~25쪽

1 ④	2 ①, ④	3 ③	4 1	5 ③
6 ①	7 ④	8 16	9 ⑤	10 260
11 ⑤	12 ⑤	13 ①, ③	14 ①	15 ③
16 ①	17 9	18 ②	19 6	20 108

1 30보다 작은 자연수 중에서 가장 큰 합성수는 28, 가장 작은 소수는 2이므로 그 합은 $28+2=30$

2 ② 2는 소수이지만 짝수이다.

③ 소수가 아닌 자연수는 1이거나 합성수이다.

⑤ 두 소수 3, 5의 합 8은 합성수이다.

따라서 옳은 것은 ①, ④이다.

3 $10000=10^4$이므로 $a=4$

$100000000=10^8$이므로 $b=8$

따라서 $a+b=4+8=12$

4 $2\times2\times3\times3\times a\times5\times5\times5\times5=2^3\times b^2\times5^c$이므로

$a=2$, $b=3$, $c=4$

따라서 $a+b-c=2+3-4=1$

5 $504=2^3\times3^2\times7$이므로 $a=3$, $b=2$, $c=7$

따라서 $a+b+c=3+2+7=12$

6 $140=2^2\times5\times7$이므로 140의 소인수는 2, 5, 7이다.

7 $150=2\times3\times5^2$이므로 150에 자연수를 곱하여 어떤 자연수의 제곱이 되도록 하려면 $2\times3\times(\text{자연수})^2$의 꼴을 곱해야 한다.
따라서 곱할 수 있는 수 중에서 두 번째로 작은 수는
$2\times3\times2^2=24$

8 $600=2^3\times3\times5^2$이므로 600을 가능한 한 작은 자연수 a로 나누어 자연수 b의 제곱이 되도록 하려면 a는 $2^3\times3\times5^2$의 약수 중에서 $2\times3\times(\text{자연수})^2$의 꼴이면서 가장 작은 수이어야 한다.
$a=2\times3=6$
이때 $600\div6=100=10^2$이므로 $b=10$
따라서 $a+b=6+10=16$

9 ① $36=2^2\times3^2$이므로 약수의 개수는
$(2+1)\times(2+1)=9$
② $80=2^4\times5$이므로 약수의 개수는
$(4+1)\times(1+1)=10$
③ 2^6의 약수의 개수는 $6+1=7$
④ $2\times3\times5^2$의 약수의 개수는
$(1+1)\times(1+1)\times(2+1)=12$
⑤ $2\times3\times5\times7$의 약수의 개수는
$(1+1)\times(1+1)\times(1+1)\times(1+1)=16$
따라서 약수의 개수가 가장 많은 것은 ⑤이다.

10 $450=2\times3^2\times5^2$이므로 450의 약수 중에서 어떤 자연수의 제곱이 되는 수는 1, 3^2, 5^2, $3^2\times5^2$이다.
따라서 어떤 자연수의 제곱이 되는 모든 수의 합은
$1+3^2+5^2+3^2\times5^2=1+9+25+225=260$

11 세 자연수의 공약수는 이들의 최대공약수인 21의 약수이므로 1, 3, 7, 21이다.
따라서 모든 공약수의 합은 $1+3+7+21=32$

12 $27=3^3$이므로 27과 서로소인 수는 3을 약수로 갖지 않는 수, 즉 3의 배수가 아닌 수이다.
27 이하의 자연수 중에서 3의 배수는 9개이므로 3의 배수가 아닌 수는 $27-9=18$(개)이다.

13 $75=3\times5^2$이므로 $A=3\times5^2\times a$ (a는 5, 7과 서로소)의 꼴이어야 한다.
따라서 A의 값이 될 수 있는 것은 ①, ③이다.

14 두 자연수 A, B의 공배수는 이들의 최소공배수인 35의 배수이다.
이때 $200\div35=5.7\cdots$이므로 공배수 중에서 200 이하의 자연수의 개수는 5이다.

15
$$\begin{array}{rl} & 2^2\times3\times5^2 \\ & 3^2\times5 \\ & 3\times5^2\times7 \\ \hline (\text{최대공약수})= & 3\times5 \\ (\text{최소공배수})= & 2^2\times3^2\times5^2\times7 \end{array}$$

16
$$\begin{array}{rl} 4\times x= & 2^2\times x \\ 6\times x= & 2\times3\times x \\ 9\times x= & 3^2\times x \\ \hline (\text{최소공배수})= & 2^2\times3^2\times x \end{array}$$
즉 $2^2\times3^2\times x=72$이므로
$36\times x=72$에서 $x=2$

17
$$\begin{array}{rl} & 2^a\times3^5\times c \\ & 2^3\times3^b \\ \hline (\text{최대공약수})= & 2^2\times3^2 \\ (\text{최소공배수})= & 2^3\times3^5\times5 \end{array}$$
따라서 $a=2$, $b=2$, $c=5$이므로
$a+b+c=2+2+5=9$

18 세 분수 $\frac{25}{3}$, $\frac{5}{12}$, $\frac{5}{9}$의 어느 것에 곱하여도 그 결과가 자연수가 되는 분수 중에서 가장 작은 분수는 $\frac{(3,\ 12,\ 9\text{의 최소공배수})}{(25,\ 5\text{의 최대공약수})}$이다.
이때 3, 12, 9의 최소공배수는 36이고, 25, 5의 최대공약수는 5이므로 구하는 가장 작은 기약분수는 $\frac{36}{5}$이다.

19 최대공약수가 $540=2^2\times3^3\times5$이므로 세 수의 공통인 소인수의 지수를 비교한다. …… ❶
2^a, 2^3의 지수 중에서 작은 것이 2이므로 $a=2$ …… ❷
3^4, 3^b의 지수 중에서 작은 것이 3이므로 $b=3$ …… ❸
5^2, 5^3, 5^c의 지수 중에서 가장 작은 것이 1이므로 $c=1$ …… ❹
따라서 $a+b+c=2+3+1=6$ …… ❺

채점 기준	비율
❶ 540을 소인수분해 하기	20 %
❷ a의 값 구하기	20 %
❸ b의 값 구하기	20 %
❹ c의 값 구하기	20 %
❺ $a+b+c$의 값 구하기	20 %

20 두 분수 $\frac{n}{12}$, $\frac{n}{18}$을 모두 자연수로 만드는 자연수 n의 값은 12와 18의 공배수이다. …… ❶
$12=2^2\times3$, $18=2\times3^2$의 최소공배수는 $2^2\times3^2=36$이고, …… ❷
공배수는 이들의 최소공배수인 36의 배수이므로 두 자리 자연수 n의 값은 36, 72이다. …… ❸
따라서 구하는 합은 $36+72=108$ …… ❹

채점 기준	비율
❶ n이 12와 18의 공배수임을 알기	20 %
❷ 12와 18의 최소공배수 구하기	30 %
❸ 12와 18의 공배수 중 두 자리 자연수 구하기	30 %
❹ 두 자리 자연수 n의 값의 합 구하기	20 %

2. 정수와 유리수

1 정수와 유리수의 뜻

소단원 필수 유형 29~30쪽

1 ①, ⑤	1-1 3개	1-2 ①, ⑤
2 ②	2-1 ③, ⑤	
2-2 양의 정수 : +2, 음의 정수 : -3, $-\frac{8}{4}$		
3 ①	3-1 1.4, $\frac{4}{5}$, +2.37	3-2 7
4 ⑤	4-1 ①	4-2 1

1 ① 5만 원 이익 ➡ +50000원
⑤ 2점 하락 ➡ -2점

1-1
5 % 감소 ➡ -5 %, 출발 1시간 후 ➡ +1시간
30 % 인상 ➡ +30 %, 영하 13 ℃ ➡ -13 ℃
3.5 kg 증가 ➡ +3.5 kg, 5000원 손해 ➡ -5000원
따라서 음의 부호 $-$를 사용하는 것은 모두 3개이다.

1-2
② 영상 22 ℃ ➡ +22 ℃
③ 5 cm 컸다. ➡ +5 cm
④ 2.3 % 상승 ➡ +2.3 %

2 ④ $-\frac{4}{2}=-2$이므로 정수이다.
따라서 정수가 아닌 것은 ②이다.

2-1
⑤ $\frac{6}{2}=3$이므로 정수이다.
따라서 정수인 것은 ③, ⑤이다.

2-2
$-\frac{8}{4}=-2$이므로 음의 정수이다.

3 ① 양수는 +9, $\frac{15}{5}$, 7.9의 3개이다.
② 음의 유리수는 -3.5, $-\frac{16}{4}$, -13의 3개이다.
③ 양의 정수는 +9, $\frac{15}{5}(=3)$의 2개이다.
④ 정수는 $-\frac{16}{4}(=-4)$, 0, +9, $\frac{15}{5}(=3)$, -13의 5개이다.
⑤ 정수가 아닌 유리수는 -3.5, 7.9의 2개이다.
따라서 옳은 것은 ①이다.

3-1
(가)는 정수가 아닌 유리수이므로 1.4, $\frac{4}{5}$, +2.37이다.

3-2
정수가 아닌 유리수는 $\frac{5}{6}$, $-\frac{1}{2}$, -0.3, 5.7의 4개이므로 $a=4$
음의 유리수는 $-\frac{1}{2}$, -1, -0.3의 3개이므로 $b=3$
따라서 $a+b=4+3=7$

4 ① 유리수는 분자가 정수, 분모가 0이 아닌 정수인 분수로 나타낼 수 있는 수이다.
② 유리수는 양의 유리수, 0, 음의 유리수로 이루어져 있다.
③ 정수는 모두 유리수이다.
④ 1과 3 사이에는 무수히 많은 유리수가 있다.
따라서 옳은 것은 ⑤이다.

4-1
① 유리수는 양수, 0, 음수로 이루어져 있다.
따라서 옳지 않은 것은 ①이다.

4-2
ㄱ. 0은 $\frac{0}{1}$으로 나타낼 수 있으므로 유리수이다.
ㄴ. 정수 1과 2 사이에는 정수가 없다.
ㄹ. 음의 정수가 아닌 정수는 0 또는 자연수이다.
따라서 옳은 것은 ㄷ의 1개이다.

2 정수와 유리수의 대소 관계

소단원 필수 유형 32~36쪽

5 ①	5-1 $-\frac{5}{3}$	5-2 $a=-4$, $b=2$
6 ③	6-1 ③	6-2 ②, ⑤
7 ⑤	7-1 ①	7-2 7
8 ⑤	8-1 ㄱ, ㄷ	8-2 ⑤
9 ②	9-1 $\frac{5}{2}$	9-2 ②
10 ⑤	10-1 $\frac{6}{5}$	10-2 $-\frac{7}{2}$, -2.5
11 -7, $-\frac{17}{4}$	11-1 ③, ⑤	11-2 ⑤
12 $-\frac{7}{8}$	12-1 ④	12-2 ⑤
13 ②	13-1 ①, ④	13-2 ①
14 ④	14-1 ②	14-2 ④

5 ① A : $-\frac{11}{4}$

5-1

주어진 수를 수직선 위에 나타내면 다음 그림과 같다.

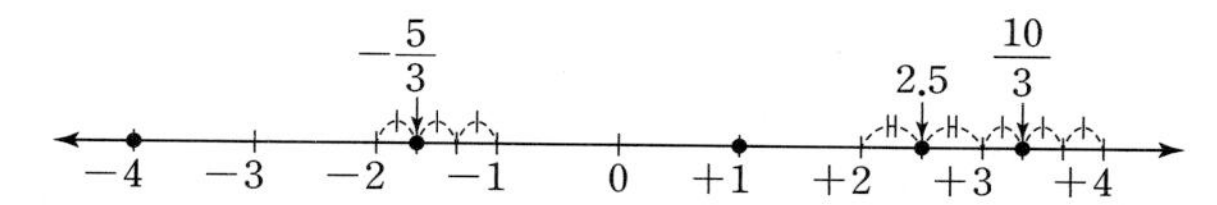

따라서 왼쪽에서 두 번째에 있는 수는 $-\frac{5}{3}$이다.

5-2

$-\frac{11}{3}$과 $\frac{7}{4}$을 각각 수직선 위에 나타내면 다음 그림과 같다.

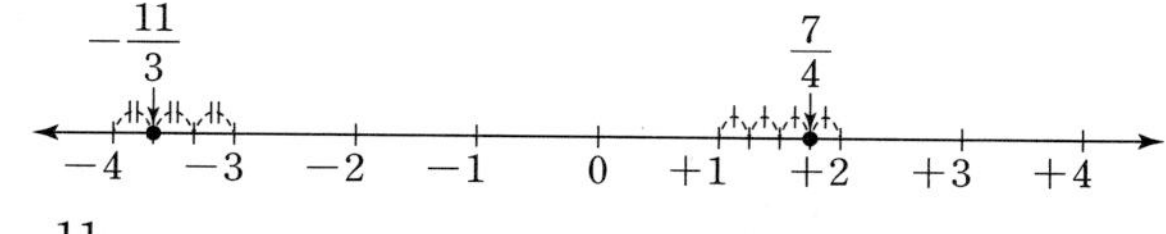

$-\frac{11}{3}$보다 작은 수 중에서 가장 큰 정수는 -4이므로 $a=-4$

$\frac{7}{4}$보다 큰 수 중에서 가장 작은 정수는 2이므로 $b=2$

6 다음 그림에서 -6과 4를 나타내는 두 점의 한가운데에 있는 점이 나타내는 수는 -1이다.

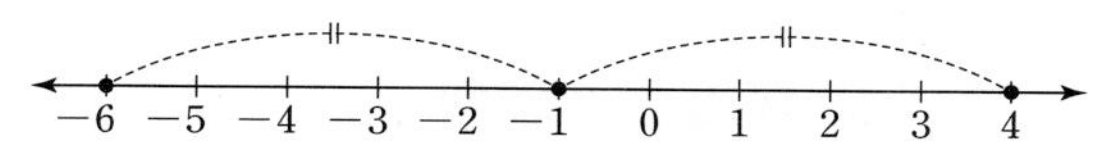

6-1

다음 그림에서 두 수 a, b를 나타내는 두 점은 -1을 나타내는 점으로부터 거리가 각각 3이다.

이때 $a<0$이므로 $a=-4$, $b=2$

6-2

다음 그림에서 두 수 4, a를 나타내는 두 점으로부터 같은 거리에 있는 점이 나타내는 수가 6이므로 $a=8$

다음 그림에서 두 수 8, b를 나타내는 두 점 사이의 거리가 3이므로 $b=5$ 또는 $b=11$

7 $\left|-\frac{7}{5}\right|=\frac{7}{5}$이므로 $a=\frac{7}{5}$

절댓값이 5인 수는 5, -5이고 이 중에서 양수는 5이므로 $b=5$

따라서 $a\times b=\frac{7}{5}\times 5=7$

7-1

$|+4|=4$이므로 $a=4$

절댓값이 7인 수는 7, -7이고 이 중에서 양수는 7이므로 $b=7$

따라서 $a+b=4+7=11$

7-2

음수 a의 절댓값이 3이므로 $a=-3$

다음 그림에서 두 수 -3, b를 나타내는 두 점으로부터 같은 거리에 있는 점이 나타내는 수가 2이므로 $b=7$

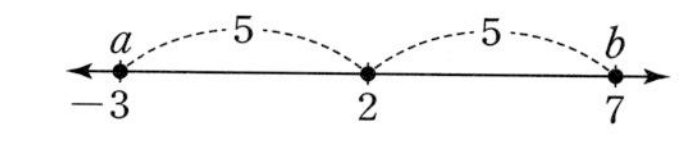

8 ① $|a|=a$이면 a는 0 또는 양수이다.

② 절댓값이 0인 수는 0 하나뿐이다.

③ 0의 절댓값은 0이므로 1보다 작다.

④ 음수의 절댓값은 양수이므로 0의 절댓값 0보다 크다.

8-1

ㄴ. 절댓값은 0 또는 양수이다.

ㄹ. 5에 대응하는 점이 -8에 대응하는 점보다 오른쪽에 있지만 $|5|=5$는 $|-8|=8$보다 작다.

따라서 옳은 것은 ㄱ, ㄷ이다.

8-2

⑤ 절댓값이 2인 수는 -2, 2의 2개이다.

9 두 점은 원점으로부터 서로 반대 방향으로 각각 $16\times\frac{1}{2}=8$만큼 떨어져 있다.

따라서 두 수는 8, -8이고 이 중에서 작은 수는 -8이다.

9-1

두 수 A, B를 나타내는 두 점은 원점으로부터 서로 반대 방향으로 각각 $5\times\frac{1}{2}=\frac{5}{2}$만큼 떨어져 있다.

따라서 두 수는 $\frac{5}{2}$, $-\frac{5}{2}$이고 이 중에서 양수 B는 $\frac{5}{2}$이다.

9-2

두 수 a, b를 나타내는 두 점은 원점으로부터 서로 반대 방향으로 각각 $\frac{6}{7}\times\frac{1}{2}=\frac{3}{7}$만큼 떨어져 있다.

따라서 두 수는 $\frac{3}{7}$, $-\frac{3}{7}$이고 $a<b$이므로 $a=-\frac{3}{7}$

10 주어진 수의 절댓값의 대소를 비교하면

$\left|\frac{7}{8}\right|<|-2|<|-4.1|<|5|<\left|-\frac{17}{3}\right|$

따라서 절댓값이 가장 큰 수는 $-\frac{17}{3}$, 절댓값이 가장 작은 수는 $\frac{7}{8}$이다.

10-1

주어진 수의 절댓값의 대소를 비교하면

$|-3|>|2|>\left|\frac{5}{4}\right|>\left|\frac{6}{5}\right|>\left|-\frac{11}{12}\right|$

따라서 절댓값이 큰 수부터 차례대로 나열할 때, 네 번째에 오는 수는 $\frac{6}{5}$이다.

10-2
주어진 수의 절댓값의 대소를 비교하면
$|-2.5|<|-3|<|3.12|<\left|\frac{10}{3}\right|<\left|-\frac{7}{2}\right|$
따라서 절댓값이 가장 큰 수는 $-\frac{7}{2}$, 수직선에서 원점으로부터 가장 가까운 수, 즉 절댓값이 가장 작은 수는 -2.5이다.

11 $|-7|=7$, $|2|=2$, $\left|\frac{3}{8}\right|=\frac{3}{8}$, $|1|=1$, $\left|-\frac{1}{2}\right|=\frac{1}{2}$, $\left|-\frac{17}{4}\right|=\frac{17}{4}$
따라서 절댓값이 4 이상인 수는 -7, $-\frac{17}{4}$이다.

11-1
① $|-8.1|=8.1$　② $|-8|=8$　③ $|-6.5|=6.5$
④ $|2|=2$　⑤ $|7|=7$
따라서 절댓값이 3 이상 7 이하인 수는 ③, ⑤이다.

11-2
$\frac{n}{3}$의 절댓값이 $1\left(=\frac{3}{3}\right)$보다 작으려면 n의 절댓값은 3보다 작아야 하므로 정수 n은 -2, -1, 0, 1, 2의 5개이다.

12 주어진 수의 대소를 비교하면
$-4<-1.7<-\frac{7}{8}<0<\frac{7}{5}<2.1$
따라서 세 번째로 작은 수는 $-\frac{7}{8}$이다.

12-1
① $-8<-3$
② $-5.2<4.6$
③ $-\frac{1}{5}=-0.2$이고 $-1.2<-0.2$이므로 $-1.2<-\frac{1}{5}$
④ $\frac{7}{2}=\frac{14}{4}$, $\left|-\frac{9}{4}\right|=\frac{9}{4}$이고 $\frac{14}{4}>\frac{9}{4}$이므로 $\frac{7}{2}>\left|-\frac{9}{4}\right|$
⑤ $\left|-\frac{4}{5}\right|=\frac{4}{5}=\frac{24}{30}$, $\left|-\frac{7}{6}\right|=\frac{7}{6}=\frac{35}{30}$이고
$\frac{24}{30}<\frac{35}{30}$이므로 $\left|-\frac{4}{5}\right|<\left|-\frac{7}{6}\right|$
따라서 □ 안에 알맞은 부등호가 나머지 넷과 다른 하나는 ④이다.

12-2
$1>-3$이므로 $1☆(-3)=1$
$1☆k=1$이므로 1은 k보다 크거나 같다.
따라서 k는 1보다 작거나 같으므로 k의 값이 될 수 없는 것은 ⑤이다.

13 x는 $-\frac{4}{5}$보다 크고 $\frac{11}{7}$보다 작거나 같으므로 $-\frac{4}{5}<x\le\frac{11}{7}$

13-1
② $-3<x<5$　③ $-3<x\le5$　⑤ $-3\le x\le5$
따라서 $-3\le x<5$를 나타내는 것은 ①, ④이다.

13-2
① $x\ge3$

14 $-3.2\le a<3$을 만족시키는 정수 a는 -3, -2, -1, 0, 1, 2의 6개이다.

14-1
A는 절댓값이 3이고 음수이므로 $A=-3$
B는 절댓값이 $\frac{1}{5}$이고 양수이므로 $B=\frac{1}{5}$
따라서 두 수 -3과 $\frac{1}{5}$ 사이에 있는 정수는 -2, -1, 0의 3개이다.

14-2
$-\frac{3}{4}=-\frac{6}{8}$이므로 $-\frac{3}{4}$과 $\frac{5}{8}$ 사이에 있는 정수가 아닌 유리수 중에서 분모가 8인 기약분수는 $-\frac{5}{8}$, $-\frac{3}{8}$, $-\frac{1}{8}$, $\frac{1}{8}$, $\frac{3}{8}$의 5개이다.

3 정수와 유리수의 덧셈

소단원 필수 유형　38쪽

15 ④　15-1 ⑤
16 ④　16-1 ④
17 ㉠ 교환 ㉡ 결합 ㉢ +1 ㉣ 0　17-1 ①

15 ① $\left(+\frac{2}{15}\right)+\left(+\frac{8}{5}\right)=\left(+\frac{2}{15}\right)+\left(+\frac{24}{15}\right)=+\left(\frac{2}{15}+\frac{24}{15}\right)=+\frac{26}{15}$
② $\left(-\frac{2}{7}\right)+\left(-\frac{3}{2}\right)=\left(-\frac{4}{14}\right)+\left(-\frac{21}{14}\right)=-\left(\frac{4}{14}+\frac{21}{14}\right)=-\frac{25}{14}$
③ $(+1.4)+(-2.1)=-(2.1-1.4)=-0.7$
④ $(-5.8)+(+3.2)=-(5.8-3.2)=-2.6$
⑤ $\left(-\frac{2}{5}\right)+\left(+\frac{13}{10}\right)=\left(-\frac{4}{10}\right)+\left(+\frac{13}{10}\right)=+\left(\frac{13}{10}-\frac{4}{10}\right)=+\frac{9}{10}$
따라서 계산 결과가 가장 작은 것은 ④이다.

15-1
⑤ $\left(+\frac{3}{2}\right)+\left(-\frac{3}{5}\right)=\left(+\frac{15}{10}\right)+\left(-\frac{6}{10}\right)=+\left(\frac{15}{10}-\frac{6}{10}\right)=+\frac{9}{10}$

16 수직선의 원점에서 왼쪽으로 3만큼 간 후, 다시 왼쪽으로 4만큼 갔으므로 덧셈식은 $(-3)+(-4)=-7$이다.

16-1

수직선의 원점에서 왼쪽으로 3만큼 간 후, 오른쪽으로 5만큼 갔으므로 덧셈식은 $(-3)+(+5)$이다.

17-1

금요일의 기온이 11 ℃이므로

$\square+(-3.1)+(+1)+(-1.9)+(+4)=11$

$\square+(-3.1)+(-1.9)+(+1)+(+4)=11$

$\square+\{(-3.1)+(-1.9)\}+\{(+1)+(+4)\}=11$

$\square+(-5)+(+5)=11$이므로 $\square=11$

따라서 월요일의 기온은 11 ℃이다.

4 정수와 유리수의 뺄셈

소단원 필수 유형 (40~44쪽)

18	③	**18-1**	④	**18-2**	$-\frac{21}{4}$
19	②, ④	**19-1**	①	**19-2**	$+\frac{19}{12}$
20	⑤	**20-1**	⑤	**20-2**	-50
21	①	**21-1**	④	**21-2**	5개
22	④	**22-1**	$-\frac{31}{10}$	**22-2**	1100원
23	②	**23-1**	14	**23-2**	(1) $-\frac{17}{6}$ (2) $\frac{7}{6}$
24	⑤	**24-1**	$-\frac{11}{3}, -\frac{1}{3}, \frac{1}{3}, \frac{11}{3}$		
24-2	$\frac{19}{6}, -\frac{19}{6}$				
25	3	**25-1**	2	**25-2**	$a=\frac{1}{6}, b=-\frac{1}{6}$
26	15.3 ℃	**26-1**	(1) 5시간 (2) 월요일 오전 7시		
26-2	11월 23일, −7만 원				
27	$A=10, B=-5$	**27-1**	1	**27-2**	$-\frac{25}{6}$

18 ③ $\left(-\frac{1}{6}\right)-\left(-\frac{3}{4}\right)=\left(-\frac{1}{6}\right)+\left(+\frac{3}{4}\right)$

$=\left(-\frac{2}{12}\right)+\left(+\frac{9}{12}\right)=+\frac{7}{12}$

18-1

① $(-2)-(-3)=(-2)+(+3)=+1$

② $(+5)-(+2)=(+5)+(-2)=+3$

③ $(+3.1)-(-2.2)=(+3.1)+(+2.2)=+5.3$

⑤ $\left(+\frac{6}{5}\right)-\left(-\frac{3}{2}\right)=\left(+\frac{6}{5}\right)+\left(+\frac{3}{2}\right)$

$=\left(+\frac{12}{10}\right)+\left(+\frac{15}{10}\right)=+\frac{27}{10}$

18-2

$a=\left(-\frac{1}{4}\right)-\left(-\frac{1}{2}\right)=\left(-\frac{1}{4}\right)+\left(+\frac{1}{2}\right)=+\frac{1}{4}$

$b=(+5)-\left(-\frac{1}{2}\right)=(+5)+\left(+\frac{1}{2}\right)=+\frac{11}{2}$

따라서 $a-b=\left(+\frac{1}{4}\right)-\left(+\frac{11}{2}\right)=\left(+\frac{1}{4}\right)+\left(-\frac{11}{2}\right)=-\frac{21}{4}$

19 ① $(+5)+(-7)-(-3)=(+5)+(-7)+(+3)$

$=\{(+5)+(+3)\}+(-7)$

$=(+8)+(-7)=+1$

③ $(-1)+(-3)-(+7)=(-1)+(-3)+(-7)=-11$

⑤ $(+2.5)-(+4.2)+(-1.9)=(+2.5)+(-4.2)+(-1.9)$

$=(+2.5)+\{(-4.2)+(-1.9)\}$

$=(+2.5)+(-6.1)=-3.6$

19-1

① $(+12)+(-6)-(-15)-(+1)$

$=(+12)+(-6)+(+15)+(-1)$

$=\{(+12)+(+15)\}+\{(-6)+(-1)\}$

$=(+27)+(-7)=+20$

19-2

계산한 결과가 가장 큰 값이 되려면 ㉢에는 음수 중 절댓값이 큰 수인 $-\frac{4}{3}$를 넣어야 한다. 이때 나머지 두 수는 ㉠, ㉡ 중 어디에 넣어도 덧셈의 교환법칙에 의해 계산 결과가 같다.

$\left(-\frac{1}{2}\right)+\left(+\frac{3}{4}\right)-\left(-\frac{4}{3}\right)=\left(-\frac{1}{2}\right)+\left(+\frac{3}{4}\right)+\left(+\frac{4}{3}\right)$

$=\left(-\frac{6}{12}\right)+\left\{\left(+\frac{9}{12}\right)+\left(+\frac{16}{12}\right)\right\}$

$=\left(-\frac{6}{12}\right)+\left(+\frac{25}{12}\right)=+\frac{19}{12}$

20 ⑤ $-5+18-11-3=(-5)+(+18)-(+11)-(+3)$

$=(-5)+(+18)+(-11)+(-3)$

$=(+18)+\{(-5)+(-11)+(-3)\}$

$=(+18)+(-19)=-1$

20-1

① $2-4+\frac{1}{2}=(+2)-(+4)+\left(+\frac{1}{2}\right)$

$=(+2)+(-4)+\left(+\frac{1}{2}\right)=-\frac{3}{2}$

② $-\frac{1}{5}+3+\frac{3}{5}=\left(-\frac{1}{5}\right)+(+3)+\left(+\frac{3}{5}\right)=\frac{17}{5}$

③ $\frac{1}{3}-\frac{5}{6}-\frac{3}{4}=\left(+\frac{1}{3}\right)-\left(+\frac{5}{6}\right)-\left(+\frac{3}{4}\right)$

$=\left(+\frac{1}{3}\right)+\left(-\frac{5}{6}\right)+\left(-\frac{3}{4}\right)=-\frac{5}{4}$

④ $2.5-4.3+0.6=(+2.5)-(+4.3)+(+0.6)$

$=(+2.5)+(-4.3)+(+0.6)=-1.2$

⑤ $-\frac{4}{3}-1.5+\frac{5}{6}=\left(-\frac{4}{3}\right)-\left(+\frac{3}{2}\right)+\left(+\frac{5}{6}\right)$

$=\left(-\frac{4}{3}\right)+\left(-\frac{3}{2}\right)+\left(+\frac{5}{6}\right)=-2$

따라서 계산 결과가 가장 작은 것은 ⑤이다.

20-2

$1+3+5+\cdots+99-2-4-6-\cdots-100$
$=(1-2)+(3-4)+(5-6)+\cdots+(99-100)$
$=\underbrace{-1-1-1-\cdots-1}_{50\text{개}}=-50$

21 $a=3+(-2)=1$
$b=4-(-2)=4+2=6$
따라서 $a-b=1-6=-5$

21-1

① $-4+1=-3$ ② $0+(-2)=-2$
③ $3-2=1$ ④ $2-(-2)=2+2=4$
⑤ $-5-(-3)=-5+3=-2$
따라서 가장 큰 수는 ④이다.

21-2

$a=-3+\frac{1}{2}=-\frac{6}{2}+\frac{1}{2}=-\frac{5}{2}$

$b=-\frac{1}{3}-\left(-\frac{16}{5}\right)=-\frac{1}{3}+\frac{16}{5}=-\frac{5}{15}+\frac{48}{15}=\frac{43}{15}$

따라서 $-\frac{5}{2}<x<\frac{43}{15}$을 만족시키는 정수 x는
$-2,\ -1,\ 0,\ 1,\ 2$의 5개이다.

22 $\left(-\frac{2}{7}\right)-(+3)+\square=-2$에서
$\left(-\frac{2}{7}\right)+(-3)+\square=-2$, $\left(-\frac{23}{7}\right)+\square=-2$
따라서 $\square=-2-\left(-\frac{23}{7}\right)=-2+\frac{23}{7}=\frac{9}{7}$

22-1

$a+\left(-\frac{1}{2}\right)=3$에서 $a=3-\left(-\frac{1}{2}\right)=3+\frac{1}{2}=\frac{7}{2}$

$-\frac{3}{5}-b=-1$에서 $b=-\frac{3}{5}-(-1)=-\frac{3}{5}+1=\frac{2}{5}$

따라서 $b-a=\frac{2}{5}-\frac{7}{2}=\frac{4}{10}-\frac{35}{10}=-\frac{31}{10}$

22-2

성재가 아이스크림을 사기 위해 지출한 금액을 □원이라 하면
$8000-\square-5300=1600$이므로
$2700-\square=1600$, $\square=2700-1600=1100$
따라서 성재가 아이스크림을 사기 위해 지출한 금액은 1100원이다.

23 어떤 수를 □라 하면 $\square-(-5)=-7$이므로
$\square=-7+(-5)=-12$
따라서 바르게 계산한 답은 $-12+(-5)=-17$

23-1

어떤 수를 □라 하면 $\square+(-3)=8$이므로
$\square=8-(-3)=8+3=11$
따라서 바르게 계산한 답은 $11-(-3)=11+3=14$

23-2

(1) 어떤 수를 □라 하면 $\left(-\frac{5}{3}\right)+\square=-\frac{9}{2}$이므로

$\square=-\frac{9}{2}-\left(-\frac{5}{3}\right)=-\frac{9}{2}+\frac{5}{3}=-\frac{27}{6}+\frac{10}{6}=-\frac{17}{6}$

(2) 바르게 계산한 답은

$-\frac{5}{3}-\left(-\frac{17}{6}\right)=-\frac{5}{3}+\frac{17}{6}=-\frac{10}{6}+\frac{17}{6}=\frac{7}{6}$

24 $|a|=4$이므로 $a=4$ 또는 $a=-4$
$|b|=5$이므로 $b=5$ 또는 $b=-5$
(i) $a=4,\ b=5$일 때, $a+b=4+5=9$
(ii) $a=4,\ b=-5$일 때, $a+b=4+(-5)=-1$
(iii) $a=-4,\ b=5$일 때, $a+b=-4+5=1$
(iv) $a=-4,\ b=-5$일 때, $a+b=-4+(-5)=-9$
따라서 $a+b$의 값이 될 수 없는 것은 ⑤이다.

24-1

$|a|=\frac{5}{3}$이므로 $a=\frac{5}{3}$ 또는 $a=-\frac{5}{3}$

$|b|=2$이므로 $b=2$ 또는 $b=-2$

(i) $a=\frac{5}{3},\ b=2$일 때, $a-b=\frac{5}{3}-2=-\frac{1}{3}$

(ii) $a=\frac{5}{3},\ b=-2$일 때, $a-b=\frac{5}{3}-(-2)=\frac{11}{3}$

(iii) $a=-\frac{5}{3},\ b=2$일 때, $a-b=-\frac{5}{3}-2=-\frac{11}{3}$

(iv) $a=-\frac{5}{3},\ b=-2$일 때, $a-b=-\frac{5}{3}-(-2)=\frac{1}{3}$

따라서 $a-b$의 값이 될 수 있는 것은 $-\frac{11}{3},\ -\frac{1}{3},\ \frac{1}{3},\ \frac{11}{3}$이다.

24-2

$|a|=\frac{7}{3}$이므로 $a=\frac{7}{3}$ 또는 $a=-\frac{7}{3}$

$|b|=\frac{5}{6}$이므로 $b=\frac{5}{6}$ 또는 $b=-\frac{5}{6}$

$a+b$의 값이 가장 클 때는 두 수 모두 양수일 때이므로

$a+b=\frac{7}{3}+\frac{5}{6}=\frac{14}{6}+\frac{5}{6}=\frac{19}{6}$

$a+b$의 값이 가장 작을 때는 두 수 모두 음수일 때이므로

$a+b=-\frac{7}{3}+\left(-\frac{5}{6}\right)=-\frac{14}{6}+\left(-\frac{5}{6}\right)=-\frac{19}{6}$

25 (가)에서 $|a|=|b|=1$
(나)에서 $|a|=1$이므로 $1-|c|=-2$, $|c|=3$
(다)에서 $a=-1,\ b=1,\ c=3$
따라서 $a+b+c=-1+1+3=3$

25-1

(가)에서 a와 b는 0이 아니므로
(나)에서 $|a|, |b|$는 다음 세 경우 중 하나이다.
(i) $|a|=1,\ |b|=3$
(ii) $|a|=2,\ |b|=2$
(iii) $|a|=3,\ |b|=1$

(다)에서 $|a|=1$, $|b|=3$
그런데 (가)에서 $a<0$, $b>0$이므로 $a=-1$, $b=3$
따라서 $a+b=-1+3=2$

25-2
(가)에서 $|a|=|b|$이고 (나)에서 $a\neq b$이므로 a와 b는 절댓값이 같고 부호가 다르다.
(나)에서 $a-\frac{1}{3}=b$, 즉 $a-b=\frac{1}{3}$이므로 a는 b보다 $\frac{1}{3}$만큼 크다.
따라서 $|a|=|b|=\frac{1}{2}\times\frac{1}{3}=\frac{1}{6}$이므로 $a=\frac{1}{6}$, $b=-\frac{1}{6}$

26 가장 높은 기온은 $+4.2$ ℃이고, 가장 낮은 기온은 -11.1 ℃이므로 구하는 차는
$(+4.2)-(-11.1)=4.2+11.1=15.3$(℃)

26-1
(1) 서울과 두바이의 시차는
$(+9)-(+4)=(+9)+(-4)=5$(시간)
따라서 서울은 두바이보다 5시간 빠르다.
(2) 파리와 뉴욕의 시차는
$(+1)-(-5)=(+1)+(+5)=6$(시간)
즉, 파리는 뉴욕보다 6시간 빠르다.
따라서 파리가 월요일 오후 1시이면 뉴욕은 그보다 6시간 느린 월요일 오전 7시이다.

26-2
각 날짜의 잔액은 다음과 같다.
11월 3일: $5+4=9$(만 원)
11월 11일: $9-15=-6$(만 원)
11월 15일: $-6+7=1$(만 원)
11월 23일: $1-8=-7$(만 원)
11월 29일: $-7+10=3$(만 원)
따라서 입출금이 있던 날 중 잔액이 가장 적었던 날은 11월 23일이고, 그날의 잔액은 -7만 원이다.

27 대각선 방향에 있는 세 수의 합은 $-1+(-2)+7=4$
$A+(-2)+(-4)=4$이므로 $A+(-6)=4$
따라서 $A=4-(-6)=4+6=10$
$-1+A+B=4$에서 $-1+10+B=4$이므로 $9+B=4$
따라서 $B=4-9=-5$

27-1
삼각형의 한 변에 놓인 네 수의 합은
$6+(-7)+(-3)+3=-1$
$A+(-1)+(-4)+3=-1$이므로 $A+(-2)=-1$
즉, $A=-1-(-2)=-1+2=1$
$A+(-8)+B+6=-1$에서
$1+(-8)+B+6=-1$이므로 $B+(-1)=-1$
즉, $B=-1-(-1)=-1+1=0$
따라서 $A-B=1-0=1$

27-2
-1과 마주 보는 면에 적힌 수를 A라 하면
$A+(-1)=-1$이므로 $A=-1-(-1)=-1+1=0$
$\frac{5}{2}$와 마주 보는 면에 적힌 수를 B라 하면
$B+\frac{5}{2}=-1$이므로 $B=-1-\frac{5}{2}=-\frac{7}{2}$
$-\frac{1}{3}$과 마주 보는 면에 적힌 수를 C라 하면
$C+\left(-\frac{1}{3}\right)=-1$이므로 $C=-1-\left(-\frac{1}{3}\right)=-1+\frac{1}{3}=-\frac{2}{3}$
따라서 보이지 않는 세 면에 적힌 세 수의 합은
$A+B+C=0+\left(-\frac{7}{2}\right)+\left(-\frac{2}{3}\right)=-\frac{25}{6}$

5 정수와 유리수의 곱셈

소단원 필수 유형 46~48쪽

28	④	28-1	$+\frac{1}{2}$	28-2	$-\frac{5}{3}$
29	②	29-1	②	29-2	④
30	②	30-1	㉡, ㉠, ㉢, ㉣		
30-2	$a=\frac{3}{2}$, $b=-1$				
31	④	31-1	②	31-2	68
32	④	32-1	3	32-2	①
33	④	33-1	-39	33-2	⑤

28 ④ $\left(-\frac{2}{3}\right)\times(+0.6)=-\left(\frac{2}{3}\times\frac{3}{5}\right)=-\frac{2}{5}$

28-1
$a=\left(+\frac{3}{5}\right)\times\left(-\frac{5}{12}\right)=-\left(\frac{3}{5}\times\frac{5}{12}\right)=-\frac{1}{4}$
$b=\left(-\frac{3}{2}\right)\times\left(+\frac{4}{3}\right)=-\left(\frac{3}{2}\times\frac{4}{3}\right)=-2$
따라서 $a\times b=\left(-\frac{1}{4}\right)\times(-2)=+\left(\frac{1}{4}\times 2\right)=+\frac{1}{2}$

28-2
-7보다 3만큼 작은 수는 $-7-3=-10$
$\frac{1}{2}$보다 $-\frac{1}{3}$만큼 큰 수는 $\frac{1}{2}+\left(-\frac{1}{3}\right)=\frac{1}{6}$
따라서 구하는 곱은 $(-10)\times\frac{1}{6}=-\left(10\times\frac{1}{6}\right)=-\frac{5}{3}$

29-2
④ $+10$

30 ② $\left(-\frac{1}{3}\right)\times\left(+\frac{3}{2}\right)\times\left(-\frac{4}{3}\right)=+\left(\frac{1}{3}\times\frac{3}{2}\times\frac{4}{3}\right)=+\frac{2}{3}$

30 - 1

㉠ $\left(+\frac{2}{9}\right)\times\left(-\frac{3}{5}\right)\times(-10)=+\left(\frac{2}{9}\times\frac{3}{5}\times10\right)=\frac{4}{3}$

㉡ $(-3)\times\left(-\frac{1}{5}\right)\times(+5)=+\left(3\times\frac{1}{5}\times5\right)=3$

㉢ $\left(-\frac{2}{3}\right)\times\left(-\frac{3}{4}\right)\times\left(-\frac{3}{5}\right)=-\left(\frac{2}{3}\times\frac{3}{4}\times\frac{3}{5}\right)=-\frac{3}{10}$

㉣ $\left(+\frac{8}{3}\right)\times(-2)\times\left(-\frac{9}{4}\right)\times\left(-\frac{1}{3}\right)$

$=-\left(\frac{8}{3}\times2\times\frac{9}{4}\times\frac{1}{3}\right)=-4$

따라서 계산 결과가 큰 것부터 차례대로 나열하면 ㉡, ㉠, ㉢, ㉣이다.

30 - 2

(i) 세 수의 곱이 가장 크려면 음수 2개와 양수 1개를 곱해야 한다. 이때 음수는 절댓값이 큰 수 2개를 선택하고, 양수는 절댓값이 큰 수를 선택한다. 즉,

$a=\left(-\frac{4}{3}\right)\times\left(-\frac{3}{4}\right)\times\frac{3}{2}=\frac{3}{2}$

(ii) 세 수의 곱이 가장 작으려면 음수 3개 또는 양수 2개, 음수 1개를 곱해야 한다.

㉠ 음수 3개를 곱하는 경우

$\left(-\frac{1}{3}\right)\times\left(-\frac{4}{3}\right)\times\left(-\frac{3}{4}\right)=-\frac{1}{3}$

㉡ 양수 2개와 절댓값이 가장 큰 음수 1개를 곱하는 경우

$\frac{1}{2}\times\frac{3}{2}\times\left(-\frac{4}{3}\right)=-1$

㉠, ㉡에서 $b=-1$

31 ④ $-\left(-\frac{1}{2}\right)^2=-\frac{1}{4}$

31 - 1

① $\left(-\frac{1}{3}\right)^2=\frac{1}{9}$ ② $-\left(\frac{1}{3}\right)^2=-\frac{1}{9}$ ③ $\left(-\frac{1}{3}\right)^3=-\frac{1}{27}$

④ $-\left(\frac{1}{3}\right)^3=-\frac{1}{27}$ ⑤ $-\left(-\frac{1}{3}\right)^4=-\frac{1}{81}$

따라서 가장 작은 수는 ②이다.

31 - 2

$(-2)^2\times(-3)^2=4\times9=36$

$(-2)^3\times(-3)=(-8)\times(-3)=24,\ -5^2=-25$

$-(-3)^3=-(-27)=27,\ 2^8\times\left(-\frac{1}{8}\right)=256\times\left(-\frac{1}{8}\right)=-32$

따라서 $a=36$, $b=-32$이므로 $a-b=36-(-32)=68$

32 $(-1)^{13}+(-1)^{20}-(-1)^{29}=-1+1-(-1)$

$=-1+1+1=1$

32 - 1

n이 자연수이면 $2n$, $2n+2$는 짝수이고 $2n+1$은 홀수이다.

따라서

$(-1)^{2n}-(-1)^{2n+1}+(-1)^{2n+2}=1-(-1)+1$

$=1+1+1=3$

32 - 2

$(-1)^{2024}\times3+(-1)^{2025}\times4-(-1)^{2026}\times5$

$=1\times3+(-1)\times4-1\times5$

$=3-4-5=-6$

33 $33\times\left(-\frac{5}{7}\right)-5\times\left(-\frac{5}{7}\right)=(33-5)\times\left(-\frac{5}{7}\right)$

$=28\times\left(-\frac{5}{7}\right)=-20$

따라서 $a=28$, $b=-20$이므로 $a-b=28-(-20)=48$

33 - 1

$(-4)\times\left(-\frac{5}{3}\right)+7\times\left(-\frac{5}{3}\right)+3\times\left(-\frac{34}{3}\right)$

$=\{(-4)+7\}\times\left(-\frac{5}{3}\right)+3\times\left(-\frac{34}{3}\right)$

$=3\times\left(-\frac{5}{3}\right)+3\times\left(-\frac{34}{3}\right)$

$=3\times\left\{\left(-\frac{5}{3}\right)+\left(-\frac{34}{3}\right)\right\}$

$=3\times(-13)=-39$

33 - 2

$a\times(b-c)=-11$에서

$a\times b-a\times c=-11$이므로 $15-a\times c=-11$

따라서 $a\times c=15-(-11)=26$

6 정수와 유리수의 나눗셈

소단원 필수 유형 50~54쪽

34	$-\frac{5}{4}$	**34 - 1**	②	**34 - 2**	2
35	$-\frac{8}{3}$	**35 - 1**	-60	**35 - 2**	④
36	③	**36 - 1**	④	**36 - 2**	$\frac{4}{3}$
37	㉤, -1	**37 - 1**	㉡	**37 - 2**	6
38	$\frac{4}{3}$	**38 - 1**	$-\frac{3}{4}$	**38 - 2**	③
39	②	**39 - 1**	①	**39 - 2**	$-\frac{9}{8}$
40	③	**40 - 1**	②	**40 - 2**	$-\frac{4}{5}$
41	④	**41 - 1**	⑤		
41 - 2	ㄹ, ㄴ, ㄱ, ㄷ, ㅁ				
42	$-\frac{3}{8}$	**42 - 1**	④	**42 - 2**	2
43	민지 : 4점, 수진 : 7점			**43 - 1**	10
43 - 2	4문제				

34 $-\frac{5}{a}$의 역수는 $-\frac{a}{5}$이고 $0.4=\frac{2}{5}$이므로 $-\frac{a}{5}=\frac{2}{5}$, $a=-2$

$1\frac{1}{3}=\frac{4}{3}$의 역수는 $\frac{3}{4}$이므로 $b=\frac{3}{4}$

따라서 $a+b=-2+\frac{3}{4}=-\frac{5}{4}$

34-1

$-0.6=-\frac{3}{5}$의 역수는 $-\frac{5}{3}$이므로 $a=-\frac{5}{3}$

$1\frac{1}{4}=\frac{5}{4}$의 역수는 $\frac{4}{5}$이므로 $b=\frac{4}{5}$

따라서 $a\times b=\left(-\frac{5}{3}\right)\times\frac{4}{5}=-\frac{4}{3}$

34-2

$\frac{2}{a}$의 역수는 $\frac{a}{2}$이므로 $\frac{a}{2}=\frac{5}{2}$, $a=5$

$-\frac{b}{4}$의 역수는 $-\frac{4}{b}$이므로 $-\frac{4}{b}=\frac{4}{3}$, $b=-3$

따라서 $a+b=5+(-3)=2$

35 $a=(-18)\div(-3)=+(18\div3)=+6$

$b=12\div\left(-\frac{3}{4}\right)=12\times\left(-\frac{4}{3}\right)=-\left(12\times\frac{4}{3}\right)=-16$

따라서 $b\div a=(-16)\div(+6)=(-16)\times\left(+\frac{1}{6}\right)$

$=-\left(16\times\frac{1}{6}\right)=-\frac{8}{3}$

35-1

$a=-\frac{3}{4}-3=-\frac{15}{4}$, $b=\frac{1}{16}$

따라서 $a\div b=\left(-\frac{15}{4}\right)\div\frac{1}{16}=\left(-\frac{15}{4}\right)\times16$

$=-\left(\frac{15}{4}\times16\right)=-60$

35-2

$A=30\div(-5)\div\left(-\frac{6}{7}\right)=30\times\left(-\frac{1}{5}\right)\times\left(-\frac{7}{6}\right)=7$

따라서 A보다 작은 자연수는 1, 2, 3, ⋯, 6의 6개이다.

36 ③ $\left(-\frac{3}{2}\right)\times\left(-\frac{4}{9}\right)\div\frac{1}{6}=\left(-\frac{3}{2}\right)\times\left(-\frac{4}{9}\right)\times6$

$=+\left(\frac{3}{2}\times\frac{4}{9}\times6\right)=4$

36-1

① $16\div(-2)\times(-3)^2=16\times\left(-\frac{1}{2}\right)\times9$

$=-\left(16\times\frac{1}{2}\times9\right)=-72$

② $8\times(-18)\div(-2)^2=8\times(-18)\div4=8\times(-18)\times\frac{1}{4}$

$=-\left(8\times18\times\frac{1}{4}\right)=-36$

③ $(-5)^2\times(-4)\div(-2)^2=25\times(-4)\div4$

$=25\times(-4)\times\frac{1}{4}$

$=-\left(25\times4\times\frac{1}{4}\right)=-25$

④ $12\div(-4)^2\times8=12\div16\times8=12\times\frac{1}{16}\times8=6$

⑤ $40\div(-5)\div(-2)^3=40\div(-5)\div(-8)$

$=40\times\left(-\frac{1}{5}\right)\times\left(-\frac{1}{8}\right)$

$=+\left(40\times\frac{1}{5}\times\frac{1}{8}\right)=1$

따라서 계산 결과가 가장 큰 것은 ④이다.

36-2

$-2.5=-\frac{5}{2}$이므로 $A=-\frac{2}{5}$, $B=\frac{1}{5}$, $C=-\frac{2}{3}$

따라서

$A\div B\times C=\left(-\frac{2}{5}\right)\div\frac{1}{5}\times\left(-\frac{2}{3}\right)=\left(-\frac{2}{5}\right)\times5\times\left(-\frac{2}{3}\right)$

$=+\left(\frac{2}{5}\times5\times\frac{2}{3}\right)=\frac{4}{3}$

37 ㉢ → ㉣ → ㉤ → ㉡ → ㉠의 순서대로 계산하므로 세 번째로 계산해야 할 곳은 ㉤이다.

$-\frac{2}{3}+\frac{3}{4}\times\left\{\left(\frac{3}{2}-\frac{1}{3}\right)\div\frac{3}{4}-2\right\}$

$=-\frac{2}{3}+\frac{3}{4}\times\left(\frac{7}{6}\div\frac{3}{4}-2\right)=-\frac{2}{3}+\frac{3}{4}\times\left(\frac{7}{6}\times\frac{4}{3}-2\right)$

$=-\frac{2}{3}+\frac{3}{4}\times\left(\frac{14}{9}-2\right)=-\frac{2}{3}+\frac{3}{4}\times\left(-\frac{4}{9}\right)$

$=-\frac{2}{3}+\left(-\frac{1}{3}\right)=-1$

37-1

㉣ → ㉢ → ㉤ → ㉡ → ㉠의 순서대로 계산하므로 네 번째로 계산해야 할 곳은 ㉡이다.

37-2

$A=4-\left[\frac{1}{2}-\left(-\frac{4}{3}\right)\div\{4\times(-3)-6\}\right]\div\frac{1}{9}$

$=4-\left\{\frac{1}{2}-\left(-\frac{4}{3}\right)\div(-12-6)\right\}\div\frac{1}{9}$

$=4-\left\{\frac{1}{2}-\left(-\frac{4}{3}\right)\div(-18)\right\}\div\frac{1}{9}$

$=4-\left\{\frac{1}{2}-\left(-\frac{4}{3}\right)\times\left(-\frac{1}{18}\right)\right\}\div\frac{1}{9}$

$=4-\left(\frac{1}{2}-\frac{2}{27}\right)\div\frac{1}{9}=4-\frac{23}{54}\times9$

$=4-\frac{23}{6}=\frac{1}{6}$

따라서 A의 역수는 6이다.

38 $\left(-\frac{10}{9}\right)\div\square\times\left(-\frac{3}{5}\right)^2=-\frac{3}{10}$에서

$\left(-\frac{10}{9}\right)\times\frac{1}{\square}\times\frac{9}{25}=-\frac{3}{10}$

$\left(-\frac{2}{5}\right)\times\frac{1}{\square}=-\frac{3}{10}$이므로

$\frac{1}{\square}=\left(-\frac{3}{10}\right)\div\left(-\frac{2}{5}\right)=\left(-\frac{3}{10}\right)\times\left(-\frac{5}{2}\right)=\frac{3}{4}$

따라서 $\square=\frac{4}{3}$

38 - 1

$\frac{5}{7}\div\left(-\frac{3}{2}\right)^2\times\square=-\frac{5}{21}$에서

$\frac{5}{7}\div\frac{9}{4}\times\square=-\frac{5}{21}$, $\frac{5}{7}\times\frac{4}{9}\times\square=-\frac{5}{21}$

$\frac{20}{63}\times\square=-\frac{5}{21}$이므로

$\square=\left(-\frac{5}{21}\right)\div\frac{20}{63}=\left(-\frac{5}{21}\right)\times\frac{63}{20}=-\frac{3}{4}$

38 - 2

$\frac{3}{7}\div A=-\frac{6}{7}$에서

$A=\frac{3}{7}\div\left(-\frac{6}{7}\right)=\frac{3}{7}\times\left(-\frac{7}{6}\right)=-\frac{1}{2}$

$B\times(-8)=-\frac{2}{3}$에서

$B=\left(-\frac{2}{3}\right)\div(-8)=\left(-\frac{2}{3}\right)\times\left(-\frac{1}{8}\right)=\frac{1}{12}$

따라서 $A\div B=\left(-\frac{1}{2}\right)\div\frac{1}{12}=\left(-\frac{1}{2}\right)\times 12=-6$

39 어떤 수를 □라 하면 $\square\div\frac{5}{3}=-\frac{3}{10}$이므로

$\square=\left(-\frac{3}{10}\right)\times\frac{5}{3}=-\frac{1}{2}$

따라서 바르게 계산한 답은

$\left(-\frac{1}{2}\right)\times\frac{5}{3}=-\frac{5}{6}$

39 - 1

$a+\left(-\frac{2}{3}\right)=\frac{3}{7}$이므로

$a=\frac{3}{7}-\left(-\frac{2}{3}\right)=\frac{9}{21}+\frac{14}{21}=\frac{23}{21}$

따라서 바르게 계산한 답은

$\frac{23}{21}\div\left(-\frac{2}{3}\right)=\frac{23}{21}\times\left(-\frac{3}{2}\right)=-\frac{23}{14}$

39 - 2

어떤 유리수를 □라 하면 $\square\times 4-\frac{5}{2}=3$이므로

$\square\times 4=3+\frac{5}{2}=\frac{11}{2}$, $\square=\frac{11}{2}\div 4=\frac{11}{2}\times\frac{1}{4}=\frac{11}{8}$

따라서 바르게 계산한 답은

$\frac{11}{8}-\frac{5}{2}=\frac{11}{8}-\frac{20}{8}=-\frac{9}{8}$

40 $a<0$, $b>0$에서

① $\frac{1}{b}>0$ ② $a^2>0$ ③ $a\div b<0$

④ 알 수 없다. ⑤ $b-a>0$

따라서 항상 음수인 것은 ③이다.

40 - 1

$a\times c<0$에서 a와 c는 다른 부호이다.

이때 $a>c$이므로 $a>0$, $c<0$

또, $b\div c<0$에서 b와 c는 다른 부호이다.

이때 $c<0$이므로 $b>0$

40 - 2

(가) $a\div b<0$에서 a, b는 다른 부호이므로 $a\times b<0$

따라서 (나), (다)에 의하여 $a\times b=-\left(\frac{1}{2}\times\frac{8}{5}\right)=-\frac{4}{5}$

41 $a=\frac{1}{2}$이라 하면

① $\frac{1}{2}$ ② $-\frac{1}{2}$ ③ 2 ④ 4 ⑤ $\frac{1}{8}$

따라서 가장 큰 수는 ④이다.

41 - 1

$a=-2$라 하면

① -2 ② 2 ③ $-\frac{1}{2}$ ④ 4 ⑤ -4

따라서 가장 작은 수는 ⑤이다.

41 - 2

$a=-\frac{1}{2}$이라 하면

ㄱ. $-\frac{1}{2}$ ㄴ. $\frac{1}{4}$ ㄷ. -2 ㄹ. 2 ㅁ. -4

따라서 큰 수부터 차례대로 나열하면 ㄹ, ㄴ, ㄱ, ㄷ, ㅁ이다.

42 $\frac{1}{3}*\left(-\frac{3}{5}\right)=\frac{1}{3}\times\left(-\frac{3}{5}\right)-\left(-\frac{3}{5}\right)=-\frac{1}{5}+\frac{3}{5}=\frac{2}{5}$

따라서 $\left\{\frac{1}{3}*\left(-\frac{3}{5}\right)\right\}*\frac{5}{8}=\frac{2}{5}*\frac{5}{8}=\frac{2}{5}\times\frac{5}{8}-\frac{5}{8}$

$=\frac{1}{4}-\frac{5}{8}=-\frac{3}{8}$

42 - 1

$\frac{2}{3}\odot\frac{5}{9}=1-\frac{2}{3}\div\frac{5}{9}\times\frac{1}{2}=1-\frac{2}{3}\times\frac{9}{5}\times\frac{1}{2}=1-\frac{3}{5}=\frac{2}{5}$

42 - 2

$\frac{1}{2}\bigstar\frac{11}{3}=\frac{1}{2}\times\frac{11}{3}-1=\frac{11}{6}-1=\frac{5}{6}$

$\frac{8}{3}\bigstar\frac{4}{9}=\frac{8}{3}\times\frac{4}{9}-1=\frac{32}{27}-1=\frac{5}{27}$

따라서 $\left(\frac{1}{2}\bigstar\frac{11}{3}\right)\triangle\left(\frac{8}{3}\bigstar\frac{4}{9}\right)=\frac{5}{6}\triangle\frac{5}{27}=\frac{5}{6}\div\frac{5}{27}-\frac{5}{2}$

$=\frac{5}{6}\times\frac{27}{5}-\frac{5}{2}=\frac{9}{2}-\frac{5}{2}=2$

43 민지가 얻은 점수는

$(+1)\times 2+(+3)\times 1+(-4)\times 4+(+5)\times 3$

$=2+3-16+15=4$(점)

수진이가 얻은 점수는

$(+1)\times 3+(+3)\times 1+(-4)\times 2+(+5)\times 3+(-6)\times 1$

$=3+3-8+15-6=7$(점)

43 - 1

정민이는 6번 이기고 4번 졌으므로 정민이의 위치는

$(+3)\times 6+(-2)\times 4=18-8=10$

승기는 4번 이기고 6번 졌으므로 승기의 위치는

$(+3)\times 4+(-2)\times 6=12-12=0$

따라서 두 사람의 위치의 차는 $10-0=10$

43-2

기본 점수 70점에서 시작하여 총 6문제 중에서 맞힌 문제 수에 따른 점수를 구해 보면 다음과 같다.

0문제: $70+10\times0-5\times6=70+0-30=40$(점)

1문제: $70+10\times1-5\times5=70+10-25=55$(점)

2문제: $70+10\times2-5\times4=70+20-20=70$(점)

3문제: $70+10\times3-5\times3=70+30-15=85$(점)

4문제: $70+10\times4-5\times2=70+40-10=100$(점)

5문제: $70+10\times5-5\times1=70+50-5=115$(점)

6문제: $70+10\times6-5\times0=70+60-0=130$(점)

따라서 민기는 총 6문제 중에서 4문제를 맞힌 것이다.

중단원 핵심유형 테스트 55~57쪽

1 ③	2 ②	3 ③	4 −6	
5 $a=\frac{1}{3}$, $b=-6$		6 $-\frac{7}{3}$	7 ②	
8 덧셈의 교환법칙		9 ⑤	10 ①	11 ⑤
12 −1	13 $-\frac{10}{9}$	14 ③	15 ⑤	16 ③
17 ④	18 $-\frac{5}{4}$	19 $\frac{7}{3}$	20 $\frac{3}{4}$	

1 ① 양수는 $+\frac{8}{3}$, 3, $+\frac{11}{4}$의 3개이다.

② 음의 정수는 $-\frac{10}{5}(=-2)$의 1개이다.

④ 음의 유리수는 $-\frac{10}{5}$, -3.1의 2개이다.

⑤ 정수가 아닌 유리수는 $+\frac{8}{3}$, -3.1, $+\frac{11}{4}$의 3개이다.

2 $-\frac{7}{4}$과 $+\frac{7}{5}$을 각각 수직선 위에 나타내면 다음 그림과 같다.

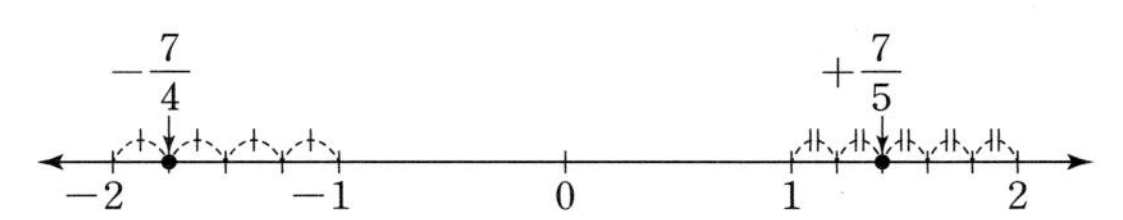

$-\frac{7}{4}$에 가장 가까운 정수는 -2, $+\frac{7}{5}$에 가장 가까운 정수는 1이므로 $a=-2$, $b=1$

따라서 $a+b=-2+1=-1$

3 a를 나타내는 점과 1을 나타내는 점 사이의 거리가 4이므로 a의 값은 -3 또는 5이다.

(i) $a=-3$일 때, 정수 b가 될 수 있는 값은 -5, -4, -3, -2, -1이다.

(ii) $a=5$일 때, 정수 b가 될 수 있는 값은 3, 4, 5, 6, 7이다.

따라서 정수 b의 값이 될 수 없는 것은 ③이다.

4 두 점 B와 D 사이의 거리가 8이므로 점 C는 두 수 -2, 6을 나타내는 두 점으로부터 각각 $\frac{1}{2}\times8=4$만큼 떨어져 있다.

이때 네 점 A, B, C, D 사이의 거리가 모두 같으므로 점 A는 점 B로부터 4만큼 떨어져 있다.

따라서 점 A가 나타내는 수는 -6이다.

5 (가)에서 $|a|=\frac{1}{3}$이므로 $a=\frac{1}{3}$ 또는 $a=-\frac{1}{3}$이고, $|b|=6$이므로 $b=6$ 또는 $b=-6$이다.

(나)에서 a는 양수이므로 $a=\frac{1}{3}$

(다)에서 b는 음수이므로 $b=-6$

6 상자 A에 -2, $\frac{15}{7}$를 넣으면 $|-2|<\left|\frac{15}{7}\right|$이므로 -2가 나온다.

상자 B에 -2, $-\frac{7}{3}$을 넣으면 $|-2|<\left|-\frac{7}{3}\right|$이므로 $-\frac{7}{3}$이 나온다.

7 $-\frac{17}{6}$과 2.1 사이에 있는 정수는 -2, -1, 0, 1, 2의 5개이다.

9 ㄱ. $(-2)+\left(+\frac{2}{3}\right)-\left(-\frac{1}{5}\right)=-2+\frac{2}{3}+\frac{1}{5}=-\frac{17}{15}$

ㄴ. $(-2)+(+7)-(+3.9)=-2+7-3.9=1.1$

ㄷ. $(-5)-(-2.3)+\frac{17}{3}=-5+2.3+\frac{17}{3}=\frac{89}{30}$

따라서 계산 결과가 큰 것부터 차례대로 나열하면 ㄷ, ㄴ, ㄱ이다.

10 가장 큰 수는 6이므로 $a=6$, 가장 작은 수는 $-\frac{5}{2}$이므로 $b=-\frac{5}{2}$

따라서 $a\times b=6\times\left(-\frac{5}{2}\right)=-15$

11 삼각형의 한 변에 놓인 세 수의 합은 $6+(-2)+1=5$

$6+㉠+(-4)=5$에서 $㉠+2=5$이므로 $㉠=5-2=3$

$-4+㉡+1=5$에서 $㉡-3=5$이므로 $㉡=5+3=8$

따라서 ㉠, ㉡에 알맞은 두 수의 곱은 $3\times8=24$

12 n이 짝수이므로 $n+1$은 홀수, $n+2$는 짝수이다.

따라서

$(-1)^n+(-1)^{n+1}-(-1)^{n+2}=1+(-1)-(+1)=-1$

13 $A=\frac{5}{6}\div\left(-\frac{1}{3}\right)^2\times\left(-\frac{4}{15}\right)=\frac{5}{6}\div\frac{1}{9}\times\left(-\frac{4}{15}\right)$

$=\frac{5}{6}\times9\times\left(-\frac{4}{15}\right)=-\left(\frac{5}{6}\times9\times\frac{4}{15}\right)=-2$

$B=(-2)^3\times\frac{1}{4}\div\left(-\frac{3}{2}\right)^2=(-8)\times\frac{1}{4}\div\frac{9}{4}$

$=(-8)\times\frac{1}{4}\times\frac{4}{9}=-\left(8\times\frac{1}{4}\times\frac{4}{9}\right)=-\frac{8}{9}$

따라서 $A-B=-2-\left(-\frac{8}{9}\right)=-\frac{10}{9}$

14 $\left(-\frac{1}{5}\right)\div\square\times\left(-\frac{5}{3}\right)=\frac{1}{9}$에서 $\left(-\frac{1}{5}\right)\times\frac{1}{\square}\times\left(-\frac{5}{3}\right)=\frac{1}{9}$

$\frac{1}{3}\times\frac{1}{\square}=\frac{1}{9}$이므로 $\frac{1}{\square}=\frac{1}{9}\div\frac{1}{3}=\frac{1}{9}\times3=\frac{1}{3}$

따라서 $\square=3$

15 $-\frac{5}{4}\div\frac{1}{A}=-\frac{5}{2}$에서 $-\frac{5}{4}\times A=-\frac{5}{2}$이므로

$A=\left(-\frac{5}{2}\right)\div\left(-\frac{5}{4}\right)=\left(-\frac{5}{2}\right)\times\left(-\frac{4}{5}\right)=2$

$C\div\left(-\frac{8}{15}\right)=-\frac{3}{8}$이므로 $C=\left(-\frac{3}{8}\right)\times\left(-\frac{8}{15}\right)=\frac{1}{5}$

$\left(-\frac{5}{2}\right)\times B=C$에서 $\left(-\frac{5}{2}\right)\times B=\frac{1}{5}$이므로

$B=\frac{1}{5}\div\left(-\frac{5}{2}\right)=\frac{1}{5}\times\left(-\frac{2}{5}\right)=-\frac{2}{25}$

따라서 $A+B+C=2+\left(-\frac{2}{25}\right)+\frac{1}{5}=\frac{53}{25}$

16 $a\times b<0$이므로 두 수 a, b는 서로 부호가 다르다.

이때 $a<0$이므로 $b>0$

① 알 수 없다. ② $a-b<0$ ③ $b-a>0$

④ $b\div a<0$ ⑤ $(-a)\times(-b)<0$

따라서 항상 양수인 것은 ③이다.

17 $a=-\frac{1}{2}$이라 하면

① $\frac{1}{2}$ ② $-\frac{1}{4}$ ③ 2 ④ -2 ③ $-\frac{1}{8}$

따라서 가장 작은 수는 ④이다.

18 $\left(-\frac{3}{2}\right)*\left(-\frac{1}{3}\right)=\left(-\frac{3}{2}\right)^2\times\left(-\frac{1}{3}\right)-\frac{1}{2}$

$=\frac{9}{4}\times\left(-\frac{1}{3}\right)-\frac{1}{2}=-\frac{3}{4}-\frac{1}{2}=-\frac{5}{4}$

19 세 수의 곱이 가장 크려면 음수 2개와 양수 1개를 곱해야 하고 곱해지는 세 수의 절댓값의 곱이 가장 커야 한다.

$a=\left(-\frac{4}{3}\right)\times(-3)\times\frac{1}{4}=1$ …… ❶

세 수의 곱이 가장 작으려면 음수 3개를 곱해야 한다.

$b=\left(-\frac{1}{3}\right)\times\left(-\frac{4}{3}\right)\times(-3)=-\frac{4}{3}$ …… ❷

따라서 $a-b=1-\left(-\frac{4}{3}\right)=\frac{7}{3}$ …… ❸

채점 기준	비율
❶ a의 값 구하기	40 %
❷ b의 값 구하기	40 %
❸ $a-b$의 값 구하기	20 %

20 -2와 마주 보는 면에 적힌 수는 $-\frac{1}{2}$

4와 마주 보는 면에 적힌 수는 $\frac{1}{4}$

1과 마주 보는 면에 적힌 수는 1 …… ❶

따라서 보이지 않는 세 면에 적힌 세 수의 합은

$-\frac{1}{2}+\frac{1}{4}+1=\frac{3}{4}$ …… ❷

채점 기준	비율
❶ 보이지 않는 세 면에 적힌 수 각각 구하기	60 %
❷ 보이지 않는 세 면에 적힌 세 수의 합 구하기	40 %

3. 문자의 사용과 식

1 문자의 사용과 식의 계산

소단원 필수 유형 61~65쪽

1 ㄴ, ㄷ	**1-1** ③	
2 ①	**2-1** ②	
3 ③	**3-1** ③	
4 ④	**4-1** ①	**4-2** ①, ⑤
5 $\frac{23}{10}x+\frac{27}{10}y$	**5-1** ⑤	**5-2** $\frac{42x+4y}{x+4}$점
6 ⑤	**6-1** (1) $8x$원 (2) $(800-8x)$원	
6-2 (1) $2x$원 (2) $\frac{21}{10}x$원 (3) A 가게		
7 ②	**7-1** ab cm²	**7-2** $(2a+4b)$ cm²
8 $(3a+70b)$ km	**8-1** ①	**8-2** $\left(12-\frac{9}{2}x\right)$ km
9 ㄴ, ㄷ	**9-1** $\left(\frac{x}{20}+\frac{y}{10}\right)$g	**9-2** $\frac{2x+y}{3}$ %
10 ⑤	**10-1** ④	**10-2** ③
11 (1) $\frac{(a+b)h}{2}$ cm² (2) 35 cm²		**11-1** 95 °F
11-2 686 m		

1 ㄱ. $a\times b\times c\times(-2)=-2abc$

ㄹ. $a\times(-1)\times(b+c)=-a(b+c)$

따라서 옳은 것은 ㄴ, ㄷ이다.

1-1

③ $x\times y\times 0.1=0.1xy$

2 $x\div y\div z=x\times\frac{1}{y}\times\frac{1}{z}=\frac{x}{yz}$

2-1

$\frac{x}{4}\div\frac{2}{3y}=\frac{x}{4}\times\frac{3y}{2}=\frac{3xy}{8}\left(\text{또는 }\frac{3}{8}xy\right)$

3 $a\div(b\div c)=a\div\frac{b}{c}=a\times\frac{c}{b}=\frac{ac}{b}$

① $a\div b\div c=\frac{a}{bc}$ ② $a\times b\div c=\frac{ab}{c}$

③ $a\div b\times c=\frac{ac}{b}$ ④ $a\times(b\div c)=a\times\frac{b}{c}=\frac{ab}{c}$

⑤ $a\div(c\div b)=a\div\frac{c}{b}=a\times\frac{b}{c}=\frac{ab}{c}$

따라서 계산 결과가 같은 것은 ③이다.

3-1

③ $a\times 0.1+(b-c)\div(-2)=0.1a-\frac{b-c}{2}$

4 ④ 십의 자리의 숫자가 3, 일의 자리의 숫자가 b인 두 자리 자연수 ➡ $10\times3+a=30+a$

4-1

① 길이가 4 m인 막대를 x 등분 했을 때, 한 조각의 길이 ➡ $\frac{4}{x}$ m

4-2

② x시간 y초 ➡ $(3600x+y)$초
③ 3 m x cm ➡ $(300+x)$ cm
④ 1 L x mL ➡ $(1000+x)$ mL 또는 $\left(1+\frac{x}{1000}\right)$ L

5 (안경을 쓴 남학생의 수)$=230\times\frac{x}{100}=\frac{23}{10}x$

(안경을 쓴 여학생의 수)$=270\times\frac{y}{100}=\frac{27}{10}y$

따라서 (안경을 쓴 학생의 수)$=\frac{23}{10}x+\frac{27}{10}y$

5-1

(남학생의 수)$=a\times\frac{x}{100}=\frac{ax}{100}$

따라서 (여학생의 수)$=a-\frac{ax}{100}$

5-2

(여학생 x명의 점수의 합)$=42\times x=42x$(점)
(남학생 4명의 점수의 합)$=y\times4=4y$(점)
따라서 (모둠 전체 학생의 평균 점수)$=\frac{42x+4y}{x+4}$(점)

6 (할인된 금액)=(정가)$\times\frac{b}{100}=a\times\frac{b}{100}=\frac{ab}{100}$(원)

(판매 가격)=(정가)−(할인된 금액)$=a-\frac{ab}{100}$(원)

6-1

(1) (할인된 금액)=(정가)$\times\frac{x}{100}=800\times\frac{x}{100}=8x$(원)
(2) (판매 가격)=(정가)−(할인된 금액)$=800-8x$(원)

6-2

(1) 음료수 2개의 값만 지불하면 되므로 $x\times2=2x$(원)
(2) 음료수 1개의 가격은 $x\times\frac{70}{100}=\frac{7}{10}x$(원)이므로
음료수 3개의 가격은 $\frac{7}{10}x\times3=\frac{21}{10}x$(원)
(3) $2x<\frac{21}{10}x$이므로 A 가게에서 사는 것이 더 유리하다.

7 ② 밑변의 길이가 2 cm, 높이가 x cm인 삼각형의 넓이
➡ $\frac{1}{2}\times2\times x=x(\text{cm}^2)$

7-1

(평행사변형의 넓이)=(밑변의 길이)×(높이)
$=a\times b=ab(\text{cm}^2)$

7-2

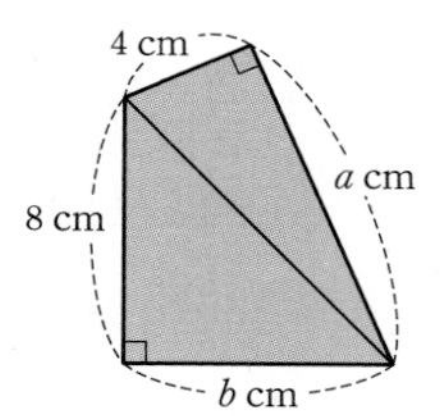

오른쪽 그림과 같이 사각형을 2개의 직각삼각형으로 나누면
(사각형의 넓이)
$=\frac{1}{2}\times4\times a+\frac{1}{2}\times8\times b$
$=2a+4b(\text{cm}^2)$

8 성훈이네 가족이 집에서 출발하여 처음 3시간 동안 이동한 거리는 $3a$ km, 다음 b시간 동안 이동한 거리는 $70b$ km이므로 집에서 할머니 댁까지의 거리는 $(3a+70b)$ km이다.

8-1

걷는데 걸린 시간은 $\frac{x}{4}$시간, 휴식을 취한 시간은 $\frac{10}{60}=\frac{1}{6}$(시간)

이므로 B 지점에 도착할 때까지 걸린 시간은 $\left(\frac{x}{4}+\frac{1}{6}\right)$시간이다.

8-2

지영이가 시속 $\frac{9}{2}$ km로 x시간 동안 걸어간 거리는 $\frac{9}{2}x$ km이므로 남은 거리는 $\left(12-\frac{9}{2}x\right)$ km이다.

9 ㄱ. (설탕물의 농도)$=\frac{(\text{설탕의 양})}{(\text{설탕물의 양})}\times100(\%)$이므로

$\frac{x}{500}\times100=\frac{x}{5}(\%)$

따라서 옳은 것은 ㄴ, ㄷ이다.

9-1

(소금의 양)$=\frac{(\text{소금물의 농도})}{100}\times$(소금물의 양)이므로

$\frac{5}{100}\times x+\frac{10}{100}\times y=\frac{x}{20}+\frac{y}{10}$(g)

9-2

소금의 양은 $\frac{x}{100}\times200+\frac{y}{100}\times100=2x+y$(g)이고 소금물의 양은 $200+100=300$(g)이다.

따라서 소금물의 농도는 $\frac{2x+y}{300}\times100=\frac{2x+y}{3}(\%)$

10 ① $a^2b=2^2\times(-3)=4\times(-3)=-12$
② $a^2+b=2^2+(-3)=4-3=1$
③ $-a-b=-2-(-3)=-2+3=1$
④ $a+b=2+(-3)=2-3=-1$
⑤ $(-a)^3+2b=(-2)^3+2\times(-3)=-8-6=-14$
따라서 식의 값이 가장 작은 것은 ⑤이다.

10-1

①, ②, ③, ⑤ 4　　④ −4

10-2

$\frac{4}{a}-\frac{6}{b}+\frac{8}{c}=4\div a-6\div b+8\div c$
$=4\div\left(-\frac{1}{2}\right)-6\div\frac{1}{3}+8\div\frac{1}{4}$
$=4\times(-2)-6\times3+8\times4=-8-18+32=6$

11 (1) (사다리꼴의 넓이)$=\frac{1}{2}\times(a+b)\times h=\frac{(a+b)h}{2}$ (cm^2)

(2) $\frac{(a+b)h}{2}$에 $a=3$, $b=11$, $h=5$를 대입하면

$\frac{(3+11)\times5}{2}=35$

따라서 사다리꼴의 넓이는 35 cm^2이다.

11-1

$\frac{9}{5}x+32$에 $x=35$를 대입하면

$\frac{9}{5}\times35+32=63+32=95$

따라서 섭씨온도 35 ℃는 화씨온도 95 ℉이다.

11-2

$0.6a+331$에 $a=20$을 대입하면

$0.6\times20+331=12+331=343$

따라서 기온이 20 ℃일 때 소리의 속력은 초속 343 m이고 천둥이 친 지 2초 후에 천둥소리를 들었으므로 천둥이 친 곳까지의 거리는 $343\times2=686$(m)

2 일차식과 수의 곱셈, 나눗셈

소단원 필수 유형 67쪽

12	-35	12-1	③
13	②	13-1	ㄱ, ㄷ, ㄹ, ㅂ
14	④	14-1	-5

12 주어진 다항식에서 x의 계수는 $-\frac{7}{2}$, 상수항은 5, 다항식의 차수는 2이므로 $A=-\frac{7}{2}$, $B=5$, $C=2$

따라서 $ABC=\left(-\frac{7}{2}\right)\times5\times2=-35$

12-1

③ $y=1\times y$이므로 y의 계수는 1이다.

13 ② 분모에 문자가 있으므로 일차식이 아니다.

13-1

ㄴ, ㅁ. 분모에 문자가 있으므로 일차식이 아니다.

14 ① $-3(x-1)=-3\times x-3\times(-1)=-3x+3$

② $\frac{1}{2}(3x+2)=\frac{1}{2}\times3x+\frac{1}{2}\times2=\frac{3}{2}x+1$

③ $(2x-4)\div\frac{2}{3}=(2x-4)\times\frac{3}{2}=3x-6$

④ $(25x-5)\div5=(25x-5)\times\frac{1}{5}=5x-1$

⑤ $-2\times\frac{3}{2}x=-3x$

따라서 일차항의 계수가 가장 큰 것은 ④이다.

14-1

$(6x-9)\div\frac{3}{5}=(6x-9)\times\frac{5}{3}=10x-15$

따라서 x의 계수는 10, 상수항은 -15이므로 그 합은 -5이다.

3 일차식의 덧셈과 뺄셈

소단원 필수 유형 69~72쪽

15	②	15-1	⑤		
16	③	16-1	8		
17	③	17-1	④		
18	③	18-1	④	18-2	-1
19	(1) (나) (2) $-x-\frac{11}{4}$	19-1	⑤	19-2	$\frac{1}{5}$
20	$(6x+10)$ m^2	20-1	①	20-2	$8a+6b+4$
21	⑤	21-1	$-7x+3$	21-2	-1
22	$-3x+7y$	22-1	17	22-2	$-4x+12$
23	$5x-6$	23-1	(1) $-6x$ (2) $-5x-4$		
23-2	$3x+1$				

15 $0.3x$와 동류항인 것은 x, $\frac{x}{10}$, $-0.5x$의 3개이다.

16 ③ $(2x+5)-(9x-1)=2x+5-9x+1=-7x+6$

④ $(6x-4)+2(3x+8)=6x-4+6x+16=12x+12$

⑤ $3(7x+4)+(16x-8)\div(-4)$

$=3(7x+4)+(16x-8)\times\left(-\frac{1}{4}\right)$

$=21x+12-4x+2=17x+14$

따라서 옳지 않은 것은 ③이다.

16-1

$2(3x-2)-(ax+b)=6x-4-ax-b$

$=(6-a)x-4-b$

이때 x의 계수는 1, 상수항은 -7이므로

$6-a=1$, $-4-b=-7$에서 $a=5$, $b=3$

따라서 $a+b=5+3=8$

17 $3x^2-ax+5+bx^2+3x+1=(3+b)x^2+(-a+3)x+6$

위의 식이 x에 대한 일차식이 되어야 하므로

$3+b=0$, $-a+3\neq0$에서

$a\neq3$, $b=-3$

17-1

$5x^2-2x+7-ax^2+5x-3=(5-a)x^2+3x+4$

위의 식이 x에 대한 일차식이 되어야 하므로

$5-a=0$, $a=5$

18 $3(x-1)-\{5x-2(4x-3)\}=3x-3-(5x-8x+6)$
$=3x-3-(-3x+6)$
$=3x-3+3x-6=6x-9$

18-1
$3x-\{-2x+7-(5-x)\}=3x-(-2x+7-5+x)$
$=3x-(-x+2)$
$=3x+x-2=4x-2$

18-2
$3x-2y-[5x+y-2\{3(x-y)+2(-3x+4y)\}]$
$=3x-2y-\{5x+y-2(3x-3y-6x+8y)\}$
$=3x-2y-\{5x+y-2(-3x+5y)\}$
$=3x-2y-(5x+y+6x-10y)$
$=3x-2y-(11x-9y)$
$=3x-2y-11x+9y=-8x+7y$
따라서 $a=-8$, $b=7$이므로
$a+b=-8+7=-1$

19 (1) 처음으로 잘못된 부분은 (나)이다.
(2) 주어진 식을 바르게 계산하면 다음과 같다.
$\frac{2x-1}{4}-\frac{3x+5}{2}=\frac{2x-1-2(3x+5)}{4}$
$=\frac{2x-1-6x-10}{4}=\frac{-4x-11}{4}$
$=\frac{-4x}{4}-\frac{11}{4}=-x-\frac{11}{4}$

19-1
$\frac{x-2}{3}+\frac{5x-3}{2}=\frac{2(x-2)+3(5x-3)}{6}$
$=\frac{2x-4+15x-9}{6}$
$=\frac{17x-13}{6}=\frac{17}{6}x-\frac{13}{6}$
따라서 $a=\frac{17}{6}$, $b=-\frac{13}{6}$이므로
$a-b=\frac{17}{6}-\left(-\frac{13}{6}\right)=\frac{17}{6}+\frac{13}{6}=\frac{30}{6}=5$

19-2
$\frac{-4x+3}{2}-0.7(x-2)=\frac{-4x+3}{2}-\frac{7}{10}(x-2)$
$=\frac{5(-4x+3)-7(x-2)}{10}$
$=\frac{-20x+15-7x+14}{10}$
$=\frac{-27x+29}{10}=-\frac{27}{10}x+\frac{29}{10}$
따라서 $a=-\frac{27}{10}$, $b=\frac{29}{10}$이므로
$a+b=-\frac{27}{10}+\frac{29}{10}=\frac{2}{10}=\frac{1}{5}$

20 $7\times 3x-(7-2)\times(3x-2)=21x-5(3x-2)$
$=21x-15x+10$
$=6x+10(\text{m}^2)$

20-1
(도형의 넓이)=(삼각형의 넓이)+(직사각형의 넓이)
$=\frac{1}{2}\times(x-2)\times 4+(x-2)\times 7$
$=2x-4+7x-14=9x-18(\text{cm}^2)$

20-2
$2\{(a+3a-1)+(b+2b+3)\}=2(4a-1+3b+3)$
$=2(4a+3b+2)$
$=8a+6b+4$

21 $-A+3B=-\left(\frac{-x+3}{3}\right)+3\left(\frac{2x-5}{6}\right)=\frac{x-3}{3}+\frac{2x-5}{2}$
$=\frac{2(x-3)+3(2x-5)}{6}$
$=\frac{2x-6+6x-15}{6}=\frac{8x-21}{6}$

21-1
$3A-2(A+B)=3A-2A-2B=A-2B$
$=(-x-5)-2(3x-4)$
$=-x-5-6x+8=-7x+3$

21-2
$A-3C-\left\{2A+C-4\left(\frac{B}{2}-C\right)\right\}$
$=A-3C-(2A+C-2B+4C)$
$=A-3C-(2A-2B+5C)$
$=A-3C-2A+2B-5C$
$=-A+2B-8C$
$=-(2x-3)+2(-4x-1)-8\left(\frac{x-3}{2}\right)$
$=-2x+3-8x-2-4x+12$
$=-14x+13$
따라서 $a=-14$, $b=13$이므로 $a+b=-14+13=-1$

22 어떤 다항식을 $\square$라 하면
$\square+(2x-3y)=-5x+7y$에서
$\square=-5x+7y-(2x-3y)$
$=-5x+7y-2x+3y=-7x+10y$
따라서 구하는 식은 $(-7x+10y)+(4x-3y)=-3x+7y$

22-1
$2(3x-1)-\square=-5x+4$에서
$\square=2(3x-1)-(-5x+4)$
$=6x-2+5x-4=11x-6$
따라서 $a=11$, $b=-6$이므로 $a-b=11-(-6)=17$

22-2
$(-5x+1)-A=-2x-4$에서
$A=(-5x+1)-(-2x-4)$
$=-5x+1+2x+4=-3x+5$
$A-B=x-7$에서 $(-3x+5)-B=x-7$
$B=(-3x+5)-(x-7)$
$=-3x+5-x+7=-4x+12$

23 어떤 다항식을 $\square$라 하면

$\square-(6x-5)=4-7x$에서

$\square=4-7x+(6x-5)=-x-1$

따라서 바르게 계산한 식은 $-x-1+(6x-5)=5x-6$

23-1

(1) 어떤 다항식을 $\square$라 하면

$\square+(-x+4)=-7x+4$에서

$\square=-7x+4-(-x+4)$

$=-7x+4+x-4=-6x$

(2) 바르게 계산한 식은

$-6x-(-x+4)=-6x+x-4=-5x-4$

23-2

어떤 일차식을 $ax+b$ (a, b는 상수)라 하면

수아는 일차항을 바르게 계산한 것이므로

$ax-2x=3x$에서 $ax=3x+2x=5x$, $a=5$

준표는 상수항을 바르게 계산한 것이므로

$b+4=1$에서 $b=1-4=-3$

따라서 바르게 계산한 식은

$(5x-3)+(-2x+4)=3x+1$

중단원 핵심유형 테스트 73~75쪽

1 ①	2 ④	3 ④	4 ②	5 1029 m
6 ⑤	7 ③	8 ⑤	9 $-x$, $\frac{x}{2}$	10 ⑤
11 ④	12 $17x-21$		13 ③	14 ⑤
15 $-\frac{13}{6}x+\frac{16}{3}$		16 ②	17 $-3x+6$	
18 $6x-8$	19 $\frac{7}{3}$	20 -9		

1 ① $c\times\frac{1}{a}\times b=\frac{bc}{a}$　② $c\times\frac{1}{a}\times\frac{1}{b}=\frac{c}{ab}$

③ $c\times\frac{1}{a}\times\frac{1}{b}=\frac{c}{ab}$　④ $\frac{1}{a}\times\frac{1}{b}\times c=\frac{c}{ab}$

⑤ $\frac{1}{b}\times c\times\frac{1}{a}=\frac{c}{ab}$

따라서 나머지 넷과 다른 하나는 ①이다.

2 십의 자리의 숫자가 a, 일의 자리의 숫자가 b인 두 자리 자연수는 $10a+b$이므로 구하는 수는 $10a+b-3$이다.

3 (정가)$=800+800\times\frac{x}{100}=800+8x$(원)

4 $\frac{1}{a}+\frac{1}{b}=\frac{a+b}{ab}=\frac{-2}{6}=-\frac{1}{3}$

5 $0.6t+331$에 $t=20$을 대입하면

$0.6\times20+331=12+331=343$

따라서 기온이 20 ℃일 때 소리의 속력은 초속 343 m이므로

3초 동안 소리가 전달되는 거리는 $343\times3=1029$(m)

6 직사각형의 둘레의 길이는 $2x+2y=2(x+y)$이고

$2(x+y)$에 $x=4$, $y=5$를 대입하면

$2(4+5)=2\times9=18$

따라서 구하는 직사각형의 둘레의 길이는 18이다.

7 ③ a^2-3a-7에서 상수항은 -7이다.

8 x의 계수가 -2이고 상수항이 3인 x에 대한 일차식은 $-2x+3$이다.

$x=5$일 때의 식의 값 $a=-2\times5+3=-7$

$x=-4$일 때의 식의 값 $b=-2\times(-4)+3=11$

따라서 $a+b=-7+11=4$

9 문자와 차수가 각각 같은 항을 고르면 $-x$, $\frac{x}{2}$이다.

10 $3x^2-5x+7-ax^2+2x+b=(3-a)x^2-3x+(7+b)$

위의 식이 x에 대한 일차식이고 상수항이 3이므로

$3-a=0$, $7+b=3$에서 $a=3$, $b=-4$

따라서 $a-b=3-(-4)=7$

11 ① $2x-1+5x=7x-1$

② $(9x+5)+(3-2x)=7x+8$

③ $(x-1)-(3-6x)=x-1-3+6x=7x-4$

④ $3(2x-1)+4(x+2)=6x-3+4x+8=10x+5$

⑤ $\frac{1}{2}(6x-1)-\frac{2}{3}(5-6x)=3x-\frac{1}{2}-\frac{10}{3}+4x=7x-\frac{23}{6}$

따라서 x의 계수가 나머지 넷과 다른 하나는 ④이다.

12 $-4x+3[2x-5-\{3-(5x+1)\}]$

$=-4x+3\{2x-5-(3-5x-1)\}$

$=-4x+3\{2x-5-(-5x+2)\}$

$=-4x+3(2x-5+5x-2)=-4x+3(7x-7)$

$=-4x+21x-21=17x-21$

13 $-\frac{4}{5}(x+1)-0.7\left(2x-\frac{5}{7}\right)$

$=-\frac{4}{5}(x+1)-\frac{7}{10}\left(2x-\frac{5}{7}\right)$

$=-\frac{4}{5}x-\frac{4}{5}-\frac{7}{5}x+\frac{1}{2}=-\frac{11}{5}x-\frac{3}{10}$

따라서 $a=-\frac{11}{5}$, $b=-\frac{3}{10}$이므로

$a-b=-\frac{11}{5}-\left(-\frac{3}{10}\right)=-\frac{22}{10}+\frac{3}{10}=-\frac{19}{10}$

14 $(3x+5)\times7-(x-1)\times7=21x+35-7x+7=14x+42$

15 $\frac{4A-B}{3}-\frac{A-3B}{2}=\frac{2(4A-B)-3(A-3B)}{6}$

$=\frac{8A-2B-3A+9B}{6}=\frac{1}{6}(5A+7B)$

$=\frac{1}{6}\{5(3x-2)+7(6-4x)\}=\frac{1}{6}(15x-10+42-28x)$

$=\frac{1}{6}(-13x+32)=-\frac{13}{6}x+\frac{16}{3}$

16 $\square+2x-4=-x-5$에서

$\square=-x-5-(2x-4)$

$=-x-5-2x+4=-3x-1$

17 가로와 대각선에 놓인 세 식의 합이 같으므로

$(2x-1)+A+(-4x+3)=(x-4)+A+B$

따라서

$B=(2x-1)+(-4x+3)-(x-4)$

$=2x-1-4x+3-x+4=-3x+6$

18 어떤 다항식을 $\square$라 하면

$\square+(-3x+1)=-6$에서

$\square=-6-(-3x+1)=-6+3x-1=3x-7$

따라서 바르게 계산한 식은

$3x-7-(-3x+1)=3x-7+3x-1=6x-8$

19 $2n$은 짝수이므로 $(-1)^{2n}=1$

$2n+1$은 홀수이므로 $(-1)^{2n+1}=-1$ …… ❶

$(-1)^{2n}\times\frac{x+5}{2}+(-1)^{2n+1}\times\frac{5x-3}{3}$

$=\frac{x+5}{2}-\frac{5x-3}{3}$

$=\frac{3(x+5)-2(5x-3)}{6}$

$=\frac{3x+15-10x+6}{6}$

$=\frac{-7x+21}{6}$

$=-\frac{7}{6}x+\frac{7}{2}$ …… ❷

따라서 x의 계수는 $-\frac{7}{6}$, 상수항은 $\frac{7}{2}$이므로 …… ❸

구하는 합은 $-\frac{7}{6}+\frac{7}{2}=\frac{14}{6}=\frac{7}{3}$ …… ❹

채점 기준	비율
❶ 거듭제곱 계산하기	30 %
❷ 주어진 식 계산하기	30 %
❸ x의 계수와 상수항 구하기	20 %
❹ x의 계수와 상수항의 합 구하기	20 %

20 x의 계수가 -3인 x에 대한 일차식은 $-3x+c$ (c는 상수)이다. …… ❶

$a=-3\times2+c=-6+c$ …… ❷

$b=-3\times(-1)+c=3+c$ …… ❸

따라서

$a-b=-6+c-(3+c)$

$=-6+c-3-c=-9$ …… ❹

채점 기준	비율
❶ 일차식 세우기	30 %
❷ a의 값 구하기	20 %
❸ b의 값 구하기	20 %
❹ $a-b$의 값 구하기	30 %

4. 일차방정식

1 등식과 방정식

소단원 필수 유형 79~80쪽

1 ①, ②	1-1 ②, ④	2 ④, ⑤
2-1 ②	3 ④	3-1 $x=-2$
4 2개	4-1 ⑤	4-2 ②
5 ③	5-1 12	5-2 ④

1 등식은 등호를 사용하여 수나 식이 서로 같음을 나타낸 식이므로 등식인 것은 ①, ②이다.

1-1
등식은 등호를 사용하여 수나 식이 서로 같음을 나타낸 식이므로 등식이 아닌 것은 ②, ④이다.

2 ① $2x<3$　② $2(x+7)$　③ $x+3\geq17$
④ $3x-5=7$　⑤ $19=3\times6+1$
따라서 등식으로 나타낼 수 있는 것은 ④, ⑤이다.

2-1
800원짜리 지우개 x개의 값은 $800x$원이므로 거스름돈은 $(5000-800x)$원이다.
따라서 주어진 문장을 등식으로 나타내면 $5000-800x=200$

3 ① $2x-5=4$에 $x=3$을 대입하면 $2\times3-5\neq4$
② $2x+4=3x+5$에 $x=1$을 대입하면 $2\times1+4\neq3\times1+5$
③ $2(x-1)=3x-3$에 $x=4$를 대입하면
$2\times(4-1)\neq3\times4-3$
④ $\frac{x+1}{2}=\frac{x}{5}-1$에 $x=-5$를 대입하면 $\frac{-5+1}{2}=\frac{-5}{5}-1$
⑤ $0.2x-0.8=1.3x-0.3$에 $x=-1$을 대입하면
$0.2\times(-1)-0.8\neq1.3\times(-1)-0.3$
따라서 [ ] 안의 수가 주어진 방정식의 해인 것은 ④이다.

3-1
$1-x=3(x+3)$에
$x=-2$를 대입하면 $1-(-2)=3\times(-2+3)$
$x=-1$을 대입하면 $1-(-1)\neq3\times(-1+3)$
$x=0$을 대입하면 $1-0\neq3\times(0+3)$
$x=1$을 대입하면 $1-1\neq3\times(1+3)$
따라서 주어진 방정식의 해는 $x=-2$이다.

4 ㄱ. 일차식　ㄴ. 방정식
ㄷ. 등식이 아니다.　ㄹ. 방정식
ㅁ. (좌변)$=3(2x-1)=6x-3$
즉, (좌변)=(우변)이므로 항등식이다.

ㅂ. (우변)$=2(x-1)-1=2x-3$

즉, (좌변)$=$(우변)이므로 항등식이다.

따라서 항등식인 것은 ㅁ, ㅂ의 2개이다.

4-1

x의 값에 관계없이 항상 참인 등식은 항등식이다.

⑤ (좌변)$=2(x-2)+3=2x-1$

즉, (좌변)$=$(우변)이므로 항등식이다.

따라서 x의 값에 관계없이 항상 참인 등식은 항등식인 ⑤이다.

4-2

② (좌변)$=2\left(x-\frac{1}{2}\right)=2x-1$

즉, (좌변)$\neq$(우변)이므로 항등식이 아니다.

따라서 항등식이 아닌 것은 ②이다.

5 (좌변)$=3(4x-1)+2=12x-3+2=12x-1$

즉, 등식 $12x-1=ax+b$가 x에 대한 항등식이므로

$a=12$, $b=-1$

따라서 $a+b=12+(-1)=11$

5-1

모든 x의 값에 대하여 항상 참인 등식은 항등식이다.

즉, 등식 $ax-4=b-3x$가 x에 대한 항등식이므로

$a=-3$, $b=-4$

따라서 $ab=(-3)\times(-4)=12$

5-2

$a(x-2)+b=5x$에서 $ax-2a+b=5x$

이 등식이 x에 대한 항등식이므로 $a=5$, $-2a+b=0$

$-2a+b=0$에 $a=5$를 대입하면 $-10+b=0$, $b=10$

따라서 $a^2+b^2=5^2+10^2=125$

2 일차방정식의 풀이

소단원 필수 유형

82~85쪽

6	③, ⑤	6-1	④	6-2	③
7	324	7-1	㉠: 1, ㉡: 2, ㉢: 4		
7-2	(가): ㄴ, (나): ㄹ				
8	⑤	8-1	ㄱ	8-2	③, ⑤
9	②	9-1	2개	9-2	④
10	⑤	10-1	①		
11	⑤	11-1	①		
12	$x=\frac{13}{8}$	12-1	④		
13	④	13-1	②	13-2	③
14	④	14-1	④	14-2	1, 2

6 ③ $-4a+3=-4b-1$의 양변에서 3을 빼면 $-4a=-4b-4$

양변을 -4로 나누면 $a=b+1$

⑤ $0.1a+1=0.3b$의 양변에 10을 곱하면 $a+10=3b$

따라서 옳지 않은 것은 ③, ⑤이다.

6-1

④ $a=2b$의 양변에 0.5를 곱하면 $0.5a=b$

따라서 옳지 않은 것은 ④이다.

6-2

③ $a+\frac{1}{2}=b$의 양변에 2를 곱하면 $2a+1=2b$

따라서 주어진 등식의 성질을 이용한 것은 ③이다.

7 $\frac{2}{3}x-4=2$의 양변에 4를 더하면

$\frac{2}{3}x-4+\boxed{4}=2+\boxed{4}$, $\frac{2}{3}x=\boxed{6}$

양변에 $\frac{3}{2}$을 곱하면

$\frac{2}{3}x\times\boxed{\frac{3}{2}}=\boxed{6}\times\boxed{\frac{3}{2}}$, $x=\boxed{9}$

따라서 ㉠: 4, ㉡: 6, ㉢: $\frac{3}{2}$, ㉣: 9이므로 네 수의 곱은

$4\times6\times\frac{3}{2}\times9=324$

7-1

$2x-1=7$의 양변에 1을 더하면

$2x-1+\boxed{1}=7+\boxed{1}$, $2x=8$

양변을 2로 나누면

$\frac{2x}{\boxed{2}}=\frac{8}{\boxed{2}}$, $x=\boxed{4}$

따라서 ㉠: 1, ㉡: 2, ㉢: 4

7-2

$3x+1=-8$의 양변에서 1을 빼면(ㄴ)

$3x+1-1=-8-1$, $3x=-9$

양변을 3으로 나누면(ㄹ)

$\frac{3x}{3}=\frac{-9}{3}$, $x=-3$

따라서 (가), (나)에서 이용한 등식의 성질은 각각 ㄴ, ㄹ이다.

8 ① $2x=1-x$ ➡ $2x+x=1$

② $-4x-1=5$ ➡ $-4x=5+1$

③ $3x-3=2x+1$ ➡ $3x-2x=1+3$

④ $4-5x=-3x$ ➡ $-5x+3x=-4$

따라서 이항을 바르게 한 것은 ⑤이다.

8-1

$-\frac{1}{2}x-4=-x$의 양변에 4를 더하면

$-\frac{1}{2}x-4+4=-x+4$에서 $-\frac{1}{2}x=-x+4$

따라서 이용한 등식의 성질은 ㄱ이다.

8-2

① $6x=8\underline{+2x}$ ➡ $6x-2x=8$

② $x\underline{-2}=-4$ ➡ $x=-4+2$

④ $-5x=6\underline{-3x}$ ➡ $-5x+3x=6$

따라서 밑줄 친 항을 이항한 것으로 옳은 것은 ③, ⑤이다.

9 ① $x\times\frac{20}{60}=60$에서 $\frac{1}{3}x-60=0$이므로 일차방정식이다.

② $\frac{3}{2}x^2=12$에서 $\frac{3}{2}x^2-12=0$이므로 일차방정식이 아니다.

③ $2(2x+x)=60$에서 $6x-60=0$이므로 일차방정식이다.

④ $200x+3000=5600$에서 $200x-2600=0$이므로 일차방정식이다.

⑤ $30000\times\left(1-\frac{x}{100}\right)=28000$에서 $-300x+2000=0$이므로 일차방정식이다.

따라서 일차방정식이 아닌 것은 ②이다.

9-1

ㄱ. $3x-4$는 일차식이다.

ㄴ. $x^2-3x=x^2+5$에서 $-3x-5=0$이므로 일차방정식이다.

ㄷ. $x^2-x=2x-1$에서 $x^2-3x+1=0$이므로 일차방정식이 아니다.

ㄹ. $3(1-x)=3-3x$에서 $3-3x=3-3x$이므로 항등식이다.

ㅁ. $\frac{2}{x}-7=9$에서 $\frac{2}{x}-16=0$이므로 일차방정식이 아니다.

ㅂ. $\frac{x}{4}-1=\frac{1}{2}$에서 $\frac{x}{4}-\frac{3}{2}=0$이므로 일차방정식이다.

따라서 일차방정식인 것은 ㄴ, ㅂ의 2개이다.

9-2

$(a+2)x-1=3+5x$에서 $(a-3)x-4=0$

이 식이 x에 대한 일차방정식이 되려면 $a-3\neq0$이어야 하므로 $a\neq3$

따라서 a의 값이 될 수 없는 것은 ④이다.

10 ① $4x-(5-x)=-10$에서 $4x-5+x=-10$

$5x=-5$, $x=-1$

② $2(5x-7)=5x+1$에서 $10x-14=5x+1$

$5x=15$, $x=3$

③ $3(1-x)-2(3x-1)=-4$에서

$3-3x-6x+2=-4$

$-9x=-9$, $x=1$

④ $3(x+1)=2(2x-3)+1$에서 $3x+3=4x-6+1$

$-x=-8$, $x=8$

⑤ $2-(x-4)=-2(3x+1)$에서 $2-x+4=-6x-2$

$5x=-8$, $x=-\frac{8}{5}$

따라서 해가 가장 작은 것은 ⑤이다.

10-1

① $12-x=3x$에서 $-4x=-12$, $x=3$

② $x+1=2x-1$에서 $-x=-2$, $x=2$

③ $5(x-1)=2x+1$에서 $5x-5=2x+1$

$3x=6$, $x=2$

④ $-4x+2=3(x-4)$에서 $-4x+2=3x-12$

$-7x=-14$, $x=2$

⑤ $2(2x+3)-7=-(x-9)$에서 $4x+6-7=-x+9$

$5x=10$, $x=2$

따라서 해가 나머지 넷과 다른 하나는 ①이다.

11 $0.5x-1=-2.4(x-2)$의 양변에 10을 곱하면

$5x-10=-24(x-2)$, $5x-10=-24x+48$

$29x=58$, $x=2$, 즉 $a=2$

따라서 $2a-1=2\times2-1=3$

11-1

$0.2(x-3)=0.02x-1.5$의 양변에 100을 곱하면

$20(x-3)=2x-150$, $20x-60=2x-150$

$18x=-90$, $x=-5$

12 $\frac{x-8}{8}-\frac{3-2x}{2}=-1$의 양변에 분모의 최소공배수 8을 곱하면

$x-8-4(3-2x)=-8$, $x-8-12+8x=-8$

$9x=12$, $x=\frac{4}{3}$, 즉 $a=\frac{4}{3}$

$\frac{4}{3}x-\frac{1}{6}=2$의 양변에 분모의 최소공배수 6을 곱하면

$8x-1=12$, $8x=13$, $x=\frac{13}{8}$

12-1

$\frac{2}{5}x-3=\frac{1}{10}-\frac{x-1}{2}$의 양변에 분모의 최소공배수 10을 곱하면

$4x-30=1-5(x-1)$

$4x-30=1-5x+5$

$9x=36$, $x=4$

13 $(2x+1):3=(7-x):1$에서

$2x+1=3(7-x)$, $2x+1=21-3x$

$5x=20$, $x=4$

13-1

$\frac{3}{4}(x+2):2=(0.5x+1):1$에서

$\frac{3}{4}(x+2)=2(0.5x+1)$

양변에 4를 곱하면

$3(x+2)=8(0.5x+1)$

$3x+6=4x+8$, $-x=2$, $x=-2$

13-2

$(2x-5):3=\frac{2x-1}{3}:2$에서 $2(2x-5)=2x-1$

$4x-10=2x-1$, $2x=9$, $x=\frac{9}{2}$

따라서 $\frac{9}{2}$보다 작은 자연수는 1, 2, 3, 4의 4개이다.

14 $3(6-x)=a$에서 $18-3x=a$

$-3x=a-18$, $x=\frac{18-a}{3}$

이때 $\frac{18-a}{3}$가 자연수가 되려면 $18-a$는 3의 배수이어야 한다.

즉, $18-a$가 3, 6, 9, 12, 15, …일 때, a는 15, 12, 9, 6, 3, …이다.

따라서 구하는 자연수 a의 값은 3, 6, 9, 12, 15의 5개이다.

14-1

$4(7-3x)=a$에서 $28-12x=a$

$-12x=a-28$, $x=\frac{28-a}{12}$

이때 $\frac{28-a}{12}$가 자연수가 되려면 $28-a$는 12의 배수이어야 한다. 즉, $28-a$가 12, 24, 36, …일 때, a는 16, 4, -8, …이다.

따라서 구하는 가장 작은 자연수 a의 값은 4이다.

14-2

$2x+3a=5x+9$에서 $-3x=-3a+9$, $x=a-3$

이때 $a-3$이 음의 정수가 되려면 $a-3$이 -1, -2, -3, …일 때, a는 2, 1, 0, …이다.

따라서 구하는 자연수 a의 값은 1, 2이다.

3 일차방정식의 활용

소단원 필수 유형 87~94쪽

15	④	15-1	⑤	15-2	48
16	③	16-1	17	16-2	27일
17	⑤	17-1	③	17-2	46
18	②	18-1	③	18-2	45세
19	②	19-1	②	19-2	6개
20	①	20-1	7 cm	20-2	⑤
21	5개월 후	21-1	6일 후	21-2	15000원
22	10명	22-1	⑤	22-2	57
23	③	23-1	9시간	23-2	9일
24	27시간	24-1	28명	24-2	90
25	⑤	25-1	12 km	25-2	4 km
26	10 km	26-1	5 km	26-2	③
27	40분 후	27-1	20분 후	27-2	오전 9시 15분
28	18분 후	28-1	③	28-2	16분 후
29	150 m	29-1	①	29-2	180 m
30	②	30-1	①	30-2	②

15 어떤 수를 x라 하면

$2(x-5)=\frac{1}{2}x+8$, $4(x-5)=x+16$

$4x-20=x+16$, $3x=36$, $x=12$

따라서 어떤 수는 12이다.

15-1

어떤 수를 x라 하면

$4(x+7)=6x+8$, $4x+28=6x+8$

$-2x=-20$, $x=10$

따라서 어떤 수는 10이다.

15-2

어떤 수를 x라 하면

$13x+5=2(5x+13)$, $13x+5=10x+26$

$3x=21$, $x=7$

따라서 어떤 수는 7이므로 처음 구하려고 했던 수는

$5\times7+13=48$

16 연속하는 두 자연수를 x, $x+1$이라 하면

$x+(x+1)=3x-7$, $2x+1=3x-7$

$-x=-8$, $x=8$

따라서 연속하는 두 자연수는 8, 9이므로 작은 수는 8이다.

16-1

연속하는 세 자연수를 x, $x+1$, $x+2$라 하면

$x+(x+1)+(x+2)=54$, $3x+3=54$

$3x=51$, $x=17$

따라서 연속하는 세 자연수는 17, 18, 19이므로 가장 작은 수는 17이다.

16-2

✚ 안의 날짜 중 한가운데 있는 날짜를 x일이라 하면

$(x-7)+(x-1)+x+(x+1)+(x+7)=100$

$5x=100$, $x=20$

따라서 한가운데 있는 날짜가 20일이므로 가장 마지막 날의 날짜는 $20+7=27$(일)이다.

17 일의 자리의 숫자를 x라 하면 두 자리 자연수는 $70+x$이고, 각 자리의 숫자의 곱은 $7x$이므로

$70+x=7x+16$, $-6x=-54$, $x=9$

따라서 일의 자리의 숫자는 9이므로 두 자리 자연수는 79이다.

17-1

십의 자리의 숫자를 x라 하면 두 자리 자연수는 $10x+8$이고, 각 자리의 숫자의 합은 $x+8$이므로

$10x+8=4(x+8)-6$, $10x+8=4x+32-6$

$6x=18$, $x=3$

따라서 십의 자리의 숫자는 3이므로 두 자리 자연수는 38이다.

17-2

처음 수의 십의 자리의 숫자를 x라 하면 처음 수는 $10x+6$이고, 십의 자리의 숫자와 일의 자리의 숫자를 바꾼 수는 $60+x$이다.

$60+x=(10x+6)+18$, $-9x=-36$, $x=4$

따라서 처음 수는 46이다.

18 x년 후에 삼촌의 나이가 영우의 나이의 3배가 된다고 하면 x년 후에 삼촌의 나이는 $(42+x)$세, 영우의 나이는 $(10+x)$세이므로
$42+x=3(10+x)$, $42+x=30+3x$
$-2x=-12$, $x=6$
따라서 삼촌의 나이가 영우의 나이의 3배가 되는 것은 6년 후이다.

18-1
현재 아들의 나이를 x세라 하면 아버지의 나이는 $7x$세이다. 5년 후에 아들의 나이는 $(x+5)$세, 아버지의 나이는 $(7x+5)$세이므로
$7x+5=4(x+5)$, $7x+5=4x+20$, $3x=15$, $x=5$
따라서 현재 아들의 나이는 5세이다.

18-2
수현이의 나이를 x세라 하면 수현이 아버지의 나이는 $(3x+6)$세이므로
$x=\frac{1}{5}(3x+6)+4$, $5x=3x+6+20$
$2x=26$, $x=13$
따라서 수현이 아버지의 나이는 $3\times13+6=45$(세)

19 한 개에 800원 하는 아이스크림을 x개 샀다고 하면 한 개에 1000원 하는 아이스크림은 $(20-x)$개 샀으므로
$800x+1000(20-x)=17600$
$800x+20000-1000x=17600$
$-200x=-2400$, $x=12$
따라서 한 개에 800원 하는 아이스크림은 12개 샀다.

19-1
토끼를 x마리라 하면 원숭이는 $(30-x)$마리이므로
$2x=3(30-x)$, $2x=90-3x$
$5x=90$, $x=18$
따라서 토끼는 18마리이다.

19-2
지민이가 4점짜리 문제를 x개 맞혔다고 하면 3점짜리 문제는 $(21-x)$개 맞혔으므로
$3(21-x)+4x=69$, $63-3x+4x=69$, $x=6$
따라서 지민이는 4점짜리 문제를 6개 맞혔다.

20 가로의 길이를 x cm라 하면 세로의 길이는 $(x+5)$ cm이므로
$2\{x+(x+5)\}=34$, $2(2x+5)=34$
$4x+10=34$, $4x=24$, $x=6$
따라서 이 직사각형의 가로의 길이는 6 cm이다.

20-1
윗변의 길이를 x cm라 하면 아랫변의 길이는 $(x+2)$ cm이므로
$\frac{1}{2}\times\{x+(x+2)\}\times10=80$, $5(2x+2)=80$
$10x+10=80$, $10x=70$, $x=7$
따라서 이 사다리꼴의 윗변의 길이는 7 cm이다.

20-2
큰 정사각형의 한 변의 길이를 $3x$ cm라 하면 작은 정사각형의 한 변의 길이는 $2x$ cm이므로
$4\times3x+4\times2x=60$, $12x+8x=60$
$20x=60$, $x=3$
따라서 작은 정사각형의 한 변의 길이는 $2\times3=6$(cm)이므로 넓이는 36 cm^{2}이다.

21 x개월 후에 승호의 예금액이 정아의 예금액의 2배가 된다고 하면
$200000+20000x=2(50000+20000x)$
$200000+20000x=100000+40000x$
$-20000x=-100000$, $x=5$
따라서 승호의 예금액이 정아의 예금액의 2배가 되는 것은 5개월 후이다.

21-1
x일 후에 동생의 남은 용돈이 형의 남은 용돈의 4배가 된다고 하면
$20000-2000x=4(20000-3000x)$
$20000-2000x=80000-12000x$
$10000x=60000$, $x=6$
따라서 동생의 남은 용돈이 형의 남은 용돈의 4배가 되는 것은 6일 후이다.

21-2
상품의 원가를 x원이라 하면
(정가)$=x+\frac{50}{100}x=1.5x$(원)
(판매 가격)$=1.5x-3000$(원)
이익이 2000원이므로
$(1.5x-3000)-x=2000$, $0.5x=5000$, $x=10000$
따라서 이 상품의 정가는 $1.5\times10000=15000$(원)

22 마라톤 동호회 회원을 x명이라 하면 기념품의 개수는 일정하므로
$2x+9=4x-11$, $-2x=-20$, $x=10$
따라서 마라톤 동호회 회원은 10명이다.

22-1
학생 수가 x일 때, 공책 수는 일정하므로
$3x+4=4x-8$, $-x=-12$, $x=12$
$y=3\times12+4=40$
따라서 $x+y=12+40=52$

22-2
방의 개수를 x라 하면 직원 수는 일정하므로
$4(x-1)+1=5(x-4)+2$, $4x-4+1=5x-20+2$
$-x=-15$, $x=15$
따라서 이 회사의 직원 수는 $4\times14+1=57$

23 전체 일의 양을 1이라 하면 경현이와 시우가 1시간 동안 하는 일의 양은 각각 $\frac{1}{4}$, $\frac{1}{8}$이다.
둘이 함께 작업한 시간을 x시간이라 하면

$\frac{1}{4}+\left(\frac{1}{4}+\frac{1}{8}\right)x=1$, $\frac{1}{4}+\frac{3}{8}x=1$

$2+3x=8$, $3x=6$, $x=2$

따라서 둘이 함께 작업한 시간은 2시간이다.

23-1

전체 일의 양을 1이라 하면 승서와 기홍이가 1시간 동안 하는 일의 양은 각각 $\frac{1}{10}$, $\frac{1}{15}$이다.

기홍이가 일한 시간을 x시간이라 하면

$\frac{1}{10}\times4+\frac{1}{15}x=1$, $\frac{2}{5}+\frac{1}{15}x=1$

$6+x=15$, $x=9$

따라서 기홍이가 일한 시간은 9시간이다.

23-2

전체 일의 양을 1이라 하면 형과 동생이 하루에 하는 일의 양은 각각 $\frac{1}{8}$, $\frac{1}{12}$이다.

동생이 x일 동안 일했다고 하면 형은 $(x+3)$일 동안 일했으므로

$\frac{1}{8}(x+3)+\frac{1}{12}x=1$, $3(x+3)+2x=24$

$3x+9+2x=24$, $5x=15$, $x=3$

따라서 형은 6일, 동생은 3일 일했으므로 이 일을 마치는 데 총 $6+3=9$(일)이 걸렸다.

24 전체 여행 시간을 x시간이라 하면

$\frac{1}{3}x+\frac{1}{12}x+\frac{3}{8}x+12+3=x$

$8x+2x+9x+360=24x$

$-5x=-360$, $x=72$

따라서 관광 시간은 $72\times\frac{3}{8}=27$(시간)

24-1

피타고라스의 제자를 모두 x명이라 하면

$\frac{1}{2}x+\frac{1}{4}x+\frac{1}{7}x+3=x$

$14x+7x+4x+84=28x$

$-3x=-84$, $x=28$

따라서 피타고라스의 제자는 모두 28명이다.

24-2

책의 전체 쪽수를 x라 하면

$\frac{1}{2}x+\frac{1}{2}x\times\frac{3}{5}+18=x$

$5x+3x+180=10x$

$-2x=-180$, $x=90$

따라서 책의 전체 쪽수는 90이다.

25 자전거를 끌고 간 거리를 x km라 하면 자전거를 타고 간 거리는 $(7-x)$ km이므로

$\frac{7-x}{10}+\frac{x}{4}=\frac{8}{5}$, $2(7-x)+5x=32$

$14-2x+5x=32$, $3x=18$, $x=6$

따라서 자전거를 끌고 간 거리는 6 km이다.

25-1

올라간 거리를 x km라 하면

$\frac{x}{3}+\frac{x}{4}=7$, $4x+3x=84$

$7x=84$, $x=12$

따라서 올라간 거리는 12 km이다.

25-2

집에서 문구점까지의 거리를 x km라 하면 문구점에서 친구 집까지의 거리는 $(6-x)$ km이므로

$\frac{x}{6}+\frac{1}{6}+\frac{6-x}{12}=1$

$2x+2+6-x=12$, $x=4$

따라서 집에서 문구점까지의 거리는 4 km이다.

26 학교에서 공원까지의 거리를 x km라 하면

(서정이가 걸린 시간)−(지유가 걸린 시간)=10(분)이므로

$\frac{x}{15}-\frac{x}{20}=\frac{1}{6}$, $4x-3x=10$, $x=10$

따라서 학교에서 공원까지의 거리는 10 km이다.

26-1

집에서 학원까지의 거리를 x km라 하면

$\frac{x}{5}-\frac{x}{10}=\frac{1}{2}$, $2x-x=5$, $x=5$

따라서 집에서 학원까지의 거리는 5 km이다.

26-2

집에서 할머니 댁까지의 거리를 x km라 하면

$\frac{x}{12}-\frac{x}{60}=1$, $5x-x=60$

$4x=60$, $x=15$

따라서 집에서 할머니 댁까지의 거리는 15 km이므로 할머니 댁까지 자전거를 타고 가는데 걸리는 시간은 $\frac{15}{12}=\frac{5}{4}$(시간), 즉 $\frac{5}{4}\times60=75$(분)

27 성진이가 출발한 지 x시간 후에 형을 만난다고 하면 형은 출발한 지 $\left(x+\frac{1}{2}\right)$시간 후에 동생을 만나므로

$40\left(x+\frac{1}{2}\right)=70x$, $40x+20=70x$

$-30x=-20$, $x=\frac{2}{3}$

따라서 성진이는 출발한 지 $\frac{2}{3}$시간, 즉 40분 후에 형을 만난다.

27-1

언니가 집을 출발한 지 x분 후에 은수를 만난다고 하면 은수는 집을 출발한 지 $(x+30)$분 후에 언니를 만나므로

$60(x+30)=150x$, $60x+1800=150x$

$-90x=-1800$, $x=20$

따라서 언니가 집을 출발한 지 20분 후에 은수를 만난다.

27-2
누나가 출발한 지 x분 후에 서준이와 만난다고 하면 서준이는 출발한 지 $(x+45)$분 후에 누나를 만나므로
$80(x+45)=200x$, $80x+3600=200x$
$-120x=-3600$, $x=30$
따라서 누나가 출발한 지 30분 후, 즉 서준이가 출발한 오전 8시에서 75분 후인 오전 9시 15분에 서준이와 누나가 만난다.

28 서진이가 걸은 시간을 x분이라 하면
(영서가 걸은 거리)+(서진이가 걸은 거리)
=(공원의 둘레의 길이)이므로
$40(x+12)+50x=2100$, $40x+480+50x=2100$
$90x=1620$, $x=18$
따라서 서진이가 출발한 지 18분 후에 처음으로 영서를 만난다.

28-1
민지와 태영이가 출발한 지 x분 후에 만난다고 하면
(민지가 걸은 거리)+(태영이가 걸은 거리)=4500(m)이므로
$70x+80x=4500$, $150x=4500$, $x=30$
따라서 두 사람이 만날 때까지 걸린 시간은 30분이다.

28-2
두 사람이 출발한 지 x분 후에 처음으로 다시 만난다고 하면 준환이가 민준이를 한 바퀴 앞선 것이므로
(준환이가 달린 거리)−(민준이가 달린 거리)=800(m)이다.
$200x-150x=800$, $50x=800$, $x=16$
따라서 출발한 지 16분 후에 처음으로 다시 만난다.

29 열차의 길이를 x m라 할 때, 열차가 900 m 길이의 다리를 완전히 통과하려면 $(900+x)$ m를 달려야 하고, 1250 m 길이의 터널을 완전히 통과하려면 $(1250+x)$ m를 달려야 한다.
이때 열차의 속력은 일정하므로
$\frac{900+x}{30}=\frac{1250+x}{40}$
$4(900+x)=3(1250+x)$
$3600+4x=3750+3x$, $x=150$
따라서 열차의 길이는 150 m이다.

29-1
열차의 길이를 x m라 할 때, 열차가 600 m 길이의 터널을 완전히 통과하려면 $(600+x)$ m를 달려야 하므로
$\frac{600+x}{2100}=\frac{1}{3}$, $600+x=700$, $x=100$
따라서 열차의 길이는 100 m이다.

29-2
열차의 길이를 x m라 할 때, 열차가 500 m 길이의 터널을 완전히 통과하려면 $(500+x)$ m를 달려야 하고, 1200 m 길이의 터널을 통과할 때 열차가 보이지 않는 동안은 $(1200-x)$ m를 달린 것이다.
이때 열차의 속력은 일정하므로
$\frac{500+x}{20}=\frac{1200-x}{30}$, $3(500+x)=2(1200-x)$
$1500+3x=2400-2x$, $5x=900$, $x=180$
따라서 열차의 길이는 180 m이다.

30 처음 소금물의 농도를 x %라 하면 소금의 양은 변하지 않으므로
$\frac{x}{100}\times160=\frac{4}{100}\times(160+40)$
$160x=800$, $x=5$
따라서 처음 소금물의 농도는 5 %이다.

30-1
x g의 물을 더 넣는다고 하면 소금의 양은 변하지 않으므로
$\frac{7}{100}\times200=\frac{5}{100}\times(200+x)$
$1400=1000+5x$, $-5x=-400$
$x=80$
따라서 더 넣어야 하는 물의 양은 80 g이다.

30-2
10 %의 소금물의 양을 x g이라 하면
$\frac{5}{100}\times400+\frac{10}{100}\times x=\frac{6}{100}\times(400+x)$
$2000+10x=2400+6x$, $4x=400$, $x=100$
따라서 10 %의 소금물의 양은 100 g이다.

중단원 핵심유형 테스트

95~97쪽

1 ②	**2** $\frac{b}{2}+7$	**3** ㉣	**4** $x=2$	**5** $x=3$
6 2	**7** ②	**8** ①	**9** ①	**10** ①
11 78	**12** 닭 : 64마리, 토끼 : 36마리			**13** ③
14 ④	**15** 180	**16** ④	**17** ④	**18** ②
19 $-\frac{17}{3}$	**20** 40분 후			

1 주어진 방정식에 [ ] 안의 수를 대입하면 다음과 같다.
① $2\times1+1=-1+4$
② $2\times(-1)-5\neq-5-3\times(-1)$
③ $-5\times(-2)+8=-2+20$
④ $2-2=2-2$
⑤ $4\times4+1=6\times4-7$
따라서 [ ] 안의 수가 주어진 방정식의 해가 아닌 것은 ②이다.

2 $2(a-3)=b+6$의 양변을 2로 나누면 $a-3=\frac{b}{2}+3$
양변에 4를 더하면 $a+1=\boxed{\frac{b}{2}+7}$

3 주어진 그림에서 설명하고 있는 등식의 성질은 '등식의 양변을 0이 아닌 같은 수로 나누어도 등식은 성립한다.'이다.

㉠ 분배법칙을 이용하여 괄호를 푼다.
㉡ 동류항끼리 계산하여 간단히 한다.
㉢ 등식의 양변에 8을 더한다.
㉣ 등식의 양변을 3으로 나눈다.
따라서 그림의 성질이 이용된 곳은 ㉣이다.

4 $3-\{2-(2x-5)\}=x-1$에서
$3-(2-2x+5)=x-1$
$3-(7-2x)=x-1$
$3-7+2x=x-1$, $x=3$
즉, $a=3$이므로 $x-(2x-3)=3x-5$에서
$x-2x+3=3x-5$
$-4x=-8$
따라서 $x=2$

5 $ax+10=5a-2$에 $x=-1$을 대입하면
$-a+10=5a-2$
$-6a=-12$, $a=2$
$\frac{1}{4}ax+1=\frac{5}{2}$에 $a=2$를 대입하면
$\frac{1}{2}x+1=\frac{5}{2}$, $\frac{1}{2}x=\frac{3}{2}$
따라서 $x=3$

6 $\{5x+(-8x)\}+\{(-8x)+15\}=-7$이므로
$-3x+(-8x)+15=-7$
$-11x=-22$
따라서 $x=2$

7 -5를 a로 잘못 보았다고 하면
$ax+7=3x-4$
이 방정식에 $x=1$을 대입하면
$a+7=3-4$, $a=-8$
따라서 -5를 -8로 잘못 본 것이다.

8 $\left(\frac{4}{3}x+2\right):4=\left(\frac{1}{2}x-1\right):3$에서
$3\left(\frac{4}{3}x+2\right)=4\left(\frac{1}{2}x-1\right)$
$4x+6=2x-4$, $2x=-10$
따라서 $x=-5$

9 $ax-3=2(4x+1)$에서
$ax-3=8x+2$, $(a-8)x=5$
$x=\frac{5}{a-8}$
이때 $\frac{5}{a-8}$가 자연수가 되려면 $a-8$은 5의 약수이어야 한다.
즉, $a-8$이 1, 5일 때, a는 9, 13이다.
따라서 구하는 자연수 a는 9, 13의 2개이다.

10 $3x-2(x+a)=4$에서
$3x-2x-2a=4$, $x=2a+4$
또, $1-0.2x=\frac{1}{5}(x-a)$의 양변에 5를 곱하면
$5-x=x-a$, $-2x=-a-5$, $x=\frac{a+5}{2}$
이때 $2a+4=6\times\frac{a+5}{2}$이므로
$2a+4=3a+15$, $-a=11$
따라서 $a=-11$

11 처음 자연수의 십의 자리의 숫자를 x라 하면 일의 자리의 숫자는 $15-x$이므로 처음 자연수는 $10x+(15-x)$이고, 십의 자리의 숫자와 일의 자리의 숫자를 바꾼 자연수는 $10(15-x)+x$이다.
$10(15-x)+x=10x+(15-x)+9$
$150-10x+x=10x+15-x+9$
$-18x=-126$, $x=7$
따라서 처음 자연수의 십의 자리의 숫자는 7, 일의 자리의 숫자는 $15-7=8$이므로 처음 자연수는 78이다.

12 닭을 x마리라 하면 토끼는 $(100-x)$마리이고, 다리가 모두 272개이므로
$2x+4(100-x)=272$, $2x+400-4x=272$
$-2x=-128$, $x=64$
따라서 닭은 64마리, 토끼는 36마리이다.

13 도로를 제외한 땅의 넓이는 오른쪽 그림의 색칠한 부분의 넓이와 같으므로
$(15-2)\times(10-x)=91$
$130-13x=91$, $-13x=-39$
따라서 $x=3$

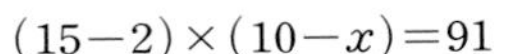

14 의자의 개수를 x라 하면 학생 수는 일정하므로
$4x+3=5(x-4)+2$, $4x+3=5x-20+2$
$-x=-21$, $x=21$
따라서 구하는 학생 수는 $4\times21+3=87$

15 승호 어머니가 1분 동안 빚을 수 있는 만두는
$\frac{120}{24}=5$(개)
이므로 승호 어머니 혼자 25분 동안 빚은 만두는
$5\times25=125$(개)이다.
승호가 1분 동안 빚을 수 있는 만두의 수를 x라 하면
$125+(50-25)\times x=200$
$25x=75$, $x=3$
따라서 승호가 1시간 동안 빚을 수 있는 만두의 수는
$3\times60=180$

16 (우진이가 걸은 거리)=(인서가 걸은 거리)이므로
$80(x+9)=100x$, $80x+720=100x$
$-20x=-720$, $x=36$

이때 인서는 출발한 지 36분 후에 학교에서
$36\times100=3600(\mathrm{m})$, 즉 3.6 km 떨어진 곳에서 우진이를 만나게 되므로 $y=3.6$
따라서 $x+y=36+3.6=39.6$

17 정지한 물에서의 배의 속력을 시속 x km라 하면
$2(x+1)=22$, $2x+2=22$
$2x=20$, $x=10$
따라서 정지한 물에서의 배의 속력은 시속 10 km이다.

18 소금을 x g 더 넣었다고 하면 소금의 양은 변하지 않으므로
$\frac{5}{100}\times800+x=\frac{10}{100}\times(800-220+x)$
$4000+100x=5800+10x$
$90x=1800$, $x=20$
따라서 소금을 20 g 더 넣었다.

19 $-0.23x-0.27=0.42$의 양변에 100을 곱하면
$-23x-27=42$, $-23x=69$
$x=-3$ …… ❶
$\frac{1-x}{3}=\frac{x-a}{2}$에 $x=-3$을 대입하면
$\frac{1-(-3)}{3}=\frac{-3-a}{2}$
$8=-9-3a$, $3a=-17$
따라서 $a=-\frac{17}{3}$ …… ❷

채점 기준	비율
❶ 방정식 $-0.23x-0.27=0.42$ 풀기	50 %
❷ a의 값 구하기	50 %

20 승희가 출발한 지 x시간 후에 두 사람이 처음으로 다시 만난다고 하면
(승희가 x시간 동안 이동한 거리)
$+$(현지가 $\left(x-\frac{20}{60}\right)$시간 동안 이동한 거리)
=(공원의 둘레의 길이)
이므로
$6x+3\left(x-\frac{1}{3}\right)=5$ …… ❶
$6x+3x-1=5$
$9x=6$, $x=\frac{2}{3}$ …… ❷
따라서 두 사람은 승희가 출발한 지 $\frac{2}{3}$시간, 즉 $\frac{2}{3}\times60=40$(분) 후에 처음으로 만난다. …… ❸

채점 기준	비율
❶ 방정식 세우기	50 %
❷ 방정식 풀기	30 %
❸ 두 사람은 승희가 출발한 지 몇 분 후에 처음으로 만나는지 구하기	20 %

5. 좌표평면과 그래프

유형책

1 순서쌍과 좌표평면

소단원 필수 유형 101~104쪽

1	1	1-1	⑤		
2	3	2-1	(1, −2), (1, −1), (3, −2), (3, −1)		
3	①	3-1	−2		
4	②	4-1	$A\left(0, \frac{11}{3}\right)$	4-2	2
5	6	5-1	12	5-2	5
6	⑤	6-1	⑤	6-2	①, ③
7	①	7-1	④	7-2	③
8	①	8-1	③	8-2	②
9	③	9-1	②	9-2	③

1 $A\left(-\frac{4}{3}\right)$, $B\left(\frac{5}{2}\right)$이므로 $a=-\frac{4}{3}$, $b=\frac{5}{2}$
따라서 $3a+2b=3\times\left(-\frac{4}{3}\right)+2\times\frac{5}{2}=-4+5=1$

1-1
⑤ $E\left(\frac{8}{3}\right)$

2 두 순서쌍 $(3a+1, 2b+3)$, $(a+5, 6-b)$가 서로 같으므로
$3a+1=a+5$에서 $2a=4$, $a=2$
$2b+3=6-b$에서 $3b=3$, $b=1$
따라서 $a+b=2+1=3$

2-1
구하는 순서쌍은 $(1, -2)$, $(1, -1)$, $(3, -2)$, $(3, -1)$이다.

3 ① $A(0, 2)$

3-1
점 P의 좌표는 $P(-3, 1)$이므로 $a=-3$, $b=1$
따라서 $a+b=-3+1=-2$

4 점 $A(2a-3, 1-4a)$가 x축 위의 점이므로 y좌표는 0이다.
즉, $1-4a=0$이므로 $-4a=-1$, $a=\frac{1}{4}$
따라서 점 A의 x좌표는 $2\times\frac{1}{4}-3=-\frac{5}{2}$

4-1
점 $A(3a+1, 3-2a)$가 y축 위의 점이므로 x좌표는 0이다.
즉, $3a+1=0$이므로 $3a=-1$, $a=-\frac{1}{3}$
이때 점 A의 y좌표는 $3-2\times\left(-\frac{1}{3}\right)=\frac{11}{3}$이므로 점 A의 좌표는 $A\left(0, \frac{11}{3}\right)$이다.

4-2

점 A$(2a+4,\ 2b+2)$가 x축 위의 점이므로 y좌표는 0이다.
즉, $2b+2=0$이므로 $2b=-2$, $b=-1$
점 B$(a-3,\ 1-b)$가 y축 위의 점이므로 x좌표는 0이다.
즉, $a-3=0$이므로 $a=3$
따라서 $a+b=3+(-1)=2$

5 오른쪽 그림과 같이 D$(3,\ -2)$, E$(3,\ 2)$라 하면 삼각형 ABC의 넓이는
(사다리꼴 ABDE의 넓이)
−(삼각형 BDC의 넓이)
−(삼각형 ACE의 넓이)

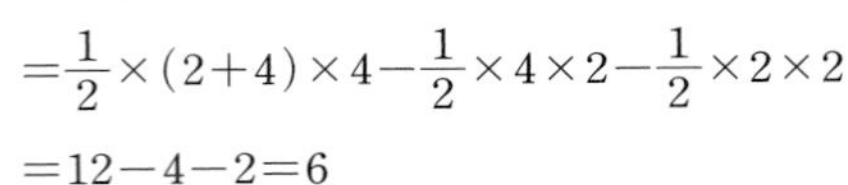

$=\frac{1}{2}\times(2+4)\times4-\frac{1}{2}\times4\times2-\frac{1}{2}\times2\times2$
$=12-4-2=6$

5-1

좌표평면 위에 네 점 A$(-1,\ 3)$, B$(-1,\ -1)$, C$(3,\ -1)$, D$(1,\ 3)$을 나타내면 오른쪽 그림과 같다.
따라서 사각형 ABCD의 넓이는

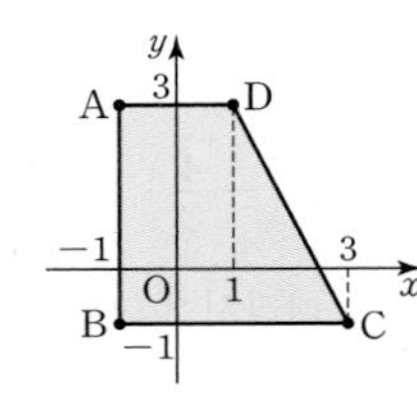

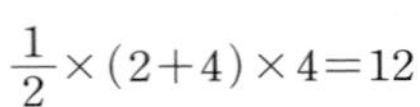

$\frac{1}{2}\times(2+4)\times4=12$

5-2

좌표평면 위의 세 점 A$(-1,\ 3)$, B$(-1,\ -2)$, C$(a,\ 1)$에 대하여 삼각형 ABC의 밑변의 길이는 $3-(-2)=5$, 높이는 $a-(-1)=a+1$이고
넓이는 15이므로
$\frac{1}{2}\times5\times(a+1)=15$, $a+1=6$
따라서 $a=5$

6

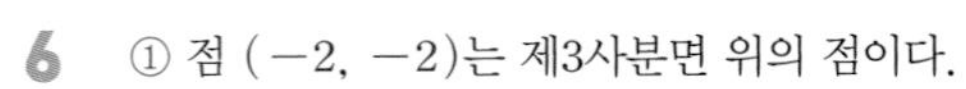

① 점 $(-2,\ -2)$는 제3사분면 위의 점이다.
② 점 $(1,\ -3)$은 제4사분면 위의 점이다.
③ 점 $(3,\ 0)$은 x축 위의 점이다.
④ 점 $(-1,\ 3)$은 제2사분면 위의 점이다.
⑤ 점 $(0,\ -1)$은 y축 위의 점이므로 어느 사분면에도 속하지 않는다.
따라서 옳은 것은 ⑤이다.

6-1

① $(1,\ 2)$ ➡ 제1사분면
② $(-2,\ 3)$ ➡ 제2사분면
③ $(4,\ -2)$ ➡ 제4사분면
④ $(0,\ 5)$ ➡ 어느 사분면에도 속하지 않는다.
따라서 바르게 짝 지어진 것은 ⑤이다.

6-2

① x축 위의 점은 y좌표가 0이다.
③ 점 $(-1,\ -2)$는 제3사분면 위의 점이다.
따라서 옳지 않은 것은 ①, ③이다.

7 $ab>0$에서 a와 b의 부호는 서로 같다.
이때 $a+b>0$이므로 $a>0$, $b>0$이다.
따라서 점 $(a,\ b)$는 제1사분면 위의 점이다.

7-1

$ab<0$에서 a와 b의 부호는 서로 다르다.
이때 $a-b>0$, 즉 $a>b$이므로 $a>0$, $b<0$이다.
따라서 점 $(a,\ b)$는 제4사분면 위의 점이다.

7-2

$ab<0$에서 a와 b의 부호는 서로 다르다.
이때 $a<b$이므로 $a<0$, $b>0$이다.
따라서 $ab<0$, $\frac{a-b}{3}<0$이므로 점 $\left(ab,\ \frac{a-b}{3}\right)$는 제3사분면 위의 점이다.

8 점 $(a,\ -b)$가 제3사분면 위의 점이므로 $a<0$, $-b<0$, 즉 $a<0$, $b>0$이다.
① $a<0$, $b>0$이므로 점 $(a,\ b)$는 제2사분면 위의 점이다.
② $-a>0$, $b>0$이므로 점 $(-a,\ b)$는 제1사분면 위의 점이다.
③ $-a>0$, $-b<0$이므로 점 $(-a,\ -b)$는 제4사분면 위의 점이다.
④ $a<0$, $a-b<0$이므로 점 $(a,\ a-b)$는 제3사분면 위의 점이다.
⑤ $b-a>0$, $ab<0$이므로 점 $(b-a,\ ab)$는 제4사분면 위의 점이다.
따라서 제2사분면 위의 점인 것은 ①이다.

8-1

점 $(-a,\ b)$가 제1사분면 위의 점이므로 $-a>0$, $b>0$, 즉 $a<0$, $b>0$이다.
따라서 $\frac{a}{b}<0$, $a-b<0$이므로 점 $\left(\frac{a}{b},\ a-b\right)$는 제3사분면 위의 점이다.

8-2

점 $(a-b,\ ab)$가 제4사분면 위의 점이므로 $a-b>0$, $ab<0$, 즉 $a>0$, $b<0$이다.
이때 $\frac{a}{b}<0$, $-\frac{1}{b}>0$이므로 점 $\left(\frac{a}{b},\ -\frac{1}{b}\right)$은 제2사분면 위의 점이다.
① $(2,\ 3)$ ➡ 제1사분면
② $(-4,\ 1)$ ➡ 제2사분면
③ $(-1,\ -5)$ ➡ 제3사분면
④ $(5,\ -2)$ ➡ 제4사분면
⑤ $(6,\ 0)$ ➡ 어느 사분면에도 속하지 않는다.
따라서 점 $\left(\frac{a}{b},\ -\frac{1}{b}\right)$과 같은 사분면 위의 점인 것은 ②이다.

9 점 (a, b)와 원점에 대칭인 점은 점 $(-a, -b)$이고, 제1사분면 위에 있으므로
$-a>0$, $-b>0$에서 $a<0$, $b<0$
점 (c, d)와 y축에 대칭인 점은 점 $(-c, d)$이고, 제2사분면 위에 있으므로
$-c<0$, $d>0$에서 $c>0$, $d>0$
따라서 $a-c<0$, $bd<0$이므로 점 $(a-c, bd)$는 제3사분면 위의 점이다.

9-1
두 점 $(3a-1, 1-b)$와 $(a+5, 2b-8)$이 y축에 대칭이므로 x좌표의 부호는 반대이고 y좌표는 같다.
$3a-1=-a-5$에서 $4a=-4$, $a=-1$
$1-b=2b-8$에서 $-3b=-9$, $b=3$
따라서 $ab=-1\times3=-3$

9-2
점 A$(-1, 3)$과 x축에 대칭인 점은 B$(-1, -3)$, y축에 대칭인 점은 C$(1, 3)$이므로 세 점 A$(-1, 3)$, B$(-1, -3)$, C$(1, 3)$을 좌표평면 위에 나타내면 오른쪽 그림과 같다.
따라서 삼각형 ABC의 넓이는
$\frac{1}{2}\times2\times6=6$

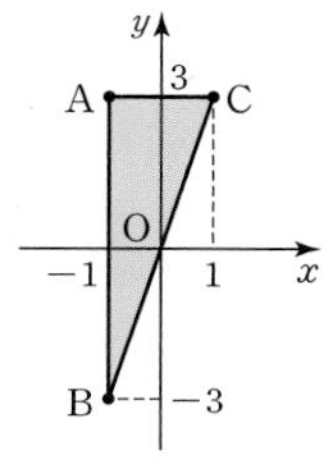

2 그래프

소단원 필수 유형 106~107쪽

10	④, ⑤	10-1	(1) 10분 (2) 400 m (3) 5
11	③	11-1	20분 후
12	ㄱ	12-1	⑤
13	㉠-㉯, ㉡-㉰, ㉢-㉮	13-1	㉠-㉰, ㉡-㉯, ㉢-㉮

10 ④ 욕조 마개를 뽑은 후 물이 모두 빠지는 데 걸린 시간은 $28-22=6$(분)이다.
⑤ 일정한 양의 물이 나오는 수도꼭지에서 16분 동안 160 L의 물이 나왔으므로 이 수도꼭지에서 1분 동안 나오는 물의 양은 $\frac{160}{16}=10$(L)이다.
따라서 옳지 않은 것은 ④, ⑤이다.

10-1
(1) y의 값이 증가하였다가 다시 0이 될 때까지 10분이 걸리므로 한 번 왕복하는 데 걸리는 시간은 10분이다.
(2) y의 값이 400까지 커졌다가 다시 작아지므로 A 지점과 B 지점 사이의 거리는 400 m이다.
(3) 한 번 왕복하는 데 10분이 걸리므로 50분 동안 왕복 가능한 횟수는 $\frac{50}{10}=5$이다.

11 ③ 승희는 출발 후 15분부터 45분까지 가장 앞서 있었다.
따라서 옳지 않은 것은 ③이다.

11-1
체육관에 도착할 때까지 우진이가 자전거를 타고 간 시간은 20분이고, 인서가 달려간 시간은 40분이다.
따라서 우진이가 체육관에 도착한 지 $40-20=20$(분) 후에 인서가 체육관에 도착하였다.

12 이동 거리는 일정하게 증가하다가 멈춘 동안은 변화가 없고 다시 일정하게 증가한다.
따라서 가장 알맞은 그래프는 ㄱ이다.

12-1
일정한 속도로 물을 채웠으므로 처음에는 물의 높이가 일정하게 증가하고 통화를 하는 동안에는 수도꼭지를 잠갔으므로 물의 높이가 일정하며 통화 후에는 다시 수도꼭지를 열어 물을 채웠으므로 물의 높이가 일정하게 증가한다. 마지막에는 욕조 밖으로 물이 넘쳐흘렀으므로 물의 높이가 더 이상 증가하지 않고 일정하다. 따라서 가장 알맞은 그래프는 ⑤이다.

13 물통의 밑면의 반지름의 길이가 길수록 같은 시간 동안 넣은 물의 높이가 느리게 증가한다.
물통 ㉠은 아랫부분의 밑면의 반지름의 길이가 더 길므로 물의 높이가 느리고 일정하게 증가하다가 빠르고 일정하게 증가한다.
➡ ㉯
물통 ㉡은 윗부분의 밑면의 반지름의 길이가 더 길므로 물의 높이가 빠르고 일정하게 증가하다가 느리고 일정하게 증가한다. ➡ ㉰
물통 ㉢은 밑면의 반지름의 길이가 일정하므로 물의 높이가 일정하게 증가한다. ➡ ㉮

13-1
용기의 밑면의 반지름의 길이가 길수록 같은 시간 동안 넣은 물의 높이가 느리게 증가한다.
따라서 각 용기에 해당하는 그래프는 ㉠-㉰, ㉡-㉯, ㉢-㉮이다.

중단원 핵심유형 테스트 108~109쪽

1 ①	2 ④	3 $-\frac{9}{10}$	4 -1	
5 제4사분면	6 ②	7 ②	8 ③	9 ㄱ, ㄷ
10 ②	11 ⑤	12 제4사분면		

1 $A\left(-\frac{5}{2}\right)$, $B\left(\frac{5}{3}\right)$이므로 $a=-\frac{5}{2}$, $b=\frac{5}{3}$

따라서 $8a+3b=8\times\left(-\frac{5}{2}\right)+3\times\frac{5}{3}=-20+5=-15$

2 두 순서쌍 $(2a-1,\ -3b+5)$, $(3a+1,\ -b-1)$이 서로 같으므로

$2a-1=3a+1$에서 $-a=2$, $a=-2$

$-3b+5=-b-1$에서 $-2b=-6$, $b=3$

따라서 $a+b=-2+3=1$

3 점 $(2a-3,\ 1-3b)$는 y축 위의 점이므로

$2a-3=0$에서 $2a=3$, $a=\frac{3}{2}$

점 $(a-5,\ 2a+5b)$는 x축 위의 점이므로

$2a+5b=0$이고 $a=\frac{3}{2}$이므로 $3+5b=0$

$5b=-3$, $b=-\frac{3}{5}$

따라서 $ab=\frac{3}{2}\times\left(-\frac{3}{5}\right)=-\frac{9}{10}$

4 좌표평면 위의 세 점 A(0, 8), B(0, a), C(4, 1)에 대하여 삼각형 ABC의 밑변의 길이는 $8-a$, 높이는 4이고 넓이는 18이므로

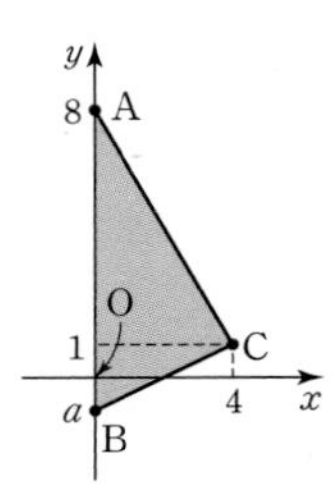

$\frac{1}{2}\times(8-a)\times4=18$

$8-a=9$

따라서 $a=-1$

5 $a>0$, $b<0$이고 $|a|>|b|$이므로

$a+b>0$, $ab<0$

따라서 점 $(a+b,\ ab)$는 제4사분면 위의 점이다.

6 점 $A(-3a,\ b-1)$은 x축 위의 점이므로

$b-1=0$에서 $b=1$

점 $B(a-2,\ 2b-3)$은 y축 위의 점이므로

$a-2=0$에서 $a=2$

점 $C(-2a-1+c,\ 5b-1)$, 즉 점 $C(-5+c,\ 4)$는 어느 사분면에도 속하지 않으므로

$-5+c=0$에서 $c=5$

따라서 점 $(a-c,\ b)$는 점 $(-3,\ 1)$이므로 제2사분면 위의 점이다.

7 점 A와 점 B는 y좌표가 같고 선분 AB의 길이가 5이므로

$a=-8$ 또는 $a=2$

그런데 점 B가 제1사분면 위의 점이므로 $a=2$

점 A와 점 C는 x좌표가 같고 선분 AC의 길이가 7이므로

$b=-2$ 또는 $b=12$

그런데 점 C가 제3사분면 위의 점이므로 $b=-2$

따라서 $ab=2\times(-2)=-4$

8 점 A(4, 3)과

x축에 대칭인 점은 B(4, -3),

y축에 대칭인 점은 C(-4, 3),

원점에 대칭인 점은 D(-4, -3)

이므로 네 점 A(4, 3), B(4, -3), C(-4, 3), D(-4, -3)을 좌표평면 위에 나타내면 위의 그림과 같다.

따라서 삼각형 BCD의 넓이는

$\frac{1}{2}\times8\times6=24$

9 ㄴ. 승희는 9시 30분에 출발했다.

ㄹ. 영진이는 승희보다 30분 늦게 도착했다.

따라서 옳은 것은 ㄱ, ㄷ이다.

10 일정한 속력으로 걸어가므로 이동 거리는 느리고 일정하게 증가하다가 멈춘 동안은 변화가 없고 그 후에는 속력을 높여 일정한 속력으로 뛰어가므로 이동 거리는 빠르고 일정하게 증가한다.

따라서 알맞은 그래프는 ②이다.

11 우유의 높이가 점점 느리게 증가하다가 점점 빠르게 증가하므로 컵은 폭이 위로 갈수록 일정하게 넓어지다가 일정하게 좁아지는 모양이다.

따라서 이 컵의 모양에 가장 가까운 것은 ⑤이다.

12 점 $A(a,\ b)$와 x축에 대칭인 점은 점 $(a,\ -b)$이고 제 1사분면 위에 있으므로

$a>0$, $-b>0$에서

$a>0$, $b<0$ …… ❶

점 $B(c,\ d)$와 y축에 대칭인 점은 점 $(-c,\ d)$이고 제2사분면 위에 있으므로

$-c<0$, $d>0$에서

$c>0$, $d>0$ …… ❷

따라서 $a+c>0$, $bd<0$이므로 점 $P(a+c,\ bd)$는 제4사분면 위의 점이다. …… ❸

다른 풀이

점 $A(a,\ b)$와 x축에 대칭인 점이 제1사분면 위에 있으므로 점 A는 제4사분면 위에 있다.

즉, $a>0$, $b<0$이다. …… ❶

점 $B(c,\ d)$와 y축에 대칭인 점이 제2사분면 위에 있으므로 점 B는 제1사분면 위에 있다.

즉, $c>0$, $d>0$이다. …… ❷

따라서 $a+c>0$, $bd<0$이므로 점 $P(a+c,\ bd)$는 제4사분면 위의 점이다. …… ❸

채점 기준	비율
❶ a, b의 부호 각각 구하기	30 %
❷ c, d의 부호 각각 구하기	30 %
❸ 점 P는 제몇 사분면 위의 점인지 구하기	40 %

6. 정비례와 반비례

정비례

소단원 필수 유형

113~116쪽

1	②	1-1	③, ④	1-2	⑤
2	③	2-1	$y=-\frac{1}{2}x$	2-2	④
3	③	3-1	①		
4	②	4-1	$\frac{10}{9}$	4-2	①
5	ㄱ, ㄴ	5-1	①, ④	5-2	③
6	③	6-1	①	6-2	②
7	②	7-1	④	7-2	$y=-\frac{3}{2}x$
8	30	8-1	42	8-2	$\frac{3}{4}$

1 ② $y=x+1$은 $y=ax$의 꼴이 아니므로 y가 x에 정비례하지 않는다.

1-1
y가 x에 정비례하므로 $y=ax$인 관계가 성립한다.
③ $y=\frac{1}{2}x$ ④ $y=3x$
따라서 y가 x에 정비례하는 것은 ③, ④이다.

1-2
① $y=4x$ ② $y=5x$ ③ $y=3x$
④ $y=2x$ ⑤ $y=20-x$
따라서 y가 x에 정비례하지 않는 것은 ⑤이다.

2 y가 x에 정비례하므로 $y=ax$로 놓고 $x=-3$, $y=2$를 대입하면
$2=-3a$, $a=-\frac{2}{3}$, 즉 $y=-\frac{2}{3}x$
$y=-\frac{2}{3}x$에 $y=-6$을 대입하면 $-6=-\frac{2}{3}x$, $x=9$

2-1
y가 x에 정비례하므로 $y=ax$로 놓고 $x=10$, $y=-5$를 대입하면
$-5=10a$, $a=-\frac{1}{2}$
따라서 x와 y 사이의 관계식은 $y=-\frac{1}{2}x$

2-2
y가 x에 정비례하므로 $y=ax$로 놓고 $x=1$, $y=-2$를 대입하면
$a=-2$, 즉 $y=-2x$
$y=-2x$에 $x=-4$, $y=p$를 대입하면 $p=-2\times(-4)=8$
$y=-2x$에 $x=q$, $y=6$을 대입하면 $6=-2q$, $q=-3$
$y=-2x$에 $x=2$, $y=r$을 대입하면 $r=-2\times2=-4$
따라서 $p+q+r=8+(-3)+(-4)=1$

3 $y=-2x$에 $x=1$을 대입하면 $y=-2\times1=-2$
따라서 $y=-2x$의 그래프는 원점과 점 $(1, -2)$를 지나는 직선이므로 ③이다.

3-1
$y=\frac{4}{3}x$에 $x=3$을 대입하면 $y=\frac{4}{3}\times3=4$
따라서 $y=\frac{4}{3}x$의 그래프는 원점과 점 $(3, 4)$를 지나는 직선이므로 ①이다.

4 $y=-8x$에 각 점의 좌표를 대입하면 다음과 같다.
① $8=-8\times(-1)$ ② $3\neq-8\times\left(-\frac{3}{4}\right)$ ③ $0=-8\times0$
④ $-4=-8\times\frac{1}{2}$ ⑤ $-16=-8\times2$
따라서 $y=-8x$의 그래프 위의 점이 아닌 것은 ②이다.

4-1
$y=3x$에 $x=1-2a$, $y=3a-7$을 대입하면
$3a-7=3(1-2a)$, $3a-7=3-6a$, $9a=10$, $a=\frac{10}{9}$

4-2
$y=-\frac{5}{2}x$에 $x=a$, $y=-\frac{1}{4}$을 대입하면 $-\frac{1}{4}=-\frac{5}{2}a$, $a=\frac{1}{10}$
$y=-\frac{5}{2}x$에 $x=b$, $y=5$를 대입하면 $5=-\frac{5}{2}b$, $b=-2$
$y=-\frac{5}{2}x$에 $x=-6$, $y=c$를 대입하면 $c=-\frac{5}{2}\times(-6)=15$
따라서 $abc=\frac{1}{10}\times(-2)\times15=-3$

5 ㄷ. 제2사분면과 제4사분면을 지난다.
ㄹ. x의 값이 증가할 때, y의 값은 감소한다.
따라서 옳은 것은 ㄱ, ㄴ이다.

5-1
② 원점을 지난다.
③ $y=\frac{x}{2}$에 $x=-2$, $y=-4$를 대입하면 $-4\neq\frac{-2}{2}$
⑤ x의 값이 증가하면 y의 값도 증가한다.
따라서 옳은 것은 ①, ④이다.

5-2
③ $a<0$일 때, 오른쪽 아래로 향하는 직선이다.

6 $y=ax$의 그래프가 그림의 색칠한 부분을 지나려면 오른쪽 위로 향하는 직선이어야 하므로 $a>0$
또, $y=x$의 그래프가 $y=ax$의 그래프보다 y축에 가까우므로 $|a|<1$
따라서 상수 a의 값이 될 수 있는 것은 ③이다.

6-1
$y=ax$의 그래프는 a의 절댓값이 클수록 y축에 가깝다.
$\left|-\frac{2}{3}\right|<|-1|<\left|\frac{3}{2}\right|<|2|<|-3|$
따라서 y축에 가장 가까운 것은 ①이다.

6-2

$y=ax$에 $x=1$, $y=-4$를 대입하여 정리하면 $a=-4$

$y=ax$에 $x=4$, $y=-2$를 대입하여 정리하면 $a=-\frac{1}{2}$

따라서 $-4\le a\le -\frac{1}{2}$이므로 정수 a의 값은 -4, -3, -2, -1이고 그 합은 -10이다.

7 $y=ax$의 그래프가 점 $(4,\ 3)$을 지나므로

$y=ax$에 $x=4$, $y=3$을 대입하면 $3=4a$, $a=\frac{3}{4}$

$y=bx$의 그래프가 점 $(4,\ -2)$를 지나므로

$y=bx$에 $x=4$, $y=-2$를 대입하면 $-2=4b$, $b=-\frac{1}{2}$

따라서 $ab=\frac{3}{4}\times\left(-\frac{1}{2}\right)=-\frac{3}{8}$

7-1

그래프가 원점과 점 $(6,\ -5)$를 지나는 직선이므로 $y=ax$로 놓고 $x=6$, $y=-5$를 대입하면

$-5=6a$, $a=-\frac{5}{6}$, 즉 $y=-\frac{5}{6}x$

$y=-\frac{5}{6}x$에 각 점의 좌표를 대입하면 다음과 같다.

① $\frac{5}{2}=-\frac{5}{6}\times(-3)$ ② $\frac{5}{3}=-\frac{5}{6}\times(-2)$

③ $0=-\frac{5}{6}\times 0$ ④ $-\frac{12}{5}\neq-\frac{5}{6}\times 2$

⑤ $-\frac{5}{2}=-\frac{5}{6}\times 3$

따라서 주어진 그래프 위에 있지 않은 점은 ④이다.

7-2

(가)에서 y는 x에 정비례하므로 $y=ax$로 놓고 (나)에서 $y=ax$에 $x=-2$, $y=3$을 대입하면

$3=-2a$, $a=-\frac{3}{2}$

따라서 x와 y 사이의 관계식은 $y=-\frac{3}{2}x$

8 $y=2x$에 $x=6$을 대입하면 $y=2\times 6=12$

즉, 점 Q의 좌표는 $\mathrm{Q}(6,\ 12)$

$y=\frac{1}{3}x$에 $x=6$을 대입하면 $y=\frac{1}{3}\times 6=2$

즉, 점 R의 좌표는 $\mathrm{R}(6,\ 2)$

따라서 삼각형 QOR의 넓이는 $\frac{1}{2}\times(12-2)\times 6=30$

8-1

$y=-\frac{1}{2}x$에 $y=6$을 대입하면 $6=-\frac{1}{2}x$, $x=-12$

즉, 점 A의 좌표는 $\mathrm{A}(-12,\ 6)$

$y=3x$에 $y=6$을 대입하면 $6=3x$, $x=2$

즉, 점 B의 좌표는 $\mathrm{B}(2,\ 6)$

따라서 삼각형 AOB의 넓이는 $\frac{1}{2}\times\{2-(-12)\}\times 6=42$

8-2

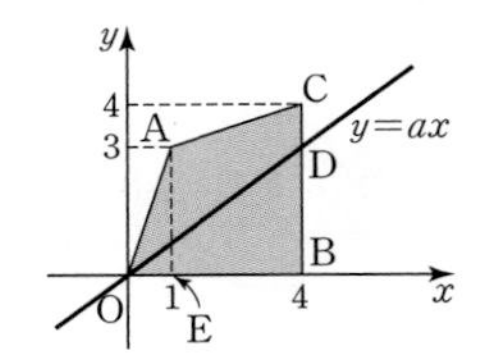

(사각형 AOBC의 넓이)

=(삼각형 AOE의 넓이)

+(사다리꼴 AEBC의 넓이)

$=\frac{1}{2}\times 1\times 3+\frac{1}{2}\times(3+4)\times 3=12$

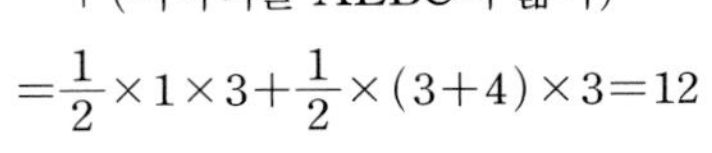

$y=ax$에 $x=4$를 대입하면 $y=4a$, 즉 $\mathrm{D}(4,\ 4a)$

$y=ax$의 그래프가 사각형 AOBC의 넓이를 이등분하므로

(삼각형 DOB의 넓이)$=\frac{1}{2}\times$(사각형 AOBC의 넓이)

즉, $\frac{1}{2}\times 4\times 4a=\frac{1}{2}\times 12$이므로 $8a=6$, $a=\frac{3}{4}$

2 반비례

소단원 필수 유형 118~122쪽

9	②, ④	**9-1**	③, ④	**9-2**	②
10	③	**10-1**	④	**10-2**	6
11	②	**11-1**	①		
12	①, ③	**12-1**	-6	**12-2**	①
13	①, ③	**13-1**	①, ②	**13-2**	②
14	ㄱ, ㅁ	**14-1**	①	**14-2**	a, b, d, c
15	9	**15-1**	④	**15-2**	$y=-\frac{12}{x}$
16	3	**16-1**	$\frac{13}{2}$	**16-2**	50
17	8	**17-1**	12	**17-2**	6
18	60	**18-1**	1	**18-2**	-8

9 y가 x에 반비례하는 것은 ②, ④이다.

9-1

y가 x에 반비례하므로 $y=\frac{a}{x}$인 관계가 성립한다.

따라서 y가 x에 반비례하지 않는 것은 ③, ④이다.

9-2

① $xy=78$이므로 $y=\frac{78}{x}$ ② $y=24-x$

③ $xy=500$이므로 $y=\frac{500}{x}$ ④ $\frac{1}{2}xy=12$이므로 $y=\frac{24}{x}$

⑤ $\frac{1}{2}xy=10$이므로 $y=\frac{20}{x}$

따라서 y가 x에 반비례하지 않는 것은 ②이다.

10 y가 x에 반비례하므로 $y=\frac{a}{x}$로 놓고 $x=-2$, $y=4$를 대입하면

$4=\frac{a}{-2}$, $a=-8$, 즉 $y=-\frac{8}{x}$

$y=-\frac{8}{x}$에 $x=4$를 대입하면 $y=-\frac{8}{4}=-2$

10-1

y가 x에 반비례하므로 $y=\frac{a}{x}$로 놓고 $x=3$, $y=6$을 대입하면

$6=\frac{a}{3}$, $a=18$, 즉 $y=\frac{18}{x}$

$y=\frac{18}{x}$에 $y=9$를 대입하면 $9=\frac{18}{x}$, $x=2$

10-2

y가 x에 반비례하므로 $y=\frac{a}{x}$로 놓고 $x=-3$, $y=4$를 대입하면

$4=\frac{a}{-3}$, $a=-12$, 즉 $y=-\frac{12}{x}$

$y=-\frac{12}{x}$에 $x=-2$, $y=p$를 대입하면 $p=-\frac{12}{-2}=6$

$y=-\frac{12}{x}$에 $x=q$, $y=-12$를 대입하면 $-12=-\frac{12}{q}$, $q=1$

따라서 $\frac{p}{q}=\frac{6}{1}=6$

11 $y=-\frac{6}{x}$에 $x=-3$을 대입하면 $y=-\frac{6}{-3}=2$

따라서 $y=-\frac{6}{x}$의 그래프는 점 $(-3, 2)$를 지나고 제2사분면과 제4사분면을 지나는 한 쌍의 곡선이므로 ②이다.

11-1

$y=\frac{10}{x}$에 $x=2$를 대입하면 $y=\frac{10}{2}=5$

따라서 $y=\frac{10}{x}$의 그래프는 점 $(2, 5)$를 지나고 제1사분면과 제3사분면을 지나는 한 쌍의 곡선이므로 ①이다.

12 $y=\frac{8}{x}$에 각 점의 좌표를 대입하면 다음과 같다.

① $-1=\frac{8}{-8}$　② $-\frac{1}{2}\neq\frac{8}{-4}$　③ $\frac{8}{3}=\frac{8}{3}$

④ $-2\neq\frac{8}{4}$　⑤ $2\neq\frac{8}{16}$

따라서 $y=\frac{8}{x}$의 그래프 위의 점은 ①, ③이다.

12-1

$y=-\frac{6}{x}$에 $x=-2$, $y=\frac{a}{3}+5$를 대입하면

$\frac{a}{3}+5=3$, $\frac{a}{3}=-2$, $a=-6$

12-2

$y=-\frac{18}{x}$에 $x=3$, $y=a$를 대입하면 $a=-\frac{18}{3}=-6$

$y=-\frac{18}{x}$에 $x=b$, $y=9$를 대입하면 $9=-\frac{18}{b}$, $b=-2$

따라서 $a+b=-6+(-2)=-8$

13 ① 원점을 지나지 않는다.　③ y축과 만나지 않는다.

따라서 옳지 않은 것은 ①, ③이다.

13-1

정비례 관계 $y=ax$, 반비례 관계 $y=\frac{a}{x}$의 그래프는 $a<0$일 때, 제2사분면을 지나므로 제2사분면을 지나는 것은 ①, ②이다.

13-2

① 원점을 지나지 않는다.

③ $a<0$일 때, 제2사분면과 제4사분면을 지난다.

④ a의 절댓값이 커질수록 원점에서 멀어진다.

⑤ $a<0$이면 각 사분면에서 x의 값이 증가할 때, y의 값도 증가한다.

따라서 옳은 것은 ②이다.

14 $y=\frac{a}{x}$의 그래프는 a의 절댓값이 작을수록 원점에 가깝고 a의 절댓값이 클수록 원점에서 멀리 떨어져 있다.

$|-1|<|2|<|3|<|-4|=|4|<|6|$이므로 그래프가 원점에 가장 가까운 것은 ㄱ, 원점에서 가장 먼 것은 ㅁ이다.

14-1

$y=\frac{a}{x}$의 그래프가 제2사분면과 제4사분면을 지나므로 $a<0$

또, $y=\frac{a}{x}$의 그래프가 $y=-\frac{5}{x}$의 그래프보다 원점에서 멀리 떨어져 있으므로 $|a|>|-5|$

따라서 a는 절댓값이 5보다 큰 음수이므로 상수 a의 값이 될 수 있는 것은 ①이다.

14-2

$y=\frac{a}{x}$, $y=\frac{b}{x}$의 그래프는 제2사분면과 제4사분면을 지나고,

$y=\frac{c}{x}$, $y=\frac{d}{x}$의 그래프는 제1사분면과 제3사분면을 지나므로

$a<0$, $b<0$, $c>0$, $d>0$

또, $y=\frac{b}{x}$의 그래프가 $y=\frac{a}{x}$의 그래프보다 원점에 가깝고,

$y=\frac{d}{x}$의 그래프가 $y=\frac{c}{x}$의 그래프보다 원점에 가까우므로

$|b|<|a|$, $|d|<|c|$

따라서 크기가 작은 것부터 차례대로 나열하면 a, b, d, c

15 $y=\frac{a}{x}$의 그래프가 점 $(-3, -2)$를 지나므로

$-2=\frac{a}{-3}$, $a=6$, 즉 $y=\frac{6}{x}$

또, $y=\frac{6}{x}$의 그래프가 점 $(2, b)$를 지나므로 $b=\frac{6}{2}=3$

따라서 $a+b=6+3=9$

15-1

$y=\frac{a}{x}$의 그래프가 점 $\left(-3, \frac{4}{3}\right)$를 지나므로

$\frac{4}{3}=\frac{a}{-3}$, $a=-4$, 즉 $y=-\frac{4}{x}$

$y=-\frac{4}{x}$에 각 점의 좌표를 대입하면 다음과 같다.

① $1=-\frac{4}{-4}$　② $2=-\frac{4}{-2}$　③ $4=-\frac{4}{-1}$

④ $-\frac{4}{3}\neq-\frac{4}{1}$　⑤ $-2=-\frac{4}{2}$

따라서 주어진 그래프 위에 있는 점이 아닌 것은 ④이다.

15-2

(가)에서 y는 x에 반비례하므로 $y=\frac{a}{x}$로 놓고 (나)에서

$y=\frac{a}{x}$에 $x=-3$, $y=4$를 대입하면 $4=\frac{a}{-3}$, $a=-12$

따라서 x와 y 사이의 관계식은 $y=-\frac{12}{x}$

16 두 점 A, B가 $y=\frac{a}{x}$의 그래프 위에 있으므로

$y=\frac{a}{x}$에 $x=4$를 대입하면 $y=\frac{a}{4}$, 즉 $A\left(4,\ \frac{a}{4}\right)$

$y=\frac{a}{x}$에 $x=-4$를 대입하면 $y=-\frac{a}{4}$, 즉 $B\left(-4,\ -\frac{a}{4}\right)$

이때 직각삼각형 ABC의 넓이가 6이므로

$\frac{1}{2}\times8\times\frac{a}{2}=6$, $2a=6$, $a=3$

16-1

점 A의 x좌표를 a라 하면 $A\left(a,\ \frac{13}{a}\right)$, $B(a,\ 0)$

따라서 삼각형 AOB의 넓이는 $\frac{1}{2}\times a\times\frac{13}{a}=\frac{13}{2}$

16-2

두 점 A, C가 $y=\frac{a}{x}$의 그래프 위에 있으므로

$y=\frac{a}{x}$에 $x=12$, $y=1$을 대입하면 $1=\frac{a}{12}$, $a=12$, 즉 $y=\frac{12}{x}$

$y=\frac{12}{x}$에 $x=k$, $y=6$을 대입하면 $6=\frac{12}{k}$, $k=2$

따라서 $A(2,\ 6)$, $B(2,\ 1)$, $C(12,\ 1)$이므로 직사각형 ABCD의 넓이는 $(12-2)\times(6-1)=50$

17 $y=\frac{6}{x}$의 그래프 위에 있는 점 중에서 x좌표와 y좌표가 모두 정수인 점은 $(1,\ 6)$, $(2,\ 3)$, $(3,\ 2)$, $(6,\ 1)$, $(-1,\ -6)$, $(-2,\ -3)$, $(-3,\ -2)$, $(-6,\ -1)$의 8개이다.

17-1

$y=-\frac{12}{x}$의 그래프 위에 있는 점 중에서 x좌표와 y좌표가 모두 정수인 점은 $(1,\ -12)$, $(2,\ -6)$, $(3,\ -4)$, $(4,\ -3)$, $(6,\ -2)$, $(12,\ -1)$, $(-1,\ 12)$, $(-2,\ 6)$, $(-3,\ 4)$, $(-4,\ 3)$, $(-6,\ 2)$, $(-12,\ 1)$의 12개이다.

17-2

$y=\frac{a}{x}$에 $x=2$, $y=-2$를 대입하면 $-2=\frac{a}{2}$, $a=-4$

따라서 x와 y 사이의 관계식은 $y=-\frac{4}{x}$

$y=-\frac{4}{x}$의 그래프 위에 있는 점 중에서 x좌표와 y좌표가 모두 정수인 점은 $(1,\ -4)$, $(2,\ -2)$, $(4,\ -1)$, $(-1,\ 4)$, $(-2,\ 2)$, $(-4,\ 1)$의 6개이다.

18 점 A가 $y=\frac{5}{3}x$의 그래프 위에 있으므로

$y=\frac{5}{3}x$에 $x=6$을 대입하면 $y=\frac{5}{3}\times6=10$, 즉 $A(6,\ 10)$

또, 점 $A(6,\ 10)$이 $y=\frac{a}{x}$의 그래프 위에 있으므로

$y=\frac{a}{x}$에 $x=6$, $y=10$을 대입하면 $10=\frac{a}{6}$, $a=60$

18-1

$y=\frac{12}{x}$에 $x=3$을 대입하면 $y=\frac{12}{3}=4$

$y=ax$에 $x=3$, $y=4$를 대입하면 $4=3a$, $a=\frac{4}{3}$

또, $y=\frac{12}{x}$에 $x=6$을 대입하면 $y=\frac{12}{6}=2$

$y=bx$에 $x=6$, $y=2$를 대입하면 $2=6b$, $b=\frac{1}{3}$

따라서 $a-b=\frac{4}{3}-\frac{1}{3}=1$

18-2

점 $A(3,\ b)$가 $y=\frac{6}{x}$의 그래프 위에 있으므로

$y=\frac{6}{x}$에 $x=3$, $y=b$를 대입하면 $b=\frac{6}{3}=2$

이때 점 $A(3,\ 2)$가 $y=ax$의 그래프 위에 있으므로

$y=ax$에 $x=3$, $y=2$를 대입하면 $2=3a$, $a=\frac{2}{3}$

또, 점 $B(c,\ -4)$가 $y=\frac{2}{3}x$의 그래프 위에 있으므로

$y=\frac{2}{3}x$에 $x=c$, $y=-4$를 대입하면 $-4=\frac{2}{3}c$, $c=-6$

따라서 $abc=\frac{2}{3}\times2\times(-6)=-8$

3 정비례, 반비례 관계의 활용

소단원 필수 유형 124쪽

19	9 kg	**19-1**	7 cm	**19-2**	40분 후
20	①	**20-1**	③	**20-2**	10 cm

19 지구에서의 몸무게가 x kg인 사람의 달에서의 몸무게를 y kg이라 하자. y는 x에 정비례하므로 $y=ax$로 놓고

$y=ax$에 $x=78$, $y=13$을 대입하면 $13=78a$, $a=\frac{1}{6}$

$y=\frac{1}{6}x$에 $x=54$를 대입하면 $y=\frac{1}{6}\times54=9$

따라서 지구에서 54 kg인 사람의 달에서의 몸무게는 9 kg이다.

19-1

선분 AP의 길이를 x cm, 삼각형 APD의 넓이를 y cm^2라 하면

$y=\frac{1}{2}\times40\times x=20x$

$y=20x$에 $y=140$을 대입하면 $140=20x$, $x=7$

따라서 삼각형 APD의 넓이가 140 cm^2일 때, 선분 AP의 길이는 7 cm이다.

19-2

그래프는 원점을 지나는 직선이므로 정비례 관계의 그래프이다.

동생의 그래프: $y=ax$로 놓고 $y=ax$에 $x=2$, $y=800$을 대입하면 $800=2a$, $a=400$, 즉 $y=400x$

정원이의 그래프: $y=bx$로 놓고 $y=bx$에 $x=6$, $y=480$을 대입하면 $480=6b$, $b=80$, 즉 $y=80x$

집에서 학원까지의 거리는 4 km, 즉 4000 m이므로

$y=400x$에 $y=4000$을 대입하면 $4000=400x$, $x=10$

$y=80x$에 $y=4000$을 대입하면 $4000=80x$, $x=50$

즉, 동생과 정원이가 학원에 도착하는 데 걸리는 시간은 각각 10분, 50분이다. 따라서 동생이 학원에 도착한 지 $50-10=40$(분) 후에 정원이가 도착한다.

20 톱니가 40개인 톱니바퀴 A가 9번 회전할 때, 톱니가 x개인 톱니바퀴 B는 y번 회전한다고 하자.

두 톱니바퀴 A, B가 회전할 때 맞물리는 톱니의 수는 서로 같으므로 $40\times9=x\times y$, 즉 $y=\frac{360}{x}$

$y=\frac{360}{x}$에 $x=45$를 대입하면 $y=\frac{360}{45}=8$

따라서 톱니가 40개인 톱니바퀴 A가 9번 회전할 때, 톱니가 45개인 톱니바퀴 B는 8번 회전한다.

20-1

하루에 x쪽씩 읽으면 다 읽는 데 y일 걸린다고 하면

$xy=35\times7=245$, 즉 $y=\frac{245}{x}$

$y=\frac{245}{x}$에 $y=5$를 대입하면 $5=\frac{245}{x}$, $x=49$

따라서 이 책을 5일 만에 다 읽으려면 하루에 49쪽씩 읽어야 한다.

20-2

무게가 x g인 물체가 손잡이로부터 y cm 떨어져 있다고 하면

$xy=100\times20=2000$, 즉 $y=\frac{2000}{x}$

$y=\frac{2000}{x}$에 $x=200$을 대입하면 $y=\frac{2000}{200}=10$

따라서 물체 A는 손잡이로부터 10 cm 떨어져 있다.

중단원 핵심유형 테스트 125~127쪽

1 ④, ⑤	2 $\frac{8}{7}$	3 -1	4 ②, ⑤	5 ③
6 ⑤	7 ②	8 1	9 ⑤	10 ②, ④
11 ④	12 ⑤	13 $\frac{2}{3}\le b\le\frac{8}{3}$		14 ①
15 22	16 ②	17 ②	18 $\frac{17}{1000}$ m 이하	
19 3	20 12분			

1 ① $y=800x$ ② $y=0.5x$ ③ $y=3x$

④ $y=28-x$ ⑤ $y=\frac{12}{x}$

따라서 y가 x에 정비례하지 않는 것은 ④, ⑤이다.

2 $y=-\frac{3}{5}x$에 $x=10a$, $y=a-8$을 대입하면

$a-8=-\frac{3}{5}\times10a$, $a-8=-6a$, $7a=8$, $a=\frac{8}{7}$

3 $y=\frac{3}{2}x$에 $x=2$, $y=a$를 대입하면 $a=\frac{3}{2}\times2=3$

$y=\frac{3}{2}x$에 $x=b$, $y=-6$을 대입하면 $-6=\frac{3}{2}b$, $b=-4$

따라서 $a+b=3+(-4)=-1$

4 ② $y=\frac{5}{4}x$에 $x=5$, $y=4$를 대입하면 $4\neq\frac{5}{4}\times5$이므로 점 $(5, 4)$를 지나지 않는다.

⑤ x의 값이 증가하면 y의 값도 증가한다.

따라서 옳지 않은 것은 ②, ⑤이다.

5 $y=ax$의 그래프는 a의 절댓값이 작을수록 x축에 가깝다.

$\left|\frac{1}{6}\right|<\left|-\frac{1}{3}\right|<|1|<|-2|<|3|$

따라서 x축에 가장 가까운 것은 ③이다.

6 $y=ax$에서 ㉠은 제2사분면과 제4사분면을 지나므로 $a<0$

따라서 ㉠의 관계식은 $y=-\frac{5}{2}x$이다.

㉡, ㉢은 제1사분면과 제3사분면을 지나므로 $a>0$

이때 ㉡이 ㉢보다 y축에 가까우므로 ㉡의 관계식은 $y=2x$, ㉢의 관계식은 $y=x$이다.

따라서 관계식과 그래프를 바르게 짝 지은 것은 ⑤이다.

7 $y=ax$의 그래프가 점 $(6, 1)$을 지나므로

$1=6a$, $a=\frac{1}{6}$, 즉 $y=\frac{1}{6}x$

$y=\frac{1}{6}x$의 그래프가 점 $\left(b, -\frac{1}{2}\right)$을 지나므로

$-\frac{1}{2}=\frac{1}{6}b$, $b=-3$

따라서 $a+b=\frac{1}{6}+(-3)=-\frac{17}{6}$

8 $y=3x$의 그래프가 점 A를 지나므로

$6=3x$, $x=2$, 즉 $A(2, 6)$

사각형 ABCD는 한 변의 길이가 2인 정사각형이므로

$B(2, 4)$, $C(4, 4)$

$y=ax$의 그래프가 점 $C(4, 4)$를 지나므로 $4=4a$, $a=1$

9 y가 x에 정비례하므로 $y=ax$로 놓고 $x=4$, $y=8$을 대입하면 $8=4a$, $a=2$, 즉 $y=2x$

또, z가 y에 반비례하므로 $z=\frac{b}{y}$로 놓고 $y=-1$, $z=3$을 대입하면 $3=\frac{b}{-1}$, $b=-3$, 즉 $z=-\frac{3}{y}$

따라서 $y=2x$에 $x=-2$를 대입하면 $y=-4$이고

$z=-\frac{3}{y}$에 $y=-4$를 대입하면 $z=\frac{3}{4}$

10 점 (a, b)가 제4사분면 위의 점이므로 $a>0$, $b<0$

① 제1사분면과 제3사분면을 지난다.

② 제2사분면과 제4사분면을 지난다.

③ $-b>0$이므로 제1사분면과 제3사분면을 지난다.

④ $ab<0$이므로 제2사분면과 제4사분면을 지난다.

⑤ $a-b>0$이므로 제1사분면과 제3사분면을 지난다.

따라서 제2사분면을 지나는 것은 ②, ④이다.

11 ④ $x>0$일 때, x의 값이 증가하면 y의 값은 감소한다.

12 $y=ax$, $y=bx$의 그래프가 제1사분면과 제3사분면을 지나므로 $a>0$, $b>0$

이때 $y=bx$의 그래프가 $y=ax$의 그래프보다 y축에 가까우므로 $|a|<|b|$, 즉 $0<a<b$

$y=\frac{c}{x}$, $y=\frac{d}{x}$의 그래프는 제2사분면과 제4사분면을 지나므로 $c<0$, $d<0$

이때 $y=\frac{c}{x}$의 그래프가 $y=\frac{d}{x}$의 그래프보다 원점에 가까우므로 $|c|<|d|$, 즉 $d<c<0$

따라서 a, b, c, d의 대소 관계는 $d<c<a<b$

13 $y=\frac{a}{x}$의 그래프가 점 A$(3, 8)$을 지나므로

$8=\frac{a}{3}$, $a=24$, 즉 $y=\frac{24}{x}$

$y=\frac{24}{x}$의 그래프가 점 B$(p, 4)$를 지나므로

$4=\frac{24}{p}$, $p=6$, 즉 B$(6, 4)$

$y=bx$의 그래프가 점 A$(3, 8)$을 지날 때 $8=3b$, $b=\frac{8}{3}$

$y=bx$의 그래프가 점 B$(6, 4)$를 지날 때 $4=6b$, $b=\frac{2}{3}$

따라서 $y=bx$의 그래프가 선분 AB와 만나도록 하는 상수 b의 값의 범위는 $\frac{2}{3}\le b\le\frac{8}{3}$이다.

14 $y=\frac{a}{x}$에 $x=-5$를 대입하면 $y=-\frac{a}{5}$, 즉 A$\left(-5, -\frac{a}{5}\right)$

$y=\frac{a}{x}$에 $x=-3$을 대입하면 $y=-\frac{a}{3}$, 즉 B$\left(-3, -\frac{a}{3}\right)$

두 점 A, B의 y좌표의 차가 $\frac{16}{15}$이므로

$-\frac{a}{3}-\left(-\frac{a}{5}\right)=\frac{16}{15}$, $-5a+3a=16$, $-2a=16$, $a=-8$

15 A$(a, 0)$, C$(-a, 0)$이라 하면 B$\left(a, \frac{11}{a}\right)$, D$\left(-a, -\frac{11}{a}\right)$

사각형 ABCD는 평행사변형이고 밑변인 선분 AB의 길이는 $\frac{11}{a}$, 높이인 선분 AC의 길이는 $2a$이다.

따라서 사각형 ABCD의 넓이는 $\frac{11}{a}\times 2a=22$

16 $y=\frac{4}{x}$에 $x=1$을 대입하면 $y=4$이므로 x좌표가 1이고 y좌표가 정수인 점은 $(1, 1)$, $(1, 2)$, $(1, 3)$이다.

$y=\frac{4}{x}$에 $x=2$를 대입하면 $y=2$이므로 x좌표가 2이고 y좌표가 정수인 점은 $(2, 1)$이다.

$y=\frac{4}{x}$에 $x=3$을 대입하면 $y=\frac{4}{3}$이므로 x좌표가 3이고 y좌표가 정수인 점은 $(3, 1)$이다.

따라서 색칠한 부분에 속하는 점 중에서 x좌표와 y좌표가 모두 정수인 점은 $(1, 1)$, $(1, 2)$, $(1, 3)$, $(2, 1)$, $(3, 1)$의 5개이다.

17 $y=\frac{a}{x}$에 $x=6$, $y=\frac{3}{2}$을 대입하면 $\frac{3}{2}=\frac{a}{6}$, $a=9$, 즉 $y=\frac{9}{x}$

따라서 $y=\frac{9}{x}$의 그래프 위에 있는 점 중에서 x좌표와 y좌표가 모두 정수인 점은 $(-9, -1)$, $(-3, -3)$, $(-1, -9)$, $(1, 9)$, $(3, 3)$, $(9, 1)$의 6개이다.

18 음파의 파장은 진동수에 반비례하므로 $y=\frac{a}{x}$로 놓고 $x=10$, $y=34$를 대입하면 $34=\frac{a}{10}$, $a=340$, 즉 $y=\frac{340}{x}$

$y=\frac{340}{x}$에 $x=20000$을 대입하면 $y=\frac{340}{20000}=\frac{17}{1000}$

따라서 초음파의 파장의 범위는 $\frac{17}{1000}$ m 이하이다.

19 $y=\frac{6}{x}$의 그래프가 점 A$(b, 3)$을 지나므로

$3=\frac{6}{b}$, $b=2$ …… ❶

$y=ax$의 그래프가 점 A$(2, 3)$을 지나므로

$3=2a$, $a=\frac{3}{2}$ …… ❷

따라서 $ab=\frac{3}{2}\times 2=3$ …… ❸

채점 기준	비율
❶ b의 값 구하기	40 %
❷ a의 값 구하기	40 %
❸ ab의 값 구하기	20 %

20 버스의 그래프를 나타내는 식을 $y=ax$로 놓고 $y=ax$에 $x=8$, $y=8$을 대입하면 $8=8a$, $a=1$, 즉 $y=x$

$y=36$일 때, $x=36$이므로 버스는 36 km를 가는 데 36분이 걸린다. …… ❶

택시의 그래프를 나타내는 식을 $y=bx$로 놓고 $y=bx$에 $x=8$, $y=12$를 대입하면 $12=8b$, $b=\frac{3}{2}$, 즉 $y=\frac{3}{2}x$

$y=36$일 때, $x=24$이므로 택시가 36 km를 가는 데 24분이 걸린다. …… ❷

따라서 버스를 타면 택시를 타는 것보다 $36-24=12$(분) 늦게 도착한다. …… ❸

채점 기준	비율
❶ 버스로 갈 때 걸린 시간 구하기	40 %
❷ 택시로 갈 때 걸린 시간 구하기	40 %
❸ 버스를 타면 택시를 타는 것보다 몇 분 늦게 도착하는지 구하기	20 %

정답과 풀이

연습책

1. 소인수분해

1 소수와 거듭제곱 2~3쪽

유형 1 소수와 합성수

1 ② **2** 1 **3** 5개

1 약수가 2개인 수는 소수이므로 주어진 수 중에서 소수는 11, 23, 37의 3개이다.

2 10보다 크고 20보다 작은 자연수 중에서 소수는 11, 13, 17, 19의 4개이고, 합성수는 12, 14, 15, 16, 18의 5개이다.
따라서 $a=4$, $b=5$이므로 $b-a=5-4=1$

3 직사각형이 1가지로만 만들어지는 수는 1 또는 소수이다.
따라서 구하는 수는 1, 2, 3, 5, 7의 5개이다.

유형 2 소수와 합성수의 성질

4 ⑤ **5** ㄱ, ㄴ, ㄷ **6** 10

4 ① 가장 작은 소수는 2이다.
② 2는 소수이지만 짝수이다.
③ 합성수는 약수가 3개 이상이다.
④ 9의 배수는 9, 18, 27, …이므로 이 중에서 소수는 없다.
따라서 옳은 것은 ⑤이다.

5 ㄷ. 소수는 2, 3, 5, …이므로 두 번째로 작은 소수는 3이다.
ㄹ. p, q가 소수일 때, $p\times q$의 약수는 1, p, q, $p\times q$이므로 $p\times q$는 합성수이다.
따라서 옳은 것은 ㄱ, ㄴ, ㄷ이다.

6 소수는 약수가 2개인 수이므로 $a=2$ …… ❶
가장 작은 합성수는 4이므로 $b=4$ …… ❷
10 이하의 자연수 중에서 소수는 2, 3, 5, 7의 4개이므로
$c=4$ …… ❸
따라서 $a+b+c=2+4+4=10$ …… ❹

채점 기준	비율
❶ a의 값 구하기	30 %
❷ b의 값 구하기	30 %
❸ c의 값 구하기	30 %
❹ $a+b+c$의 값 구하기	10 %

유형 3 거듭제곱

7 ②, ③ **8** ② **9** 5

7 ② 밑은 10이다.
③ 지수는 4이다.
따라서 옳지 않은 것은 ②, ③이다.

8 $2^5=2\times2\times2\times2\times2=32$이므로 $a=32$
$243=3\times3\times3\times3\times3=3^5$이므로 $b=5$
따라서 $a-b=32-5=27$

9 한 변의 길이가 5인 정사각형의 넓이는
$5\times5=5^2$이므로 $a=2$
한 모서리의 길이가 7인 정육면체의 부피는
$7\times7\times7=7^3$이므로 $b=3$
따라서 $a+b=2+3=5$

유형 4 거듭제곱으로 나타내기

10 ⑤ **11** ③ **12** 10

10 ① $2^3=2\times2\times2=8$
② $3+3+3=3\times3=3^2$
③ $\frac{2}{7}\times\frac{2}{7}\times\frac{2}{7}\times\frac{2}{7}=\left(\frac{2}{7}\right)^4$
④ $2\times2\times2\times5\times5=2^3\times5^2$
따라서 옳은 것은 ⑤이다.

11 $9\times9\times9=(3\times3)\times(3\times3)\times(3\times3)=3^6$이므로 $a=6$

12 $125\times\frac{49}{100}=5^3\times\left(\frac{7}{10}\right)^2$이므로 $a=3$, $b=7$
따라서 $a+b=3+7=10$

2 소인수분해 4~7쪽

유형 5 소인수분해

13 ③ **14** 10 **15** 11

13 ③ $36=2^2\times3^2$

14 168을 소인수분해 하면 $168=2^3\times3\times7$
따라서 $a=3$, $b=1$, $c=7$이므로
$a+b\times c=3+1\times7=10$

15 $1\times2\times3\times4\times\cdots\times9$
$=1\times2\times3\times2^2\times5\times(2\times3)\times7\times2^3\times3^2$
$=2^7\times3^4\times5\times7$ …… ❶
따라서 $a=7$, $b=4$이므로 …… ❷
$a+b=7+4=11$ …… ❸

채점 기준	비율
❶ $1\times2\times3\times4\times\cdots\times9$를 소인수분해 하기	50 %
❷ a, b의 값 각각 구하기	30 %
❸ $a+b$의 값 구하기	20 %

유형 6 소인수

16 ② 17 ⑤ 18 ⑤

16 $96=2^5\times3$이므로 96의 소인수는 2, 3이다.

17 ① $30=2\times3\times5$ ② $48=2^4\times3$
③ $66=2\times3\times11$ ④ $78=2\times3\times13$
⑤ $104=2^3\times13$
따라서 2와 3을 모두 소인수로 갖는 수가 아닌 것은 ⑤이다.

18 주사위를 던져 나올 수 있는 수는 1, 2, 3, $4=2^2$, 5, $6=2\times3$이므로 이 수들을 곱해 나올 수 있는 수는 2, 3, 5를 소인수로 갖는 수이다.
① $12=2^2\times3$ ② $30=2\times3\times5$
③ $36=2^2\times3^2$ ④ $40=2^3\times5$
⑤ $56=2^3\times7$
따라서 만들 수 없는 수는 ⑤이다.

유형 7 소인수분해를 이용하여 제곱인 수 만들기 (1)

19 ② 20 ⑤ 21 36

19 $108=2^2\times3^3$에 자연수를 곱하여 어떤 수의 제곱이 되도록 하려면 $3\times(\text{자연수})^2$의 꼴을 곱해야 한다.
따라서 곱할 수 있는 가장 작은 자연수는 3이다.

20 $2^4\times3^3\times5^2\times7$에 자연수를 곱하여 어떤 수의 제곱이 되도록 하려면 $3\times7\times(\text{자연수})^2$의 꼴을 곱해야 한다.
따라서 곱할 수 있는 수 중에서 두 번째로 작은 수는
$3\times7\times2^2=84$

21 $294\times a=b^2$에서 $2\times3\times7^2\times a=b^2$ …… ❶
이때 a는 $2\times3\times(\text{자연수})^2$의 꼴이어야 하므로 이를 만족시키는 가장 작은 자연수 a는
$a=2\times3=6$ …… ❷
$294\times6=2^2\times3^2\times7^2=42^2$이므로 $b=42$ …… ❸
따라서 $b-a=42-6=36$ …… ❹

채점 기준	비율
❶ 294를 소인수분해 하기	30 %
❷ a의 값 구하기	30 %
❸ b의 값 구하기	30 %
❹ $b-a$의 값 구하기	10 %

유형 8 소인수분해를 이용하여 제곱인 수 만들기 (2)

22 ② 23 ③ 24 24

22 $\dfrac{2^2\times3\times5^4}{n}$이 어떤 자연수의 제곱이 되려면 n은 $2^2\times3\times5^4$의 약수 중에서 $3\times(\text{자연수})^2$의 꼴이어야 한다.
따라서 n의 최솟값은 3이다.

23 $200=2^3\times5^2$을 자연수로 나누어 어떤 자연수의 제곱이 되도록 하려면 200의 약수 중에서 $2\times(\text{자연수})^2$의 꼴로 나누어야 한다.
따라서 나눌 수 있는 자연수 중에서 두 번째로 작은 수는
$2\times2^2=8$

24 $189=3^3\times7$을 가능한 한 작은 자연수 a로 나누어 자연수 b의 제곱이 되도록 하려면 a는 189의 약수 중에서 $3\times7\times(\text{자연수})^2$의 꼴이고 가장 작은 수이어야 하므로
$a=3\times7=21$
또, $189\div21=3^2$이므로 $b=3$
따라서 $a+b=21+3=24$

유형 9 소인수분해를 이용하여 약수의 개수 구하기

25 ⑤ 26 ④ 27 ㄷ, ㄹ, ㄴ, ㄱ

25 $216=2^3\times3^3$이므로 약수의 개수는
$(3+1)\times(3+1)=16$

26 ① 2^5의 약수의 개수는 $5+1=6$
② $45=3^2\times5$이므로 약수의 개수는 $(2+1)\times(1+1)=6$
③ $98=2\times7^2$이므로 약수의 개수는 $(1+1)\times(2+1)=6$
④ $105=3\times5\times7$이므로 약수의 개수는
$(1+1)\times(1+1)\times(1+1)=8$
⑤ $5^2\times7$의 약수의 개수는 $(2+1)\times(1+1)=6$
따라서 약수의 개수가 나머지 넷과 다른 하나는 ④이다.

27 ㄱ. $144=2^4\times3^2$이므로 약수의 개수는
$(4+1)\times(2+1)=15$
ㄴ. $168=2^3\times3\times7$이므로 약수의 개수는
$(3+1)\times(1+1)\times(1+1)=16$
ㄷ. $2^2\times3^2\times5^2$의 약수의 개수는
$(2+1)\times(2+1)\times(2+1)=27$
ㄹ. $2\times5^2\times7^3$의 약수의 개수는
$(1+1)\times(2+1)\times(3+1)=24$ …… ❶
따라서 약수가 많은 것부터 차례로 나열하면 ㄷ, ㄹ, ㄴ, ㄱ이다. …… ❷

채점 기준	비율
❶ ㄱ, ㄴ, ㄷ, ㄹ의 약수의 개수 각각 구하기	각 20 %
❷ 약수가 많은 것부터 차례로 나열하기	20 %

유형 10 소인수분해를 이용하여 약수 구하기

28 ⑤ 29 ①, ③ 30 ④

28 ⑤ $2\times3^2\times5$에서 3^2은 $2^2\times3\times5$의 약수가 아니다.

29 $84=2^2\times3\times7$이므로 84의 약수인 것은 ①, ③이다.

30 분수 $\frac{270}{n}$이 자연수가 되려면 자연수 n은 270의 약수이어야 한다.

① $8=2^3$ ② $14=2\times7$ ③ $16=2^4$

④ $18=2\times3^2$ ⑤ $20=2^2\times5$

이때 $270=2\times3^3\times5$이므로 n의 값이 될 수 있는 것은 ④이다.

유형 11 약수의 개수가 주어질 때, 지수 구하기

31 ② 32 ③ 33 7

31 $2^3\times9\times5^a=2^3\times3^2\times5^a$의 약수의 개수는

$(3+1)\times(2+1)\times(a+1)=12\times(a+1)$

즉 $12\times(a+1)=48$이므로 $a+1=4$에서 $a=3$

32 $165=3\times5\times11$이므로 약수의 개수는

$(1+1)\times(1+1)\times(1+1)=8$

$2^a\times5$의 약수의 개수는

$(a+1)\times(1+1)=2\times(a+1)$

즉 $2\times(a+1)=8$이므로 $a+1=4$에서 $a=3$

33 5^4의 약수의 개수는 $4+1=5$이므로 $a=5$

$2^2\times5^b\times11$의 약수의 개수는

$(2+1)\times(b+1)\times(1+1)=6\times(b+1)$

즉 $6\times(b+1)=18$이므로 $b+1=3$에서 $b=2$

따라서 $a+b=5+2=7$

유형 12 약수의 개수가 주어질 때, 자연수 구하기

34 ④ 35 ㄴ, ㄷ 36 9

34 ① $32\times9=2^5\times3^2$의 약수의 개수는 $(5+1)\times(2+1)=18$

② $32\times25=2^5\times5^2$의 약수의 개수는 $(5+1)\times(2+1)=18$

③ $32\times49=2^5\times7^2$의 약수의 개수는 $(5+1)\times(2+1)=18$

④ $32\times81=2^5\times3^4$의 약수의 개수는 $(5+1)\times(4+1)=30$

⑤ $32\times121=2^5\times11^2$의 약수의 개수는

$(5+1)\times(2+1)=18$

따라서 □ 안에 들어갈 수 없는 수는 ④이다.

다른 풀이

$2^5\times$□의 약수의 개수가 18이므로

(i) $2^5\times$□$=2^{17}$인 경우 : □$=2^{12}$

(ii) $2^5\times$□$=2^8\times a$ (a는 2가 아닌 소수)인 경우 :

□$=2^3\times3$, $2^3\times5$, $2^3\times7$, ⋯

(iii) $2^5\times$□$=2^5\times a^2$ (a는 2가 아닌 소수)인 경우 :

□$=3^2$, 5^2, 7^2, 11^2, ⋯

따라서 □ 안에 들어갈 수 없는 수는 ④이다.

35 ㄱ. $2^4\times2^3=2^7$의 약수의 개수는 $7+1=8$

ㄴ. $2^4\times5^3$의 약수의 개수는 $(4+1)\times(3+1)=20$

ㄷ. $2^4\times2^{15}=2^{19}$의 약수의 개수는 $19+1=20$

ㄹ. $2^4\times5^{15}$의 약수의 개수는 $(4+1)\times(15+1)=80$

따라서 □ 안에 들어갈 수 있는 수는 ㄴ, ㄷ이다.

다른 풀이

$2^4\times$□의 약수의 개수가 20이므로

(i) $2^4\times$□$=2^{19}$인 경우 : □$=2^{15}$

(ii) $2^4\times$□$=2^9\times a$ (a는 2가 아닌 소수)인 경우 :

□$=2^5\times3$, $2^5\times5$, $2^5\times7$, ⋯

(iii) $2^4\times$□$=2^4\times a^3$ (a는 2가 아닌 소수)인 경우 :

□$=3^3$, 5^3, 7^3, ⋯

따라서 □ 안에 들어갈 수 있는 수는 ㄴ, ㄷ이다.

36 약수의 개수가 3인 자연수는 (소수)^{2}의 꼴이므로

2^2, 3^2, 5^2, ⋯

따라서 두 번째로 작은 자연수는 $3^2=9$

3 최대공약수

8~9쪽

유형 13 최대공약수의 성질

37 ⑤ 38 ⑤ 39 56

37 두 자연수 A, B의 공약수는 이들의 최대공약수인 $2\times3^2\times5^2$의 약수이다.

따라서 A, B의 공약수가 아닌 것은 ⑤이다.

38 두 자연수 A, B의 공약수는 이들의 최대공약수인 36의 약수이다.

$36=2^2\times3^2$이므로 36의 약수의 개수는

$(2+1)\times(2+1)=9$

39 두 자연수 A, B의 공약수는 이들의 최대공약수인 $2^2\times7$의 약수이므로 1, 2, 4, 7, 14, 28 …… ❶

따라서 구하는 합은 $1+2+4+7+14+28=56$ …… ❷

채점 기준	비율
❶ A, B의 공약수 구하기	70 %
❷ A, B의 모든 공약수의 합 구하기	30 %

유형 14 서로소

40 ⑤ 41 ②, ⑤ 42 5개

40 주어진 두 수의 최대공약수를 각각 구해 보면 다음과 같다.
① 3 ② 4 ③ 17 ④ 9 ⑤ 1
따라서 두 수가 서로소인 것은 ⑤이다.

41 ② 3은 홀수, 6은 짝수이지만 서로소가 아니다.
⑤ 8과 9는 서로소이지만 둘 다 합성수이다.
따라서 옳지 않은 것은 ②, ⑤이다.

42 $12 ◎ x=1$을 만족시키는 x의 값은 12와 서로소인 자연수이다.
이때 $12=2^2\times3$이므로 12와 서로소인 수는 2 또는 3을 약수로 갖지 않아야 한다.
따라서 구하는 15 이하의 자연수는 1, 5, 7, 11, 13의 5개이다.

유형 15 최대공약수 구하기

43 ④ **44** ③ **45** 15

43 주어진 두 수의 최대공약수를 각각 구해 보면 다음과 같다.
① $2^2=4$ ② 3 ③ $2\times5=10$
④ $3\times5=15$ ⑤ $2\times3=6$
따라서 두 수의 최대공약수가 가장 큰 것은 ④이다.

44
$$\begin{array}{r}54=2\ \times3^3\\72=2^3\times3^2\\108=2^2\times3^3\\\hline(\text{최대공약수})=2\ \times3^2\end{array}$$

45
$$\begin{array}{l}2^5\times3^3\times5\\2^2\times3^3\times5\times11\\\quad 3\ \times5^2\times7^4\times11^2\\\hline(\text{최대공약수})=\quad 3\ \times5\quad =15\end{array}$$

유형 16 공약수 구하기

46 ④ **47** ③ **48** 109

46
$$\begin{array}{l}2^3\times3^2\times5^4\\2^2\times3^2\times5^3\\2\ \times3^3\times5^2\\\hline(\text{최대공약수})=2\ \times3^2\times5^2\end{array}$$
세 수 $2^3\times3^2\times5^4$, $2^2\times3^2\times5^3$, $2\times3^3\times5^2$의 공약수는 이들의 최대공약수인 $2\times3^2\times5^2$의 약수이다.
따라서 세 수의 공약수인 것은 ④이다.

47
$$\begin{array}{r}75=\quad\ 3\times5^2\\105=\quad\ 3\times5\times7\\120=2^3\times3\times5\\\hline(\text{최대공약수})=\quad 3\times5\quad=15\end{array}$$
세 수 75, 105, 120의 공약수는 이들의 최대공약수인 15의 약수이다.
이때 $15=3\times5$이므로 구하는 공약수의 개수는
$(1+1)\times(1+1)=4$

48
$$\begin{array}{l}2^2\times3\times5^2\\2^2\quad\ \times5^3\times11\\2^3\quad\ \times5^2\times11^2\\\hline(\text{최대공약수})=2^2\quad\times5^2\quad=100\end{array}$$
즉, $a=100$ …… ❶
세 수 $2^2\times3\times5^2$, $2^2\times5^3\times11$, $2^3\times5^2\times11^2$의 공약수는 이들의 최대공약수인 $2^2\times5^2$의 약수와 같으므로 공약수의 개수는
$(2+1)\times(2+1)=9$, 즉 $b=9$ …… ❷
따라서 $a+b=100+9=109$ …… ❸

채점 기준	비율
❶ a의 값 구하기	40 %
❷ b의 값 구하기	40 %
❸ $a+b$의 값 구하기	20 %

4 최소공배수

10~12쪽

유형 17 최소공배수의 성질

49 ④ **50** ③ **51** 105

49 두 자연수 A, B의 공배수는 이들의 최소공배수인 8의 배수이다.
따라서 A, B의 공배수가 아닌 것은 ④이다.

50 두 자연수 A, B의 공배수는 이들의 최소공배수인 36의 배수이다.
따라서 A, B의 공배수 중에서 200 이하의 자연수는 36, 72, 108, 144, 180의 5개이다.

51 두 자연수 A, B의 공배수는 이들의 최소공배수인 15의 배수이므로 15, 30, 45, 60, 75, 90, 105, …이다. …… ❶
따라서 A, B의 공배수 중에서 100에 가장 가까운 수는 105이다. …… ❷

채점 기준	비율
❶ A, B의 공배수 구하기	70 %
❷ A, B의 공배수 중에서 100에 가장 가까운 수 구하기	30 %

유형 18 최소공배수 구하기

52 ⑤ **53** ④ **54** 12

52
$$\begin{array}{r}56=2^3\quad\ \times7\\2^2\times5^2\quad\\\hline(\text{최소공배수})=2^3\times5^2\times7\end{array}$$

53
$$\begin{array}{l}2^3\times3\\2^2\times3^2\times5\\2\ \times3^2\quad\ \times7^3\\\hline(\text{최소공배수})=2^3\times3^2\times5\times7^3\end{array}$$

54

$$\begin{array}{r} 120=2^3\times3\times5 \\ 144=2^4\times3^2 \\ 45=\quad 3^2\times5 \\ \hline (\text{최소공배수})=2^4\times3^2\times5 \end{array}$$

따라서 $a=4$, $b=2$, $c=4$, $d=2$이므로

$a+b+c+d=4+2+4+2=12$

유형 19 공배수 구하기

55 $2^3\times5^2\times7^3$ **56** ⑤

55

$$\begin{array}{r} 2^2\times5\times7^3 \\ 2^2\times5^2\times7 \\ \hline (\text{최소공배수})=2^2\times5^2\times7^3 \end{array}$$

두 수 $2^2\times5\times7^3$, $2^2\times5^2\times7$의 공배수는 이들의 최소공배수인 $2^2\times5^2\times7^3$의 배수이므로

$2^2\times5^2\times7^3$, $2^3\times5^2\times7^3$, $2^2\times3\times5^2\times7^3$, ⋯

따라서 두 수의 공배수 중에서 두 번째로 작은 수는 $2^3\times5^2\times7^3$이다.

56

$$\begin{array}{r} 40=2^3\times5 \\ 56=2^3\quad\times7 \\ 64=2^6 \\ \hline (\text{최소공배수})=2^6\times5\times7 \end{array}$$

세 수 40, 56, 64의 공배수는 이들의 최소공배수인 $2^6\times5\times7$의 배수이다.

따라서 세 수의 공배수인 것은 ⑤이다.

유형 20 최소공배수가 주어질 때, 미지수 구하기

57 30 **58** 80

57

$$\begin{array}{r} 4\times a=2^2\quad\times a \\ 6\times a=2\times3\times a \\ 8\times a=2^3\quad\times a \\ \hline (\text{최소공배수})=2^3\times3\times a \end{array}$$

즉 $2^3\times3\times a=720$이므로

$24\times a=720$에서 $a=30$

58 세 자연수를 $2\times x$, $3\times x$, $5\times x$라 하면 최소공배수는

$2\times3\times5\times x$

즉 $2\times3\times5\times x=240$이므로

$30\times x=240$에서 $x=8$

따라서 세 자연수는 $2\times8=16$, $3\times8=24$, $5\times8=40$이므로

구하는 세 자연수의 합은 $16+24+40=80$

유형 21 최대공약수 또는 최소공배수가 주어질 때, 미지수 구하기

59 ③ **60** 5 **61** ①

59

$$\begin{array}{r} 2^3\times3^a\times7 \\ 2^b\times3^2\quad\times11 \\ \hline (\text{최대공약수})=2^2\times3 \end{array}$$

따라서 $a=1$, $b=2$이므로 두 수 $2^3\times3\times7$, $2^2\times3^2\times11$의 최소공배수는 $2^3\times3^2\times7\times11$이다.

60 $20=2^2\times5$, $300=2^2\times3\times5^2$이므로

$$\begin{array}{r} 2^a\quad\times5 \\ 2^2\times3^b\times5^c \\ \hline (\text{최대공약수})=2^2\quad\times5 \\ (\text{최소공배수})=2^2\times3\times5^2 \end{array}$$

따라서 $a=2$, $b=1$, $c=2$이므로 $a+b+c=2+1+2=5$

61 $720=2^4\times3^2\times5$이므로

$$\begin{array}{r} 2^a\times3 \\ 2^2\times3^b\times5 \\ 2^3\times3\times c \\ \hline (\text{최소공배수})=2^4\times3^2\times5 \end{array}$$

따라서 $a=4$, $b=2$, $c=5$이므로 세 수 $2^4\times3$, $2^2\times3^2\times5$, $2^3\times3\times5$의 최대공약수는 $2^2\times3=12$이다.

유형 22 두 분수를 자연수로 만들기

62 72 **63** $\frac{135}{4}$ **64** 97

62 두 분수 $\frac{1}{24}$, $\frac{1}{36}$ 중 어느 것에 곱하여도 그 결과가 자연수가 되는 가장 작은 자연수는 24와 36의 최소공배수이다.

$$\begin{array}{r} 24=2^3\times3 \\ 36=2^2\times3^2 \\ \hline (\text{최소공배수})=2^3\times3^2=72 \end{array}$$

따라서 구하는 가장 작은 자연수는 72이다.

63 두 분수 $\frac{4}{27}$, $\frac{8}{45}$ 중 어느 것에 곱하여도 그 결과가 자연수가 되는 분수 중에서 가장 작은 분수는 $\frac{(27\text{과 }45\text{의 최소공배수})}{(4\text{와 }8\text{의 최대공약수})}$이다.

이때 27과 45의 최소공배수는 135이고, 4와 8의 최대공약수는 4이므로 구하는 가장 작은 기약분수는 $\frac{135}{4}$이다.

$$\begin{array}{r} 27=3^3 \\ 45=3^2\times5 \\ \hline (\text{최소공배수})=3^3\times5=135 \end{array}$$

64 세 분수 $\frac{7}{30}$, $\frac{14}{15}$, $\frac{28}{45}$ 중 어느 것에 곱하여도 그 결과가 자연수가 되는 분수 중에서 가장 작은 분수는

$\frac{(30,\ 15,\ 45\text{의 최소공배수})}{(7,\ 14,\ 28\text{의 최대공약수})}$이다. …… ❶

이때 30, 15, 45의 최소공배수는 90이고, 7, 14, 28의 최대공약수는 7이므로 구하는 가장 작은 기약분수는 $\frac{90}{7}$이다. …… ❷

$$\begin{array}{r} 30=2\times3\times5 \\ 15=\quad3\times5 \\ 45=\quad3^2\times5 \\ \hline (\text{최소공배수})=2\times3^2\times5=90 \end{array}$$

따라서 $a=7$, $b=90$이므로 $a+b=7+90=97$ …… ❸

연습책

채점 기준	비율
❶ 세 분수 중 어느 것에 곱하여도 그 결과가 자연수가 되는 가장 작은 분수가 무엇인지 알기	40 %
❷ 가장 작은 기약분수 구하기	40 %
❸ $a+b$의 값 구하기	20 %

유형 23 최대공약수와 최소공배수의 관계 (1)

65 720 **66** 35

65 (두 자연수의 곱)=(최대공약수)×(최소공배수)

$=6\times120=720$

66 (두 자연수의 곱)=(최대공약수)×(최소공배수)이므로

$2^3\times5^3\times7^2=$(최대공약수)$\times2^3\times5^2\times7$에서

(최대공약수)$=5\times7=35$

유형 24 최대공약수와 최소공배수의 관계 (2)

67 7 **68** 36

67 두 자리 자연수 A, B의 최대공약수가 7이므로

$A=7\times a$, $B=7\times b$ (a, b는 서로소, $a>b$)라 하자.

최소공배수가 42이므로 $7\times a\times b=42$에서 $a\times b=6$

이때 $a>b$이므로

(i) $a=6$, $b=1$일 때, $A=42$, $B=7$

(ii) $a=3$, $b=2$일 때, $A=21$, $B=14$

(i), (ii)에서 A, B가 두 자리 자연수이므로 $A=21$, $B=14$

따라서 $A-B=21-14=7$

68 두 자연수 A, B의 최대공약수가 9이므로

$A=9\times a$, $B=9\times b$ (a, b는 서로소, $a<b$)라 하자.

$A\times B=243$이므로 $(9\times a)\times(9\times b)=243$에서 $a\times b=3$

이때 $a<b$이므로 $a=1$, $b=3$

따라서 $A=9$, $B=27$이므로 $A+B=9+27=36$

중단원 핵심유형 테스트

13~15쪽

1 ①	2 ⑤	3 ㄴ, ㄹ	4 ②	5 ③
6 56	7 ②	8 ④	9 ②	10 ④
11 ①	12 6	13 ①	14 ⑤	15 ②
16 18	17 ②	18 120	19 9	20 108

1 소수는 41, 47의 2개이다.

2 ⑤ 두 소수 2, 3의 합 5는 소수이다.

3 ㄱ. $5+5+5=5\times3$ ㄷ. $a\times a\times a\times a\times a=a^5$

따라서 옳은 것은 ㄴ, ㄹ이다.

4 ① $10=2\times5$이므로 소인수는 2, 5이다.

② $15=3\times5$이므로 소인수는 3, 5이다.

③ $20=2^2\times5$이므로 소인수는 2, 5이다.

④ $50=2\times5^2$이므로 소인수는 2, 5이다.

⑤ $100=2^2\times5^2$이므로 소인수는 2, 5이다.

따라서 소인수가 나머지 넷과 다른 하나는 ②이다.

5 $60=2^2\times3\times5$에 자연수 a를 곱하여 어떤 자연수의 제곱이 되도록 하려면 a는 $3\times5\times$(자연수)^{2}의 꼴이어야 한다.

③ $60\times15=2^2\times3^2\times5^2=30^2$이므로 자연수 30의 제곱이다.

따라서 a의 값이 될 수 있는 것은 ③이다.

6 $2^3\times3^2\times7$을 자연수로 나누어 어떤 자연수의 제곱이 되도록 하려면 $2^3\times3^2\times7$의 약수 중에서 $2\times7\times$(자연수)^{2}의 꼴로 나누어야 한다.

따라서 나눌 수 있는 자연수 중에서 두 번째로 작은 수는

$2\times7\times2^2=56$

7 ② 49 (또는 7^2)

8 $252=2^2\times3^2\times7$이므로 252의 약수가 아닌 것은 ④이다.

9 $120=2^3\times3\times5$의 약수의 개수는

$(3+1)\times(1+1)\times(1+1)=16$

$3\times5^a\times7$의 약수의 개수는

$(1+1)\times(a+1)\times(1+1)=4\times(a+1)$

즉 $4\times(a+1)=16$이므로 $a+1=4$에서 $a=3$

10 21과 주어진 수의 최대공약수를 각각 구해 보면 다음과 같다.

① 3 ② 7 ③ 3 ④ 1 ⑤ 21

따라서 21과 서로소인 것은 ④이다.

11 두 수 84, 140의 공약수는 이들의 최대공약수인 $2^2\times7$의 약수이다.

$84=2^2\times3\qquad\times7$
$140=2^2\qquad\times5\times7$
(최대공약수)$=2^2\qquad\times7$

따라서 두 수 84, 140의 공약수인 것은 ①이다.

12 $18=2\times3^2$이므로 세 자연수 2×3^2, $2^a\times3^2\times5^3$, 2×5^b의 최소공배수가 어떤 자연수의 제곱이 되려면 최소공배수의 각 소인수의 지수가 짝수이어야 한다.

즉 $a=2, 4, 6, \cdots$이고 $b=4, 6, 8, \cdots$이어야 한다.

따라서 가장 작은 자연수 $a=2$, $b=4$이므로 $a+b=2+4=6$

13 세 수 16, $2^3\times3$, 32의 공배수는 이들의 최소공배수인 96의 배수이다.

$16=2^4$
$2^3\times3$
$32=2^5$
(최소공배수)$=2^5\times3=96$

따라서 300 이하의 자연수 중에서 세 수 16, $2^3\times3$, 32의 공배수는 96, 192, 288의 3개이다.

14

$2^a\times3^3\times5$
$2^3\times3^4\qquad\times c$
$2^2\times3^b\times5^2\times7$
(최대공약수)$=2^2\times3^3$

이때 $a=2, 3, 4, \cdots$, $b=3, 4, 5, \cdots$, $c=7, 11, 13, \cdots$이다.
따라서 $a=2$, $b=3$, $c=7$일 때, $a+b+c$의 값이 가장 작으므로
$a+b+c=2+3+7=12$

15
$$\begin{array}{r} 2^a\times5 \\ 2^2\times5^b\times11 \\ 2\times5^3\times11^c \\ \hline (\text{최소공배수})=2^4\times5^4\times11^2 \end{array}$$
따라서 $a=4$, $b=4$, $c=2$이므로 세 자연수 $2^4\times5$, $2^2\times5^4\times11$, $2\times5^3\times11^2$의 최대공약수는 $2\times5=10$

16 세 분수 $\frac{54}{n}$, $\frac{72}{n}$, $\frac{90}{n}$이 자연수가 되도록 하는 가장 큰 자연수 n은 54, 72, 90의 최대공약수이다.
$$\begin{array}{r} 54=2\times3^3 \\ 72=2^3\times3^2 \\ 90=2\times3^2\times5 \\ \hline (\text{최대공약수})=2\times3^2=18 \end{array}$$
따라서 구하는 자연수 n의 값은 18이다.

17 (두 자연수의 곱)=(최대공약수)×(최소공배수)이므로
216=(최대공약수)×36에서 (최대공약수)=6

18 두 자연수 A, B의 최대공약수가 8이므로
$A=8\times a$, $B=8\times b$ (a, b는 서로소, $a<b$)라 하자.
최소공배수가 112이므로
$8\times a\times b=112$에서 $a\times b=14$
이때 $a<b$이므로
(i) $a=1$, $b=14$일 때, $A=8$, $B=112$이므로
$A+B=8+112=120$
(ii) $a=2$, $b=7$일 때, $A=16$, $B=56$이므로
$A+B=16+56=72$
(i), (ii)에서 $A+B$의 값 중에서 가장 큰 값은 120이다.

19 두 자연수 A, B의 공약수는 이들의 최대공약수인 $3^2\times5^2$의 약수이다. …… ❶
따라서 구하는 공약수의 개수는
$(2+1)\times(2+1)=9$ …… ❷

채점 기준	비율
❶ 두 자연수 A, B의 공약수는 이들의 최대공약수의 약수임을 알기	50 %
❷ 공약수의 개수 구하기	50 %

20 세 자연수 $6\times x$, $9\times x$, $21\times x$의 최소공배수는
$$\begin{array}{r|rrr} x & 6\times x & 9\times x & 21\times x \\ \hline 3 & 6 & 9 & 21 \\ \hline & 2 & 3 & 7 \end{array}$$
$x\times3\times2\times3\times7=126\times x$
즉 $126\times x=378$이므로 $x=3$ …… ❶
따라서 세 자연수는 $6\times3=18$, $9\times3=27$, $21\times3=63$이므로
그 합은 $18+27+63=108$ …… ❷

채점 기준	비율
❶ x의 값 구하기	50 %
❷ 세 자연수의 합 구하기	50 %

2. 정수와 유리수

1 정수와 유리수의 뜻 16~17쪽

유형 1 부호를 사용하여 나타내기

1 ⑤ 2 ㄱ, ㄴ, ㄹ 3 ④

1 ⑤ 해저 600 m : −600 m

2 ㄷ. 3개월 후 : +3개월

3 ① −4 kg ② −5000원 ③ −3 m
④ +2점 ⑤ −5권
따라서 부호가 나머지 넷과 다른 하나는 ④이다.

유형 2 정수의 분류

4 ②, ⑤ 5 ③ 6 ②, ④

4 ① −2.2는 정수가 아니다.
③ −1.5는 정수가 아니다.
④ 0.99, −3.1은 정수가 아니다.

5 자연수가 아닌 정수는 $-\frac{10}{5}(=-2)$, 0, −13의 3개이다.

6 a를 제외한 4개의 수 중에서 정수는 +2, $-\frac{14}{7}(=-2)$, 1의 3개이므로 a는 정수이다.
또, 음수는 $-\frac{14}{7}$, −7.1의 2개이므로 a는 음수가 아닌 수, 즉 0 또는 양수이다.
따라서 a는 0 또는 자연수이므로 a가 될 수 있는 것은 ②, ④이다.

유형 3 유리수의 분류

7 $+\frac{4}{2}$, 0, 2 8 ④ 9 16

7 음의 유리수가 아닌 것은 0 또는 양의 유리수이므로 $+\frac{4}{2}$, 0, 2이다.

8 ① −1, 0, 4는 정수이다.
② 2, −6은 정수이다.
③ 9는 정수이다.
⑤ $-\frac{15}{3}(=-5)$는 정수이다.
따라서 정수가 아닌 유리수끼리 짝 지어진 것은 ④이다.

9 ㄱ. 정수는 $+\frac{8}{2}$, -2, 0, 6의 4개이다.

ㄴ. 자연수는 $+\frac{8}{2}$, 6의 2개이다.

ㄷ. 양의 유리수는 $+\frac{8}{2}$, 6, 2.7의 3개이다.

ㄹ. 유리수는 $+\frac{8}{2}$, -2, -3.1, 0, 6, $-\frac{2}{3}$, 2.7의 7개이다. …… ❶

따라서 구하는 합은 $4+2+3+7=16$ …… ❷

채점 기준	비율
❶ □ 안에 알맞은 수 각각 구하기	80 %
❷ □ 안에 알맞은 수의 합 구하기	20 %

유형 4 정수와 유리수의 성질

10 ③, ④ **11** ③ **12** 지민, 윤서, 준수

10 ① 0은 정수이다.
② 정수 중 0과 음의 정수는 자연수가 아니다.
⑤ 정수 0과 1 사이에는 정수가 없다.

11 ③ 유리수는 양의 유리수, 0, 음의 유리수로 이루어져 있다.

12 세은 : 2와 3 사이에는 무수히 많은 유리수가 있다.
따라서 바르게 말한 학생은 지민, 윤서, 준수이다.

2 정수와 유리수의 대소 관계 18~22쪽

유형 5 수를 수직선 위에 나타내기

13 ③ **14** ④ **15** 5

13 ③ C : $\frac{3}{4}$

14 주어진 수를 수직선 위에 나타내면 다음 그림과 같다.

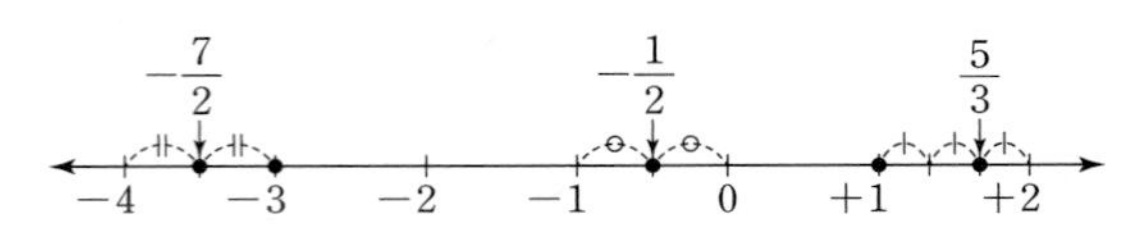

따라서 왼쪽에서 두 번째에 있는 수는 -3이다.

15 $-\frac{11}{3}$과 $\frac{7}{4}$을 수직선 위에 나타내면 다음 그림과 같다.

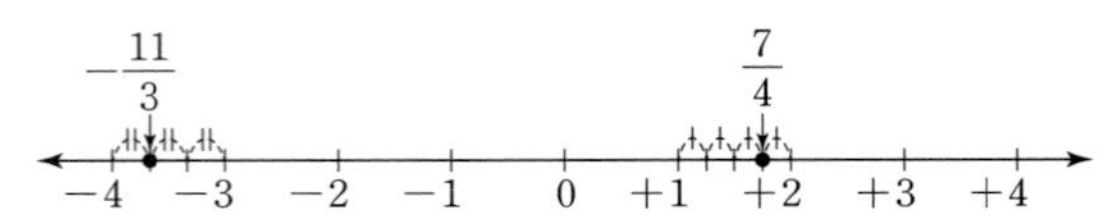

따라서 $-\frac{11}{3}$에 가장 가까운 정수 $a=-4$, $\frac{7}{4}$에 가장 가까운 정수 $b=2$이므로 a와 b 사이의 정수는 -3, -2, -1, 0, 1의 5개이다.

유형 6 수직선에서 같은 거리에 있는 점

16 ② **17** 2 **18** 4

16 다음 그림에서 -2를 나타내는 점으로부터의 거리가 4인 점이 나타내는 두 수는 -6, 2이다.

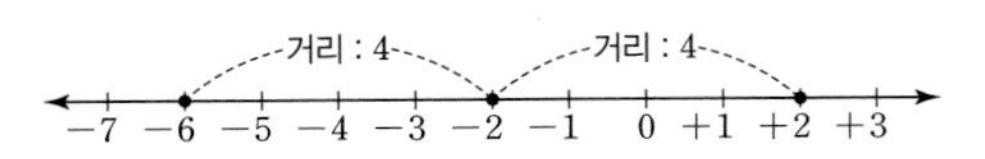

17 다음 그림에서 -1과 5를 나타내는 두 점으로부터 같은 거리에 있는 점이 나타내는 수는 2이다.

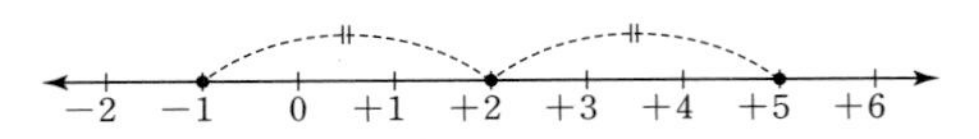

18 -5와 1을 나타내는 두 점으로부터 같은 거리에 있는 점이 나타내는 수는 -2이므로 점 C와 점 D 사이의 거리는 3이다.
따라서 점 D가 나타내는 수는 4이다.

유형 7 절댓값

19 ⑤ **20** $\frac{7}{2}$ **21** ④

19 절댓값이 6인 수는 6, -6이므로 이 두 수를 나타내는 두 점 사이의 거리는 12이다.

20 절댓값이 3인 수는 3, -3이고 이 중에서 양수는 3이므로
$a=3$ …… ❶
$\left|-\frac{1}{2}\right|=\frac{1}{2}$이므로 $b=\frac{1}{2}$ …… ❷
따라서 $a+b=3+\frac{1}{2}=\frac{7}{2}$ …… ❸

채점 기준	비율
❶ a의 값 구하기	40 %
❷ b의 값 구하기	40 %
❸ $a+b$의 값 구하기	20 %

21 $|-3|=3$, $|-5|=5$, $|1|=1$이므로
$(-3)☆\{(-5)\triangle 1\}=(-3)☆1=3$

유형 8 절댓값의 성질

22 ③ **23** ㄱ, ㄹ **24** ⑤

22 ③ 절댓값이 0인 수는 0 하나뿐이다.

23 ㄴ. $|-1|=|1|$이지만 $-1\neq1$이다.
ㄷ. 음수의 절댓값은 0보다 크다.
ㄹ. 절댓값이 1보다 작은 정수는 0의 1개이다.
따라서 옳은 것은 ㄱ, ㄹ이다.

24 ① 절댓값은 항상 0 또는 양수이다.
② $|-5|=|+5|=5$
③ 절댓값이 가장 작은 정수는 0이다.
④ 절댓값이 -4인 수는 없다.

유형 9 절댓값이 같고 부호가 반대인 두 수

25 7　**26** -5　**27** $-\frac{5}{2}$

25 절댓값이 같고 부호가 반대인 두 수를 나타내는 두 점 사이의 거리가 14이므로 두 점은 0을 나타내는 점으로부터 각각 $14\times\frac{1}{2}=7$만큼 떨어져 있다.
따라서 절댓값이 7이므로 두 수는 7, -7이고 두 수 중에서 큰 수는 7이다.

26 원점으로부터 거리가 같은 두 점에 대응하는 수는 절댓값이 같고 부호가 반대이다.
이때 두 수의 차가 10이므로 두 수의 절댓값은 $10\times\frac{1}{2}=5$
따라서 두 수는 5, -5이고 $a>b$이므로 $b=-5$

27 a가 b보다 5만큼 작으므로 두 수 a, b를 나타내는 두 점 사이의 거리는 5이다.
즉, 두 점은 0을 나타내는 점으로부터 각각 $5\times\frac{1}{2}=\frac{5}{2}$만큼 떨어져 있으므로 두 수는 $\frac{5}{2}$, $-\frac{5}{2}$이다.
이때 $a<b$이므로 $a=-\frac{5}{2}$

유형 10 절댓값의 대소 관계

28 ②　**29** ②　**30** C

28 주어진 수의 절댓값의 대소를 비교하면
$\left|-\frac{1}{2}\right|<|1|<|2|<\left|-\frac{7}{3}\right|<|-3|$
따라서 절댓값이 가장 큰 수는 -3이다.

29 주어진 수의 절댓값의 대소를 비교하면
$|-5.8|>\left|\frac{11}{2}\right|>|2.7|>\left|-\frac{4}{3}\right|>|0|$
따라서 절댓값이 큰 수부터 차례대로 나열할 때, 네 번째에 오는 수는 $-\frac{4}{3}$이다.

30 $\left|-\frac{5}{3}\right|=\frac{5}{3}$, $|2|=2$이고 $\frac{5}{3}<2$이므로 2가 적힌 길을 택한다.
$\left|\frac{11}{3}\right|=\frac{11}{3}$, $\left|-\frac{13}{4}\right|=\frac{13}{4}$이고 $\frac{11}{3}>\frac{13}{4}$이므로 $\frac{11}{3}$이 적힌 길을 택한다. 따라서 도착 지점은 C이다.

유형 11 절댓값의 범위가 주어진 수

31 -3, 0, $-\frac{9}{4}$, -2.7　**32** ⑤　**33** 6

31 $|-3|=3$, $\left|\frac{21}{5}\right|=\frac{21}{5}=4\frac{1}{5}$, $|0|=0$, $\left|-\frac{9}{4}\right|=\frac{9}{4}=2\frac{1}{4}$,
$|+5|=5$, $|-2.7|=2.7$, $|4|=4$
따라서 절댓값이 4 미만인 수는 -3, 0, $-\frac{9}{4}$, -2.7이다.

32 절댓값이 3보다 크지 않은 정수는 절댓값이 3보다 작거나 같은 정수이므로 -3, -2, -1, 0, 1, 2, 3의 7개이다.

33 4 초과 7 이하인 정수는 5, 6, 7이다. …… ❶
이때 절댓값이 5인 수는 5, -5이고 6인 수는 6, -6이며 7인 수는 7, -7이다. …… ❷
따라서 절댓값이 4 초과 7 이하인 정수는 6개이다. …… ❸

채점 기준	비율
❶ 4 초과 7 이하인 정수 구하기	40 %
❷ 절댓값이 5 또는 6 또는 7인 수 구하기	40 %
❸ 절댓값이 4 초과 7 이하인 정수의 개수 구하기	20 %

유형 12 수의 대소 관계

34 ⑤　**35** ①　**36** 지구

34 ① $2>-5$
② $-1<0$
③ $\frac{1}{3}=\frac{4}{12}$, $\frac{1}{4}=\frac{3}{12}$이므로 $\frac{1}{3}>\frac{1}{4}$
④ $|-2.1|=2.1$, $|-1.6|=1.6$이고 $2.1>1.6$이므로 $-2.1<-1.6$
⑤ $0.7=\frac{7}{10}=\frac{21}{30}$, $\frac{5}{6}=\frac{25}{30}$이므로 $0.7<\frac{5}{6}$
따라서 대소 관계가 옳은 것은 ⑤이다.

35 주어진 수의 대소를 비교하면
$-3<-2<-\frac{1}{4}<0.13<2.1<7$
② 음수 중 가장 큰 수는 $-\frac{1}{4}$이다.
③ 두 번째로 작은 수는 -2이다.
④ 0.13보다 작은 수는 -3, -2, $-\frac{1}{4}$의 3개이다.
⑤ 가장 큰 수는 7이다.
따라서 옳은 것은 ①이다.

36 표면 온도의 대소를 비교하면
$-176<-148<-80<+17<+179<+467$
따라서 표면 온도가 세 번째로 높은 행성은 표면 온도가 $+17\,^{\circ}\mathrm{C}$인 지구이다.

연습책

유형 13 부등호의 사용

37 $-2\le x\le\frac{7}{3}$ 38 ② 39 ⑤

38 ①, ③, ④, ⑤ $a\ge5$ ② $a\le5$
따라서 나머지 넷과 다른 하나는 ②이다.

39 ① $x>-\frac{1}{5}$ ② $x\le6$
③ $-2\le x<\frac{13}{4}$ ④ $-4<x<8$
따라서 옳은 것은 ⑤이다.

유형 14 주어진 범위에 속하는 수

40 ③ 41 ① 42 9

40 $-\frac{7}{4}=-1\frac{3}{4}$이므로 $-\frac{7}{4}<x\le3$을 만족시키는 정수 x는 -1, 0, 1, 2, 3의 5개이다.

41 $\frac{1}{4}=\frac{3}{12}$, $\frac{5}{6}=\frac{10}{12}$이므로 $\frac{1}{4}$과 $\frac{5}{6}$ 사이에 있는 정수가 아닌 유리수 중에서 분모가 12인 기약분수는 $\frac{5}{12}$, $\frac{7}{12}$의 2개이다.

42 $\frac{17}{5}=3\frac{2}{5}$보다 작은 자연수는 1, 2, 3의 3개이므로 $a=3$
-2.6 이상이고 3보다 크지 않은 정수는 -2, -1, 0, 1, 2, 3의 6개이므로 $b=6$
따라서 $a+b=3+6=9$

3 정수와 유리수의 덧셈 23쪽

유형 15 유리수의 덧셈

43 ⑤ 44 ㄱ, ㄷ, ㄹ, ㄴ 45 $+\frac{17}{5}$

43 ① -6 ② -6 ③ -6 ④ -6 ⑤ $+7$
따라서 계산 결과가 나머지 넷과 다른 하나는 ⑤이다.

44 ㄱ. $(+7)+\left(-\frac{17}{3}\right)=\left(+\frac{21}{3}\right)+\left(-\frac{17}{3}\right)=+\frac{4}{3}$
ㄴ. $(-3)+(-4)=-(3+4)=-7$
ㄷ. $(+1)+\left(+\frac{1}{5}\right)=\left(+\frac{5}{5}\right)+\left(+\frac{1}{5}\right)=+\frac{6}{5}$
ㄹ. $(-8)+(+2)=-(8-2)=-6$
따라서 계산 결과가 큰 것부터 차례대로 나열하면 ㄱ, ㄷ, ㄹ, ㄴ이다.

45 주어진 수의 절댓값의 대소를 비교하면
$\left|-\frac{3}{5}\right|<|-1|<\left|-\frac{7}{4}\right|<|+2.5|<|+4|$
이므로 절댓값이 가장 큰 수는 $+4$, 절댓값이 가장 작은 수는 $-\frac{3}{5}$이다. …… ❶
따라서 구하는 합은
$(+4)+\left(-\frac{3}{5}\right)=\left(+\frac{20}{5}\right)+\left(-\frac{3}{5}\right)=+\frac{17}{5}$ …… ❷

채점 기준	비율
❶ 절댓값이 가장 큰 수와 절댓값이 가장 작은 수 찾기	50 %
❷ 절댓값이 가장 큰 수와 절댓값이 가장 작은 수의 합 구하기	50 %

유형 16 수직선으로 나타내어진 덧셈식 찾기

46 ④ 47 $(-4)+(+7)=+3$

유형 17 덧셈의 계산 법칙

48 ㉠ 교환 ㉡ 결합 ㉢ $+2$ ㉣ $+\frac{5}{3}$

4 정수와 유리수의 뺄셈 24~27쪽

유형 18 유리수의 뺄셈

49 ① 50 $+\frac{41}{6}$ 51 $+\frac{23}{4}$

49 ① -3 ② $+4$ ③ $-\frac{1}{4}$ ④ $-\frac{8}{3}$ ⑤ $+4.5$
따라서 계산 결과가 가장 작은 것은 ①이다.

50 $A=(+3)-(-4)=(+3)+(+4)=+7$
$B=\left(+\frac{5}{2}\right)-\left(+\frac{8}{3}\right)=\left(+\frac{5}{2}\right)+\left(-\frac{8}{3}\right)$
$=\left(+\frac{15}{6}\right)+\left(-\frac{16}{6}\right)=-\frac{1}{6}$
따라서
$|A|-|B|=|+7|-\left|-\frac{1}{6}\right|=(+7)-\left(+\frac{1}{6}\right)$
$=\left(+\frac{42}{6}\right)+\left(-\frac{1}{6}\right)=+\frac{41}{6}$

51 주어진 수의 대소를 비교하면

$-2.5 < -\frac{8}{5} < -1 < +3 < +\frac{13}{4}$이므로

$a=+\frac{13}{4}$, $b=-2.5$

따라서

$a-b=\left(+\frac{13}{4}\right)-(-2.5)=\left(+\frac{13}{4}\right)-\left(-\frac{5}{2}\right)$

$=\left(+\frac{13}{4}\right)+\left(+\frac{5}{2}\right)=\left(+\frac{13}{4}\right)+\left(+\frac{10}{4}\right)=+\frac{23}{4}$

유형 19 덧셈과 뺄셈의 혼합 계산 – 부호가 있는 경우

52 ② **53** ④ **54** 29

52 $\left(-\frac{3}{5}\right)-(+3)+\left(-\frac{2}{5}\right)=\left(-\frac{3}{5}\right)+(-3)+\left(-\frac{2}{5}\right)$

$=(-3)+\left\{\left(-\frac{3}{5}\right)+\left(-\frac{2}{5}\right)\right\}$

$=(-3)+(-1)=-4$

53 ① $(+5)+(-11)-(-5)$

$=(+5)+(-11)+(+5)$

$=\{(+5)+(+5)\}+(-11)$

$=(+10)+(-11)=-1$

② $(-9)-(+6)-(-8)$

$=(-9)+(-6)+(+8)$

$=\{(-9)+(-6)\}+(+8)$

$=(-15)+(+8)=-7$

③ $(+4.2)-(+2.6)+(+0.8)$

$=(+4.2)+(-2.6)+(+0.8)$

$=\{(+4.2)+(+0.8)\}+(-2.6)$

$=(+5)+(-2.6)=+2.4$

④ $\left(-\frac{3}{8}\right)+(+2)-\left(+\frac{1}{2}\right)$

$=\left(-\frac{3}{8}\right)+(+2)+\left(-\frac{1}{2}\right)$

$=(+2)+\left\{\left(-\frac{3}{8}\right)+\left(-\frac{4}{8}\right)\right\}$

$=\left(+\frac{16}{8}\right)+\left(-\frac{7}{8}\right)=+\frac{9}{8}$

⑤ $\left(+\frac{1}{6}\right)-\left(-\frac{2}{3}\right)+\left(-\frac{7}{6}\right)$

$=\left(+\frac{1}{6}\right)+\left(+\frac{2}{3}\right)+\left(-\frac{7}{6}\right)$

$=\left\{\left(+\frac{1}{6}\right)+\left(-\frac{7}{6}\right)\right\}+\left(+\frac{2}{3}\right)$

$=\left(-\frac{3}{3}\right)+\left(+\frac{2}{3}\right)=-\frac{1}{3}$

따라서 계산 결과가 옳은 것은 ④이다.

54 $(+0.6)+\left(+\frac{3}{2}\right)-\left(+\frac{4}{3}\right)-\left(-\frac{1}{6}\right)$

$=(+0.6)+\left(+\frac{3}{2}\right)+\left(-\frac{4}{3}\right)+\left(+\frac{1}{6}\right)$

$=\left(+\frac{3}{5}\right)+\left\{\left(+\frac{3}{2}\right)+\left(-\frac{4}{3}\right)+\left(+\frac{1}{6}\right)\right\}$

$=\left(+\frac{3}{5}\right)+\left\{\left(+\frac{9}{6}\right)+\left(-\frac{8}{6}\right)+\left(+\frac{1}{6}\right)\right\}$

$=\left(+\frac{3}{5}\right)+\left(+\frac{1}{3}\right)=\left(+\frac{9}{15}\right)+\left(+\frac{5}{15}\right)$

$=+\frac{14}{15}$

따라서 $a=15$, $b=14$이므로 $a+b=15+14=29$

유형 20 덧셈과 뺄셈의 혼합 계산 – 부호가 생략된 경우

55 ⑤ **56** $-\frac{4}{3}$ **57** ㉡, 7

55 ① $5-10+3=(+5)-(+10)+(+3)$

$=(+5)+(-10)+(+3)=-2$

② $-6+7-2=(-6)+(+7)-(+2)$

$=(-6)+(+7)+(-2)=-1$

③ $3.8-6-1.8=(+3.8)-(+6)-(+1.8)$

$=(+3.8)+(-6)+(-1.8)=-4$

④ $-\frac{5}{2}-\frac{1}{6}+\frac{4}{3}=\left(-\frac{5}{2}\right)-\left(+\frac{1}{6}\right)+\left(+\frac{4}{3}\right)$

$=\left(-\frac{5}{2}\right)+\left(-\frac{1}{6}\right)+\left(+\frac{4}{3}\right)=-\frac{4}{3}$

⑤ $-8+12-4+1=(-8)+(+12)-(+4)+(+1)$

$=(-8)+(+12)+(-4)+(+1)=1$

따라서 계산 결과가 가장 큰 것은 ⑤이다.

56 $a=-\frac{3}{5}+\frac{2}{3}=\left(-\frac{3}{5}\right)+\left(+\frac{2}{3}\right)$

$=\left(-\frac{9}{15}\right)+\left(+\frac{10}{15}\right)=+\frac{1}{15}$

$b=-1-0.4=(-1)-(+0.4)$

$=(-1)+(-0.4)=-1.4$

따라서

$a+b=\left(+\frac{1}{15}\right)+(-1.4)=\left(+\frac{1}{15}\right)+\left(-\frac{7}{5}\right)$

$=\left(+\frac{1}{15}\right)+\left(-\frac{21}{15}\right)=-\frac{20}{15}=-\frac{4}{3}$

57 $3-7+5+6=(+3)-(+7)+(+5)+(+6)$

$=(+3)+(-7)+(+5)+(+6)$

$=(-4)+(+11)$

$=7$

유형 21 어떤 수보다 □만큼 크거나 작은 수

58 ① 59 0 60 (1) $a=-\frac{1}{2}$, $b=\frac{16}{3}$ (2) 6

58 ① $4+(-1)=3$ ② $-7+3=-4$
③ $-2+(-2)=-4$ ④ $1-5=-4$
⑤ $-7-(-3)=-4$
따라서 나머지 넷과 다른 하나는 ①이다.

59 $a=3+(-5)=-2$
$b=-7-(-5)=-2$
따라서 $a-b=-2-(-2)=0$

60 (1) $a=-2+\frac{3}{2}=-\frac{4}{2}+\frac{3}{2}=-\frac{1}{2}$ …… ❶

$b=5-\left(-\frac{1}{3}\right)=5+\frac{1}{3}=\frac{15}{3}+\frac{1}{3}=\frac{16}{3}$ …… ❷

(2) $-\frac{1}{2}<x<\frac{16}{3}$을 만족시키는 정수 x는 0, 1, 2, 3, 4, 5의 6개이다. …… ❸

	채점 기준	비율
(1)	❶ a의 값 구하기	30 %
	❷ b의 값 구하기	30 %
(2)	❸ $a<x<b$를 만족시키는 정수 x의 개수 구하기	40 %

유형 22 덧셈과 뺄셈 사이의 관계

61 (1) -6 (2) $\frac{1}{4}$ 62 ② 63 $-\frac{1}{4}$

61 (1) $(-3)+\square=-9$에서
$\square=-9-(-3)=-9+3=-6$

(2) $\square-\left(-\frac{5}{12}\right)=\frac{2}{3}$에서

$\square=\frac{2}{3}+\left(-\frac{5}{12}\right)=\frac{8}{12}+\left(-\frac{5}{12}\right)=\frac{3}{12}=\frac{1}{4}$

62 $a=-4+\frac{3152}{2035}$, $b=1-\frac{3152}{2035}$

따라서 $a+b=-4+\frac{3152}{2035}+1-\frac{3152}{2035}=-3$

63 $\left(-\frac{3}{4}\right)-(-3)+\square=2$에서

$\left(-\frac{3}{4}\right)+3+\square=2$, $\frac{9}{4}+\square=2$

따라서 $\square=2-\frac{9}{4}=\frac{8}{4}-\frac{9}{4}=-\frac{1}{4}$

유형 23 바르게 계산한 답 구하기 – 덧셈과 뺄셈

64 $\frac{23}{10}$ 65 $\frac{11}{6}$

64 어떤 유리수를 □라 하면 $\square+\left(-\frac{2}{5}\right)=\frac{3}{2}$

$\square=\frac{3}{2}-\left(-\frac{2}{5}\right)=\frac{15}{10}+\frac{4}{10}=\frac{19}{10}$

따라서 바르게 계산한 답은

$\frac{19}{10}-\left(-\frac{2}{5}\right)=\frac{19}{10}+\frac{4}{10}=\frac{23}{10}$

65 어떤 수를 □라 하면 $\frac{7}{4}-\square=\frac{5}{3}$

$\square=\frac{7}{4}-\frac{5}{3}=\frac{21}{12}-\frac{20}{12}=\frac{1}{12}$ …… ❶

따라서 바르게 계산한 답은

$\frac{7}{4}+\frac{1}{12}=\frac{21}{12}+\frac{1}{12}=\frac{22}{12}=\frac{11}{6}$ …… ❷

채점 기준	비율
❶ 어떤 수 구하기	60 %
❷ 바르게 계산한 답 구하기	40 %

유형 24 절댓값이 주어진 두 수의 덧셈과 뺄셈

66 $\frac{21}{20}$, $-\frac{21}{20}$

66 $|a|=\frac{4}{5}$이므로 $a=\frac{4}{5}$ 또는 $a=-\frac{4}{5}$

$|b|=\frac{1}{4}$이므로 $b=\frac{1}{4}$ 또는 $b=-\frac{1}{4}$

(i) $a=\frac{4}{5}$, $b=\frac{1}{4}$일 때, $a+b=\frac{4}{5}+\frac{1}{4}=\frac{21}{20}$

(ii) $a=\frac{4}{5}$, $b=-\frac{1}{4}$일 때, $a+b=\frac{4}{5}+\left(-\frac{1}{4}\right)=\frac{11}{20}$

(iii) $a=-\frac{4}{5}$, $b=\frac{1}{4}$일 때, $a+b=\left(-\frac{4}{5}\right)+\frac{1}{4}=-\frac{11}{20}$

(iv) $a=-\frac{4}{5}$, $b=-\frac{1}{4}$일 때, $a+b=\left(-\frac{4}{5}\right)+\left(-\frac{1}{4}\right)=-\frac{21}{20}$

따라서 $a+b$의 값 중에서 가장 큰 값은 $\frac{21}{20}$, 가장 작은 값은 $-\frac{21}{20}$이다.

유형 25 조건을 만족시키는 수 구하기

67 $a=\frac{1}{5}$, $b=-\frac{1}{5}$, $c=-\frac{6}{5}$ 68 3

67 (가)에서 $|a|=|b|$이고 (나)에서 $a\neq b$이므로 a와 b는 절댓값이 같고 부호가 반대이다.

(나)에서 $a-\frac{2}{5}=b$, 즉 $a-b=\frac{2}{5}$이므로 a는 b보다 $\frac{2}{5}$만큼 크다.

따라서 $|a|=|b|=\frac{1}{2}\times\frac{2}{5}=\frac{1}{5}$이므로 $a=\frac{1}{5}$, $b=-\frac{1}{5}$

(다)에서 $-\frac{1}{5}-c=1$이므로 $c=-\frac{1}{5}-1=-\frac{6}{5}$

68 (가)에서 $|a|=9$이고 (다)에서 $a>0$이므로 $a=9$
(나)에서 $9+|b|=0$, $|b|=1$이고
(다)에서 $b<0$이므로 $b=-1$
(라)에서 $9-(-1)+c=5$, $10+c=5$, $c=5-10=-5$
따라서 $a+b+c=9-1-5=3$

유형 26 유리수의 덧셈과 뺄셈의 활용 (1) – 실생활

69 540명 **70** D **71** 베이징

69 $500+80-50-120+130=540$(명)

70 각 어머니의 신체 나이를 구하면 다음과 같다.
A : $1+40=41$(세)
B : $-2+43=41$(세)
C : $4+39=43$(세)
D : $-3+42=39$(세)
E : $-4+46=42$(세)
따라서 신체 나이가 가장 적은 어머니는 D이다.

71 각 도시의 일교차를 구하면 다음과 같다.
서울 : $(+6)-(-4)=(+6)+(+4)=+10$(°C)
베이징 : $(+8)-(-6)=(+8)+(+6)=+14$(°C)
도쿄 : $(+15)-(+2)=(+15)+(-2)=+13$(°C)
울란바토르 : $(-1)-(-14)=(-1)+(+14)=+13$(°C)
타이베이 : $(+22)-(+15)=(+22)+(-15)=+7$(°C)
따라서 일교차가 가장 큰 도시는 베이징이다.

유형 27 유리수의 덧셈과 뺄셈의 활용 (2) – 도형

72 -7 **73** 4 **74** $\frac{25}{6}$

72 가로, 세로, 대각선에 있는 세 수의 합이 모두 같으므로 가운데 있는 수의 값과 관계없이
$A+B=(-3)+(-4)=-7$

73 삼각형의 한 변에 놓인 네 수의 합은
$-6+2+(-3)+4=-3$
$A+0+(-8)+4=-3$이므로 $A+(-4)=-3$, $A=1$
$1+5+B+(-6)=-3$이므로 $B=-3$
따라서 $A-B=1-(-3)=1+3=4$

74 A와 마주 보는 면에 적힌 수는 $\frac{1}{3}$이므로
$A+\frac{1}{3}=4$에서 $A=4-\frac{1}{3}=\frac{12}{3}-\frac{1}{3}=\frac{11}{3}$
B와 마주 보는 면에 적힌 수는 $-\frac{1}{2}$이므로
$B+\left(-\frac{1}{2}\right)=4$에서 $B=4-\left(-\frac{1}{2}\right)=\frac{8}{2}+\frac{1}{2}=\frac{9}{2}$
C와 마주 보는 면에 적힌 수는 -1이므로
$C+(-1)=4$에서 $C=4-(-1)=4+1=5$
따라서 $A-B+C=\frac{11}{3}-\frac{9}{2}+5=\frac{22}{6}-\frac{27}{6}+\frac{30}{6}=\frac{25}{6}$

5 정수와 유리수의 곱셈 28~30쪽

유형 28 유리수의 곱셈

75 ③ **76** ⑤ **77** ②

75 ③ $(-5)\times(-3)=+15$

76 ① $(-1)\times(-8)=+(1\times8)=+8$
② $(+2)\times(+4)=+(2\times4)=+8$
③ $(-1.6)\times(-5)=+(1.6\times5)=+8$
④ $\left(-\frac{2}{3}\right)\times(-12)=+\left(\frac{2}{3}\times12\right)=+8$
⑤ $\left(+\frac{2}{3}\right)\times\left(+\frac{3}{16}\right)=+\left(\frac{2}{3}\times\frac{3}{16}\right)=+\frac{1}{8}$
따라서 계산 결과가 나머지 넷과 다른 하나는 ⑤이다.

77 가장 큰 수는 2, 가장 작은 수는 $-\frac{3}{2}$이므로 두 수의 곱은
$2\times\left(-\frac{3}{2}\right)=-3$

유형 29 곱셈의 계산 법칙

78 ② **79** ㉠ 곱셈의 교환법칙 ㉡ 곱셈의 결합법칙 **80** ④

80 ④ $+12$

유형 30 세 수 이상의 곱셈

81 ⑤ **82** ① **83** $\frac{1}{100}$

81 $(+2)\times(-5)\times(+2)\times(-3)=+(2\times5\times2\times3)=60$

82 ① $(-6)\times(-3)\times(-2)=-(6\times3\times2)=-36$

② $(+11)\times(-7)\times0=0$

③ $\left(+\frac{3}{5}\right)\times(-16)\times\left(+\frac{5}{6}\right)=-\left(\frac{3}{5}\times16\times\frac{5}{6}\right)=-8$

④ $\left(-\frac{1}{4}\right)\times(+3)\times(-8)\times(-5)=-\left(\frac{1}{4}\times3\times8\times5\right)$

$=-30$

⑤ $(-1.5)\times(-0.3)\times\left(+\frac{5}{9}\right)=\left(-\frac{3}{2}\right)\times\left(-\frac{3}{10}\right)\times\left(+\frac{5}{9}\right)$

$=+\left(\frac{3}{2}\times\frac{3}{10}\times\frac{5}{9}\right)=\frac{1}{4}$

따라서 계산 결과가 가장 작은 것은 ①이다.

83 음수가 50개로 짝수이므로

$\left(-\frac{1}{2}\right)\times\frac{2}{3}\times\left(-\frac{3}{4}\right)\times\frac{4}{5}\times\cdots\times\frac{98}{99}\times\left(-\frac{99}{100}\right)$

$=+\left(\frac{1}{2}\times\frac{2}{3}\times\frac{3}{4}\times\frac{4}{5}\times\cdots\times\frac{98}{99}\times\frac{99}{100}\right)$

$=\frac{1}{100}$

유형 **31** 거듭제곱의 계산

84 ④ **85** ④ **86** 0

84 ① $-\frac{1}{2^2}=-\frac{1}{4}$ ② $\left(-\frac{1}{2}\right)^3=-\frac{1}{8}$

③ $\left(-\frac{1}{2}\right)^4=\frac{1}{16}$ ④ $\left(-\frac{1}{3}\right)^2=\frac{1}{9}$

⑤ $-\left(-\frac{1}{3}\right)^3=-\left(-\frac{1}{27}\right)=\frac{1}{27}$

따라서 계산 결과가 가장 큰 것은 ④이다.

85 ④ $\left\{-\left(-\frac{1}{2}\right)\right\}^3=\left(\frac{1}{2}\right)^3=\frac{1}{8}$

86 $A=(-2)^2\times\left(-\frac{1}{3}\right)^3\times\left(-\frac{3}{4}\right)^2$

$=(+4)\times\left(-\frac{1}{27}\right)\times\left(+\frac{9}{16}\right)$

$=-\left(4\times\frac{1}{27}\times\frac{9}{16}\right)=-\frac{1}{12}$ …… ❶

따라서 A에 가장 가까운 정수는 0이다. …… ❷

채점 기준	비율
❶ A 계산하기	60 %
❷ A에 가장 가까운 정수 구하기	40 %

유형 **32** $(-1)^n$의 계산

87 ⑤ **88** ③ **89** 20

87 ① $(-1)^4=1$ ② $\{-(-1)\}^2=1^2=1$

③ $-(-1)^5=-(-1)=1$ ④ $\{-(-1)\}^7=1^7=1$

⑤ $-(-1)^6=-1$

따라서 계산 결과가 나머지 넷과 다른 하나는 ⑤이다.

88 $(-1)+(-1)^2+(-1)^3+\cdots+(-1)^{100}$

$=\{(-1)+1\}+\{(-1)+1\}+\cdots+\{(-1)+1\}$

$=0+0+\cdots+0=0$

89 10개의 정수의 곱이 1이면 곱하는 정수는 -1 또는 1이고, -1의 개수와 1의 개수는 모두 짝수이다.

이때 이 정수들의 합이 가장 크려면 모두 1이어야 하므로

$M=\underbrace{1+1+\cdots+1}_{10개}=10$

또, 이 정수들의 합이 가장 작으려면 모두 -1이어야 하므로

$m=\underbrace{(-1)+(-1)+\cdots+(-1)}_{10개}=-10$

따라서 $M-m=10-(-10)=10+10=20$

유형 **33** 분배법칙

90 ㉠ 1 ㉡ 23 ㉢ 2277 **91** ④ **92** -66

90 $23\times99=23\times(100-1)=23\times100-23\times1$

$=2300-23=2277$

91 $a\times(b+c)=-2$에서 $a\times b+a\times c=-2$

이때 $a\times b=-8$이므로 $(-8)+a\times c=-2$

따라서 $a\times c=(-2)-(-8)=(-2)+8=6$

92 $a=8+2\times8+3\times8+\cdots+11\times8$

$b=9+2\times9+3\times9+\cdots+11\times9$

따라서

$a-b$

$=(8-9)+2\times(8-9)+3\times(8-9)+\cdots+11\times(8-9)$

$=-1-2-3-\cdots-11=-66$

6 정수와 유리수의 나눗셈

31~34쪽

유형 **34** 역수

93 $-\frac{1}{3}$

93 두 수의 곱이 1이 될 때, 한 수는 다른 수의 역수이므로 보이지 않는 면에 적힌 수는 마주 보는 면에 적힌 수의 역수이다.

0.4와 마주 보는 면에 적힌 수는 $0.4=\frac{2}{5}$의 역수이므로 $\frac{5}{2}$

$-\frac{3}{7}$과 마주 보는 면에 적힌 수는 $-\frac{3}{7}$의 역수이므로 $-\frac{7}{3}$

-2와 마주 보는 면에 적힌 수는 -2의 역수이므로 $-\frac{1}{2}$

따라서 보이지 않는 세 면에 적힌 세 수의 합은

$$\frac{5}{2}+\left(-\frac{7}{3}\right)+\left(-\frac{1}{2}\right)=\left\{\frac{5}{2}+\left(-\frac{1}{2}\right)\right\}+\left(-\frac{7}{3}\right)$$
$$=2+\left(-\frac{7}{3}\right)=\frac{6}{3}+\left(-\frac{7}{3}\right)=-\frac{1}{3}$$

유형 35 유리수의 나눗셈

94 $-\frac{4}{15}$ **95** 25

94 $a=(-8)\div\left(+\frac{3}{2}\right)=(-8)\times\left(+\frac{2}{3}\right)=-\left(8\times\frac{2}{3}\right)=-\frac{16}{3}$

$b=\left(-\frac{7}{5}\right)\div(-6)\div\left(+\frac{14}{3}\right)=\left(-\frac{7}{5}\right)\times\left(-\frac{1}{6}\right)\times\left(+\frac{3}{14}\right)$

$=+\left(\frac{7}{5}\times\frac{1}{6}\times\frac{3}{14}\right)=+\frac{1}{20}$

따라서 $a\times b=\left(-\frac{16}{3}\right)\times\left(+\frac{1}{20}\right)=-\left(\frac{16}{3}\times\frac{1}{20}\right)=-\frac{4}{15}$

95 $\left(-\frac{1}{2}\right)\div\left(+\frac{2}{3}\right)\div\left(-\frac{3}{4}\right)\div\left(+\frac{4}{5}\right)\div\cdots$

$\div\left(+\frac{98}{99}\right)\div\left(-\frac{99}{100}\right)$

$=\left(-\frac{1}{2}\right)\times\left(+\frac{3}{2}\right)\times\left(-\frac{4}{3}\right)\times\left(+\frac{5}{4}\right)\times\cdots$

$\times\left(+\frac{99}{98}\right)\times\left(-\frac{100}{99}\right)$

$=+\left\{\frac{1}{2}\times\left(\frac{3}{2}\times\frac{4}{3}\times\frac{5}{4}\times\cdots\times\frac{99}{98}\times\frac{100}{99}\right)\right\}$

$=+\left(\frac{1}{2}\times50\right)=25$

유형 36 곱셈과 나눗셈의 혼합 계산

96 ④ **97** $\frac{4}{3}$ **98** $-\frac{1}{3}$

96 ① $(-4)\div(-3)\times(-6)=(-4)\times\left(-\frac{1}{3}\right)\times(-6)$

$=-\left(4\times\frac{1}{3}\times6\right)=-8$

② $\left(-\frac{1}{7}\right)\times\left(+\frac{2}{9}\right)\div\left(-\frac{3}{14}\right)=\left(-\frac{1}{7}\right)\times\left(+\frac{2}{9}\right)\times\left(-\frac{14}{3}\right)$

$=+\left(\frac{1}{7}\times\frac{2}{9}\times\frac{14}{3}\right)=\frac{4}{27}$

③ $(+3.5)\times(+4)\div\left(-\frac{7}{5}\right)=\left(+\frac{7}{2}\right)\times(+4)\times\left(-\frac{5}{7}\right)$

$=-\left(\frac{7}{2}\times4\times\frac{5}{7}\right)=-10$

④ $\left(-\frac{1}{2}\right)^3\div\left(-\frac{3}{2}\right)\times(+9)=\left(-\frac{1}{8}\right)\times\left(-\frac{2}{3}\right)\times(+9)$

$=+\left(\frac{1}{8}\times\frac{2}{3}\times9\right)=\frac{3}{4}$

⑤ $\left(+\frac{3}{8}\right)\times\left(-\frac{2}{5}\right)^2\div\left(-\frac{9}{10}\right)=\left(+\frac{3}{8}\right)\times\left(+\frac{4}{25}\right)\times\left(-\frac{10}{9}\right)$

$=-\left(\frac{3}{8}\times\frac{4}{25}\times\frac{10}{9}\right)=-\frac{1}{15}$

따라서 계산 결과가 옳은 것은 ④이다.

97 $x=\frac{7}{3}\div\left(-\frac{4}{3}\right)\div\left(-\frac{7}{2}\right)=\frac{7}{3}\times\left(-\frac{3}{4}\right)\times\left(-\frac{2}{7}\right)$

$=+\left(\frac{7}{3}\times\frac{3}{4}\times\frac{2}{7}\right)=\frac{1}{2}$

$y=\left(-\frac{3}{4}\right)\times(-2)^3\div\left(-\frac{3}{2}\right)^2=\left(-\frac{3}{4}\right)\times(-8)\times\frac{4}{9}$

$=+\left(\frac{3}{4}\times8\times\frac{4}{9}\right)=\frac{8}{3}$

따라서 $x\times y=\frac{1}{2}\times\frac{8}{3}=\frac{4}{3}$

98 a와 마주 보는 면에 적힌 수가 $1.4=\frac{7}{5}$이므로 $a=\frac{5}{7}$

b와 마주 보는 면에 적힌 수가 $-1\frac{2}{7}=-\frac{9}{7}$이므로 $b=-\frac{7}{9}$

c와 마주 보는 면에 적힌 수가 $\frac{3}{5}$이므로 $c=\frac{5}{3}$ …… ❶

따라서

$a\times b\div c=\frac{5}{7}\times\left(-\frac{7}{9}\right)\div\frac{5}{3}=\frac{5}{7}\times\left(-\frac{7}{9}\right)\times\frac{3}{5}$

$=-\left(\frac{5}{7}\times\frac{7}{9}\times\frac{3}{5}\right)=-\frac{1}{3}$ …… ❷

채점 기준	비율
❶ a, b, c의 값 각각 구하기	60 %
❷ $a\times b\div c$의 값 구하기	40 %

유형 37 덧셈, 뺄셈, 곱셈, 나눗셈의 혼합 계산

99 ② **100** $\left[\{(-5)+2\}\times\frac{2}{15}-\frac{8}{5}\right]\div\left(-\frac{1}{4}\right)$, 8 **101** 10

99 ㉣→㉢→㉤→㉡→㉠의 순서대로 계산하므로 네 번째로 계산해야 할 곳은 ㉡이다.

100 $\left[\{(-5)+2\}\times\frac{2}{15}-\frac{8}{5}\right]\div\left(-\frac{1}{4}\right)$

$=\left\{(-3)\times\frac{2}{15}-\frac{8}{5}\right\}\div\left(-\frac{1}{4}\right)$

$=\left\{\left(-\frac{2}{5}\right)-\frac{8}{5}\right\}\div\left(-\frac{1}{4}\right)=(-2)\times(-4)=8$

연습책

101 $8-\frac{6}{7}\times\left[\left\{\frac{1}{3}+(-2)^2\right\}\div\left(-\frac{13}{5}\right)-\frac{2}{3}\right]$

$=8-\frac{6}{7}\times\left\{\left(\frac{1}{3}+4\right)\div\left(-\frac{13}{5}\right)-\frac{2}{3}\right\}$

$=8-\frac{6}{7}\times\left\{\frac{13}{3}\div\left(-\frac{13}{5}\right)-\frac{2}{3}\right\}$

$=8-\frac{6}{7}\times\left\{\frac{13}{3}\times\left(-\frac{5}{13}\right)-\frac{2}{3}\right\}$

$=8-\frac{6}{7}\times\left(-\frac{5}{3}-\frac{2}{3}\right)=8-\frac{6}{7}\times\left(-\frac{7}{3}\right)$

$=8-(-2)=8+2=10$

유형 38 곱셈과 나눗셈 사이의 관계

102 $-\frac{4}{5}$ **103** ③ **104** -6

102 $\frac{5}{6}\times\square=-\frac{2}{3}$에서

$\square=\left(-\frac{2}{3}\right)\div\frac{5}{6}=\left(-\frac{2}{3}\right)\times\frac{6}{5}=-\frac{4}{5}$

103 $A\div\left(-\frac{9}{4}\right)=\frac{1}{6}$에서 $A=\frac{1}{6}\times\left(-\frac{9}{4}\right)=-\frac{3}{8}$

$(-3)\times B=-\frac{5}{2}$에서

$B=\left(-\frac{5}{2}\right)\div(-3)=\left(-\frac{5}{2}\right)\times\left(-\frac{1}{3}\right)=\frac{5}{6}$

따라서 $A\times B=\left(-\frac{3}{8}\right)\times\frac{5}{6}=-\frac{5}{16}$

104 $2-\left[\frac{1}{3}+\square\div\{5\times(-3)+6\}\right]\times 3=-1$에서

$2-\left\{\frac{1}{3}+\square\div(-9)\right\}\times 3=-1$

$-\left\{\frac{1}{3}+\square\div(-9)\right\}\times 3=-3$

$\frac{1}{3}+\square\div(-9)=1$, $\square\div(-9)=\frac{2}{3}$

$\square=\frac{2}{3}\times(-9)=-6$

유형 39 바르게 계산한 답 구하기 – 곱셈과 나눗셈

105 ① **106** $-\frac{13}{14}$ **107** 2

105 어떤 수를 $\square$라 하면 $\square\times\frac{5}{3}=-10$

$\square=(-10)\div\frac{5}{3}=(-10)\times\frac{3}{5}=-6$

따라서 바르게 계산한 답은

$(-6)\div\frac{5}{3}=(-6)\times\frac{3}{5}=-\frac{18}{5}$

106 어떤 수를 $\square$라 하면 $\square\div\left(-\frac{2}{7}\right)=\frac{9}{4}$

$\square=\frac{9}{4}\times\left(-\frac{2}{7}\right)=-\frac{9}{14}$

따라서 바르게 계산한 답은

$\left(-\frac{9}{14}\right)+\left(-\frac{2}{7}\right)=\left(-\frac{9}{14}\right)+\left(-\frac{4}{14}\right)=-\frac{13}{14}$

107 어떤 유리수를 $\square$라 하면 $\square\div\left(-\frac{1}{2}\right)-(-3)=-1$

$\square\times(-2)=-1+(-3)$, $\square\times(-2)=-4$

$\square=(-4)\div(-2)=2$ ······ ❶

따라서 바르게 계산한 답은

$2\times\left(-\frac{1}{2}\right)-(-3)=(-1)+3=2$ ······ ❷

채점 기준	비율
❶ 어떤 수 구하기	50 %
❷ 바르게 계산한 답 구하기	50 %

유형 40 문자로 주어진 유리수의 부호 결정

108 ④ **109** ⑤ **110** ③

108 $a\times b>0$이므로 a와 b는 같은 부호이다.

$b\div c<0$이므로 b와 c는 다른 부호이다.

따라서 a와 c는 다른 부호이고 $a-c<0$, 즉 $a<c$이므로

$a<0$, $b<0$, $c>0$

109 ⑤ $a+b=$(양수)$+$(음수)에서 음수의 절댓값이 크므로

$a+b<0$

110 $0<b<-a$이므로 $a<0$, $b>0$, $|a|>|b|$이다.

③ $b^2-a=$(양수)$-$(음수)$=$(양수)$+$(양수)$=$(양수)이므로

$b^2-a>0$

유형 41 문자로 주어진 유리수의 대소 관계

111 ③ **112** ⑤ **113** ⑤

111 $a=-2$라 하면

① $a=-2$ ② $-a=-(-2)=2$

③ $a^2=(-2)^2=4$ ④ $-a^2=-(-2)^2=-4$

⑤ $\frac{1}{a}=1\div a=1\div(-2)=1\times\left(-\frac{1}{2}\right)=-\frac{1}{2}$

따라서 가장 큰 수는 ③이다.

112 $a=\frac{1}{2}$이라 하면

① $a=\frac{1}{2}$ ② $\frac{1}{a}=1\div a=1\div\frac{1}{2}=1\times 2=2$

③ $a^3=\left(\frac{1}{2}\right)^3=\frac{1}{8}$

④ $\left(-\frac{1}{a}\right)^2=(-2)^2=4$

⑤ $-a=-\frac{1}{2}$

따라서 가장 작은 수는 ⑤이다.

113 $a=\frac{1}{2}$, $b=-2$라 하면

$a^2=\frac{1}{4}$, $\frac{1}{a}=2$, $b^2=4$, $\frac{1}{b}=-\frac{1}{2}$

① $\frac{1}{2}>\frac{1}{4}$이므로 $a>a^2$　② $2>\frac{1}{2}$이므로 $\frac{1}{a}>a$

③ $2>-\frac{1}{2}$이므로 $\frac{1}{a}>\frac{1}{b}$　④ $-2<4$이므로 $b<b^2$

⑤ $\frac{1}{4}<4$이므로 $a^2<b^2$

따라서 옳지 않은 것은 ⑤이다.

유형 42 새로운 연산 기호

114 10　**115** $-\frac{5}{12}$

114 $(-2)\triangle\frac{1}{4}=(-2)\times\frac{1}{4}+1=-\frac{1}{2}+1=\frac{1}{2}$

따라서

$6\diamond\left\{(-2)\triangle\frac{1}{4}\right\}=6\diamond\frac{1}{2}=6\div\frac{1}{2}-2$

$=6\times2-2=12-2=10$

115 $\frac{1}{3}\diamond\left(-\frac{1}{2}\right)=\frac{1}{3}\times\left(-\frac{1}{2}\right)-\frac{1}{3}\div\left(-\frac{1}{2}\right)$

$=-\frac{1}{6}-\frac{1}{3}\times(-2)=-\frac{1}{6}+\frac{2}{3}$

$=-\frac{1}{6}+\frac{4}{6}=\frac{1}{2}$

따라서

$\left\{\frac{1}{3}\diamond\left(-\frac{1}{2}\right)\right\}\diamond\frac{2}{3}=\frac{1}{2}\diamond\frac{2}{3}=\frac{1}{2}\times\frac{2}{3}-\frac{1}{2}\div\frac{2}{3}$

$=\frac{1}{3}-\frac{1}{2}\times\frac{3}{2}=\frac{1}{3}-\frac{3}{4}$

$=\frac{4}{12}-\frac{9}{12}=-\frac{5}{12}$

유형 43 유리수의 혼합 계산의 활용 – 실생활

116 32점　**117** 8점

116 $(+3)\times11+(+1)\times5+(-2)\times3=33+5-6=32$(점)

117 $(+2)\times5+(-1)\times2=10-2=8$(점)

중단원 핵심유형 테스트

35~37쪽

1 ③	2 3개	3 ②, ③	4 ②, ④	5 ②
6 ④	7 2	8 ⑤	9 $-\frac{8}{5}$	10 ③
11 $\frac{15}{4}$	12 화천	13 ④	14 ⑤	15 $-\frac{13}{2}$
16 ③	17 $-\frac{2}{3}$	18 ③	19 $\frac{7}{3}$	20 $\frac{7}{9}$

1 ③ -0.6 %

2 음수가 아닌 정수는 $+5$, 0, 6의 3개이다.

3 □는 정수가 아닌 유리수이므로 ②, ③이다.

4 ① A : $-\frac{10}{3}$　③ C : $-\frac{1}{2}$　⑤ E : 3

5 ㄴ. $|1|=|-1|$이지만 $1\neq-1$이다.

ㄷ. $|a|=a$이면 a는 0 또는 양수이다.

따라서 옳은 것은 ㄱ, ㄹ이다.

6 ① $-5<-4$

② $\frac{9}{2}=\frac{27}{6}$, $\frac{10}{3}=\frac{20}{6}$이므로 $\frac{9}{2}>\frac{10}{3}$

③ $\frac{6}{5}=\frac{12}{10}$, $\left|-\frac{3}{2}\right|=\frac{3}{2}=\frac{15}{10}$이므로 $\frac{6}{5}<\left|-\frac{3}{2}\right|$

⑤ $\left|-\frac{13}{6}\right|=\frac{13}{6}$, $\left|-\frac{5}{3}\right|=\frac{5}{3}=\frac{10}{6}$이므로 $\left|-\frac{13}{6}\right|>\left|-\frac{5}{3}\right|$

7 (가)에서 $-5\leq x\leq2$이므로 정수 x는 -5, -4, -3, -2, -1, 0, 1, 2이다.

(나)에서 $|x|>3$이므로 정수 x는 -5, -4이다.

따라서 조건을 모두 만족시키는 정수 x는 2개이다.

8 $-\frac{1}{4}=-\frac{3}{12}$과 $\frac{5}{3}=\frac{20}{12}$ 사이에 있는 정수가 아닌 유리수 중에서 기약분수로 나타낼 때 분모가 12인 것은 $-\frac{1}{12}$, $\frac{1}{12}$, $\frac{5}{12}$, $\frac{7}{12}$, $\frac{11}{12}$, $\frac{13}{12}$, $\frac{17}{12}$, $\frac{19}{12}$의 8개이다.

9 $(+0.2)-\left(-\frac{6}{5}\right)+(-3)=(+0.2)+\left(+\frac{6}{5}\right)+(-3)$

$=\left\{\left(+\frac{1}{5}\right)+\left(+\frac{6}{5}\right)\right\}+(-3)$

$=\left(+\frac{7}{5}\right)+\left(-\frac{15}{5}\right)=-\frac{8}{5}$

10 ① $\left(-\frac{1}{2}\right)-\left(+\frac{3}{10}\right)=\left(-\frac{5}{10}\right)+\left(-\frac{3}{10}\right)=-\frac{8}{10}=-\frac{4}{5}$

② $\left(+\frac{5}{6}\right)-\left(-\frac{2}{3}\right)=\left(+\frac{5}{6}\right)+\left(+\frac{4}{6}\right)=\frac{9}{6}=\frac{3}{2}$

③ $-5+11-9=(-5)+(+11)-(+9)$
$=(-5)+(+11)+(-9)$
$=\{(-5)+(-9)\}+(+11)$
$=(-14)+(+11)=-3$

④ $-3+\frac{5}{2}-\frac{3}{4}=(-3)+\left(+\frac{5}{2}\right)-\left(+\frac{3}{4}\right)$
$=(-3)+\left(+\frac{5}{2}\right)+\left(-\frac{3}{4}\right)$
$=(-3)+\left(+\frac{7}{4}\right)=-\frac{5}{4}$

⑤ $\frac{2}{5}-0.6+\frac{7}{3}=\left(+\frac{2}{5}\right)-(+0.6)+\left(+\frac{7}{3}\right)$
$=\left(+\frac{2}{5}\right)+\left(-\frac{3}{5}\right)+\left(+\frac{7}{3}\right)$
$=\left(-\frac{1}{5}\right)+\left(+\frac{7}{3}\right)=\frac{32}{15}$

따라서 계산 결과가 가장 작은 것은 ③이다.

11 $a=3-\left(-\frac{1}{4}\right)=3+\frac{1}{4}=\frac{12}{4}+\frac{1}{4}=\frac{13}{4}$

$b=-\frac{1}{6}+\frac{2}{3}=-\frac{1}{6}+\frac{4}{6}=\frac{3}{6}=\frac{1}{2}$

따라서 $a+b=\frac{13}{4}+\frac{1}{2}=\frac{13}{4}+\frac{2}{4}=\frac{15}{4}$

12 각 지역의 일교차를 구하면 다음과 같다.
서울 : $8-(-5)=8+5=13(°C)$
화천 : $5-(-10)=5+10=15(°C)$
대전 : $10-(-4)=10+4=14(°C)$
광주 : $13-1=12(°C)$
부산 : $15-5=10(°C)$
따라서 일교차가 가장 큰 지역은 화천이다.

13 $(-1.2)\times 9+(-6)\times(-1.2)+(-1.2)\times 7$ ⎤ ③
$=(-1.2)\times 9+(-1.2)\times(-6)+(-1.2)\times 7$ ⎤ ⑤
$=(-1.2)\times\{9+(-6)+7\}$ ⎤ ①
$=(-1.2)\times\{(-6)+9+7\}$ ⎤ ②
$=(-1.2)\times\{(-6)+16\}$
$=(-1.2)\times 10$
$=-12$
따라서 계산 과정에서 이용되지 않은 계산 법칙은 ④이다.

14 ① $\left(-\frac{5}{6}\right)\times(-3)=+\left(\frac{5}{6}\times 3\right)=\frac{5}{2}$

② $\left(+\frac{7}{4}\right)\times\left(+\frac{2}{3}\right)=+\left(\frac{7}{4}\times\frac{2}{3}\right)=\frac{7}{6}$

③ $\left(-\frac{8}{5}\right)\times\left(+\frac{3}{4}\right)=-\left(\frac{8}{5}\times\frac{3}{4}\right)=-\frac{6}{5}$

④ $(+12)\div\left(-\frac{16}{3}\right)=(+12)\times\left(-\frac{3}{16}\right)$
$=-\left(12\times\frac{3}{16}\right)=-\frac{9}{4}$

15 ㉠ − ㉡ × ㉢의 값이 가장 작은 수가 되려면 ㉠은 음수, ㉡은 양수, ㉢은 양수이어야 한다.
따라서 가장 작은 값은
$-\frac{5}{2}-\frac{2}{3}\times 6=-\frac{5}{2}-4=-\frac{5}{2}-\frac{8}{2}=-\frac{13}{2}$

16 $\left[5-\left\{\left(-\frac{3}{2}\right)^2\div\frac{3}{8}+3\right\}\times\frac{1}{6}\right]\div\left(-\frac{7}{4}\right)$
$=\left\{5-\left(\frac{9}{4}\div\frac{3}{8}+3\right)\times\frac{1}{6}\right\}\div\left(-\frac{7}{4}\right)$
$=\left\{5-\left(\frac{9}{4}\times\frac{8}{3}+3\right)\times\frac{1}{6}\right\}\div\left(-\frac{7}{4}\right)$
$=\left\{5-(6+3)\times\frac{1}{6}\right\}\div\left(-\frac{7}{4}\right)$
$=\left(5-\frac{3}{2}\right)\div\left(-\frac{7}{4}\right)=\frac{7}{2}\times\left(-\frac{4}{7}\right)=-2$

17 $\left(-\frac{3}{4}\right)^2\div\frac{9}{8}\times\square=-\frac{1}{3}$에서 $\frac{9}{16}\div\frac{9}{8}\times\square=-\frac{1}{3}$
$\frac{9}{16}\times\frac{8}{9}\times\square=-\frac{1}{3}$, $\frac{1}{2}\times\square=-\frac{1}{3}$
따라서 $\square=\left(-\frac{1}{3}\right)\div\frac{1}{2}=\left(-\frac{1}{3}\right)\times 2=-\frac{2}{3}$

18 $a\times b<0$이므로 a와 b는 다른 부호이다.
이때 $a-b<0$, 즉 $a<b$이므로 $a<0$, $b>0$
① $a<0$, $b>0$이고 $|a|>|b|$이므로 $a+b<0$
② $-a>0$, $b>0$이므로 $-a+b>0$
③ $-a>0$, $-b<0$이고 $|a|>|b|$이므로 $-a-b>0$
④ $|a|>0$, $-b<0$이고 $|a|>|b|$이므로 $|a|-b>0$
⑤ $|b|>0$, $-a>0$이므로 $|b|-a>0$
따라서 옳지 않은 것은 ③이다.

19 두 수 a, b의 절댓값이 같고 두 수를 나타내는 두 점 사이의 거리가 $\frac{14}{3}$이므로 두 점은 0을 나타내는 점으로부터 각각
$\frac{14}{3}\times\frac{1}{2}=\frac{7}{3}$만큼 떨어져 있다. …… ❶
따라서 두 수는 $\frac{7}{3}$, $-\frac{7}{3}$이고 $a>b$이므로 $a=\frac{7}{3}$ …… ❷

채점 기준	비율
❶ 두 점이 원점으로부터 떨어진 거리 구하기	70 %
❷ a의 값 구하기	30 %

20 어떤 수를 □라 하면 $\square\div\left(-\frac{4}{3}\right)=\frac{5}{12}$
$\square=\frac{5}{12}\times\left(-\frac{4}{3}\right)=-\frac{5}{9}$ …… ❶
따라서 바르게 계산한 답은
$-\frac{5}{9}-\left(-\frac{4}{3}\right)=-\frac{5}{9}+\frac{4}{3}=-\frac{5}{9}+\frac{12}{9}=\frac{7}{9}$ …… ❷

채점 기준	비율
❶ 어떤 수 구하기	50 %
❷ 바르게 계산한 답 구하기	50 %

3. 문자의 사용과 식

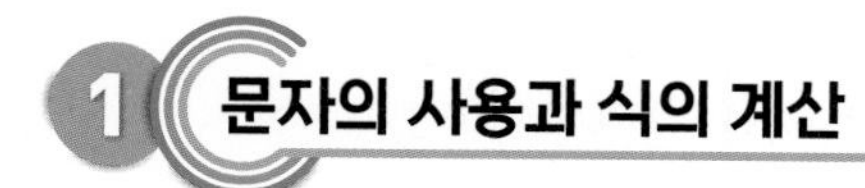

1 문자의 사용과 식의 계산 38~41쪽

유형 1 곱셈 기호의 생략

1 ③ 2 ⑤

2 ⑤ $0.1\times x\times x=0.1x^2$

유형 2 나눗셈 기호의 생략

3 ④

3 ④ $(-a)\div\frac{1}{8}\div b=(-a)\times8\times\frac{1}{b}=-\frac{8a}{b}$

유형 3 곱셈 기호와 나눗셈 기호의 생략

4 ③, ⑤ 5 ⑤

4 ① $a\times b\div c=a\times b\times\frac{1}{c}=\frac{ab}{c}$

② $a\div b\times c=a\times\frac{1}{b}\times c=\frac{ac}{b}$

③ $a\div b\div c=a\times\frac{1}{b}\times\frac{1}{c}=\frac{a}{bc}$

④ $a\times(b\div c)=a\times\frac{b}{c}=\frac{ab}{c}$

⑤ $a\div(b\times c)=a\div bc=\frac{a}{bc}$

따라서 기호를 생략하여 나타낸 식이 $\frac{a}{bc}$와 같은 것은 ③, ⑤이다.

5 ⑤ $x+(-8)\times y\div(-1)=x+(-8)\times y\times(-1)=x+8y$

유형 4 문자를 사용한 식 – 나이, 단위, 수

6 ④

6 ④ (두 자리 자연수)

$=10\times$(십의 자리의 숫자)+(일의 자리의 숫자)

$=10\times5+a=50+a$

유형 5 문자를 사용한 식 – 비율, 평균

7 $\frac{1}{20}a$원 8 $\frac{9b-4a}{5}$점

7 남은 돈은 $a\times\frac{1}{2}=\frac{1}{2}a$(원)

따라서 남은 돈의 10 %는 $\frac{1}{2}a\times\frac{10}{100}=\frac{1}{20}a$(원)

8 (A반의 총점)$=20\times a=20a$(점)

(두 반 전체의 총점)$=45\times b=45b$(점)이므로

(B반의 총점)$=45b-20a$(점)

따라서 (B반의 평균 점수)$=\frac{45b-20a}{25}=\frac{9b-4a}{5}$(점)

유형 6 문자를 사용한 식 – 가격

9 ⑤

9 ⑤ $1000-1000\times\frac{x}{100}=1000-10x$(원)

유형 7 문자를 사용한 식 – 도형

10 ⑤ 11 성원, 영서

10 (직육면체의 겉넓이)=(이웃한 세 면의 넓이의 합)$\times2$

$=(2\times x+2\times y+x\times y)\times2$

$=2(2x+2y+xy)(\text{cm}^2)$

11 승현 : 밑변의 길이가 a cm, 높이가 b cm인 삼각형의 넓이는

$\frac{1}{2}\times a\times b=\frac{ab}{2}(\text{cm}^2)$

정수 : 한 모서리의 길이가 a cm인 정육면체의 겉넓이는

$6\times a^2=6a^2(\text{cm}^2)$

따라서 옳게 말한 학생은 성원, 영서이다.

유형 8 문자를 사용한 식 – 거리, 속력, 시간

12 ②, ④ 13 ④ 14 $\left(\frac{a}{15}+\frac{b}{20}\right)$km

12 ② x km의 거리를 3시간 동안 일정한 속력으로 달렸을 때의 속력은 시속 $\frac{x}{3}$ km이다.

④ 분속 40 m로 x km 간 것은 분속 40 m로 $1000x$ m 간 것과 같으므로 걸린 시간은 $\frac{1000x}{40}=25x$(분)이다.

13 (거리)=(속력)×(시간)이므로 선아가 시속 5 km로 x시간 동안 걸어간 거리는 $5\times x=5x$(km)이다.

이때 집에서 할머니 댁까지의 거리는 8 km이므로 남은 거리는 $(8-5x)$ km이다.

14 준석이가 집에서 출발하여 처음 a분 동안 걸은 거리는

$4\times\frac{a}{60}=\frac{a}{15}$(km), 다음 b분 동안 걸은 거리는

$3\times\frac{b}{60}=\frac{b}{20}$(km)이므로 집에서 도서관까지의 거리는

$\left(\frac{a}{15}+\frac{b}{20}\right)$km이다.

유형 9 문자를 사용한 식 – 농도

15 ㄱ, ㄷ **16** ⑤

15 ㄴ. $(\text{소금의 양})=\frac{(\text{소금물의 농도})}{100}\times(\text{소금물의 양})$이므로

$\frac{5}{100}\times x=\frac{x}{20}$ (g)

따라서 옳은 것은 ㄱ, ㄷ이다.

16 $(\text{설탕의 양})=\frac{(\text{설탕물의 농도})}{100}\times(\text{설탕물의 양})$이므로

$\frac{3}{100}\times x+\frac{5}{100}\times y=\frac{3}{100}x+\frac{1}{20}y$(g)

유형 10 식의 값

17 ④ **18** -2 **19** -16

17 ① $3a+2b=3\times2+2\times(-3)=6-6=0$

② $a^2+b^2=2^2+(-3)^2=4+9=13$

③ $a^2+b=2^2+(-3)=4-3=1$

④ $a+b^2-b=2+(-3)^2-(-3)=2+9+3=14$

⑤ $-2a+3b=-2\times2+3\times(-3)=-4-9=-13$

따라서 식의 값이 가장 큰 것은 ④이다.

18 $\frac{-2x+8y}{x^2+y^2}=\frac{-2\times1+8\times(-4)}{1^2+(-4)^2}=\frac{-2-32}{1+16}=\frac{-34}{17}=-2$

19 $\frac{1}{a}-\frac{2}{b}+\frac{3}{c}=1\div a-2\div b+3\div c$

$=1\div\left(-\frac{1}{4}\right)-2\div\frac{1}{3}+3\div\left(-\frac{1}{2}\right)$

$=1\times(-4)-2\times3+3\times(-2)$

$=-4-6-6=-16$

유형 11 식의 값의 활용

20 ⑤ **21** 12 ℃ **22** (1) ab cm² (2) 70 cm²

20 $\frac{36}{5}a-32$에 $a=30$을 대입하면 $\frac{36}{5}\times30-32=216-32=184$

따라서 기온이 30 ℃일 때, 귀뚜라미가 1분 동안 우는 횟수는 184이다.

21 지면으로부터 높이가 1 km 높아질 때마다 기온은 6 ℃씩 낮아지고 현재 지면의 온도가 24 ℃이므로 지면으로부터 높이가 x km인 곳의 기온은 $(24-6x)$ ℃

$24-6x$에 $x=2$를 대입하면

$24-6\times2=24-12=12$

따라서 지면으로부터 높이가 2 km인 곳의 기온은 12 ℃이다.

22 (1) (직사각형의 넓이)=(가로의 길이)×(세로의 길이)

$=a\times b=ab(\text{cm}^2)$ …… ❶

(2) ab에 $a=10$, $b=7$을 대입하면 $10\times7=70$

따라서 직사각형의 넓이는 70 cm²이다. …… ❷

채점 기준	비율
❶ 직사각형의 넓이를 a, b를 사용한 식으로 나타내기	50 %
❷ $a=10$, $b=7$일 때, 직사각형의 넓이 구하기	50 %

2 일차식과 수의 곱셈, 나눗셈

42쪽

유형 12 다항식

23 ③ **24** ① **25** ④, ⑤

24 다항식 $3x^2-4x+5$의 차수는 2, x의 계수는 -4, 상수항은 5이다.

따라서 $a=2$, $b=-4$, $c=5$이므로

$a+b+c=2+(-4)+5=3$

25 ① $3x^2y$는 단항식이므로 다항식이다.

② $5x-2y$의 항은 $5x$, $-2y$의 2개이다.

③ x^2+4x-1의 차수는 2이다.

따라서 옳은 것은 ④, ⑤이다.

유형 13 일차식

26 ④, ⑤

26 ④ 다항식의 차수가 2이므로 일차식이 아니다.

⑤ x, y가 분모에 있으므로 일차식이 아니다.

따라서 일차식이 아닌 것은 ④, ⑤이다.

유형 14 일차식과 수의 곱셈, 나눗셈

27 ⑤ **28** ④

27 $-4(2x-1)=-8x+4$

① $2\left(x-\frac{1}{2}\right)=2x-1$

② $4(2x+1)=8x+4$

③ $(8x-4)\times\left(-\frac{1}{2}\right)=-4x+2$

④ $(-32x-16)\div4=-8x-4$

⑤ $(6x-3)\div\left(-\frac{3}{4}\right)=(6x-3)\times\left(-\frac{4}{3}\right)=-8x+4$

따라서 계산 결과가 $-4(2x-1)$과 같은 것은 ⑤이다.

28 ① $2x\times(-5)=-10x$

② $(-3)\div(-7y)=\frac{3}{7y}$

③ $9(a+2)=9a+18$

⑤ $\left(x-\frac{1}{8}\right)\div\frac{1}{8}=\left(x-\frac{1}{8}\right)\times8=8x-1$

따라서 계산 결과가 옳은 것은 ④이다.

3 일차식의 덧셈과 뺄셈 43~46쪽

유형 15 동류항

29 ⑤ 30 ②

29 ① 분모에 문자가 있으면 다항식이 아니므로 동류항이 아니다.

②, ④ 문자는 같지만 차수가 다르므로 동류항이 아니다.

③ 차수는 같지만 문자가 다르므로 동류항이 아니다.

30 $\frac{2x}{7}$와 동류항인 것은 $-2x$, $-\frac{x}{4}$, $0.7x$의 3개이다.

유형 16 일차식의 덧셈과 뺄셈

31 ④ 32 -1

31 ③ $3(4-3x)+4(5x-2)=12-9x+20x-8=11x+4$

④ $(3x+2)-(6x-3)=3x+2-6x+3=-3x+5$

⑤ $(1-4x)-3(1-4x)=1-4x-3+12x=8x-2$

따라서 계산 결과가 옳지 않은 것은 ④이다.

32 $-\frac{1}{4}(8x-12)+(24x-18)\div(-3)$

$=-2x+3-8x+6=-10x+9$ …… ❶

x의 계수는 -10, 상수항은 9이므로 $A=-10$, $B=9$ …… ❷

따라서 $A+B=-10+9=-1$ …… ❸

채점 기준	비율
❶ 주어진 식 계산하기	60 %
❷ A, B의 값 각각 구하기	20 %
❸ $A+B$의 값 구하기	20 %

유형 17 일차식이 되기 위한 조건

33 -5 34 ② 35 ③

33 $5x^2-3x+1+ax^2+2x+2=(5+a)x^2-x+3$

위의 식이 x에 대한 일차식이 되어야 하므로

$5+a=0$에서 $a=-5$

34 $ax^2-x+5+4x^2-bx+1=(a+4)x^2+(-1-b)x+6$

위의 식이 x에 대한 일차식이 되어야 하므로

$a+4=0$, $-1-b\neq0$에서 $a=-4$, $b\neq-1$

35 $3x^2-6x-ax^2+2=(3-a)x^2-6x+2$

위의 식이 x에 대한 일차식이므로

$3-a=0$에서 $a=3$

$2bx-5+8x=(2b+8)x-5$

위의 식이 x에 대한 일차식이므로

$2b+8\neq0$에서 $b\neq-4$

유형 18 괄호가 여러 개인 일차식의 덧셈과 뺄셈

36 ② 37 ④ 38 3

36 $5x-\{2x-3-4(2-x)\}=5x-(2x-3-8+4x)$

$=5x-(6x-11)=5x-6x+11=-x+11$

37 $3(5x-3)-\{2x-(7-2x)+3\}$

$=15x-9-(2x-7+2x+3)$

$=15x-9-(4x-4)$

$=15x-9-4x+4=11x-5$

따라서 x의 계수는 11이고 상수항은 -5이다.

38 $12x-[10x-\{5-3x-2(x-2)\}]$

$=12x-\{10x-(5-3x-2x+4)\}$

$=12x-\{10x-(-5x+9)\}$

$=12x-(10x+5x-9)=12x-(15x-9)$

$=12x-15x+9=-3x+9$

따라서 $a=-3$, $b=9$이므로

$2a+b=2\times(-3)+9=-6+9=3$

유형 19 분수 꼴인 일차식의 덧셈과 뺄셈

39 ⑤ 40 $\frac{1}{5}$ 41 ①

39 $\frac{x+3}{2}+\frac{2x+1}{3}=\frac{3(x+3)+2(2x+1)}{6}$

$=\frac{3x+9+4x+2}{6}$

$=\frac{7x+11}{6}=\frac{7}{6}x+\frac{11}{6}$

40 $0.4(2x-1)-\frac{5x-3}{4}-1$

$=\frac{2}{5}(2x-1)-\frac{5x-3}{4}-1=\frac{8(2x-1)-5(5x-3)-20}{20}$

$=\frac{16x-8-25x+15-20}{20}=\frac{-9x-13}{20}$

$=-\frac{9}{20}x-\frac{13}{20}$ …… ❶

따라서 $a=-\frac{9}{20}$, $b=-\frac{13}{20}$이므로 …… ❷

$a-b=-\frac{9}{20}-\left(-\frac{13}{20}\right)=-\frac{9}{20}+\frac{13}{20}=\frac{4}{20}=\frac{1}{5}$ …… ❸

채점 기준	비율
❶ 주어진 식 계산하기	60 %
❷ a, b의 값 각각 구하기	20 %
❸ $a-b$의 값 구하기	20 %

41 $0.2\left(\frac{3-x}{2}\right)-\frac{2x+3}{8}$

$=\frac{1}{5}\left(\frac{3-x}{2}\right)-\frac{2x+3}{8}=\frac{-x+3}{10}-\frac{2x+3}{8}$

$=\frac{4(-x+3)-5(2x+3)}{40}=\frac{-4x+12-10x-15}{40}$

$=\frac{-14x-3}{40}=-\frac{7}{20}x-\frac{3}{40}$

따라서 x의 계수는 $-\frac{7}{20}$이고 상수항은 $-\frac{3}{40}$이므로 구하는 합은

$-\frac{7}{20}+\left(-\frac{3}{40}\right)=-\frac{14}{40}+\left(-\frac{3}{40}\right)=-\frac{17}{40}$

유형 20 일차식의 덧셈과 뺄셈의 활용 – 도형

42 ⑤ **43** $10x-8$ **44** $10a+8b+4$

42

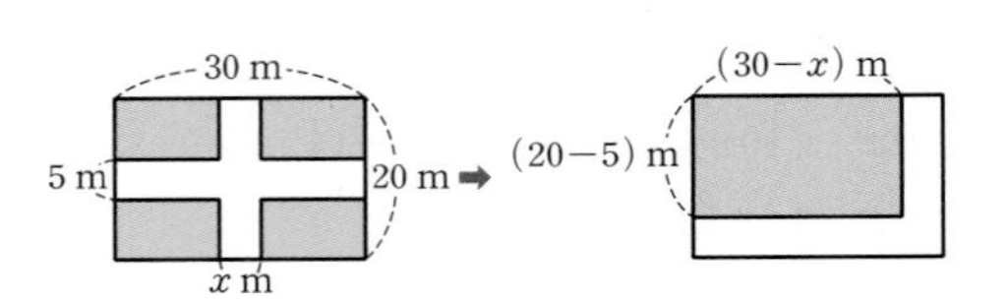

(밭의 넓이)$=(30-x)\times(20-5)$

$=(30-x)\times 15=450-15x(\text{m}^2)$

43 (가로의 길이)$=(4x-1)-(x+5)=3x-6$

(세로의 길이)$=(4x-1)-(2x-3)=2x+2$

따라서 직사각형의 둘레의 길이는

$2\{(3x-6)+(2x+2)\}=2(5x-4)=10x-8$

44

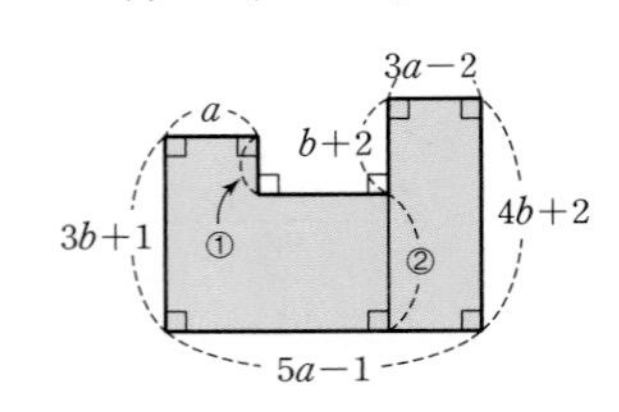

(①의 길이)$=(3b+1)-$(②의 길이)

$=(3b+1)-\{(4b+2)-(b+2)\}$

$=(3b+1)-3b=1$

따라서 도형의 둘레의 길이는

$2(5a-1)+(4b+2)+(3b+1)+(b+2)+1$

$=10a-2+8b+6=10a+8b+4$

유형 21 문자에 일차식 대입하기

45 ③ **46** $-3x+4$ **47** ④

45 $3(A+B)-2(A-B)=3A+3B-2A+2B=A+5B$

$=(3x+5)+5(-2x+1)$

$=3x+5-10x+5=-7x+10$

46 $\frac{1}{3}A+B-C=\frac{1}{3}(3-x)+\left(-\frac{2}{3}x+2\right)-(2x-1)$

$=1-\frac{1}{3}x-\frac{2}{3}x+2-2x+1=-3x+4$

47 $2(x◎y)-5(x⊙y)=2(6x-2y)-5(3x-4y)$

$=12x-4y-15x+20y=-3x+16y$

따라서 x의 계수는 -3이고 y의 계수는 16이므로 구하는 합은

$-3+16=13$

유형 22 □ 안에 알맞은 식 구하기

48 ① **49** $-3x-7y$ **50** $4x+2$

48 $2(x-7)-\square=-5x-13$에서

$\square=2(x-7)-(-5x-13)$

$=2x-14+5x+13=7x-1$

따라서 $a=7$, $b=-1$이므로 $ab=7\times(-1)=-7$

49 어떤 다항식을 □라 하면

$\square+(4x+2y)=-2x-3y$에서

$\square=-2x-3y-(4x+2y)$

$=-2x-3y-4x-2y=-6x-5y$

따라서 구하는 식은 $-6x-5y+(3x-2y)=-3x-7y$

50 (가)에 의하여 $A+(3x+7)=-x+6$이므로

$A=-x+6-(3x+7)=-x+6-3x-7=-4x-1$ …… ❶

(나)에 의하여 $B-(6x-5)=2x+8$이므로

$B=2x+8+(6x-5)=2x+8+6x-5=8x+3$ …… ❷

따라서 $A+B=(-4x-1)+(8x+3)=4x+2$ …… ❸

채점 기준	비율
❶ 다항식 A 구하기	40 %
❷ 다항식 B 구하기	40 %
❸ $A+B$ 계산하기	20 %

유형 23 바르게 계산한 식 구하기

51 $-12x+18$ **52** ④ **53** $2x+4$

51 어떤 다항식을 $\square$라 하면
$\square+(3x-7)=-6x+4$에서
$\square=-6x+4-(3x-7)$
$=-6x+4-3x+7=-9x+11$
따라서 바르게 계산한 식은
$-9x+11-(3x-7)=-9x+11-3x+7=-12x+18$

52 어떤 다항식을 $\square$라 하면
$\square-(2x-5)=4x+3$에서
$\square=4x+3+(2x-5)=6x-2$
따라서 바르게 계산한 식은 $6x-2+(2x-5)=8x-7$

53 어떤 일차식을 $ax+b$ (a, b는 상수)라 하면
정희는 일차항을 바르게 계산한 것이므로
$ax-7x=2x$에서 $ax=2x+7x=9x$, $a=9$
미영이는 상수항을 바르게 계산한 것이므로
$b-(-2)=4$에서 $b=4+(-2)=2$
따라서 바르게 계산한 식은
$(9x+2)-(7x-2)=9x+2-7x+2=2x+4$

중단원 핵심유형 테스트 47~49쪽

1 ④	**2** ⑤	**3** ④	**4** $(30-55x)$ km	
5 ②	**6** ②	**7** ①	**8** ③	**9** 10 °C
10 18	**11** ②, ④	**12** ①	**13** ⑤	**14** 4
15 ③	**16** $3x-23$	**17** ①, ④	**18** $A=-x$, $B=5x-2$	
19 $-\frac{17}{35}$	**20** $\frac{5}{3}x+\frac{1}{3}$			

2 ① $0.01\times a=0.01a$ ② $x\times x\times x=x^3$
③ $a\div 3\times b=a\times\frac{1}{3}\times b=\frac{ab}{3}$ ④ $x-y\div 5=x-\frac{y}{5}$

3 (사다리꼴의 넓이)$=\frac{1}{2}\times(x+y)\times 8=4(x+y)(\text{cm}^2)$

4 (거리)=(속력)×(시간)이므로 남은 거리는
$30-55\times x=30-55x(\text{km})$

5 ② $7000-7000\times\frac{x}{100}=7000-70x$(원)

6 $\frac{2ab}{a+b}=\frac{2\times 3\times(-1)}{3+(-1)}=\frac{-6}{2}=-3$

7 ① $1-a=1-\frac{1}{2}=\frac{1}{2}$
② $2a-1=2\times\frac{1}{2}-1=1-1=0$
③ $2(a-1)=2\times\left(\frac{1}{2}-1\right)=2\times\left(-\frac{1}{2}\right)=-1$
④ $4a-5=4\times\frac{1}{2}-5=2-5=-3$
⑤ $a^2-a=\left(\frac{1}{2}\right)^2-\frac{1}{2}=\frac{1}{4}-\frac{2}{4}=-\frac{1}{4}$
따라서 식의 값이 가장 큰 것은 ①이다.

8 $\frac{5}{x}-\frac{3}{y}+\frac{1}{z}=5\div x-3\div y+1\div z$
$=5\div\frac{1}{2}-3\div\frac{1}{4}+1\div\left(-\frac{1}{6}\right)$
$=5\times 2-3\times 4+1\times(-6)$
$=10-12-6=-8$

9 $\frac{5}{9}(x-32)$에 $x=50$을 대입하면
$\frac{5}{9}\times(50-32)=\frac{5}{9}\times 18=10$
따라서 화씨 50 °F는 섭씨 10 °C이다.

10 다항식 $4x^2-7x+9$의 차수는 2, x의 계수는 -7, 상수항은 9이다. 따라서 $a=2$, $b=-7$, $c=9$이므로
$a-b+c=2-(-7)+9=18$

11 ① $(4-x)\times 2=8-2x$
③ $\frac{30x+5}{5}=6x+1$
⑤ $(-6x+12)\div\left(-\frac{3}{4}\right)=(-6x+12)\times\left(-\frac{4}{3}\right)=8x-16$

12 ㄷ. 문자는 같지만 차수가 다르므로 동류항이 아니다.
ㄹ. 차수는 같지만 문자가 다르므로 동류항이 아니다.
따라서 동류항끼리 짝 지어진 것은 ㄱ, ㄴ이다.

13 $3x-4y-1+2x-y+5=(3+2)x-(4+1)y-1+5$
$=5x-5y+4$

14 $x-\left[0.5x-\frac{1}{2}\{3-x-(4x-1)\}\right]$
$=x-\left\{\frac{1}{2}x-\frac{1}{2}(3-x-4x+1)\right\}$
$=x-\left\{\frac{1}{2}x-\frac{1}{2}(-5x+4)\right\}$
$=x-\left(\frac{1}{2}x+\frac{5}{2}x-2\right)=x-(3x-2)$
$=x-3x+2=-2x+2$
따라서 $a=-2$, $b=2$이므로
$a+3b=-2+3\times 2=-2+6=4$

15 오른쪽 그림과 같이 2개의 사각형으로 나누면

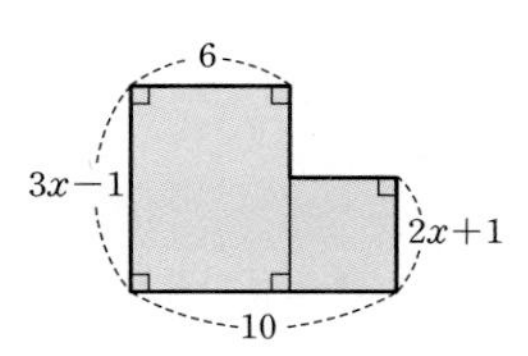

(도형의 넓이)
$=6(3x-1)+4(2x+1)$
$=18x-6+8x+4=26x-2$

연습책

16 $A=5x-3$, $B=\frac{1}{2}x+5$이므로

$A-4B=(5x-3)-4\left(\frac{1}{2}x+5\right)$

$=5x-3-2x-20=3x-23$

17 $6(2x-3)-\square=7x+2$에서

$\square=6(2x-3)-(7x+2)$

$=12x-18-7x-2=5x-20$

① 항이 2개이므로 다항식이다.

④ x의 계수는 5이다.

18 오른쪽 위로 향하는 대각선에 놓인 세 식의 합은

$(3x-4)+(2x-1)+(x+2)=6x-3$

세 번째 세로줄에서

$(x+2)+(-3)+B=6x-3$, $x-1+B=6x-3$

$B=6x-3-(x-1)=6x-3-x+1=5x-2$

오른쪽 아래로 향하는 대각선에서

$A+(2x-1)+B=6x-3$

$A+(2x-1)+(5x-2)=6x-3$, $A+7x-3=6x-3$

$A=6x-3-(7x-3)=6x-3-7x+3=-x$

19 $\frac{3x-4}{5}-\frac{5x-3}{7}=\frac{7(3x-4)-5(5x-3)}{35}$

$=\frac{21x-28-25x+15}{35}$

$=\frac{-4x-13}{35}=-\frac{4}{35}x-\frac{13}{35}$ …… ❶

따라서 x의 계수는 $-\frac{4}{35}$이고 상수항은 $-\frac{13}{35}$이므로 …… ❷

구하는 합은 $-\frac{4}{35}+\left(-\frac{13}{35}\right)=-\frac{17}{35}$ …… ❸

채점 기준	비율
❶ 주어진 식 계산하기	60 %
❷ x의 계수와 상수항 각각 구하기	20 %
❸ x의 계수와 상수항의 합 구하기	20 %

20 어떤 다항식을 $\square$라 하면

$\square-\left(\frac{3}{4}x+\frac{1}{2}\right)=\frac{1}{6}x-\frac{2}{3}$에서

$\square=\frac{1}{6}x-\frac{2}{3}+\left(\frac{3}{4}x+\frac{1}{2}\right)$

$=\frac{2}{12}x+\frac{9}{12}x-\frac{4}{6}+\frac{3}{6}=\frac{11}{12}x-\frac{1}{6}$ …… ❶

따라서 바르게 계산한 식은

$\frac{11}{12}x-\frac{1}{6}+\left(\frac{3}{4}x+\frac{1}{2}\right)=\frac{11}{12}x+\frac{9}{12}x-\frac{1}{6}+\frac{3}{6}$

$=\frac{20}{12}x+\frac{2}{6}=\frac{5}{3}x+\frac{1}{3}$ …… ❷

채점 기준	비율
❶ 어떤 다항식 구하기	50 %
❷ 바르게 계산한 식 구하기	50 %

4. 일차방정식

1 등식과 방정식

50~51쪽

유형 1 등식

1 ⑤

1 등식은 등호를 사용하여 수나 식이 서로 같음을 나타낸 식이므로 등식인 것은 ⑤이다.

유형 2 문장을 등식으로 나타내기

2 $3000-400x=200$ 3 ⑤

3 ⑤ $15-4x=3$

유형 3 방정식의 해

4 ③ 5 $x=2$ 6 ⑤

4 주어진 방정식에 $x=3$을 대입하면 다음과 같다.

① $3+3\neq5$ ② $3\times3-2\neq4$

③ $3+5=3\times3-1$ ④ $2\times3+3\neq6-3$

⑤ $2\times3-1\neq8-2\times3$

따라서 $x=3$을 해로 갖는 것은 ③이다.

5 x의 값이 0, 1, 2, 3이므로 $\frac{1}{2}(x+2)=2x-2$에

$x=0$을 대입하면 $\frac{1}{2}\times(0+2)\neq2\times0-2$

$x=1$을 대입하면 $\frac{1}{2}\times(1+2)\neq2\times1-2$

$x=2$를 대입하면 $\frac{1}{2}\times(2+2)=2\times2-2$

$x=3$을 대입하면 $\frac{1}{2}\times(3+2)\neq2\times3-2$

따라서 주어진 방정식의 해는 $x=2$이다.

6 ① $x+6=4$에 $x=1$을 대입하면 $1+6\neq4$

② $2x-1=3$에 $x=-2$를 대입하면 $2\times(-2)-1\neq3$

③ $5x+4=2x-4$에 $x=0$을 대입하면 $5\times0+4\neq2\times0-4$

④ $10-x=3x+6$에 $x=-1$을 대입하면

$10-(-1)\neq3\times(-1)+6$

⑤ $2(2x+1)=5x-1$에 $x=3$을 대입하면

$2\times(2\times3+1)=5\times3-1$

따라서 [ ] 안의 수가 주어진 방정식의 해인 것은 ⑤이다.

유형 4 항등식

7 ④ 8 2개 9 ④

7 ④ (좌변)$=3(2x+1)=6x+3$
즉, (좌변)=(우변)이므로 항등식이다.
⑤ (좌변)$=-2(x+2)+1=-2x-4+1=-2x-3$
즉, (좌변)≠(우변)이므로 항등식이 아니다.
따라서 항등식인 것은 ④이다.

8 ㄱ. 일차식 ㄴ. 방정식 ㄷ. 등식이 아니다.
ㄹ. $9-2x=2x+9$에서 $-4x=0$이므로 방정식이다.
ㅁ. (좌변)$=5(x-2)=5x-10$
즉, (좌변)=(우변)이므로 항등식이다.
ㅂ. (우변)$=3x+5+x=4x+5$
즉, (좌변)=(우변)이므로 항등식이다.
따라서 항등식인 것은 ㅁ, ㅂ의 2개이다.

9 (좌변)$=5(1-x)+3=5-5x+3=-5x+8$
즉, (좌변)=(우변)이므로 항등식이다.
항등식은 모든 x의 값에 대하여 항상 참이다.
따라서 옳은 것은 ④이다.

유형 5 항등식이 되기 위한 조건

10 ④ **11** -2 **12** $x+6$

10 등식 $2x+a=bx+3$이 x에 대한 항등식이므로 $a=3$, $b=2$
따라서 $a+b=3+2=5$

11 모든 x의 값에 대하여 항상 참인 등식은 항등식이다.
(좌변)$=2(5-x)-7=10-2x-7=3-2x$ …… ❶
이때 주어진 등식이 x에 대한 항등식이므로
$3-2x=3+ax$에서 $a=-2$ …… ❷

채점 기준	비율
❶ 좌변 간단히 하기	60 %
❷ a의 값 구하기	40 %

12 x의 값에 관계없이 항상 성립하는 등식은 항등식이다.
(좌변)$=2x-3(x-2)=2x-3x+6=-x+6$
이때 주어진 등식이 x에 대한 항등식이므로
$-x+6=-2x+$㉠에서 ㉠$=x+6$

2 일차방정식의 풀이 52~56쪽

유형 6 등식의 성질

13 ②, ④ **14** ㄴ, ㄹ **15** ④

13 ② $a=b$의 양변에 b를 더하면 $a+b=b+b$, $a+b=2b$
④ $2a=b$의 양변을 2로 나누면 $\frac{2a}{2}=\frac{b}{2}$, $a=\frac{b}{2}$
따라서 옳지 않은 것은 ②, ④이다.

14 ㄱ. $2a=3b$의 양변을 4로 나누면 $\frac{1}{2}a=\frac{3}{4}b$
양변에 1을 더하면 $\frac{1}{2}a+1=\frac{3}{4}b+1$
ㄷ. $2a=3b$의 양변을 12로 나누면 $\frac{1}{6}a=\frac{1}{4}b$
따라서 옳은 것은 ㄴ, ㄹ이다.

15 ① $2a=3$의 양변에 -1을 곱하면 $-2a=-3$
양변에 6을 더하면 $6-2a=\boxed{3}$
② $\frac{b}{2}=3$의 양변에 2를 곱하면 $b=6$
양변에서 3을 빼면 $b-3=\boxed{3}$
③ $3c=5$의 양변에 1을 더하면 $3c+1=6$
양변에 $\frac{1}{2}$을 곱하면 $\frac{1}{2}(3c+1)=\boxed{3}$
④ $-\frac{2}{3}x=5$의 양변에 2를 곱하면 $-\frac{4}{3}x=10$
양변에서 5를 빼면 $-\frac{4}{3}x-5=\boxed{5}$
⑤ $4y=6$의 양변을 2로 나누면 $2y=\boxed{3}$
따라서 □ 안에 알맞은 수가 나머지 넷과 다른 하나는 ④이다.

유형 7 등식의 성질을 이용한 방정식의 풀이

16 (가) ㄴ (나) ㄹ **17** ㉠ **18** ㉡

16 $2x+3=9$의 양변에서 3을 빼면(ㄴ) $2x=6$
양변을 2로 나누면(ㄹ) $x=3$
따라서 (가), (나)에서 이용한 등식의 성질은 각각 ㄴ, ㄹ이다.

17 $\frac{4x-1}{3}=5$의 양변에 3을 곱하면 $4x-1=15$
양변에 1을 더하면 $4x=16$
양변을 4로 나누면 $x=4$
따라서 등식의 성질 '$a=b$이면 $ac=bc$이다.'를 이용한 곳은 ㉠이다.

18 ㉠ 양변에 3을 곱한다. ㉡ 양변에 3을 더한다.
㉢ 양변을 2로 나눈다.
주어진 그림에서 설명하는 등식의 성질은 '등식의 양변에 같은 수를 더하여도 등식은 성립한다.'이다.
따라서 그림에서 설명하는 등식의 성질을 이용한 곳은 ㉡이다.

유형 8 이항

19 ② **20** ④ **21** 5

19 $3x\underline{+4}=2$의 양변에서 4를 빼거나 양변에 -4를 더하면
$3x=2-4$이므로 $+4$를 이항한 것과 같다.

연습책

20 ① $x\underline{+2}=7$ ➡ $x=7-2$

② $4x=\underline{3x}-5$ ➡ $4x-3x=-5$

③ $3x\underline{+2}=\underline{x}-6$ ➡ $3x-x=-6-2$

⑤ $\underline{4}-x=\underline{3x}+8$ ➡ $-x-3x=8-4$

따라서 밑줄 친 항을 바르게 이항한 것은 ④이다.

21 $4x-5=3x+1$에서 -5를 우변으로, $3x$를 좌변으로 이항하면

$4x-3x=1+5$, $x=6$ …… ❶

따라서 $a=1$, $b=6$이므로 $b-a=6-1=5$ …… ❷

채점 기준	비율
❶ $ax=b$의 꼴로 나타내기	60 %
❷ $b-a$의 값 구하기	40 %

유형 9 일차방정식

22 ②, ⑤ **23** $a\neq3$ **24** 수찬, 하준

22 ① $x-2$는 일차식이다.

② $x+3=6$에서 $x-3=0$이므로 일차방정식이다.

③ $x^2+4x+1=0$의 좌변이 일차식이 아니므로 일차방정식이 아니다.

④ $7-2x=x+7-3x$에서 $7-2x=7-2x$이므로 항등식이다.

⑤ $2(x-3)=x+3$에서 $2x-6=x+3$

즉, $x-9=0$이므로 일차방정식이다.

따라서 일차방정식인 것은 ②, ⑤이다.

23 $3x+5=ax+1$에서 $(3-a)x+4=0$

이 식이 x에 대한 일차방정식이 되려면 $3-a\neq0$이어야 하므로

$a\neq3$

24 미수 : $2x-9$는 등식이 아니므로 x에 대한 일차방정식이 아니다.

선영 : $ax-1=0$은 $a\neq0$일 때에만 x에 대한 일차방정식이다.

따라서 바르게 설명한 학생은 수찬, 하준이다.

유형 10 괄호가 있는 일차방정식의 풀이

25 1 **26** ② **27** 4

25 ㄱ. $2x+1=x+6$에서 $x=5$

ㄴ. $3(x-2)=2(x-3)$에서 $3x-6=2x-6$, $x=0$

ㄷ. $-2(x-1)=x+5$에서 $-2x+2=x+5$

$-3x=3$, $x=-1$

ㄹ. $4x+3=2x-1$에서 $2x=-4$, $x=-2$

ㅁ. $5(x+1)=3x-3$에서 $5x+5=3x-3$

$2x=-8$, $x=-4$

따라서 $a=5$, $b=-4$이므로 $a+b=5+(-4)=1$

26 $4x-\{3x-(x+7)\}=10$에서

$4x-(3x-x-7)=10$, $4x-(2x-7)=10$

$2x=3$, $x=\frac{3}{2}$, 즉 $a=\frac{3}{2}$

따라서 $\frac{4}{3}a+3=\frac{4}{3}\times\frac{3}{2}+3=5$

27 $10-3(x-a)=4x+1$에 $x=3$을 대입하면

$10-3(3-a)=12+1$, $10-9+3a=13$

$3a=12$, $a=4$

유형 11 계수가 소수인 일차방정식의 풀이

28 ⑤ **29** 2 **30** $x=-2$

28 $0.2(x+1)=0.3x-0.4$의 양변에 10을 곱하면

$2(x+1)=3x-4$, $2x+2=3x-4$

$-x=-6$, $x=6$

29 $0.5x-1.6=0.3x-1$의 양변에 10을 곱하면

$5x-16=3x-10$, $2x=6$

$x=3$, 즉 $a=3$ …… ❶

$2(x+2)-1=-x$에서 $2x+4-1=-x$

$3x=-3$, $x=-1$, 즉 $b=-1$ …… ❷

따라서 $a+b=3+(-1)=2$ …… ❸

채점 기준	비율
❶ a의 값 구하기	40 %
❷ b의 값 구하기	40 %
❸ $a+b$의 값 구하기	20 %

30 $0.2x+0.65=0.3x+0.15$의 양변에 100을 곱하면

$20x+65=30x+15$, $-10x=-50$, $x=5$

즉, $a=5$

이때 일차방정식 $5x+2=x-6$에서

$4x=-8$, $x=-2$

유형 12 계수가 분수인 일차방정식의 풀이

31 ① **32** ② **33** -9 **34** 3 **35** $x=4$

36 $x=-1$ **37** $x=\frac{28}{5}$

31 $\frac{2}{5}x-1=\frac{1}{2}x-\frac{7}{10}$의 양변에 분모의 최소공배수 10을 곱하면

$4x-10=5x-7$, $-x=3$, $x=-3$

32 $\frac{3x-2}{2}=\frac{1-x}{3}-5$의 양변에 분모의 최소공배수 6을 곱하면

$3(3x-2)=2(1-x)-30$

$9x-6=2-2x-30$, $11x=-22$

$x=-2$

33 $\frac{3}{2}x+0.5=\frac{1}{2}(x-1)$의 양변에 2를 곱하면

$3x+1=x-1$, $2x=-2$, $x=-1$

이때 두 일차방정식의 해가 서로 같으므로
$4x-6=x+a$에 $x=-1$을 대입하면
$-4-6=-1+a$, $-a=9$, $a=-9$

34 $0.1(x+3)-0.2x=0.9$의 양변에 10을 곱하면
$(x+3)-2x=9$, $-x=6$, $x=-6$, 즉 $a=-6$
또, $\frac{x-1}{3}-\frac{2x+3}{4}=-1$의 양변에 분모의 최소공배수 12를 곱하면
$4(x-1)-3(2x+3)=-12$, $4x-4-6x-9=-12$
$-2x=1$, $x=-\frac{1}{2}$, 즉 $b=-\frac{1}{2}$
따라서 $ab=(-6)\times\left(-\frac{1}{2}\right)=3$

35 $0.3(x-4)=\frac{1}{4}(2x+1)$의 양변에 20을 곱하면
$6(x-4)=5(2x+1)$, $6x-24=10x+5$
$-4x=29$, $x=-\frac{29}{4}$, 즉 $a=-\frac{29}{4}$
이때 $-\frac{29}{4}x+29=0$에서 $-\frac{29}{4}x=-29$, $x=4$

36 $\frac{x}{2}-[3x+2\{x-0.2(x-1)\}]=3.7$에서
$\frac{x}{2}-\{3x+2(x-0.2x+0.2)\}=3.7$
$\frac{x}{2}-\{3x+2(0.8x+0.2)\}=3.7$
$\frac{x}{2}-(3x+1.6x+0.4)=3.7$, $\frac{x}{2}-4.6x-0.4=3.7$
양변에 10을 곱하면 $5x-46x-4=37$
$-41x=41$, $x=-1$

37 a를 $-a$로 잘못 보았으므로
$-\frac{a}{4}x-(x-1)=-0.4$에 $x=\frac{4}{5}$를 대입하면
$-\frac{a}{5}-\left(\frac{4}{5}-1\right)=-0.4$, $-\frac{a}{5}+\frac{1}{5}=-0.4$
양변에 10을 곱하면 $-2a+2=-4$
$-2a=-6$, $a=3$
따라서 처음 일차방정식에 $a=3$을 대입하면
$\frac{3}{4}x-(x-1)=-0.4$
양변에 20을 곱하면 $15x-20(x-1)=-8$
$15x-20x+20=-8$
$-5x=-28$, $x=\frac{28}{5}$

유형 13 비례식으로 주어진 일차방정식의 풀이

38 ② 39 3 40 ①

38 $(3x+1):4=(x+1):1$에서
$3x+1=4(x+1)$, $3x+1=4x+4$
$-x=3$, $x=-3$

39 $\frac{x-5}{4}:3=\frac{x-8}{6}:5$에서 $\frac{5}{4}(x-5)=\frac{1}{2}(x-8)$
$5(x-5)=2(x-8)$, $5x-25=2x-16$
$3x=9$, $x=3$

40 $(3x+5):(x-1)=2:1$에서 $3x+5=2(x-1)$
$3x+5=2x-2$, $x=-7$, 즉 $a=-7$
따라서 $2a+1=2\times(-7)+1=-13$

유형 14 일차방정식의 해의 조건이 주어진 경우

41 ② 42 ① 43 -5

41 $2(3-x)=a$에서 $6-2x=a$
$-2x=a-6$, $x=\frac{6-a}{2}$
이때 $\frac{6-a}{2}$가 자연수가 되려면 $6-a$는 2의 배수이어야 한다.
즉, $6-a$가 2, 4, 6, …일 때, a는 4, 2, 0, …이다.
따라서 구하는 자연수 a의 값은 2, 4의 2개이다.

42 $4x+7=x+a$에서 $3x=a-7$, $x=\frac{a-7}{3}$
이때 $\frac{a-7}{3}$이 음의 정수가 되려면 $a-7=-3, -6, -9, \cdots$이어야 한다. 즉, $a=4, 1, -2, \cdots$이다.
따라서 자연수 a의 값은 1, 4이므로 구하는 합은 $1+4=5$

43 $0.1x+\frac{1}{2}=\frac{1-x}{5}$의 양변에 10을 곱하면
$x+5=2(1-x)$, $x+5=2-2x$
$3x=-3$, $x=-1$
이때 일차방정식 $2(x+3)=a+7$의 해는 $x=-2$이므로
$2(x+3)=a+7$에 $x=-2$를 대입하면
$2=a+7$, $a=-5$

3 일차방정식의 활용

57~64쪽

유형 15 어떤 수에 대한 문제

44 ⑤ 45 $\frac{133}{8}$ 46 ②

44 어떤 수를 x라 하면 $3(x+2)=5x-8$
$3x+6=5x-8$, $-2x=-14$, $x=7$
따라서 어떤 수는 7이다.

45 아하를 x라 하면 $x+\frac{1}{7}x=19$
$7x+x=133$, $8x=133$, $x=\frac{133}{8}$
따라서 아하는 $\frac{133}{8}$이다.

46 어떤 수를 x라 하면 $2(x+6)=3x+6+1$
$2x+12=3x+7$, $-x=-5$, $x=5$
따라서 어떤 수는 5이므로 처음 구하려고 했던 수는
$3\times5+6=21$

유형 16 연속하는 수에 대한 문제

47 ③ **48** ① **49** 29

47 연속하는 두 자연수를 x, $x+1$이라 하면
$x+(x+1)=3x-8$, $2x+1=3x-8$
$-x=-9$, $x=9$
따라서 연속하는 두 자연수 중에서 작은 수는 9이다.

48 연속하는 세 짝수를 $x-2$, x, $x+2$라 하면
$(x-2)+x+(x+2)=72$, $3x=72$, $x=24$
따라서 연속하는 세 짝수는 22, 24, 26이므로 이 중에서 가장 작은 수는 22이다.

49 연속하는 세 홀수를 $x-2$, x, $x+2$라 하면
$3(x+2)=(x-2)+x+35$ …… ❶
$3x+6=2x+33$, $x=27$ …… ❷
따라서 연속하는 세 홀수는 25, 27, 29이므로 이 중에서 가장 큰 수는 29이다. …… ❸

채점 기준	비율
❶ 방정식 세우기	40 %
❷ 방정식 풀기	30 %
❸ 세 홀수 중에서 가장 큰 수 구하기	30 %

유형 17 자릿수에 대한 문제

50 ① **51** ③ **52** 52

50 십의 자리의 숫자를 x라 하면 두 자리 자연수는 $10x+6$이고, 각 자리의 숫자의 합은 $x+6$이므로
$10x+6=5(x+6)+1$, $10x+6=5x+30+1$
$5x=25$, $x=5$
따라서 구하는 자연수는 56이다.

51 일의 자리의 숫자를 x라 하면 십의 자리의 숫자는 $x+5$이므로 두 자리 자연수는 $10(x+5)+x$이다.
$10(x+5)+x=8(x+5+x)$
$10x+50+x=16x+40$
$-5x=-10$, $x=2$
따라서 구하는 자연수는 72이다.

52 처음 수의 십의 자리의 숫자를 x라 하면 일의 자리의 숫자는 $7-x$이다.
처음 수는 $10x+(7-x)$, 바꾼 수는 $10(7-x)+x$이므로
$10(7-x)+x=10x+(7-x)-27$
$70-10x+x=10x+7-x-27$
$-18x=-90$, $x=5$
따라서 처음 수는 52이다.

유형 18 나이에 대한 문제

53 ④ **54** 45세 **55** 아버지: 42세, 아들: 6세

53 x년 후에 아버지의 나이가 현아의 나이의 2배가 된다고 하면 x년 후에 아버지의 나이는 $(42+x)$세, 현아의 나이는 $(14+x)$세이므로
$42+x=2(14+x)$, $42+x=28+2x$
$-x=-14$, $x=14$
따라서 아버지의 나이가 현아의 나이의 2배가 되는 것은 14년 후이다.

54 아버지의 나이를 x세라 하면 아들의 나이는 $\left(\frac{1}{3}x-3\right)$세이므로
$x=4\left(\frac{1}{3}x-3\right)-3$, $x=\frac{4}{3}x-12-3$
$-\frac{1}{3}x=-15$, $x=45$
따라서 아버지의 나이는 45세이다.

55 현재 아버지의 나이를 x세라 하면 아들의 나이는 $(48-x)$세이므로
$x+12=3(48-x+12)$ …… ❶
$x+12=3(60-x)$, $x+12=180-3x$
$4x=168$, $x=42$ …… ❷
따라서 현재 아버지의 나이는 42세, 아들의 나이는
$48-42=6$(세) …… ❸

채점 기준	비율
❶ 방정식 세우기	40 %
❷ 방정식 풀기	30 %
❸ 아버지와 아들의 나이 각각 구하기	30 %

유형 19 합이 일정한 문제

56 ④ **57** 초콜릿: 6개, 사탕: 4개 **58** 5개

56 2점짜리 슛을 x개 넣었다고 하면 3점짜리 슛은 $(15-x)$개 넣었으므로
$2x+3(15-x)=34$, $2x+45-3x=34$
$-x=-11$, $x=11$
따라서 2점짜리 슛은 11개 넣었다.

57 초콜릿을 x개 샀다고 하면 사탕은 $(10-x)$개 산 것이므로
$1200x+800(10-x)+2000=12400$
$1200x+8000-800x+2000=12400$

$400x=2400$, $x=6$
따라서 초콜릿은 6개, 사탕은 4개 샀다.

58 100원짜리 동전을 x개라 하면 500원짜리 동전은 $(20-x)$개이므로
$5.42x+7.7(20-x)=142.6$
$542x+770(20-x)=14260$
$542x+15400-770x=14260$
$-228x=-1140$, $x=5$
따라서 100원짜리 동전은 5개이다.

유형 20 도형에 대한 문제

59 2　**60** ①　**61** ②

59 $(9+3)\times(9-x)=84$이므로
$12(9-x)=84$, $108-12x=84$
$-12x=-24$, $x=2$

60 사다리꼴의 윗변의 길이를 x cm라 하면 아랫변의 길이는 $(x+4)$ cm이므로
$\frac{1}{2}\times\{x+(x+4)\}\times 7=63$, $\frac{7}{2}(2x+4)=63$
$7x+14=63$, $7x=49$, $x=7$
따라서 이 사다리꼴의 아랫변의 길이는 $7+4=11$(cm)

61 직사각형의 짧은 변의 길이를 x cm라 하면 긴 변의 길이는 $4x$ cm이므로
$2(x+4x)=20$, $10x=20$, $x=2$
따라서 정사각형의 한 변의 길이는 $4\times 2=8$(cm)이므로
이 정사각형의 넓이는 $8\times 8=64(\text{cm}^2)$

유형 21 금액에 대한 문제

62 10개월 후　**63** 6개월 후　**64** 10000원

62 x개월 후에 형의 예금액이 동생의 예금액의 2배가 된다고 하면
$30000+3000x=2(10000+2000x)$
$30000+3000x=20000+4000x$
$-1000x=-10000$, $x=10$
따라서 형의 예금액이 동생의 예금액의 2배가 되는 것은 10개월 후이다.

63 x개월 후에 준호와 민정이의 예금액이 같아진다고 하면
$80000-5000x=62000-2000x$
$-3000x=-18000$, $x=6$
따라서 준호와 민정이의 예금액이 같아지는 것은 6개월 후이다.

64 물건의 원가를 x원이라 하면
(정가)$=x+\frac{30}{100}x=\frac{13}{10}x$(원)
(판매 가격)$=\frac{13}{10}x-1000$(원)
이익이 원가의 20 %이므로
$\left(\frac{13}{10}x-1000\right)-x=x\times\frac{20}{100}$, $\frac{3}{10}x-1000=\frac{1}{5}x$
$3x-10000=2x$, $x=10000$
따라서 이 물건의 원가는 10000원이다.

유형 22 과부족에 대한 문제

65 ④　**66** 53전　**67** 41

65 학생 수를 x라 하면 연필 수는 일정하므로
$3x+12=4x-8$, $-x=-20$, $x=20$
따라서 학생 수는 20이다.

66 사람 수를 x라 하면 물건의 가격은 일정하므로
$8x-3=7x+4$ …… ❶
$x=7$ …… ❷
따라서 사람 수는 7이므로 물건의 가격은
$8\times 7-3=53$(전) …… ❸

채점 기준	비율
❶ 방정식 세우기	50 %
❷ 방정식 풀기	20 %
❸ 물건의 가격 구하기	30 %

67 의자의 개수를 x라 하면 학생 수는 일정하므로
$4x+9=6(x-2)+5$, $4x+9=6x-12+5$
$-2x=-16$, $x=8$
따라서 의자의 개수는 8이므로 학생 수는 $4\times 8+9=41$

유형 23 일에 대한 문제

68 4일　**69** 10일　**70** ③

68 전체 일의 양을 1이라 하면 형과 동생이 하루에 하는 일의 양은 각각 $\frac{1}{6}$, $\frac{1}{12}$이다.
이 일을 형과 동생이 함께 완성하는 데 x일이 걸린다고 하면
$\frac{1}{6}x+\frac{1}{12}x=1$, $2x+x=12$
$3x=12$, $x=4$
따라서 이 일을 형과 동생이 함께 완성하는 데 4일이 걸린다.

69 전체 일의 양을 1이라 하면 정아와 승호가 하루에 하는 일의 양은 각각 $\frac{1}{6}$, $\frac{1}{14}$이다. …… ❶
정아가 x일 동안 일했다고 하면 승호는 $(x+4)$일 동안 일했으므로
$\frac{1}{6}x+\frac{1}{14}(x+4)=1$ …… ❷
$7x+3(x+4)=42$, $10x=30$, $x=3$ …… ❸

따라서 정아는 3일, 승호는 7일 일했으므로 이 일을 마치는 데 총 $3+7=10$(일)이 걸렸다. …… ❹

채점 기준	비율
❶ 정아와 승호가 하루 동안 할 수 있는 일의 양 각각 구하기	20 %
❷ 방정식 세우기	40 %
❸ 방정식 풀기	20 %
❹ 정아와 승호가 이 일을 마치는 데 며칠이 걸렸는지 구하기	20 %

70 윤지와 명윤이가 1분 동안 조립할 수 있는 장난감의 수는 각각 $\frac{50}{60}=\frac{5}{6}$(개), $\frac{50}{30}=\frac{5}{3}$(개)이다.
윤지와 명윤이가 함께 300개의 장난감을 조립하는 데 걸리는 시간을 x분이라 하면
$\left(\frac{5}{6}+\frac{5}{3}\right)\times x=300$, $\frac{5}{2}x=300$, $x=120$
따라서 윤지와 명윤이가 함께 300개의 장난감을 조립하는 데 걸리는 시간은 120분, 즉 2시간이다.

유형 24 비율에 대한 문제

71 8 **72** 120 **73** 84세

71 상현이네 가족의 총 여행 일수를 x라 하면
$\frac{1}{2}x+\frac{1}{4}x+2=x$, $2x+x+8=4x$
$-x=-8$, $x=8$
따라서 상현이네 가족의 총 여행 일수는 8이다.

72 책의 전체 쪽수를 x라 하면
$\frac{1}{2}x+\left(x-\frac{1}{2}x\right)\times\frac{1}{3}+40=x$, $\frac{1}{2}x+\frac{1}{6}x+40=x$
$3x+x+240=6x$, $-2x=-240$, $x=120$
따라서 책의 전체 쪽수는 120이다.

73 디오판토스가 사망한 나이를 x세라 하면
$\frac{1}{6}x+\frac{1}{12}x+\frac{1}{7}x+5+\frac{1}{2}x+4=x$
$14x+7x+12x+420+42x+336=84x$
$-9x=-756$, $x=84$
따라서 디오판토스가 사망한 나이는 84세이다.

유형 25 거리, 속력, 시간에 대한 문제 –총 걸린 시간이 주어진 경우

74 10 km **75** 4 km **76** (1) $\frac{x}{200}+15+\frac{x}{150}=50$ (2) 3 km

74 두 지점 A, B 사이의 거리를 x km라 하면
$\frac{x}{5}+\frac{x}{4}=\frac{9}{2}$, $4x+5x=90$, $9x=90$, $x=10$
따라서 두 지점 A, B 사이의 거리는 10 km이다.

75 올라갈 때 걸은 거리를 x km라 하면 내려올 때 걸은 거리는 $(x+2)$ km이므로
$\frac{x}{2}+\frac{x+2}{4}=\frac{7}{2}$ …… ❶
$2x+(x+2)=14$, $3x=12$, $x=4$
따라서 올라갈 때 걸은 거리는 4 km이다. …… ❷

채점 기준	비율
❶ 방정식 세우기	50 %
❷ 올라갈 때 걸은 거리 구하기	50 %

76 (2) $\frac{x}{200}+15+\frac{x}{150}=50$에서
$3x+9000+4x=30000$
$7x=21000$, $x=3000$
따라서 수현이네 집에서 문구점까지의 거리는 3000 m, 즉 3 km이다.

유형 26 거리, 속력, 시간에 대한 문제 –시간 차가 생기는 경우

77 4 km **78** ⑤ **79** 2 km

77 집에서 공원까지의 거리를 x km라 하면
$\frac{x}{4}-\frac{x}{10}=\frac{3}{5}$, $5x-2x=12$, $3x=12$, $x=4$
따라서 집에서 공원까지의 거리는 4 km이다.

78 두 지점 A, B 사이의 거리를 x km라 하면
$\frac{x}{60}-\frac{x}{90}=\frac{5}{12}$, $3x-2x=75$, $x=75$
따라서 두 지점 A, B 사이의 거리는 75 km이다.

79 집에서 수영장까지의 거리를 x km라 하면
$\frac{x}{3}-\frac{x}{5}=\frac{4}{15}$, $5x-3x=4$, $2x=4$, $x=2$
따라서 집에서 수영장까지의 거리는 2 km이다.

유형 27 거리, 속력, 시간에 대한 문제 –따라가서 만나는 경우

80 20분 후 **81** 오전 9시 45분 **82** ②

80 인수가 출발한 지 x분 후에 소희를 만난다고 하면 소희는 출발한 지 $(x+30)$분 후에 인수를 만나게 되므로
$60(x+30)=150x$, $60x+1800=150x$
$-90x=-1800$, $x=20$
따라서 인수는 출발한 지 20분 후에 소희를 만난다.

81 형이 출발한 지 x분 후에 상윤이와 만난다고 하면 상윤이는 출발한 지 $(x+15)$분 후에 형을 만나게 되므로
$80(x+15)=120x$, $80x+1200=120x$
$-40x=-1200$, $x=30$

따라서 형은 오전 9시 15분에 출발하였고, 형이 출발한 지 30분 후에 상윤이를 만나게 되므로 상윤이와 형이 만나는 시각은 오전 9시 45분이다.

82 지우가 출발한 지 x분 후에 준호를 만난다고 하면 준호는 출발한 지 $(x-5)$분 후에 지우를 만났으므로
$60x=80(x-5)$, $60x=80x-400$, $-20x=-400$, $x=20$
따라서 지우가 출발한 지 20분 후에 준호를 만났으므로 지우가 걸은 거리는 $60\times20=1200(\text{m})$

유형 28 거리, 속력, 시간에 대한 문제 -마주 보고 걷거나 둘레를 도는 경우

83 오후 4시 20분 **84** 15분 후 **85** 32분 후

83 두 사람이 출발한 지 x시간 후에 만난다고 하면
$4x+5x=3$, $9x=3$, $x=\frac{1}{3}$
따라서 두 사람이 만나는 시각은 출발한 지 $\frac{1}{3}$시간 후, 즉 20분 후인 오후 4시 20분이다.

84 두 사람이 출발한 지 x분 후에 처음으로 다시 만난다고 하면
$100x+60x=2400$, $160x=2400$, $x=15$
따라서 두 사람은 출발한 지 15분 후에 처음으로 다시 만난다.

85 두 사람이 출발한 지 x분 후에 처음으로 다시 만난다고 하면
$70x-55x=480$, $15x=480$, $x=32$
따라서 두 사람은 출발한 지 32분 후에 처음으로 다시 만난다.

유형 29 거리, 속력, 시간에 대한 문제 -열차가 다리 또는 터널을 지나는 경우

86 ① **87** ③ **88** 200 m

86 열차의 길이를 x m라 하면
$\frac{1400+x}{25}=60$, $1400+x=1500$, $x=100$
따라서 열차의 길이는 100 m이다.

87 열차의 길이를 x m라 하면
$\frac{600+x}{30}=\frac{1800+x}{80}$, $8(600+x)=3(1800+x)$
$4800+8x=5400+3x$, $5x=600$, $x=120$
따라서 열차의 길이는 120 m이므로 열차의 속력은
$\frac{600+120}{30}=\frac{720}{30}=24(\text{m/s})$

88 (열차가 터널을 통과할 때 보이지 않는 동안 달린 거리)
=(터널의 길이)−(열차의 길이)
이므로 열차의 길이를 x m라 하면
$\frac{1200-x}{20}=50$, $1200-x=1000$, $x=200$
따라서 열차의 길이는 200 m이다.

유형 30 농도에 대한 문제

89 50 g **90** 25 g **91** ④

89 x g의 물을 증발시킨다고 하면 소금의 양은 변하지 않으므로
$\frac{5}{100}\times300=\frac{6}{100}\times(300-x)$
$1500=1800-6x$, $6x=300$, $x=50$
따라서 50 g의 물을 증발시켜야 한다.

90 소금을 x g 더 넣는다고 하면
$\frac{15}{100}\times400+x=\frac{20}{100}\times(400+x)$ …… ❶
$6000+100x=8000+20x$, $80x=2000$, $x=25$
따라서 소금을 25 g 더 넣어야 한다. …… ❷

채점 기준	비율
❶ 방정식 세우기	50 %
❷ 소금을 몇 g 더 넣어야 하는지 구하기	50 %

91 농도가 10 %인 소금물을 x g 섞는다고 하면 농도가 20 %인 소금물은 $(200-x)$ g 섞어야 하므로
$\frac{10}{100}\times x+\frac{20}{100}\times(200-x)=\frac{14}{100}\times200$
$10x+4000-20x=2800$, $-10x=-1200$, $x=120$
따라서 농도가 10 %인 소금물은 120 g을 섞어야 한다.

중단원 핵심유형 테스트

65~67쪽

1 ③	**2** 8	**3** ④	**4** −5	**5** ⑤
6 −2	**7** ③	**8** ③	**9** ④	**10** ①
11 9	**12** 12	**13** ③	**14** 3	
15 2일	**16** 3	**17** ④	**18** ③	**19** 4
20 학생 수: 9, 공책 수: 68				

1 등식은 등호를 사용하여 수나 식이 서로 같음을 나타낸 식이므로 등식이 아닌 것은 ③이다.

2 $3(x+a)-4=bx+11$에서 $3x+3a-4=bx+11$
이때 주어진 등식이 x에 대한 항등식이므로
$3=b$, $3a-4=11$
따라서 $a=5$, $b=3$이므로 $a+b=5+3=8$

3 ④ $a=b-3$의 양변에 2를 곱하면 $2a=2b-6$

4 $\frac{6x-2}{5}=-4$의 양변에 5를 곱하면 $6x-2=-20$
양변에 2를 더하면 $6x=-18$
양변을 6으로 나누면 $x=-3$
따라서 $a=-20$, $b=-18$, $c=-3$이므로
$a-b+c=-20-(-18)+(-3)=-5$

5 ⑤ $2(2-x)=7-2x$에서 $4-2x=7-2x$
즉, $-3=0$이므로 일차방정식이 아니다.

6 $ax+5(x-1)=10$에 $x=5$를 대입하면
$5a+20=10$, $5a=-10$, $a=-2$

7 ① $6x+5=-1$에서 $6x=-6$, $x=-1$
② $2(x-4)=7-3x$에서 $2x-8=7-3x$, $5x=15$, $x=3$
③ $2x+13=-3x-12$에서 $5x=-25$, $x=-5$
④ $1.2x-1=0.8x+0.6$의 양변에 10을 곱하면
$12x-10=8x+6$, $4x=16$, $x=4$
⑤ $\frac{2}{3}x-\frac{1}{6}=\frac{1}{4}x-1$의 양변에 12를 곱하면
$8x-2=3x-12$, $5x=-10$, $x=-2$
따라서 해가 가장 작은 것은 ③이다.

8 $0.1x+3=0.4(x+3)$의 양변에 10을 곱하면
$x+30=4(x+3)$, $x+30=4x+12$, $-3x=-18$, $x=6$
즉, $a=6$이므로 일차방정식 $9x+6=5x+2$에서
$4x=-4$, $x=-1$

9 $(2x-5):3=(x+10):4$에서 $4(2x-5)=3(x+10)$
$8x-20=3x+30$, $5x=50$, $x=10$

10 $6x-a=4x+5$에서 $2x=5+a$, $x=\frac{5+a}{2}$
따라서 $\frac{5+a}{2}$가 자연수가 되려면 $5+a$가 2의 배수이어야 한다.
즉, $5+a$가 2, 4, 6, …일 때, a는 -3, -1, 1, …이다.
따라서 상수 a의 값이 아닌 것은 ①이다.

11 어떤 수를 x라 하면 $4(x-5)=x+7$
$4x-20=x+7$, $3x=27$, $x=9$
따라서 어떤 수는 9이다.

12 가장 작은 수를 x라 하면 틀을 사용하여 택한 4개의 수는 x, $x+1$, $x+8$, $x+15$이므로
$x+(x+1)+(x+8)+(x+15)=72$, $4x=48$, $x=12$
따라서 4개의 수는 12, 13, 20, 27이고, 이 중에서 가장 작은 수는 12이다.

13 2020년에서 x년 후에 어머니의 나이가 아들의 나이의 2배보다 10살이 많아진다고 하면
$38+x=2(12+x)+10$, $38+x=24+2x+10$
$-x=-4$, $x=4$
따라서 구하는 해는 2020년에서 4년 후이므로 2024년이다.

14 오른쪽 그림과 같이 보조선을 그으면 사각형의 넓이는 두 삼각형의 넓이의 합과 같으므로

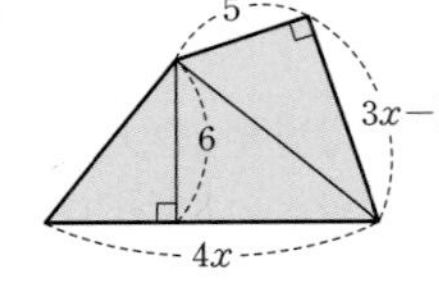

$\frac{1}{2}\times4x\times6+\frac{1}{2}\times5\times(3x-1)=56$
$24x+15x-5=112$, $39x=117$, $x=3$

15 전체 일의 양을 1이라 하면 현수와 정훈이가 하루에 하는 일의 양은 각각 $\frac{1}{6}$, $\frac{1}{4}$이다.
현수와 정훈이가 함께 일한 날이 x일이라 하면
$\frac{1}{6}+\left(\frac{1}{6}+\frac{1}{4}\right)x=1$, $\frac{1}{6}+\frac{5}{12}x=1$
$2+5x=12$, $5x=10$, $x=2$
따라서 현수와 정훈이가 함께 일한 날은 2일이다.

16 처음 참새의 수를 x라 하면 $x+2+5(x+2)-10=20$
$x+2+5x+10-10=20$, $6x=18$, $x=3$
따라서 처음 참새의 수는 3이다.

17 작년의 남학생 수를 x라 하면 작년의 여학생 수는 $(500-x)$이므로
$\frac{10}{100}\times x-\frac{8}{100}\times(500-x)=5$, $10x-8(500-x)=500$
$10x-4000+8x=500$, $18x=4500$, $x=250$
따라서 작년의 남학생 수는 250이므로 올해의 남학생 수는
$250+\frac{10}{100}\times250=275$

18 경민이가 자전거를 타고 간 거리를 x km라 하면 걸어간 거리는 $(4-x)$ km이므로
$\frac{x}{8}+\frac{4-x}{4}=\frac{5}{6}$, $3x+6(4-x)=20$
$3x+24-6x=20$, $-3x=-4$, $x=\frac{4}{3}$
따라서 경민이가 자전거를 타고 간 거리는 $\frac{4}{3}$ km이다.

19 $0.2x-3.1=\frac{1}{2}x-4$의 양변에 10을 곱하면
$2x-31=5x-40$, $-3x=-9$, $x=3$ …… ❶
$5(x+2)=7x+a$에 $x=3$을 대입하면
$25=21+a$, $a=4$ …… ❷

채점 기준	비율
❶ 방정식 $0.2x-3.1=\frac{1}{2}x-4$ 풀기	50 %
❷ a의 값 구하기	50 %

20 학생 수를 x라 하면
한 명에게 8권씩 나누어 주면 4권이 모자라므로
(공책 수)$=8x-4$
한 명에게 7권씩 나누어 주면 5권이 남으므로
(공책 수)$=7x+5$
이때 공책 수는 일정하므로 $8x-4=7x+5$ …… ❶
$x=9$ …… ❷
따라서 학생 수는 9, 공책 수는 $8\times9-4=68$이다. …… ❸

채점 기준	비율
❶ 방정식 세우기	50 %
❷ 방정식 풀기	20 %
❸ 학생 수와 공책 수 각각 구하기	30 %

5. 좌표평면과 그래프

1 순서쌍과 좌표평면 68~71쪽

유형 1 수직선 위의 점의 좌표

1 ⑤　　2 C(3)

1 ⑤ $E\left(\frac{11}{3}\right)$

2 수직선 위에 두 점 A(−1), B(7)을 나타내면 다음 그림과 같으므로 두 점 A(−1), B(7)로부터 같은 거리에 있는 점 C의 좌표는 C(3)이다.

유형 2 순서쌍

3 ⑤　　4 (−1, −3), (−1, 3), (1, −3), (1, 3)

3 두 순서쌍 $(a+1, 3b)$, $(4-2a, b+6)$이 서로 같으므로
$a+1=4-2a$에서 $3a=3$, $a=1$
$3b=b+6$에서 $2b=6$, $b=3$
따라서 $a+b=1+3=4$

4 $|a|=1$이므로 $a=1$ 또는 $a=-1$
$|b|=3$이므로 $b=3$ 또는 $b=-3$
따라서 구하는 순서쌍 (a, b)는
(−1, −3), (−1, 3), (1, −3), (1, 3)이다.

유형 3 좌표평면 위의 점의 좌표

5 ④　　6 풀이 참조

5 ④ D(−3, −2)

6 주어진 점을 좌표평면 위에 나타내고 차례로 선분으로 연결하면 오른쪽 그림과 같다.

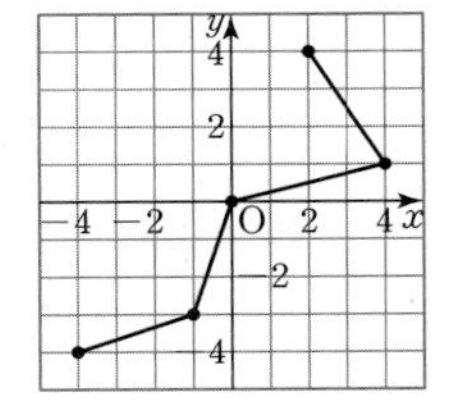

유형 4 x축 또는 y축 위의 점의 좌표

7 ③　　8 1　　9 −2

7 점 $A(a, b)$가 x축 위의 점이므로 $b=0$
따라서 a의 값에 관계없이 $ab=0$이다.

8 점 $A\left(3a-1, \frac{1}{2}a+2\right)$는 x축 위의 점이므로 y좌표는 0이다.
즉, $\frac{1}{2}a+2=0$이므로 $\frac{1}{2}a=-2$, $a=-4$
점 $B(5-b, 2b-4)$는 y축 위의 점이므로 x좌표는 0이다.
즉, $5-b=0$이므로 $b=5$
따라서 $a+b=-4+5=1$

9 x축 위에 있는 점의 y좌표는 0이므로 점 A의 좌표는 A(4, 0)이다.
즉, $a=4$, $b=0$
y축 위에 있는 점의 x좌표는 0이므로 점 B의 좌표는 B(0, −6)이다.
즉, $c=0$, $d=-6$
따라서 $a-b+c+d=4-0+0+(-6)=-2$

유형 5 좌표평면 위의 도형의 넓이

10 10　　11 D(1, 4), 12　　12 13

10 좌표평면 위에 세 점 A(−3, −1), B(1, −1), C(−1, 4)를 나타내면 오른쪽 그림과 같다.
따라서 삼각형 ABC의 넓이는
$\frac{1}{2}\times4\times5=10$

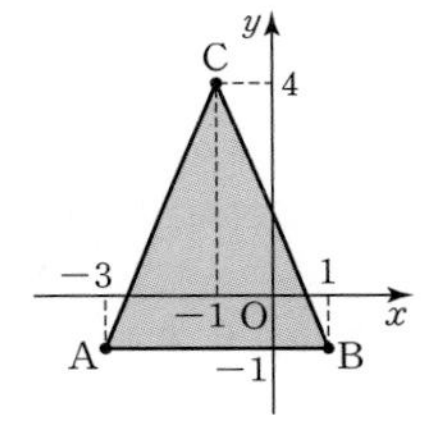

11 좌표평면 위에 세 점 A(1, −2), B(3, −2), C(3, 4)와 사각형 ABCD가 직사각형이 되도록 점 D를 나타내면 오른쪽 그림과 같으므로 D(1, 4)이다.
따라서 직사각형 ABCD의 넓이는
$2\times6=12$

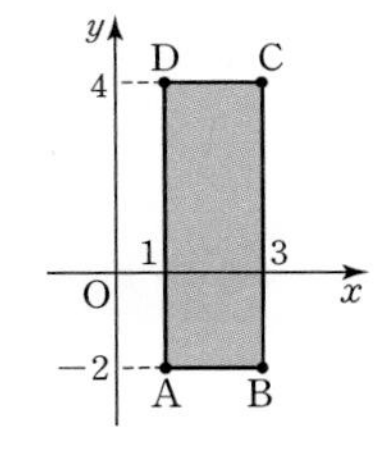

12 좌표평면 위에 세 점 A(−3, 3), B(−1, −3), C(2, 1)을 나타내면 오른쪽 그림과 같다. …… ❶
따라서 삼각형 ABC의 넓이는
(사다리꼴 ADEC의 넓이)
−(삼각형 ADB의 넓이)
−(삼각형 BEC의 넓이)
$=\frac{1}{2}\times(6+4)\times5-\frac{1}{2}\times2\times6-\frac{1}{2}\times3\times4$
$=25-6-6=13$ …… ❷

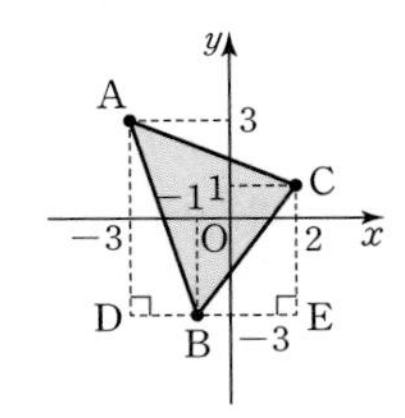

채점 기준	비율
❶ 좌표평면 위에 세 점 A, B, C 나타내기	40 %
❷ 삼각형 ABC의 넓이 구하기	60 %

연습책

유형 6 사분면

13 ② 14 ④ 15 ④

13 ① $(0, 4)$ ➡ 어느 사분면에도 속하지 않는다.
② $(1, -3)$ ➡ 제4사분면 ③ $(-5, 3)$ ➡ 제2사분면
④ $(2, 7)$ ➡ 제1사분면 ⑤ $(-5, -1)$ ➡ 제3사분면
따라서 제4사분면 위의 점인 것은 ②이다.

14 ④ $(6, 0)$ ➡ 어느 사분면에도 속하지 않는다.

15 ㄱ. y축 위의 점은 x좌표가 0이다.
ㄷ. 점 $(-2, -5)$는 제3사분면 위의 점이다.
따라서 옳은 것은 ㄴ, ㄹ이다.

유형 7 사분면 위의 점 (1)

16 ③ 17 ④ 18 제3사분면

16 $a>0$, $b<0$이므로 $-a<0$, $b-a<0$
따라서 점 $(-a, b-a)$는 제3사분면 위의 점이다.

17 $ab>0$이므로 a와 b는 서로 같은 부호이고
$a+b<0$이므로 $a<0$, $b<0$이다.
이때 $a<0$, $-b>0$이므로 점 $(a, -b)$는 제2사분면 위의 점이다.
따라서 제2사분면 위에 있는 점인 것은 ④이다.

18 $a<0$, $b>0$이고 $|a|>|b|$이므로
$a-b<0$, $a+b<0$
따라서 점 $(a-b, a+b)$는 제3사분면 위의 점이다.

유형 8 사분면 위의 점 (2)

19 ② 20 제4사분면 21 ③

19 점 (a, b)가 제4사분면 위의 점이므로
$a>0$, $b<0$
따라서 $ab<0$, $a-b>0$이므로 점 $(ab, a-b)$는 제2사분면 위의 점이다.

20 점 (a, b)가 제1사분면 위의 점이므로 $a>0$, $b>0$ ······ ❶
점 (c, d)가 제3사분면 위의 점이므로 $c<0$, $d<0$ ······ ❷
따라서 $a-d>0$, $bc<0$이므로 점 $(a-d, bc)$는 제4사분면 위의 점이다. ······ ❸

채점 기준	비율
❶ a, b의 부호 각각 구하기	30 %
❷ c, d의 부호 각각 구하기	30 %
❸ 점 $(a-d, bc)$는 제몇 사분면 위의 점인지 구하기	40 %

21 점 (a, b)가 제2사분면 위의 점이므로 $a<0$, $b>0$
① $a<0$, $-b<0$이므로 점 $(a, -b)$는 제3사분면 위의 점이다.
② $-a>0$, $b>0$이므로 점 $(-a, b)$는 제1사분면 위의 점이다.
③ $-a>0$, $-b<0$이므로 점 $(-a, -b)$는 제4사분면 위의 점이다.
④ $-b<0$, $a<0$이므로 점 $(-b, a)$는 제3사분면 위의 점이다.
⑤ $ab<0$, $-b<0$이므로 점 $(ab, -b)$는 제3사분면 위의 점이다.
따라서 제4사분면 위의 점인 것은 ③이다.

유형 9 대칭인 점의 좌표

22 5 23 ⑤ 24 ③

22 두 점 $A(a, 4)$, $B(-1, b)$가 y축에 대칭이므로 x좌표의 부호는 반대이고 y좌표는 같다.
따라서 $a=1$, $b=4$이므로
$a+b=1+4=5$

23 두 점 $A(6-a, 1-2b)$, $B(2a, a+b-1)$이 원점에 대칭이므로 x좌표, y좌표의 부호가 모두 반대이다.
$6-a=-2a$에서 $a=-6$
$1-2b=-(a+b-1)$에서 $a=b$, $b=-6$
따라서 $ab=(-6)\times(-6)=36$

24 점 $(2a+1, 1)$과 x축에 대칭인 점의 좌표는 $(2a+1, -1)$
점 $(3, 3-b)$와 y축에 대칭인 점의 좌표는 $(-3, 3-b)$
이 두 점의 좌표가 같으므로
$2a+1=-3$에서 $2a=-4$, $a=-2$
$-1=3-b$에서 $b=4$
따라서 $a+b=-2+4=2$

2 그래프

72~73쪽

유형 10 그래프 해석하기

25 (1) 2분 (2) 1.2 km (3) 12분 후 26 ④

25 (1) 경비행기가 활주로를 달리는 동안에는 고도가 0 km이므로 경비행기가 활주로를 달린 시간은 달리기 시작한 지 0분부터 2분까지이다.
따라서 경비행기가 활주로를 달린 시간은 $2-0=2$(분)

(2) x좌표가 6인 점의 좌표는 $(6,\ 1.2)$이므로 경비행기가 활주로를 달리기 시작한 지 6분 후 경비행기의 고도는 1.2 km이다.

(3) 경비행기의 고도는 1.8 km가 될 때까지 높아지다가 1.6 km로 낮아진 후 다시 높아진다.
따라서 경비행기의 고도가 높아지다가 낮아지다가 다시 높아지기 시작하는 점의 좌표는 $(12,\ 1.6)$이므로 활주로를 달리기 시작한 지 12분 후이다.

26 ④ 40 km 떨어진 곳까지 갔다가 다시 출발 장소로 돌아왔으므로 이동한 총 거리는 80 km이다.

유형 11 그래프 비교하기

27 ㄱ, ㄹ **28** ②, ⑤

27 ㄴ. 찬영이가 정상에 먼저 도착했다.
ㄷ. 찬영이가 중간에 쉰 시간은 $70-30=40$(분)이다.
따라서 옳은 것은 ㄱ, ㄹ이다.

28 ② 수아는 영진이를 30분, 56분에 두 번 추월하였다.
⑤ 수아와 영진이는 8 km 지점에서 출발 후 세 번째로 다시 만났다.

유형 12 상황에 맞는 그래프 찾기

29 ④ **30** ⑤

29 x의 값이 증가함에 따라 y의 값은 증가하다가 다시 감소하므로 x와 y 사이의 관계를 나타낸 그래프로 알맞은 것은 ④이다.

30 일정한 속력으로 갈 때는 그래프가 x축과 평행하고, 속력을 줄여 잠시 멈추었을 때는 속력이 감소하여 0이므로 그래프가 감소하다가 x축 위에 있어야 한다. 다시 속력을 높인 후 이전과 같은 일정한 속력으로 움직일 때는 그래프가 증가하다가 x축과 평행하다. 따라서 상황을 가장 잘 나타낸 그래프는 ⑤이다.

유형 13 그래프의 변화 파악하기

31 ⑤ **32** ③

31 용기의 폭이 일정하게 좁아지므로 물의 높이는 점점 빠르게 증가한다. 따라서 그래프로 가장 적당한 것은 ⑤이다.

32 용액의 높이가 느리고 일정하게 증가하다가 한 지점부터 빠르고 일정하게 증가하므로 유리병의 아랫부분은 밑면이 넓고 폭이 일정하고 윗부분은 밑면이 좁고 폭이 일정하다.
따라서 유리병의 모양으로 알맞은 것은 ③이다.

중단원 핵심유형 테스트

74~75쪽

1 ③	**2** 5	**3** ③	**4** $-\frac{1}{2}$	**5** ④
6 2개	**7** ⑤	**8** 제2사분면		**9** ②
10 ③	**11** ②	**12** ㄴ, ㄷ	**13** ④	**14** 제1사분면

1 ① A$(4,\ 1)$ ② B$(0,\ 2)$
④ D$(-2,\ -4)$ ⑤ E$(2,\ -3)$
따라서 옳은 것은 ③이다.

2 $a-b$의 값이 최대가 되려면 a의 값은 최대이고 b의 값은 최소이어야 하므로 점 P가 점 C에 있을 때이다.
점 P가 점 C에 있을 때, $a=3$, $b=-2$이므로 $a-b$의 값 중에서 가장 큰 값은
$3-(-2)=5$

3 ③ 점 $(3,\ 3)$은 제1사분면 위의 점이다.

4 점 A$\left(4-a,\ \frac{1}{3}b-1\right)$은 x축 위의 점이므로
$\frac{1}{3}b-1=0$에서 $\frac{1}{3}b=1$, $b=3$
점 B$(6a+1,\ -5b-1)$은 y축 위의 점이므로
$6a+1=0$에서 $6a=-1$, $a=-\frac{1}{6}$
따라서 $ab=-\frac{1}{6}\times 3=-\frac{1}{2}$

5 좌표평면 위에 네 점 A$(-1,\ 5)$, B$(-3,\ -2)$, C$(3,\ -2)$, D$(3,\ 5)$를 나타내면 오른쪽 그림과 같다.
따라서 사각형 ABCD의 넓이는
$\frac{1}{2}\times(4+6)\times 7=35$

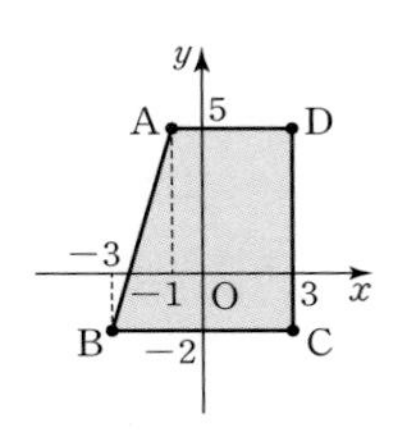

6 ㄱ. 제4사분면 ㄴ. 어느 사분면에도 속하지 않는다.
ㄷ. 제1사분면 ㄹ. 제4사분면
ㅁ. 제3사분면 ㅂ. 제2사분면
따라서 제4사분면 위의 점은 ㄱ, ㄹ의 2개이다.

7 ⑤ 점 $(2,\ -2)$와 점 $(-2,\ 2)$는 서로 다른 점이다.

8 두 순서쌍 $(3a+1,\ 2b)$, $(a-7,\ 6-b)$가 서로 같으므로
$3a+1=a-7$에서 $2a=-8$, $a=-4$
$2b=6-b$에서 $3b=6$, $b=2$
따라서 점 $(-4,\ 2)$는 제2사분면 위의 점이다.

9 $ab<0$이므로 a와 b는 서로 다른 부호이고
$b-a>0$, 즉 $b>a$이므로 $a<0$, $b>0$이다.
이때 $-b<0$, $-a>0$이므로 점 $(-b,\ -a)$는 제2사분면 위의 점이다.
따라서 제2사분면 위에 있는 점인 것은 ②이다.

연습책

10 점 $(a,\ b)$가 제3사분면 위의 점이므로 $a<0,\ b<0$

① $a+b<0,\ ab>0$이므로 점 $(a+b,\ ab)$는 제2사분면 위의 점이다.

② $b<0,\ a<0$이므로 점 $(b,\ a)$는 제3사분면 위의 점이다.

③ $-b>0,\ a<0$이므로 점 $(-b,\ a)$는 제4사분면 위의 점이다.

④ $-ab<0,\ -b>0$이므로 점 $(-ab,\ -b)$는 제2사분면 위의 점이다.

⑤ $\frac{a}{b}>0,\ -a>0$이므로 점 $\left(\frac{a}{b},\ -a\right)$는 제1사분면 위의 점이다.

따라서 제4사분면 위의 점인 것은 ③이다.

11 두 점 $A(-2,\ -3b)$, $B(a+5,\ -6)$이 x축에 대칭이므로 x좌표는 같고, y좌표의 부호는 반대이다.

$-2=a+5$에서 $a=-7$

$-3b=6$에서 $b=-2$

따라서 $a-b=-7-(-2)=-5$

12 ㄱ. 희주가 달리기 시작한 지 20분 후 소모되는 열량은 100 kcal이다.

ㄹ. 희주가 달리기 시작한 지 40분 후 소모되는 열량은 500 kcal, 20분 후 소모되는 열량은 100 kcal이다.

즉, 희주가 달리기 시작한 지 40분 후 소모되는 열량은 20분 후 소모되는 열량의 5배이다.

따라서 옳은 것은 ㄴ, ㄷ이다.

13 출발점에서 출발하여 3분 동안 달렸다.

➡ 출발점으로부터의 거리는 일정하게 증가하므로 그래프는 오른쪽 위로 향하는 직선이다.

5분 동안 낮잠을 잤다.

➡ 출발점으로부터의 거리에 변화가 없으므로 그래프는 x축과 평행하다.

빠르게 달려 2분 만에 결승점에 도착하였다.

➡ 출발점으로부터의 거리는 더 빠르고 일정하게 증가하므로 그래프는 오른쪽 위로 향하는 직선이다.

따라서 그래프로 가장 적당한 것은 ④이다.

14 점 $(ab,\ a+b)$가 제4사분면 위의 점이므로

$ab>0,\ a+b<0$ ······ ❶

$ab>0$에서 a와 b는 서로 같은 부호이다.

이때 $a+b<0$이므로 $a<0,\ b<0$ ······ ❷

따라서 $\frac{b}{a}>0,\ -a>0$이므로 점 $\left(\frac{b}{a},\ -a\right)$는 제1사분면 위의 점이다. ······ ❸

채점 기준	비율
❶ $ab,\ a+b$의 부호 각각 구하기	30 %
❷ $a,\ b$의 부호 각각 구하기	30 %
❸ 점 $\left(\frac{b}{a},\ -a\right)$는 제몇 사분면 위의 점인지 구하기	40 %

6. 정비례와 반비례

 정비례

76~79쪽

유형 1 정비례 관계 찾기

1 ㄱ, ㄴ, ㅁ　　2 ③　　3 ④

1 ㄱ. $y=4x$　ㄴ. $y=\frac{2}{5}x$　ㅁ. $y=10x$

따라서 y가 x에 정비례하는 것은 ㄱ, ㄴ, ㅁ이다.

2 y가 x에 정비례하므로 $y=ax$인 관계가 성립한다.

따라서 y가 x에 정비례하는 것은 ③이다.

3 ④ $x=1$이면 $y=-5$이므로 $xy=-5$

$x=2$이면 $y=-10$이므로 $xy=-20$

즉, xy의 값이 일정하지 않다.

따라서 옳지 않은 것은 ④이다.

유형 2 정비례 관계식 구하기

4 6　　5 ⑤　　6 12

4 y가 x에 정비례하므로 $y=ax$로 놓고 $x=5,\ y=-15$를 대입하면

$-15=5a,\ a=-3$, 즉 $y=-3x$

$y=-3x$에 $x=-2$를 대입하면 $y=-3\times(-2)=6$

5 ⑤ x의 값이 3배가 되면 y의 값도 3배가 된다.

따라서 옳지 않은 것은 ⑤이다.

6 y가 x에 정비례하므로 $y=ax$로 놓고 $x=-2,\ y=8$을 대입하면

$8=-2a,\ a=-4$, 즉 $y=-4x$ ······ ❶

$y=-4x$에 $x=-3,\ y=A$를 대입하면 $A=12$

$y=-4x$에 $x=1,\ y=B$를 대입하면 $B=-4$

$y=-4x$에 $x=C,\ y=-16$을 대입하면 $C=4$ ······ ❷

따라서 $A+B+C=12+(-4)+4=12$ ······ ❸

채점 기준	비율
❶ x와 y 사이의 관계식 구하기	20 %
❷ $A,\ B,\ C$의 값 각각 구하기	각 20 %
❸ $A+B+C$의 값 구하기	20 %

유형 3 정비례 관계의 그래프

7 ④　　8 ①

7 $x=-2$일 때, $y=-\frac{1}{2}\times(-2)=1$

$x=0$일 때, $y=-\frac{1}{2}\times0=0$

$x=2$일 때, $y=-\frac{1}{2}\times 2=-1$

따라서 x의 값이 -2, 0, 2일 때, 정비례 관계 $y=-\frac{1}{2}x$의 그래프는 ④이다.

8 정비례 관계 $y=\frac{3}{5}x$의 그래프는 원점과 점 (5, 3)을 지나는 직선이므로 ①이다.

유형 4 정비례 관계의 그래프 위의 점

9 4 **10** 14 **11** 7

9 $y=3x$에 $x=a-1$, $y=2a+1$을 대입하면
$2a+1=3(a-1)$, $2a+1=3a-3$
$-a=-4$, $a=4$

10 $y=\frac{3}{4}x$에 $x=8$, $y=a$를 대입하면 $a=\frac{3}{4}\times 8=6$

$y=\frac{3}{4}x$에 $x=b$, $y=-9$를 대입하면 $-9=\frac{3}{4}b$, $b=-12$

$y=\frac{3}{4}x$에 $x=c$, $y=15$를 대입하면 $15=\frac{3}{4}c$, $c=20$

따라서 $a+b+c=6+(-12)+20=14$

11 $y=-\frac{2}{3}x$에 $x=-6$, $y=a$를 대입하면

$a=-\frac{2}{3}\times(-6)=4$ …… ❶

$y=-\frac{2}{3}x$에 $x=b$, $y=-2$를 대입하면

$-2=-\frac{2}{3}b$, $b=3$ …… ❷

따라서 $a+b=4+3=7$ …… ❸

채점 기준	비율
❶ a의 값 구하기	40 %
❷ b의 값 구하기	40 %
❸ $a+b$의 값 구하기	20 %

유형 5 정비례 관계의 그래프의 성질

12 ①, ④ **13** ③ **14** ㄱ, ㄹ

12 정비례 관계 $y=ax$의 그래프는 $a>0$일 때, 제1사분면과 제3사분면을 지난다.
① $a>0$ ② $b<0$ ③ $ab<0$
④ $a-b>0$ ⑤ $b-a<0$
따라서 그래프가 제3사분면을 지나는 것은 ①, ④이다.

13 ③ 오른쪽 아래로 향하는 직선이다.
따라서 옳지 않은 것은 ③이다.

14 ㄴ. $a>0$일 때, x의 값이 증가하면 y의 값도 증가하고 $a<0$일 때, x의 값이 증가하면 y의 값은 감소한다.

ㄷ. $a>0$이면 오른쪽 위로 향하는 직선이다.
따라서 옳은 것은 ㄱ, ㄹ이다.

유형 6 정비례 관계 $y=ax(a\neq 0)$의 그래프와 a의 값 사이의 관계

15 ① **16** ㉠ **17** $a<c<b$

15 $y=ax$의 그래프가 오른쪽 아래로 향하는 직선이므로 $a<0$
또, $y=ax$의 그래프가 $y=-x$의 그래프보다 y축에 가까우므로 $|a|>1$
따라서 상수 a의 값이 될 수 있는 것은 ①이다.

16 $y=ax$의 그래프는 $a<0$이면 오른쪽 아래로 향하는 직선이다.
즉, $y=-x$, $y=-\frac{1}{2}x$, $y=-3x$의 그래프는 오른쪽 아래로 향하는 직선이다.
이때 a의 절댓값이 클수록 y축에 가까우므로
$\left|-\frac{1}{2}\right|<|-1|<|-3|$에서
㉠ $y=-\frac{1}{2}x$, ㉡ $y=-x$, ㉢ $y=-3x$이다.
따라서 $y=-\frac{1}{2}x$의 그래프는 ㉠이다.

17 $y=ax$의 그래프는 제2사분면과 제4사분면을 지나므로 $a<0$ …… ❶
$y=bx$, $y=cx$의 그래프는 제1사분면과 제3사분면을 지나므로 $b>0$, $c>0$ …… ❷
이때 $y=bx$의 그래프가 $y=cx$의 그래프보다 y축에 가까우므로 $|c|<|b|$, 즉 $c<b$ …… ❸
따라서 a, b, c의 대소 관계는 $a<c<b$ …… ❹

채점 기준	비율
❶ a의 부호 구하기	30 %
❷ b, c의 부호 각각 구하기	20 %
❸ b, c의 대소 비교하기	20 %
❹ a, b, c의 대소 비교하기	30 %

유형 7 그래프에서 정비례 관계식 구하기

18 ② **19** ① **20** A(3, -1)

18 그래프가 원점과 점 (3, 2)를 지나는 직선이므로 $y=ax$로 놓고 $x=3$, $y=2$를 대입하면 $2=3a$, $a=\frac{2}{3}$, 즉 $y=\frac{2}{3}x$

$y=\frac{2}{3}x$에 각 점의 좌표를 대입하면 다음과 같다.

① $-2=\frac{2}{3}\times(-3)$ ② $-3\neq\frac{2}{3}\times(-2)$ ③ $0=\frac{2}{3}\times 0$

④ $\frac{2}{3}=\frac{2}{3}\times 1$ ⑤ $1=\frac{2}{3}\times\frac{3}{2}$

따라서 주어진 그래프 위에 있지 않은 점은 ②이다.

19 $y=ax$에 $x=-4$, $y=12$를 대입하면
$12=-4a$, $a=-3$, 즉 $y=-3x$
$y=-3x$에 $x=3$, $y=b$를 대입하면
$b=-3\times3=-9$
따라서 $a+b=-3+(-9)=-12$

20 그래프가 점 $(-6, 2)$를 지나므로
$y=ax$에 $x=-6$, $y=2$를 대입하면
$2=-6a$, $a=-\frac{1}{3}$, 즉 $y=-\frac{1}{3}x$
점 A의 y좌표가 -1이므로 $y=-\frac{1}{3}x$에 $y=-1$을 대입하면
$-1=-\frac{1}{3}x$, $x=3$
따라서 점 A의 좌표는 A$(3, -1)$이다.

유형 8 정비례 관계의 그래프와 도형의 넓이

21 6 **22** $\frac{1}{2}$ **23** $\frac{15}{16}$

21 점 A의 x좌표가 2이므로 $y=2x$에 $x=2$를 대입하면
$y=2\times2=4$
즉, 점 A의 좌표는 A$(2, 4)$
점 B의 x좌표가 2이므로 $y=-x$에 $x=2$를 대입하면
$y=-2$
즉, 점 B의 좌표는 B$(2, -2)$
따라서 삼각형 AOB의 넓이는
$\frac{1}{2}\times\{4-(-2)\}\times2=6$

22 점 A의 y좌표가 3이므로 $y=ax$에 $y=3$을 대입하면
$3=ax$, $x=\frac{3}{a}$
즉, 점 A의 좌표는 A$\left(\frac{3}{a}, 3\right)$
이때 삼각형 ABO의 넓이가 9이므로
$\frac{1}{2}\times\frac{3}{a}\times3=9$, $2a=1$, $a=\frac{1}{2}$

23 (사각형 OABC의 넓이)
$=$(삼각형 OEC의 넓이)
$+$(사다리꼴 EABC의 넓이)
$=\frac{1}{2}\times2\times9+\frac{1}{2}\times(9+8)\times6$
$=9+51=60$
$y=ax$에 $x=8$을 대입하면 $y=8a$
즉, 점 D의 좌표는 D$(8, 8a)$
$y=ax$의 그래프가 사각형 OABC의 넓이를 이등분하므로
(삼각형 OAD의 넓이)$=\frac{1}{2}\times$(사각형 OABC의 넓이)
즉, $\frac{1}{2}\times8\times8a=\frac{1}{2}\times60$이므로 $32a=30$, $a=\frac{15}{16}$

 2 반비례

80~84쪽

유형 9 반비례 관계 찾기

24 ③, ⑤ **25** ㄷ, ㄹ **26** ㄱ, ㄴ, ㄹ

24 y가 x에 반비례하는 것은 ③, ⑤이다.

25 y가 x에 반비례하므로 $y=\frac{a}{x}$인 관계가 성립한다.
따라서 y가 x에 반비례하는 것은 ㄷ, ㄹ이다.

26 ㄷ. x의 값이 2배가 되면 y의 값은 $\frac{1}{2}$배가 된다.
따라서 옳은 것은 ㄱ, ㄴ, ㄹ이다.

유형 10 반비례 관계식 구하기

27 -3 **28** ③ **29** 15

27 y가 x에 반비례하므로 $y=\frac{a}{x}$로 놓고
$x=-2$, $y=-3$을 대입하면 $-3=\frac{a}{-2}$, $a=6$, 즉 $y=\frac{6}{x}$
$y=\frac{6}{x}$에 $y=-2$를 대입하면 $-2=\frac{6}{x}$, $x=-3$

28 ③ $y=\frac{10}{x}$에 $y=20$을 대입하면 $20=\frac{10}{x}$, $x=\frac{1}{2}$
따라서 옳지 않은 것은 ③이다.

29 y가 x에 반비례하므로 $y=\frac{a}{x}$로 놓고 $x=-2$, $y=9$를 대입하면
$9=\frac{a}{-2}$, $a=-18$, 즉 $y=-\frac{18}{x}$ …… ❶
$y=-\frac{18}{x}$에 $x=-1$, $y=p$를 대입하면
$p=-\frac{18}{-1}=18$ …… ❷
$y=-\frac{18}{x}$에 $x=q$, $y=-6$을 대입하면
$-6=-\frac{18}{q}$, $q=3$ …… ❸
따라서 $p-q=18-3=15$ …… ❹

채점 기준	비율
❶ x와 y 사이의 관계식 구하기	30 %
❷ p의 값 구하기	30 %
❸ q의 값 구하기	30 %
❹ $p-q$의 값 구하기	10 %

유형 11 반비례 관계의 그래프

30 ① **31** ②

30 $y=-\frac{2}{x}$의 그래프는 점 $(-1, 2)$를 지나고 좌표축에 점점 가까워지면서 한없이 뻗어 나가는 한 쌍의 매끄러운 곡선이므로 ①이다.

31 $y=\frac{8}{x}$의 그래프는 점 $(2, 4)$를 지나고 좌표축에 점점 가까워지면서 한없이 뻗어 나가는 한 쌍의 매끄러운 곡선이므로 ②이다.

유형 12 반비례 관계의 그래프 위의 점

32 ②, ⑤ **33** 8 **34** -3

32 $y=-\frac{16}{x}$에 각 점의 좌표를 대입하면 다음과 같다.

① $-2\neq-\frac{16}{-8}$ ② $4=-\frac{16}{-4}$ ③ $-6\neq-\frac{16}{2}$

④ $-\frac{1}{2}\neq-\frac{16}{8}$ ⑤ $-1=-\frac{16}{16}$

따라서 $y=-\frac{16}{x}$의 그래프 위의 점은 ②, ⑤이다.

33 $y=\frac{12}{x}$에 $x=4$, $y=\frac{1}{2}a-1$을 대입하면

$\frac{1}{2}a-1=\frac{12}{4}$, $\frac{1}{2}a=4$, $a=8$

34 $y=-\frac{20}{x}$에 $x=4$, $y=a$를 대입하면 $a=-\frac{20}{4}=-5$ …… ❶

$y=-\frac{20}{x}$에 $x=b$, $y=-10$을 대입하면

$-10=-\frac{20}{b}$, $b=2$ …… ❷

따라서 $a+b=-5+2=-3$ …… ❸

채점 기준	비율
❶ a의 값 구하기	40 %
❷ b의 값 구하기	40 %
❸ $a+b$의 값 구하기	20 %

유형 13 반비례 관계의 그래프의 성질

35 ㄴ, ㄹ, ㅂ **36** ④ **37** ㄴ

35 정비례 관계 $y=ax$, 반비례 관계 $y=\frac{a}{x}$의 그래프는 $a<0$일 때, 제2사분면과 제4사분면을 지난다. 따라서 그래프가 제2사분면과 제4사분면을 지나는 것은 ㄴ, ㄹ, ㅂ이다.

36 ① 원점을 지나지 않는다.

② $y=-\frac{10}{x}$에 $x=5$, $y=2$를 대입하면 $2\neq-\frac{10}{5}$

즉, 점 $(5, 2)$를 지나지 않는다.

③ 제2사분면과 제4사분면을 지난다.

⑤ x의 값이 2배, 3배, 4배, …가 되면 y의 값은 $\frac{1}{2}$배, $\frac{1}{3}$배, $\frac{1}{4}$배, …가 된다.

따라서 옳은 것은 ④이다.

37 $y=ax$의 그래프가 제1사분면과 제3사분면을 지나므로 $a>0$이다. 이때 $-a<0$이므로 반비례 관계 $y=-\frac{a}{x}$의 그래프는 제2사분면과 제4사분면을 지난다.

따라서 반비례 관계 $y=-\frac{a}{x}$의 그래프가 될 수 있는 것은 ㄴ이다.

유형 14 반비례 관계 $y=\frac{a}{x}$ $(a\neq0)$의 그래프와 a의 값 사이의 관계

38 ㄱ, ㅂ **39** $0<a<3$ **40** ⑤

38 $y=\frac{a}{x}$의 그래프는 a의 절댓값이 클수록 원점에서 멀리 떨어져 있다. $|1|<|-2|<|3|<|-4|<|5|<|-6|$이므로 그래프가 원점에 가장 가까운 것은 ㄱ이고, 원점에서 가장 멀리 떨어져 있는 것은 ㅂ이다.

39 $y=\frac{a}{x}$의 그래프가 제1사분면과 제3사분면을 지나므로

$a>0$ …… ㉠ …… ❶

또, $y=\frac{a}{x}$의 그래프가 $y=\frac{3}{x}$의 그래프보다 원점에 가까우므로

$|a|<|3|$ …… ㉡ …… ❷

㉠, ㉡에서 $0<a<3$ …… ❸

채점 기준	비율
❶ a의 부호 구하기	40 %
❷ a의 절댓값의 범위 구하기	40 %
❸ a의 값의 범위 구하기	20 %

40 $y=\frac{a}{x}$, $y=\frac{b}{x}$의 그래프가 제1사분면과 제3사분면을 지나므로

$a>0$, $b>0$

이때 $y=\frac{b}{x}$의 그래프가 $y=\frac{a}{x}$의 그래프보다 원점에 가까우므로 $|b|<|a|$, 즉 $0<b<a$

$y=cx$, $y=dx$의 그래프가 제2사분면과 제4사분면을 지나므로

$c<0$, $d<0$

이때 $y=dx$의 그래프가 $y=cx$의 그래프보다 y축에 가까우므로

$|c|<|d|$, 즉 $d<c<0$

따라서 a, b, c, d의 대소 관계는 $d<c<b<a$

유형 15 그래프에서 반비례 관계식 구하기

41 ② **42** $y=-\frac{6}{x}$ **43** $y=\frac{8}{x}$

41 $y=\frac{a}{x}$의 그래프가 점 $(-6, 3)$을 지나므로

$3=\frac{a}{-6}$, $a=-18$, 즉 $y=-\frac{18}{x}$

또, $y=-\frac{18}{x}$의 그래프가 점 $(b, -2)$를 지나므로

연습책

$-2=-\frac{18}{b}$, $b=9$

따라서 $a+b=-18+9=-9$

42 (가)에서 y는 x에 반비례하므로 $y=\frac{a}{x}$로 놓고 (나)에서

$y=\frac{a}{x}$에 $x=-3$, $y=2$를 대입하면 $2=\frac{a}{-3}$, $a=-6$

따라서 x와 y 사이의 관계식은 $y=-\frac{6}{x}$

43 그래프가 나타내는 식을 $y=\frac{a}{x}$로 놓자.

$y=\frac{a}{x}$에 $y=4$를 대입하면 $4=\frac{a}{x}$, $x=\frac{a}{4}$, 즉 $A\left(\frac{a}{4}, 4\right)$

$y=\frac{a}{x}$에 $y=2$를 대입하면 $2=\frac{a}{x}$, $x=\frac{a}{2}$, 즉 $B\left(\frac{a}{2}, 2\right)$

두 점 $A\left(\frac{a}{4}, 4\right)$, $B\left(\frac{a}{2}, 2\right)$의 x좌표의 차가 2이므로

$\frac{a}{2}-\frac{a}{4}=2$, $\frac{a}{4}=2$, $a=8$

따라서 그래프가 나타내는 식은 $y=\frac{8}{x}$

유형 16 반비례 관계의 그래프와 도형의 넓이

44 18 **45** 16 **46** 15

44 점 A의 좌표를 $A(a, b)$라 하면 점 A는 $y=\frac{18}{x}$의 그래프 위의 점이므로 $b=\frac{18}{a}$, $ab=18$

따라서 사각형 ACOB의 넓이는 $a\times b=18$

45 $y=\frac{a}{x}$의 그래프가 점 $A(4, 4)$를 지나므로

$4=\frac{a}{4}$, $a=16$ …… ❶

또, $y=\frac{16}{x}$의 그래프가 점 $B(8, b)$를 지나므로

$b=\frac{16}{8}=2$ …… ❷

따라서 점 B의 좌표가 $B(8, 2)$이므로 색칠한 직사각형의 넓이는 $8\times 2=16$ …… ❸

채점 기준	비율
❶ a의 값 구하기	40 %
❷ b의 값 구하기	40 %
❸ 색칠한 직사각형의 넓이 구하기	20 %

46 두 점 B, D의 x좌표가 각각 -5, 5이므로 두 점 B, D의 좌표는

$B\left(-5, -\frac{a}{5}\right)$, $D\left(5, \frac{a}{5}\right)$

이때 직사각형 ABCD의 넓이가 60이므로

$10\times\frac{2a}{5}=60$, $4a=60$, $a=15$

유형 17 그래프 위의 점 중에서 좌표가 정수인 점 찾기

47 6 **48** 12 **49** 8

47 $y=\frac{4}{x}$의 그래프 위에 있는 점 중에서 x좌표와 y좌표가 모두 정수인 점은 $(1, 4)$, $(2, 2)$, $(4, 1)$, $(-1, -4)$, $(-2, -2)$, $(-4, -1)$의 6개이다.

48 $y=-\frac{20}{x}$의 그래프 위에 있는 점 중에서 x좌표와 y좌표가 모두 정수인 점은 $(1, -20)$, $(2, -10)$, $(4, -5)$, $(5, -4)$, $(10, -2)$, $(20, -1)$, $(-1, 20)$, $(-2, 10)$, $(-4, 5)$, $(-5, 4)$, $(-10, 2)$, $(-20, 1)$의 12개이다.

49 $y=\frac{a}{x}$에 $x=-4$, $y=2$를 대입하면 $2=\frac{a}{-4}$, $a=-8$

따라서 $y=-\frac{8}{x}$의 그래프 위에 있는 점 중에서 x좌표와 y좌표가 모두 정수인 점은 $(1, -8)$, $(2, -4)$, $(4, -2)$, $(8, -1)$, $(-1, 8)$, $(-2, 4)$, $(-4, 2)$, $(-8, 1)$의 8개이다.

유형 18 정비례 관계와 반비례 관계의 그래프가 만나는 점

50 40 **51** -30 **52** (삼각형 ABC의 넓이)$=14$, $a=3$

50 $y=\frac{5}{2}x$에 $x=4$를 대입하면 $y=\frac{5}{2}\times 4=10$, 즉 $A(4, 10)$

점 $A(4, 10)$은 $y=\frac{a}{x}$의 그래프 위의 점이므로

$y=\frac{a}{x}$에 $x=4$, $y=10$을 대입하면 $10=\frac{a}{4}$, $a=40$

51 $y=-\frac{2}{3}x$에 $x=b$, $y=4$를 대입하면

$4=-\frac{2}{3}b$, $b=-6$, 즉 $A(-6, 4)$ …… ❶

점 $A(-6, 4)$는 $y=\frac{a}{x}$의 그래프 위의 점이므로 $y=\frac{a}{x}$에 $x=-6$, $y=4$를 대입하면

$4=\frac{a}{-6}$, $a=-24$ …… ❷

따라서 $a+b=-24+(-6)=-30$ …… ❸

채점 기준	비율
❶ b의 값 구하기	40 %
❷ a의 값 구하기	40 %
❸ $a+b$의 값 구하기	20 %

52 $y=\frac{12}{x}$에 $y=6$을 대입하면 $6=\frac{12}{x}$, $x=2$

즉, $A(2, 6)$

(삼각형 ABC의 넓이)$=\frac{1}{2}\times 7\times 4=14$

점 $A(2, 6)$은 $y=ax$의 그래프 위의 점이므로

$y=ax$에 $x=2$, $y=6$을 대입하면 $6=2a$, $a=3$

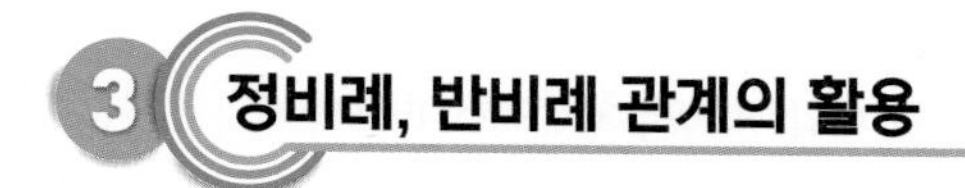

3 정비례, 반비례 관계의 활용 85쪽

유형 19 정비례 관계의 활용

53 270 **54** ② **55** 40 kg

53 x분 동안 맥박 수는 $90x$이므로 $y=90x$

$y=90x$에 $x=3$을 대입하면 $y=270$

따라서 3분 동안 소현이의 맥박 수는 270이다.

54 톱니바퀴 A가 x번 회전할 때, 톱니바퀴 B는 y번 회전한다고 하면 두 톱니바퀴 A, B가 회전하는 동안 맞물린 톱니의 수는 서로 같으므로 $16\times x=20\times y$, $y=\frac{4}{5}x$

$y=\frac{4}{5}x$에 $x=10$을 대입하면 $y=\frac{4}{5}\times 10=8$

따라서 톱니바퀴 A가 10번 회전할 때, 톱니바퀴 B는 8번 회전한다.

55 지구에서 900 kg인 큐리오시티의 무게가 화성에서는 300 kg이므로 지구에서 1 kg인 물건의 화성에서의 무게는 $\frac{1}{3}$ kg이다.

지구에서 x kg인 물건의 화성에서의 무게를 y kg이라 하면

$y=\frac{1}{3}x$

$y=\frac{1}{3}x$에 $x=120$을 대입하면 $y=\frac{1}{3}\times 120=40$

따라서 지구에서 120 kg인 물건의 화성에서의 무게는 40 kg이다.

유형 20 반비례 관계의 활용

56 $y=\frac{2700}{x}$, 15시간 **57** 5기압

58 (1) 30 m (2) 15 MHz (3) $y=\frac{150}{x}$ (4) 2 m

56 태풍이 시속 x km로 이동하여 우리나라로 오는 데 y시간이 걸리고 (속력)×(시간)=(거리)이므로 $xy=2700$, $y=\frac{2700}{x}$

$y=\frac{2700}{x}$에 $x=180$을 대입하면 $y=\frac{2700}{180}=15$

따라서 태풍이 시속 180 km로 이동하면 우리나라에 15시간 만에 도착한다.

57 y가 x에 반비례하므로 $y=\frac{a}{x}$로 놓고 $y=\frac{a}{x}$에 $x=3$, $y=20$을 대입하면 $20=\frac{a}{3}$, $a=60$, 즉 $y=\frac{60}{x}$

y가 z에 정비례하므로 $y=bz$로 놓고 $y=bz$에 $z=30$, $y=20$을 대입하면 $20=30b$, $b=\frac{2}{3}$, 즉 $y=\frac{2}{3}z$

$y=\frac{2}{3}z$에 $z=18$을 대입하면 $y=\frac{2}{3}\times 18=12$

$y=\frac{60}{x}$에 $y=12$를 대입하면 $12=\frac{60}{x}$, $x=5$

따라서 온도가 18 ℃일 때, 압력은 5기압이다.

58 (1) 그래프가 점 (5, 30)을 지나므로 주파수가 5 MHz일 때, 파장은 30 m이다.

(2) 그래프가 점 (15, 10)을 지나므로 파장이 10 m일 때, 주파수는 15 MHz이다.

(3) y가 x에 반비례하므로 $y=\frac{a}{x}$로 놓고 $x=5$, $y=30$을 대입하면 $30=\frac{a}{5}$, $a=150$

따라서 x와 y 사이의 관계식은 $y=\frac{150}{x}$

(4) $y=\frac{150}{x}$에 $x=75$를 대입하면 $y=\frac{150}{75}=2$

따라서 주파수가 75 MHz일 때, 파장은 2 m이다.

중단원 핵심유형 테스트 86~88쪽

1 ②, ④	**2** 2개	**3** 1	**4** ③	**5** -1
6 $\frac{3}{5}$	**7** D(9, 8)	**8** ㄷ, ㅁ, ㅂ	**9** ④	**10** ②
11 (1) ㉠ (2) ㉢ (3) ㉡	**12** 12	**13** ③	**14** $-\frac{2}{3}$	
15 680 m	**16** 14 L	**17** 8 cm	**18** 6분	**19** -6
20 16				

2 ㄱ. $xy=9$이므로 $y=\frac{9}{x}$ ㄴ. $y=6x$

ㄷ. $y=23x$ ㄹ. $xy=40$이므로 $y=\frac{40}{x}$

따라서 y가 x에 정비례하는 것은 ㄴ, ㄷ의 2개이다.

3 $y=-\frac{5}{2}x$에 $x=-2$, $y=a$를 대입하면 $a=-\frac{5}{2}\times(-2)=5$

$y=-\frac{5}{2}x$에 $x=b$, $y=10$을 대입하면 $10=-\frac{5}{2}b$, $b=-4$

따라서 $a+b=5+(-4)=1$

4 $y=\frac{5}{2}x$의 그래프는 제1사분면과 제3사분면을 지나고

$\left|\frac{5}{2}\right|>|1|$이므로 $y=x$의 그래프보다 y축에 가깝다.

따라서 $y=\frac{5}{2}x$의 그래프가 될 수 있는 것은 ③이다.

5 $y=ax$에 $x=2$, $y=3a+1$을 대입하면 $3a+1=2a$, $a=-1$

6 $y=ax$의 그래프가 선분 AB와 만나는 점을 P(m, am)이라 하면

(삼각형 AOP의 넓이)

=(삼각형 OBP의 넓이)이므로

$\frac{1}{2}\times 6\times m=\frac{1}{2}\times 10\times am$

$3m=5am$, $a=\frac{3}{5}$

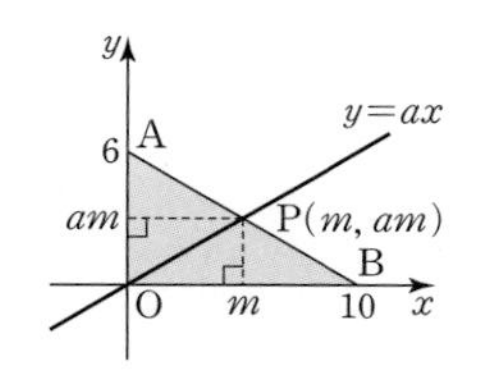

7 점 A의 x좌표를 a라 하고 점 A는 $y=2x$의 그래프 위의 점이므로 $y=2x$에 $x=a$를 대입하면 $y=2a$
즉, 점 A의 좌표는 $A(a,\ 2a)$
사각형 ABCD는 한 변의 길이가 5인 정사각형이므로
$B(a,\ 2a-5)$, $C(a+5,\ 2a-5)$
이때 점 C는 $y=\frac{1}{3}x$의 그래프 위의 점이므로
$y=\frac{1}{3}x$에 $x=a+5$, $y=2a-5$를 대입하면
$2a-5=\frac{1}{3}(a+5)$, $6a-15=a+5$, $5a=20$, $a=4$
따라서 점 C의 좌표는 $C(9,\ 3)$이므로 점 D의 좌표는 $D(9,\ 8)$이다.

8 정비례 관계 $y=ax$, 반비례 관계 $y=\frac{a}{x}$의 그래프는 $a<0$일 때, 제2사분면과 제4사분면을 지난다.
따라서 그래프가 제2사분면을 지나는 것은 ㄷ, ㅁ, ㅂ이다.

9 ④ 각 사분면에서 x의 값이 증가하면 y의 값은 감소한다.

10 $y=\frac{a}{x}$의 그래프는 a의 절댓값이 작을수록 좌표축에 가깝다.
$\left|-\frac{1}{4}\right|<|1|<|3|<|6|<|-8|$이므로 그래프가 좌표축에 가장 가까운 것은 ②이다.

11 (1) 점 $(-4,\ 1)$을 지나는 그래프는 ㉠이다.
(2) $y=\frac{3}{2}x$의 그래프는 원점과 점 $(2,\ 3)$을 지나는 직선이므로 ㉢이다.
(3) $xy=8$, 즉 $y=\frac{8}{x}$의 그래프는 ㉡이다.

12 $y=\frac{a}{x}$의 그래프가 점 $(2,\ 3)$을 지나므로
$3=\frac{a}{2}$, $a=6$, 즉 $y=\frac{6}{x}$
$y=\frac{6}{x}$의 그래프가 점 $(-1,\ b)$를 지나므로 $b=\frac{6}{-1}=-6$
따라서 $a-b=6-(-6)=12$

13 $y=\frac{16}{x}$의 그래프 위에 있는 점 중에서 x좌표와 y좌표가 모두 정수인 점은 $(1,\ 16)$, $(2,\ 8)$, $(4,\ 4)$, $(8,\ 2)$, $(16,\ 1)$, $(-1,\ -16)$, $(-2,\ -8)$, $(-4,\ -4)$, $(-8,\ -2)$, $(-16,\ -1)$의 10개이다.

14 $y=-\frac{6}{x}$에 $y=2$를 대입하면 $2=-\frac{6}{x}$, $x=-3$
즉, $A(-3,\ 2)$
점 $A(-3,\ 2)$는 $y=ax$의 그래프 위의 점이므로
$y=ax$에 $x=-3$, $y=2$를 대입하면 $2=-3a$, $a=-\frac{2}{3}$

15 번개가 친 지 x초 후에 천둥소리가 들렸을 때, 현재 위치에서 번개가 친 곳까지의 거리를 y m라 하면
(거리)=(속력)×(시간)이므로 $y=340x$
$y=340x$에 $x=2$를 대입하면 $y=340\times2=680$
따라서 번개가 친 지 2초 후에 천둥소리가 들렸을 때, 번개가 친 곳은 현재 위치에서 680 m 떨어진 곳이다.

16 5 L의 휘발유로 60 km를 달리므로 1 L의 휘발유로 12 km를 달린다. x L의 휘발유로 y km를 달린다고 하면 $y=12x$
$y=12x$에 $y=168$을 대입하면 $168=12x$, $x=14$
따라서 168 km를 달리려면 14 L의 휘발유가 필요하다.

17 무게가 x g인 물체를 매달면 용수철의 길이가 y cm 늘어난다고 하자. y가 x에 정비례하므로 $y=ax$로 놓고
$x=15$, $y=3$을 대입하면 $3=15a$, $a=\frac{1}{5}$, 즉 $y=\frac{1}{5}x$
$y=\frac{1}{5}x$에 $x=40$을 대입하면 $y=\frac{1}{5}\times40=8$
따라서 무게가 40 g인 물체를 매달면 용수철의 길이가 8 cm 늘어난다.

18 빈 욕조에 1분에 x L씩 물이 나오도록 수도를 틀 때, 물을 가득 채우는 데 y분이 걸린다고 하면 $xy=15\times8$, $y=\frac{120}{x}$
$y=\frac{120}{x}$에 $x=20$을 대입하면 $y=\frac{120}{20}=6$
따라서 1분에 20 L씩 물이 나오도록 수도를 틀면 물을 가득 채우는 데 6분이 걸린다.

19 $y=\frac{a}{x}$에 $x=3$, $y=-4$를 대입하면
$-4=\frac{a}{3}$, $a=-12$ …… ❶
$y=-12x$에 $x=-\frac{1}{2}$, $y=b$를 대입하면
$b=-12\times\left(-\frac{1}{2}\right)=6$ …… ❷
따라서 $a+b=-12+6=-6$ …… ❸

채점 기준	비율
❶ a의 값 구하기	40 %
❷ b의 값 구하기	40 %
❸ $a+b$의 값 구하기	20 %

20 점 A의 좌표가 $A(-3,\ 1)$이므로
$y=\frac{a}{x}$에 $x=-3$, $y=1$을 대입하면 $1=\frac{a}{-3}$, $a=-3$ …… ❶
점 C의 x좌표가 1이므로 $y=-\frac{3}{x}$에 $x=1$을 대입하면
$y=-\frac{3}{1}=-3$, 즉 점 C의 좌표는 $C(1,\ -3)$ …… ❷
따라서 직사각형 ABCD의 넓이는 $4\times4=16$ …… ❸

채점 기준	비율
❶ a의 값 구하기	30 %
❷ 점 C의 좌표 구하기	40 %
❸ 직사각형 ABCD의 넓이 구하기	30 %